“碳中和多能融合发展”丛书编委会

“十四五”国家重点出版物出版规划项目

国家出版基金项目
NATIONAL PUBLICATION FOUNDATION

碳中和多能融合发展丛书

刘中民　主编

循环流化床高温后燃超低 NO_x 燃烧技术与工程应用

吕清刚　宋国良　著

科学出版社
龍門書局
北京

内 容 简 介

本书是一本有关循环流化床高温后燃超低 NO_x 燃烧技术与工程应用的专著，书中内容主要包括高温后燃条件下炉内燃料氮的迁移转化特性、高温后燃技术后燃室内燃料氮的迁移规律、后燃室后燃风掺混特性及配风方式对 NO_x 排放的影响、高温后燃炉内还原性气氛下的固硫特性、多煤种高温后燃超低 NO_x 燃烧与排放特性、循环流化床锅炉高温后燃气固流动数值计算分析、循环流化床高温后燃超低 NO_x 燃烧技术工程应用等。

本书论述深入浅出，图文并茂，内容翔实，具有较强的针对性与工程实用性，便于读者学习与参考。本书既可作为循环流化床燃烧技术领域从事锅炉设计、制造、运行与维护工作的工程技术人员和科研人员的工作参考书，也可作为热能与动力工程相关专业的教学参考书。

图书在版编目(CIP)数据

循环流化床高温后燃超低 NO_x 燃烧技术与工程应用 / 吕清刚, 宋国良著. -- 北京 : 龙门书局, 2024. 12. --(碳中和多能融合发展丛书 / 刘中民主编). -- ISBN 978-7-5088-6512-6

Ⅰ. TK229.6

中国国家版本馆CIP数据核字第2024LA6581号

责任编辑：吴凡洁　刘翠娜　罗　娟 / 责任校对：王萌萌
责任印制：师艳茹 / 封面设计：有道文化

科 学 出 版 社
龍 門 書 局 出版
北京东黄城根北街 16 号
邮政编码：100717
http://www.sciencep.com
北京中科印刷有限公司印刷
科学出版社发行　各地新华书店经销
*
2024 年 12 月第　一　版　开本：787×1092　1/16
2024 年 12 月第一次印刷　印张：17 1/2
字数：406 000

定价：168.00 元

（如有印装质量问题，我社负责调换）

丛书序

2020 年 9 月 22 日，习近平主席在第七十五届联合国大会一般性辩论上发表重要讲话，提出“中国将提高国家自主贡献力度，采取更加有力的政策和措施，二氧化碳排放力争于 2030 年前达到峰值，努力争取 2060 年前实现碳中和”。“双碳”目标既是中国秉持人类命运共同体理念的体现，也符合全球可持续发展的时代潮流，更是我国推动高质量发展、建设美丽中国的内在需求，事关国家发展的全局和长远。

要实现“双碳”目标，能源无疑是主战场。党的二十大报告提出，立足我国能源资源禀赋，坚持先立后破，有计划分步骤实施碳达峰行动。我国现有的煤炭、石油、天然气、可再生能源及核能五大能源类型，在发展过程中形成了相对完善且独立的能源分系统，但系统间的不协调问题也逐渐显现，难以跨系统优化耦合，导致整体效率并不高。此外，新型能源体系的构建是传统化石能源与新型清洁能源此消彼长、互补融合的过程，是一项动态的复杂系统工程，而多能融合关键核心技术的突破是解决上述问题的必然路径。因此，在“双碳”目标愿景下，实现我国能源的融合发展意义重大。

中国科学院作为国家战略科技力量主力军，深入贯彻落实党中央、国务院关于碳达峰碳中和的重大决策部署，强化顶层设计，充分发挥多学科建制化优势，启动了“中国科学院科技支撑碳达峰碳中和战略行动计划”（以下简称行动计划）。行动计划以解决关键核心科技问题为抓手，在化石能源和可再生能源关键技术、先进核能系统、全球气候变化、污染防控与综合治理等方面取得了一批原创性重大成果。同时，中国科学院前瞻性地布局实施“变革性洁净能源关键技术与示范”战略性先导科技专项（以下简称专项），部署了合成气下游及耦合转化利用、甲醇下游及耦合转化利用、高效清洁燃烧、可再生能源多能互补示范、大规模高效储能、核能非电综合利用、可再生能源制氢/甲醇，以及我国能源战略研究等八个方面研究内容。专项提出的“化石能源清洁高效开发利用”、“可再生能源规模应用”、“低碳与零碳工业流程再造”、“低碳化、智能化多能融合”四主线“多能融合”科技路径，有望为实现“双碳”目标和推动能源革命提供科学、可行的技术路径。

“碳中和多能融合发展”丛书面向国家重大需求，响应中国科学院“双碳”战略行动计划号召，集中体现了国内，尤其是中国科学院在“双碳”背景下在能源领域取得的关键性技术和成果，主要涵盖化石能源、可再生能源、大规模储能、能源战略研究等方向。丛书不但充分展示了各领域的最新成果，而且整理和分析了各成果的国内国际发展情况、产业化情况、未来发展趋势等，具有很高的学习和参考价值。希望这套丛书可以为能源领域相关的学者、从业者提供指导和帮助，进一步推动我国“双碳”目标的实现。

中国科学院院士

2024 年 5 月

前言

按照《火电厂大气污染物排放标准》(GB 13223—2011)(以下简称国标)的规定，2014年7月1日起火力发电锅炉对于氮氧化物(NO_x)和二氧化硫(SO_2)等污染物的排放将执行新的标准，即2012年1月1日起新建锅炉NO_x和SO_2排放限值均为100mg/Nm^3。2014年6月，国务院办公厅首次发文要求新建燃煤发电机组大气污染物排放接近燃气机组排放水平，由此拉开了中国燃煤电厂超低排放的序幕。2024年1月，山西省生态环境厅与山西省能源局印发《推进煤电行业污染深度治理工作方案》的通知，要求新建与现有煤电机组NO_x排放浓度分别不高于30mg/m^{3}与40mg/m^3，首次提出超超低排放要求。现有的烟气脱硝技术对NO_x的脱除率有限且成本较高，使得循环流化床锅炉丧失了传统的环保优势，在技术发展过程中面临很大的挑战。面对日趋严格的大气污染物排放标准，亟须深入挖掘循环流化床燃烧技术的脱硝潜力，在燃烧过程中实现低成本的超低NO_x排放控制。

中国科学院工程热物理研究所依托40余年的循环流化床技术研发基础，提出的循环流化床高温后燃技术是目前最具潜力的低氮燃烧技术之一。

本书对高温后燃技术进行深入系统的研究，开展循环流化床高温后燃超低NO_x技术的高效超低NO_x燃烧机理研究、小试试验、中试验证、数值模拟优化研究及工程应用示范。通过机理试验揭示了高温后燃下燃烧和NO_x排放规律，通过小试试验探索不同燃料中燃料氮在不同反应气氛下的迁移转化途径，揭示了高温后燃下炉内还原性气氛下的固硫特性，同时对后燃风掺混特性与配风方式进行了优化，以进一步降低NO_x排放。依托中试平台，完成高温后燃技术，实现多煤种高效燃烧和超低NO_x排放协同控制的可行性验证，并完成多煤种适用性研究，初步探索了该技术对燃烧运行特性和飞灰资源化利用的影响。依托75t/h-450t/h-300MW循环流化床实炉进行工程应用示范，实现了多煤种高效燃烧和超低NO_x原始排放，实现了循环流化床高温后燃技术的工业应用。

本书的主要撰写人员为吕清刚、宋国良，此外涂秋亚、周托、王海刚、那永洁、宋维健、刘敬樟、肖远、武广龙等参与了相关章节的资料收集与撰稿。

本书汇聚了中国科学院战略性先导科技专项与国家重点研发计划等项目的重要研究成果。本书作者长期从事循环流化床锅炉燃烧技术的研究开发、设计及工程化，在循环流化床锅炉领域积累了丰富的理论知识和应用经验，本书内容融合了作者及同事近年来的最新研究成果，涵盖了循环流化床高温后燃技术的理论研究和工程应用，是对该技术全面而系统的总结。

限于作者的知识水平，同时循环流化床高温后燃技术也是低氮燃烧新技术，疏漏之处在所难免，敬请读者不吝批评指正。

作　者
2024 年 5 月于北京

目录

第 1 章 绪　论

1.1 研究背景

自工业革命以来，煤炭作为三大传统化石能源之一，在推动整个世界工业发展和经济运行中起着举足轻重的作用。而对中国来说，即便在“双碳”背景下，煤炭仍是不可替代的能源。一方面，中国的煤炭储量极其丰富。截至 2020 年底，我国探明的煤炭资源储量约为 1622.88 亿 t[1]；另一方面，中国是一个煤炭消费大国，2020 年，中国能源消费总量为 49.8 亿 t 标准煤(按照发电煤耗计算法)，煤炭消费总量为 28.3 亿 t 标准煤，占比高达 56.8%[2]。截止到 2023 年，我国发电装机容量已经达到 29.20 亿 kW，其中煤电装机容量达到 11.09 亿 kW，煤电发电量占总发电量比重为 63%[3]，燃煤机组在我国总装机容量中仍占据主导地位。在“十四五”期间，我国的火电机组仍然不会大规模退役，而会进行灵活性改造、热电联产改造等。虽然中国正在大力推进碳达峰碳中和目标的实现，以太阳能、风能等为代表的新能源在能源消费占比中不断增长，但是以煤电发电为主的能源结构在相当长的一段时间内仍占主体地位。

根据国家的“双碳”需求和能源资源格局，迫切需要依据煤资源的特征，制定最大限度发挥其作为能源和资源价值的新技术路线。传统的直接燃烧方式并不能充分利用我国储量丰富的煤炭资源。煤炭的梯级利用就是一种能够高效清洁利用煤炭的方法。目前，主流的煤炭梯级利用包含两条技术路线：其一针对高阶煤，其二针对低阶煤。针对高阶煤的煤炭梯级利用过程存在煤炭洗选环节，在洗选过程中就会产生副产物煤泥。而针对低阶煤的煤炭梯级利用过程中，包含低阶煤的热解工艺，在热解过程中会生成另一种低附加值产品热解半焦。煤泥和热解半焦作为副产物可以进行燃烧，并利用燃烧过程中释放的热量进行超(超)临界参数锅炉发电。这充分满足了国家的战略需求，真正意义上实现了煤炭的清洁高效梯级综合利用[4]。但是煤泥和热解半焦是两种劣质燃料，在实际燃烧时存在着火困难、燃烧稳定性差、燃烧滞后、燃尽性能差、排放规律特殊等技术难题，造成了资源的浪费[5]。因此，探究针对热解半焦和煤泥清洁高效利用的燃烧方式对于节能减排是非常有必要的。

循环流化床(circulating fluidized bed，CFB)燃烧技术是一种高效清洁的燃烧技术，在国内外得到迅速推广和发展应用[6, 7]。循环流化床锅炉具有燃料适应性广的优点，尤其适用于劣质燃料的燃烧。此外，与其他燃煤发电技术相比，循环流化床燃烧技术的污染物排放水平更低。一方面，与煤粉炉相比，循环流化床的炉膛燃烧温度相对较低，更适合炉内干法脱硫，因此能够在燃烧过程中将 SO_2 的排放水平降至较低水准。另一方面，由于运行过程中炉膛温度较低，在循环流化床技术的燃烧过程中并不产生热力型 NO_x，生成的 NO_x 主要来自燃料自身，所以循环流化床锅炉的整体 NO_x 排放水平较低，拥有一定的环保优势。然而，火力发电会产生大量的烟尘、二氧化硫（SO_2）、氮氧化物（NO_x）等污染物，带来了一系列环境问题和社会问题。由这些大气污染物带来的酸雨、区域性灰霾等问题既破坏了生态环境，又对人类的健康造成威胁，已经引起我国政府的重视和社会各界的广泛关注。因此，我国政府在 2011 年新修订的《火电厂大气污染物排放标准》（GB 13223—2011）中提出要求：自 2014 年 7 月 1 日起，新建和现有燃煤机组的大气排放物中烟尘浓度不得超过 $30mg/m^3$、NO_x 排放浓度不得超过 $100mg/m^3$，新建机组的二氧化硫排放浓度不得超过 $100mg/m^3$，现有机组的二氧化硫排放浓度不得超过 $200mg/m^3$[8]。随后，更加严格的“超低排放”概念被提出。“超低排放”是指以燃气机组的排放标准来限制火电厂燃煤机组的大气污染物排放浓度，也就是二氧化硫排放浓度不超过 $35mg/m^3$、NO_x 排放浓度不超过 $50mg/m^3$、烟尘排放浓度不超过 $10mg/m^3$。在 2015 年，我国政府明确指出要在 2020 年之前对具备改造条件的燃煤电厂力争实施超低排放改造。国内某些省份甚至将火电厂排放标准降至超低排放标准的 70%。

面对我国越来越严格的大气污染物排放标准，即便是 NO_x 排放水平相对较低的循环流化床锅炉，仍然难以满足现行的超低排放标准。因此，现有循环流化床锅炉机组通常选择在旋风分离器入口的合适温度区间内进行喷氨脱硝以降低 NO_x 排放水平。但是增配燃烧后脱硝装置会增加循环流化床机组的运行成本，降低循环流化床机组的市场竞争力。

针对上述诸多挑战，亟须探究如何在不增设脱硝装置的前提下，降低循环流化床锅炉燃烧过程中 NO_x 排放浓度以满足超低排放要求。近年来，中国科学院工程热物理研究所提出的高温后燃技术已经能够将燃烧过程的原始 NO_x 排放浓度降低至 $100mg/m^3$，满足了《火电厂大气污染物排放标准》（GB 13223—2011），但未达到超低排放标准[9]。而如何进一步调整运行参数使高温后燃技术能够将 NO_x 原始排放浓度降低至 $50mg/m^3$，同时保证该技术的燃料适用性，就需要正确地把握高温后燃技术中 NO_x 的转化机理，并针对性地优化高温后燃技术的运行条件。

1.2 煤燃烧过程中 NO_x 生成和还原机理

NO_x 是一氧化氮（NO）和二氧化氮（NO_2）等氮氧化物的统称。在煤燃烧时生成的 NO_x 大多数为 NO，占 90%以上；部分 NO_x 为 NO_2，占总量的 5%～10%，而 N_2O 生成量仅仅占 1%左右。在煤燃烧过程中，同时进行着 NO_x 生成反应和 NO_x 还原反应，最终的 NO_x 生成量是 NO_x 生成反应和还原反应动态平衡的结果。而根据 NO_x 的不同生成路径，通常将其分为热力型 NO_x、燃料型 NO_x 和快速型 NO_x。

1. 热力型 NO_x

热力型 NO_x 中的氮元素并不是来自燃料中的有机氮，而是来自空气中的 N_2[10, 11]，根据 Zeldovich 机理，热力型 NO_x 主要由以下三个发生在 1500～1800℃温度区间的化学反应产生：

$$N_2 + O \longrightarrow NO + N \tag{1.1}$$

$$N + O_2 \longrightarrow NO + O \tag{1.2}$$

$$N + OH \longrightarrow NO + H \tag{1.3}$$

研究表明，影响热力型 NO_x 生成量最主要的因素是燃烧温度。当燃烧温度在 1500℃以上时，随着反应温度的线性升高，NO_x 的生成速率呈指数型上升趋势。但是燃烧温度维持在较低水平时，几乎不会有热力型 NO_x 生成。因此，降低燃烧温度以及缩短在高温区的停留时间是抑制热力型 NO_x 生成的主要手段。但是在循环流化床锅炉正常运行过程中，炉膛内温度区间为 850～900℃，远低于热力型 NO_x 生成的反应温度区间。也就是说，在循环流化床锅炉中几乎没有热力型 NO_x 生成，因此也就不必考虑热力型 NO_x。

2. 快速型 NO_x

快速型 NO_x 的反应过程不同于热力型 NO_x。在高温燃烧过程中，燃料中的碳氢化合物会在高温的作用下分解并以 CH_i 等基团的形式释放到气相中，随即与空气中的 N_2 发生反应形成 HCN、NH、N 等一系列中间产物，而这些中间产物会在氧气的作用下生成 NO_x，这种 NO_x 就称为快速型 NO_x[12-14]。根据反应过程不难发现，快速型 NO_x 的生成需要大量碳氢化合物基团，也就是快速型 NO_x 生成于氧含量较低同时富燃料的气氛中，因此其生成量较低[15]。此外，快速型 NO_x 对温度的依赖较小[16]。

3. 燃料型 NO_x

由燃料中的有机氮转化而来的 NO_x 称为燃料型 NO_x。燃料中的有机氮在燃烧过程中释放到气相中，经过一系列反应，一部分中间产物氧化生成 NO_x，另一部分转化为 N_2[16]。在循环流化床的燃烧过程中，生成的绝大多数 NO_x 均为燃料型 NO_x[17]。燃料型 NO_x 的形成过程比较复杂，影响因素包括但不限于氧浓度、燃烧温度和燃料特性等因素。许多学者的研究表明，在一般情况下，当燃烧温度和燃烧气氛中氧含量升高时，燃料型 NO_x 的生成量也会随之增加[18, 19]。此外，燃料中氮元素含量同样会显著影响 NO_x 的生成量，即随着煤中氮含量的增加，NO_x 的排放水平也会升高[20]。Friebel 等[18]研究认为，燃料特性，如不同的挥发分和固定碳含量，会导致有机氮在煤中与碳化合物的结合形式不同，这同样会导致煤燃烧过程中 NO_x 的生成量不同。王春波等[21]依托热重试验台对高温低氧气氛下煤粉燃烧的 NO_x 生成特性进行了研究。试验结果表明，提高燃烧温度能够显著提高燃烧速率，缩短燃尽时间，但同时 NO_x 释放将会集中在燃烧前期。提高氧气浓度同样导致 NO_x 的释放更加集中于燃烧反应前期。任鹏等[22]研究了不同温度条件下，挥发分氮和焦

炭氮各自对燃料型 NO_x 的贡献。试验结果表明，在中低温时，温度对于高挥发分煤分离燃烧的 NO_x 释放量影响并不大，对于低挥发分煤的影响要大于高挥发分煤。总体来说，燃料型 NO_x 的生成既取决于燃料本身的特性，如氮含量、挥发分含量等，还取决于燃烧条件，如燃烧温度、燃烧气氛、燃烧方式等。

在煤的燃烧过程中，煤中氮转化为 NO_x 之后，有一部分 NO_x 会被还原为 N_2。NO_x 还原主要分为 NO_x 的均相还原反应和 NO_x 的异相还原反应。

1) 均相还原反应

均相还原反应主要是指 NO 在飞灰或焦炭的催化作用下，被烟气中的 CO 还原成 N_2 的反应[23]。总包反应如下：

$$NO + CO \xrightarrow{\text{催化}} \frac{1}{2}N_2 + CO_2 \tag{1.4}$$

2) 异相还原反应

异相还原反应主要是指 NO 与焦炭发生还原反应，具体反应路径通常用以下三个总包反应进行描述[11-13]：

$$NO + C \longrightarrow \frac{1}{2}N_2 + CO \tag{1.5}$$

$$2NO + C \longrightarrow N_2 + CO_2 \tag{1.6}$$

$$NO + C(\ ) \longrightarrow \frac{1}{2}N_2 + C(O) \tag{1.7}$$

刘忠等[24]依托小型竖直管式炉探究了不同煤种对还原 NO_x 效率的影响，试验结果表明，高挥发分的煤种具备更强的 NO_x 还原能力。一方面，高挥发分煤种在燃烧过程中会释放更多的挥发分物质，有利于还原 NO_x；另一方面，高挥发分煤种形成的焦炭孔隙结构更发达，对 NO_x 的还原能力更强。赵宗彬等[25-29]在石英固定床反应器上进行了一系列试验，探究了焦炭制备条件、燃烧气氛和矿物质存在等各种因素对焦炭还原 NO_x 反应性的影响。结果表明，随着焦炭制备过程反应温度的升高和反应时间的延长，半焦反应活性降低，还原 NO_x 的能力削弱。此外，试验发现煤中的灰成分会对 NO_x 还原反应起催化作用，且催化作用强弱与灰成分的组成和含量密切相关：灰成分中的 Fe 盐对 NO-焦炭的异相还原反应的催化效果不明显，但对 CO-NO 均相还原反应的催化效果较好；Na 盐对焦炭还原 NO 的反应有较强的催化作用，而 Ca 盐对于 NO 的均相还原和异相还原反应均有一定的催化作用。徐杰等[30]在试验中着重探究了固定床燃烧过程中床料对 NO-焦炭的异相还原反应的影响。试验结果表明，提高石英砂的掺混比例会削弱焦颗粒之间的相互作用，进而降低焦炭参与 NO 还原的概率。方晓晴等[31]采取快速升温和程序升温两种不同的试验方法探索 NO-焦炭异相还原反应的机理，重点探究了不同反应气氛下焦炭还原 NO 转化率的变化规律。试验结果表明，NO_x 与焦炭的异相还原反应分为三个阶段，即

NO_x 吸附阶段、NO_x 还原和焦炭气化阶段以及 NO_x 完全还原阶段。且在异相还原反应过程中，提高入口氧气浓度并降低入口 NO_x 浓度将有利于提高焦炭与 NO 反应的选择性。还有学者证明了灰分对焦炭还原 NO 有明显的促进作用[23]。总体来说，NO_x 的还原反应取决于反应气氛中氧气浓度、还原性气体浓度，还取决于焦炭本身反应活性、孔隙发达程度、灰成分等。此外，反应温度和停留时间也会显著影响 NO_x 还原反应速率。

除上述以 CO 和焦炭作为还原剂的 NO_x 还原反应之外，在还原性气氛中，NO_x 前驱物也会参与 NO_x 的还原反应。Solomon 等[32]和 Tan 等[33-35]的研究均表明，燃烧过程中，高阶煤的 HCN 和 NH_3 产量相较于低阶煤会明显减少。换句话说，挥发分含量更高的煤种在还原性气氛中，能够产生更多的 HCN 和 NH_3 参与 NO_x 还原反应。Kurose 等[36]同样认为，煤中不同的挥发分氮和焦炭氮比例会影响最终的 NO_x 生成量。

1.3　半焦及煤泥燃烧过程中 NO_x 的生成与排放研究

在煤炭洗选和煤炭热解过程中会产生副产物，包括煤泥和热解半焦等。随着煤炭清洁高效梯级利用的不断推进，我国的原煤入洗率将会不断提高，参与热解工艺的低阶煤比例也会有所提高，煤泥和热解半焦的产量无疑会进一步提高，因此有大量学者探究了上述煤炭梯级利用过程中生成的两种副产物的综合利用方式。

煤泥是煤炭洗选加工过程中产生的一种呈黏稠状的副产物，主要由微细粒煤和水组成。煤泥具有粒度细、水分和灰分含量高、黏结性较强等特点[37]。相比于煤矸石，煤泥的碳含量相对更高，是一种低热值燃料[38]。也正因为其较高的碳含量，煤泥不能直接作为建材原料等利用。目前，比较可行的煤泥大规模资源利用方式有以下两种途径：一种是将煤泥干燥脱水后制成型煤，然后与原煤一起进行掺混燃烧；另一种是直接利用低热值煤泥进行燃烧发电[39]。目前，国内外进行过大量关于煤泥团燃烧特性的试验：Ponzio 等[40]的试验证明了随着气氛中氧浓度的降低，煤泥团的点燃会发生延迟。Wang 等[41]探究了在不同温度下燃烧时不同尺寸煤泥团的中心温度和燃烧图像。通过试验可以发现，随着煤泥团尺寸的增大，煤泥团的燃尽时间会延长。Zhou 等[42]进一步探究了煤泥团在富氧气氛下的燃烧特性，同时发现煤泥团有三种不同的点燃机制，即煤泥团的挥发分同质点火、焦炭的异质点火以及煤的异质点火。同时，试验也发现，无论是在空气气氛还是富氧气氛中，提高反应温度和反应气氛中的氧浓度都能够降低煤泥团的着火温度，缩短煤泥团的着火延迟[43]。还有学者探究了煤泥燃烧过程中形态和结构的变化，发现在燃尽的过程中煤泥的孔隙结构经历了一个由最初的复杂到简单，再到复杂，最后再变为简单的过程[44]。曹晓哲等[45]则依托热重分析仪研究了煤泥的燃烧特性并同样发现升高温度有利于煤泥的燃尽。

经过多年的研究，国内也有一些循环流化床锅炉机组实现了纯煤泥燃烧的运行，锅炉容量从最初的 35t/h 不断增加[46]。不过在其运行过程中仍然存在一些问题，如煤泥团极易破坏炉内稳定的流化状态，因此也就很难控制煤泥锅炉的燃烧强度和运行负荷[47]。尹炜迪等[48]针对煤泥特殊的结团燃烧过程开展了模型研究，行为模型证明煤泥团在炉内的运动与尺寸密切相关。此外，在燃用煤泥过程中还存在大气污染物排放问题[49]。侯志鹏等[50]依托一台 20t/h 煤泥循环流化床锅炉开展试验，揭示了煤泥燃烧过程中床温和氧浓度对 NO_x 排放浓度的影响规律。试验证明，提高煤泥燃烧过程中的燃烧温度和氧含量，会导致 NO_x 排放水平显著上升。Wzorek 等[51]同样证明了煤泥的 NO_x 排放浓度与燃烧温度和氧含量呈正相关关系。总体来说，目前少有学者研究煤泥高效热处理过程中 NO_x 排放深度控制，相关文献也比较少。

半焦是在煤炭干馏工艺中生成煤焦油和焦炉煤气过程中同时生成的一种固态副产物。煤焦油和焦炉煤气可以进一步作为化工原料生产金属镁、甲醇、清洁燃料油等，半焦则可以作为燃料进行燃烧发电[52]。经过多年的发展后，我国的煤炭干馏产业已经成长为某些地区规模最大的煤化工产业，无疑也将是未来煤炭梯级利用过程中的重要一环。由于特殊的生产工艺，相对于低阶煤，热解半焦的挥发分减少约 2/3，固定碳升高约 1/3[53]。目前，热解半焦在下游市场的需求量有限，真正的大规模应用还是作为燃料进行燃烧发电[54]。而在燃烧发电过程中，无疑要关注燃烧效率和 NO_x 排放问题，因此有很多学者针对上述问题开展了研究。

刘晓芳等[55, 56]的试验证明，褐煤生成半焦的燃烧性能优于其他煤种，这是因为褐煤的水分和挥发分含量高，生产出的热解半焦的孔隙结构更发达，因此有极佳的燃烧性能。何威等[57]也同样在试验中验证了半焦孔隙结构和燃烧特性的关系。结果证明，过于复杂的孔隙结构会增加半焦燃尽时间。同样，有的试验则证明在燃烧过程中，提高燃烧温度和燃烧气氛中的氧含量能够促进半焦孔径的扩展，进而改善半焦的燃烧特性[58, 59]。王擎等[60]则探究了半焦热解条件对半焦燃烧特性的影响。试验证明，半焦的燃烧特性会随着热解温度的升高而逐渐恶化。余斌[61]同样在试验中发现，当热解温度和升温速率逐渐升高时，半焦的燃烧特性会变差，但是可以通过加压燃烧的方式提高半焦燃尽效果。同样，有学者依托流化床试验台探究了热解半焦在流态化燃烧过程中的燃烧特性并得到了和热重试验台相同的结论，即提高燃烧温度和氧含量能够有效提高半焦的燃尽率[62]。

半焦自身的氮元素含量及赋存无疑会影响燃烧过程中 NO_x 的排放水平，因此也有很多学者开展相关研究。杨冬等[63]研究发现，煤热解过程中氮元素释放速率会随着加热速率的提高而提高，且最高加热温度越高，加热速率越大，氮元素的释放比例越大，也就是生成半焦的氮含量越低。王蓉等[64]通过热重分析仪模拟煤的热解过程，探究了热解温度、原煤粒径和原煤种类对挥发分氮和焦炭氮转化率的影响。结果发现，相比于低阶煤，高阶煤在热解时燃料氮会更多地保留在半焦中。也就是说，挥发分氮相比于焦炭氮更容易在热解过程中释放到气相中。此外，提高热解温度，降低煤粉粒度，均有利于燃料氮从原煤中释放到气相中。闫晓等[65]在固定床反应系统中同样发现，当热解温度升高时，热解半焦的氮含量会进一步减少。同时研究表明，在相同条件下，随着煤阶的提高，热解半焦中的氮含量会增加。Jensen 等[66]通过试验证明，在热解过程中挥发分释放速率并不等同于挥发分氮的释放速率。当热解温度较低时，煤中挥发分的释放速率大于挥发分氮的释放速率，而在高温热解条件下则完全相反。Hou 等[67]探究了半焦中氮赋存形态的变化。研究表明，随着温度的升高，吡啶氮(N-6)含量先增加后减少，吡咯氮(N-5)和季氮(N-Q)的含量减少。Thomas[68]总结得到规律：随热解温度的升高，半焦中的N-5会向N-6转化。Zhou等[10]在竖直固定床反应器上开展的试验表明，在常规的原煤热解过程中，N-6也可能被煤中的氧官能团氧化成氧化性氮(N-X)。在机理试验中，大多数学者只是单独探究了成焦条件对半焦自身特性，如氮赋存特性等的影响，但是鲜有研究深入探究成焦条件对半焦燃烧过程中燃烧特性和NO_x释放特性的影响。

除研究热解半焦的氮元素含量及赋存情况之外，还有不少学者直接考察了其燃烧过程中NO_x的释放特性。赵蕾等[69, 70]在立式管式炉试验中发现在850～950℃范围里，当燃烧温度升高时，半焦燃料氮向HCN和NO_x的转化率会下降。龚志军等[71]同样在试验中发现，在半焦燃烧过程中，当燃烧温度升高时，NO_x的生成量会随之降低。李慧等[72]依托竖直管式炉进行了半焦的燃烧试验，并通过空气分级燃烧降低了半焦燃烧时NO_x的生成量。试验过程中还发现，在1000～1400℃的温度范围内，NO_x生成量会随着燃烧温度的升高而增加。Gong等[73]则依托2MW循环流化床试验台进行了神木半焦纯燃的中试试验。试验结果证明，在880～950℃的温度范围里，升高床温能够降低神木半焦的NO_x排放浓度，而降低氧含量则可以进一步降低其NO_x排放浓度。

1.4 循环流化床锅炉中NO_x排放控制技术研究

一般来说，循环流化床锅炉控制NO_x排放主要包括燃烧中控制和燃烧后控制。燃烧中控制就是在燃烧过程中抑制NO_x生成量。燃烧后控制就是在锅炉尾部对烟气中的NO_x进行脱除。火电机组目前主流的燃烧后脱硝技术包括选择性非催化还原法(selective non-catalytic reduction, SNCR)和选择性催化还原法(selective catalytic reduction, SCR)两种[74]。

SNCR技术就是在烟气温度处于合适温度区间的位置喷入脱硝还原剂(尿素、氨水等)，使烟气中的NO_x与脱硝还原剂发生中和反应并转化为氮气，反应式如下：

$$6NO + 4NH_3 \longrightarrow 5N_2 + 6H_2O \tag{1.8}$$

在850～1100℃时，上述反应速率较快，脱硝效率较高，可以省去催化剂，因此称为选择性非催化还原法。一般来说，SNCR的脱硝效率可以达到40%～70%，建设投资和运行成本相对较低[75, 76]。

选择性催化还原技术利用NH_3作为还原剂，在催化剂的作用下将烟气中的NO_x还原成N_2和H_2O，反应式与SNCR相同。由于催化剂的存在，SCR的脱硝效率可高达80%～90%[77]。但是其催化系统较为复杂，运行成本较高。除建设投资和运行成本之外，SNCR和SCR还可能导致氨逃逸等问题。

因为循环流化床锅炉的运行温度与SNCR的反应温度区间相匹配，所以大多数循环流化床机组均安装有SNCR装置，相关研究也比较成熟[78]。近年来，为了满足超低排放需求，许多机组选择加装SCR装置，可以较为灵活地满足NO_x的排放需求，但是这种布置方式无疑增加了锅炉的运行成本。试验证明，在 SNCR 反应温度区间内适当提高温度能够进一步提高脱硝效率，而且脱硝剂用量对脱硝效率的影响会随着用量的增加而削弱[79]。为了提高 SNCR 的脱硝效率，有的学者尝试开发适用于 SNCR 温度区间的催化剂。试验结果表明，使用催化剂能够有效提高 SNCR 的脱硝效率[80, 81]。为了进一步降低运行过程中脱硝剂的成本，很多学者尝试优化 SNCR 的运行过程。Yan 等[82]对 300MW 循环流化床锅炉的 SNCR 入口进行实测得到了烟气中 NO_x 的浓度分布规律，从而进一步优化 SNCR 的喷口位置及氨水流量，在保证超低排放的同时将运行成本降低了 15.7%。另有学者尝试通过神经网络算法对循环流化床锅炉运行过程中的 NO_x 排放进行预测，更加精准地控制脱硝剂的喷入量，进而降低运行成本[83]。

尽管增设催化剂能够提高 SNCR 的脱硝效率，但是会附加设备投资和运行维护的成本。因此近年来，更多的学者尝试从根源上挖掘燃烧过程中 NO_x 控制的潜力，希望在循环流化床燃烧过程中实现 NO_x 排放的深度控制。由于循环流化床具有诸多运行特性，如燃烧温度较低、炉内固体颗粒浓度提高等，而这些运行特性有利于降低 NO_x 的生成量。因此，近些年来国内外诸多研究学者都希望能够深入挖掘循环流化床燃烧技术的脱硝潜力，通过改变运行条件来实现降低 NO_x 排放的目的。de Diego 等[84]研究发现，在循环流化床燃烧过程中，NO_x 和 N_2O 的排放浓度会随着燃烧温度的升高而分别升高和降低。而且，燃烧温度对 NO_x 排放的影响程度会随着过量空气系数的增大而增强。Tourunen 等[85]的研究证明，降低循环流化床密相区的燃烧温度和过量空气系数导致焦炭含量增加和 CO 的浓度升高，进而提高了 NO_x 的还原反应速率，降低了 NO_x 排放浓度。

除了燃烧温度，燃烧气氛中氧含量是另一个影响 NO_x 排放的关键因素。降低燃烧过程中的过量空气系数可以降低 NO_x 生成量。Zhou 等[9]在循环流化床试验台上开展了贫氧燃烧的试验。结果表明，贫氧燃烧的确能够显著降低 NO_x 排放浓度。一方面，循环流化床内氧浓度降低，HCN 和 NH_3 等 NO_x 前驱物的氧化速率相应下降。另一方面，氧浓度降低使得炉内 CO、焦炭等可燃物浓度升高，NO_x 的还原速率也随之增加。

然而，单纯地降低过量空气系数会对燃尽效果和燃烧效率产生不利影响。因此，现阶段比较主流的技术是对循环流化床锅炉进行空气分级，强化炉内各区域的还原性气氛，从而实现 NO_x 的深度控制。吴剑恒等[86]依托一台 75t/h 的循环流化床锅炉进行了工业热态试验，系统地探究了不同的二次风布置方式下，对锅炉运行过程中 NO_x 排放浓度的影响。试验结果表明，提高二次风比例能够有效降低 NO_x 排放浓度，但是降低幅度逐渐减小。而随着上二次风量的增加，NO_x 排放浓度呈现先下降至平缓最后略微上升的趋势，也就是存在一个最佳上下二次风比例能够使 NO_x 排放浓度最低。很多学者采用计算颗粒流体力学(computational particle fluid dynamics，CPFD)数值模拟方法对循环流化床二次风进行了优化配置，模拟结果同样证明二次风分级燃烧可以达到降低 NO_x 排放的目的，但还需考虑对锅炉效率和安全稳定运行等的影响：一次风量的降低要满足良好流化的要求，二次风量调整也要避免产生后燃[87-89]。Saastamoinen 等[90]探究了空气分级和燃料分级对循环流化床燃烧过程中 NO_x 排放的影响。研究表明，空气分级和燃料分级对 NO_x 排放的形成可能具有相反的影响，在测试条件下，观察到如果空气分级有效，则燃料分级不会进一步减少 NO_x，甚至可能在贫氧状态下增加排放。Lyngfelt 等的试验证明，空气分级燃烧的降氮效果在燃烧温度较高时更好[91]。总体来说，提高空气分级中二次风比例增强了循环流化床密相区的还原性气氛，提高二次风口的位置则可以延长气体和固体物料在还原性气氛密相区的停留时间，从而降低 NO_x 的生成量。另外，缺氧环境使气体中可燃气体和床料中焦炭的浓度升高，促进 NO_x 的还原反应。基于以上两方面原因，分级燃烧可有效降低 NO_x 排放。

在传统空气分级的基础上，有学者进一步提出了适用于煤粉炉的深度空气分级燃烧（deep air-staged combustion），通过结合深度空气分级和低 NO_x 燃烧器实现煤粉炉的深度 NO_x 排放控制[92]。Wang 等在进一步探究深度空气分级对半焦燃烧过程的影响时发现，当处于还原性气氛的一次风区域的燃烧温度升高时，半焦燃烧产生的 NO_x 会增加，而不是减少[93]。Wang 等[94]在单级深度空气分级的基础上，探究了多级深度空气分级。试验结果表明，多级空气深度分级更有利于减小 NO_x 排放。此外，还有学者探究了深度空气分级对不同煤种的适应性，试验过程中发现，深度空气分级的 NO_x 排放量随着燃料挥发分含量的增加而降低[95]。Wang 等[96]则进一步深入研究了深度空气分级中燃烧器的最佳射入角度。还有学者提出了循环流化床预热燃烧器，将循环流化床燃烧技术应用到煤粉炉上[97, 98]。Yao 等[99, 100]在预热燃烧试验台上进行了一系列预热技术的燃烧试验。结果表明，二次风的合理布置可有效避免局部氧化区的出现，从而降低 NO_x 的生成量。

烟气再循环技术也是一种可行的 NO_x 排放控制技术，其工作原理是将一部分低温低氧烟气自尾部烟道引出，并通过再循环风机送回炉膛，从而降低炉膛密相区的燃烧温度和氧气浓度。为了保证总过量空气系数不变，会同时增加二次风量，更好地实现低氮燃烧所需的空气分级，从而达到 NO_x 排放深度控制的目的[101]。目前，国内有很多机组进行了烟气再循环改造，不但可以实现 NO_x 的深度控制，而且兼顾了灵活性改造，增强了机组低负荷运行的能力。陈建军等[102]对一台 130t/h 循环流化床锅炉进行了烟气再循环改造，经过改造后，锅炉一次风氧浓度下降，同时降低了密相区床温，有效抑制了 NO_x 的生成。张思海等[103]完成了一台 330MW 循环流化床锅炉的烟气再循环改造，改造后发现烟气再循环能够延迟炉膛内燃烧，显著提高炉膛出口烟温，使得 SNCR 处于更合理的温度区间，有效保证了 SNCR 的脱硝效率。然而，烟气再循环也有一定的不利影响，折建刚等[104]对一台 300MW 循环流化床锅炉进行烟气再循环改造后发现，烟气再循环能够有效降低 NO_x 排放浓度，但是会导致锅炉底渣碳含量增加，同时锅炉运行电耗增加，锅炉整体效率降低约 1.85%。Yan 等[105]依托循环流化床试验台探究了不同再循环烟气通入位置对于 NO_x 排放浓度的影响，并且分析了烟气再循环和空气分级对于降低 NO_x 排放量的协同作用。

循环流化床锅炉相比于其他炉型有一个显著的优势，就是炉内的固体浓度更高，能为 NO_x 还原反应提供更多的活性位。因此，有的学者尝试通过增加床料质量，提高循环量，强化炉内不同区域的还原性气氛，达到深度控制 NO_x 生成的目的。Cai 等[106]在研究中提出了流态化重整的设计原则，同时证明可以通过流态化重整实现 NO_x 的超低排放。柯希玮等[107]提出了流态化重整时可以显著降低 NO_x 原始排放的边际条件，包括飞灰粒径、底渣粒径和运行条件等。在完成理论研究后，该团队尝试将该技术应用在循环流化床实炉上，并取得了不错的成果。同时，还根据实炉数据完成了该技术的理论模型搭建[108]。

不过，该技术同样有一定的弊端，那就是增加床料需要增加风机压头，增大循环量同样会增加风机运行电耗，从而影响锅炉效率。此外，还可能加剧循环流化床锅炉的磨损问题，增加了设备维护费用。此外，流态化重整技术并不适用于一些具有特殊燃烧过程的燃料，如煤泥等。

除常规的改善运行条件之外，还有诸多学者尝试通过混煤燃烧的方式改善燃烧特性同时降低 NO_x 排放[109]，尤其是针对煤泥、污泥的燃烧过程。因此，除针对单一燃料的 NO_x 排放控制技术之外，已有很多学者对掺混燃烧进行了大量的研究，主要包括掺混燃烧过程中的燃尽特性和 SO_2/NO_x 的排放特性。相比于单一煤种的燃烧过程，掺混燃烧过程更加复杂。但是，通过研究掺混燃烧过程中的 NO_x 排放特性，可以验证煤中不同成分对 NO_x 生成的影响。

翁安心等[110]依托一维沉降炉研究了不同煤阶的原煤进行两两掺混时，掺混比例对燃烧特性和 NO_x 生成特性的影响。试验结果证明，当采用空气分级时，高挥发分煤 NO_x 排放浓度的降低幅度明显大于低挥发分煤，但燃尽率会受到影响。方立军等[111]在对贫煤和无烟煤的掺混燃烧进行研究后认为混煤燃烧时的 NO_x 形成可划分为前期快速生成阶段和后期稳定阶段。冯兆兴等[112]选择了某电厂常用的 4 种褐煤和 3 种烟煤，研究了单独燃烧和掺混燃烧过程中的污染物排放特性。试验结果证明，当燃烧气氛中氧浓度提高或燃料颗粒粒径减小时，NO_x 排放量增加；此外，提高燃料中水分能够一定程度上降低最终 NO_x 排放。刘晓蕊等[113]依托水平管式炉反应器探索了在混燃过程中进一步掺混石灰石、飞灰等对 NO_x 生成的影响。试验结果表明，石灰石可以加快焦炭的燃尽，但是对 NO_x 的生成有明显促进作用。Zhang 等[114]在一维沉降管式炉中研究了烟煤和酸洗污泥掺烧过程中污染物的排放特性。研究结果表明，污泥比例逐渐增加的过程中 NO_x 排放量逐渐减少。同时，随着温度的升高，NO_x 排放均呈现增加趋势。Rokni 等[115]借助一维沉降管式炉探究在原煤和生物质燃料掺混燃烧以及原煤和烘焙过的生物质燃料掺混燃烧过程中气态污染物的排放特性。研究表明，烟煤在与玉米棒和稻壳掺混燃烧过程中均能降低 NO_x 排放浓度，而烘焙过的生物质燃料能够在更大程度上降低 NO_x 排放。Yang 等[116]和 Chen 等[117]研究了油页岩半焦在掺杂油页岩情况下的燃烧特性。试验结果表明，随着油页岩掺混燃烧比例增加，油页岩半焦燃烧特性首先有所改善，随后开始下降，但是对 NO_x 排放影响不大。Dong 等[118]则借助循环流化床试验台进行了煤与制革污泥掺混燃烧的试验。试验证明，相比于鼓泡流化床，采用循环流化床燃烧时 NO_x 的排放浓度更低。除了试验研究，同样有学者通过数值模拟的方法对掺混燃烧进行了探究。Xie 等[119]对城市固废与煤掺混燃烧进行了全回路模拟。结果表明，提高煤在掺混过程中的比例能够有效降低 NO_x 和 N_2O 的排放浓度；与此同时，可以通过空气分级技术进一步控制城市固废燃烧过程中的 NO_x 排放浓度。Zhang 等[120]则深入研究了锯木厂污泥与煤掺混燃烧过程中的污染物排放特性，模拟结果表明掺混燃烧能够降低最终的 NO_x 排放浓度。

除单一考虑 NO_x 排放之外，还有诸多学者研究了 SO_2 和 NO_x 控制的关系。Gungor[121]的研究表明，NO_x 排放和 SO_2 排放呈现相反的规律。还有研究表明，炉内干法脱硫过程中，石灰石会导致 NO_x 排放浓度增加，这是因为石灰石表面活性位对 NO_x 生产起到催化作用[122, 123]。也有学者在做油页岩半焦的燃烧时，认为石灰石的作用因燃料而异，对油页岩半焦而言，石灰石有助于 NO_x 还原[116]。

尽管诸多学者对燃煤锅炉中 NO_x 控制技术进行了大量的研究，但是现阶段循环流化床机组的主要降氮手段仍然是炉内空气分级燃烧结合 SNCR，而面对严格的 NO_x 超低排放标准，现役的技术手段难以满足要求，甚至某些循环流化床机组需要进一步安装尾部选择性催化还原装置或者催化氧化吸收(catalytic oxidation of absorption，COA)脱硝装置以满足要求。这无疑进一步增加了设备投资和运行成本，也容易造成氨逃逸等新的污染问题。因此，最优解仍然是进一步挖掘循环流化床锅炉本身的降氮潜力，以期在燃烧过程中控制 NO_x 的生成量。

1.5 基于循环流化床锅炉的高温后燃技术

为了进一步推进生态文明建设，环境保护部与国家质量监督检验检疫总局于 2011 年 7 月正式颁布了《火电厂大气污染物排放标准》(GB 13223—2011)，并首次规定了燃煤机组和燃气机组的排放标准。2012 年，国内电力行业随即提出“超低排放”概念，即燃煤机组满足燃气机组的排放标准，对三大大气污染物之一的 NO_x 来说，就是不超过 $50mg/m^3$(在 6%基准氧含量下)。2015 年，国务院要求在 2020 年前对国内具备改造条件的燃煤机组进行全面的超低排放改造。面对日益严格的排放标准，国内诸多学者开始展开研究。Zhou 等[9]于 2015 年尝试通过优化二次风布置和贫氧燃烧将半焦的 NO_x 排放浓度降至 $100mg/m^3$。试验结果表明，通过改进二次风布置的方法可以很大程度上减少 NO_x 排放。低氧燃烧能够明显降低 NO_x 的排放浓度，甚至可以实现在燃烧过程中不产生任何 NO_x，但会导致燃烧效率下降。高温后燃低氮燃烧技术是在保证燃烧效率的前提下将 NO_x 的原始排放浓度大幅度降低。高温后燃技术原理如图 1.1 所示。

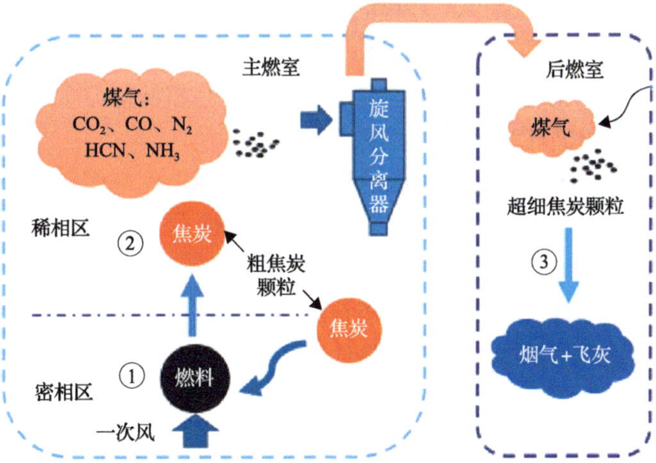

图 1.1 高温后燃技术原理

在高温后燃技术中，炉内过量空气系数将控制在 1.0 左右，炉膛维持弱还原性气氛。

由于炉膛呈现弱还原性气氛，偏低的氧浓度能够抑制 NO_x 的生成。另外，由于炉内进行不完全燃烧，炉膛内 CO 和焦炭浓度较高。此外，循环流化床锅炉炉内颗粒浓度更高，能够为 NO_x 还原反应提供更多的反应活性位，因此炉内 NO_x 还原速率较高。总体来说，燃料氮在炉内基本不转化为 NO_x，未燃尽的较大焦炭颗粒会通过旋风分离器进入外循环。随后，在旋风分离器后通入后燃风，烟气中的可燃气体和焦炭会在高温后燃室充分燃烧，保证燃烧效率。

在完成了初步探索之后，Gong 等[124]依托循环流化床中试试验台进一步探究了在神木焦炭的后燃工况中，循环流化床炉内燃烧温度和单级后燃风通入位置对 NO_x 排放浓度的影响。试验结果证明，炉内燃烧温度对 NO_x 排放的影响并不明显，但 NO_x 排放值能够随着后燃风向后移动而进一步降低。而且因为后燃室保持高温，所以在所有工况中均未观察到 N_2O。Zhou 等[125]则进一步探究了两级后燃风的通入位置对 NO_x 排放的影响。结果表明，两级后燃风间保持一定的距离有利于降低 NO_x 排放浓度。在中试试验中，已经能够将 NO_x 排放浓度稳定保持在 100mg/m^3 以下，对于低阶煤甚至能够降至 49mg/m^3，达到超低排放标准[124, 125]。曹勇则首次尝试对实炉进行高温后燃技术改造并完成工程应用：对一台 70MW 的循环流化床热水锅炉进行后燃风改造，即在锅炉每个旋风分离器的出口烟道处增设一组后燃风喷口，后燃风自热一次风母管引出。改造后，锅炉运行良好，且运行过程中原始 NO_x 排放浓度由改造前的 393mg/m^3 降低至 115mg/m^3[126, 127]。武广龙等[128, 129]则通过冷态模化试验和数值模拟相结合的方式系统地研究了不同后燃风布置方式下后燃风的掺混特性。结果表明，在水平烟道截面的中上部布置后燃风喷口更有利于后燃风的掺混，如果布置在中下部则应适当减少喷口数量以增加射流动量比并保证掺混效果。李晓亚等[130, 131]和赵亮[132]则重点关注了高温后燃技术下呈现还原性气氛的炉膛内干法固硫的可行性。试验结果表明，在还原性气氛下，$CaSO_4$ 的分解温度会降低且干法固硫的产物变为 CaS。赵亮[133]在之前的基础上探索了各种因素对于高温后燃技术中发生在锅炉稀相区内的焦炭热还原 NO_x 过程的影响规律。试验证明，O_2 存在时，CO 会对碳热还原 NO_x 反应产生协同作用，并促进 NO_x 向 N_2 转化。宋国良等[134-146]研究了高温后燃过程中燃料氮的迁移转化规律，开展了多煤种高温后燃超低排放中试研究，完成了高温后燃技术不同容量等级循环流化床锅炉的工程验证。

本书对高温后燃技术进行了多方面的研究。在机理上，全面地揭示燃料氮的迁移转化规律。在效果上，实现多煤种的高效燃烧和超低 NO_x 排放协同控制。在工程上，将该技术成功应用到电站锅炉并完成超低 NO_x 排放的验证。

另外，本书对还原性气氛下炉内石灰石的固硫机理进行了初步探索，获得了高温后燃技术下的炉内最佳固硫温度、后燃室最佳温度等关键参数，保证炉内被固定下来的硫在后燃室不会被再次释放，为高温后燃协同脱除 NO_x 和 SO_2 奠定基础。

第 2 章

高温后燃下炉内燃料氮的迁移转化特性

目前，各种低 NO_x 排放技术被诸多学者广泛研究，包括深度空气分级、烟气再循环、流态化重整等，无论哪种技术，控制 NO_x 排放的关键都在于强化还原区，抑制 NO_x 生成的同时促进其还原为 N_2，高温后燃超低 NO_x 排放技术同样如此。在运行过程中，炉膛内会维持弱还原性气氛。一方面，较低的氧浓度抑制了燃料氮向 NO_x 转化。另一方面，降低氧浓度使炉内未燃尽的 CO 和焦炭的浓度升高。此外，由于循环流化床锅炉中固体颗粒浓度较高，为 NO_x 的异相还原反应提供了丰富的表面活性位，因此促进了 NO_x 的还原反应，从而使燃料氮在炉内几乎不转化为 NO_x。在之前的研究中已经证明，增强炉内还原性气氛能够进一步降低 NO_x 排放。然而，目前有一些研究证明，还原区的还原性气氛并非越强越有利于降低 NO_x 排放。Wang 等[41]的研究证明，在深度空气分级中，一次风区域的过量空气系数维持在 0.6～0.8 时 NO_x 排放浓度最低。在高温后燃技术中，炉内过量空气系数越低对 NO_x 排放是否越有利？是否存在一个最佳炉内过量空气系数，能够使 NO_x 排放浓度最低？这是确定炉内最佳过量空气系数需要深入研究的问题。

此外，现有研究仍存在一些未明确的问题。在弱还原性气氛下，燃料氮的释放特性会有所不同。而燃料氮的迁移转化又会很大程度上决定最终 NO_x 的排放浓度，因此需要探究高温后燃技术中燃料氮在炉内迁移转化的路径。此外，炉内为还原性气氛，因此燃料中焦炭不会完全燃烧，又不会彻底的气化。一方面，在炉内生成的焦炭会参与 NO_x 的还原反应；另一方面，焦炭需要在后燃室内燃尽，以保证燃烧效率，所以有必要进一步研究其反应活性。

基于上述问题，本节依托 0.1MW 循环流化床低 NO_x 排放小试试验台，研究不同炉内过量空气系数(0.75, 0.85 和 0.95)对府谷煤和府谷半焦两种燃料的炉内燃料氮迁移转化路径的影响。同时，探究炉内过量空气系数对炉内产生的焦炭的反应活性和孔隙结构的影响。最后，将焦炭特性、炉内燃料氮迁移转化与最终的 NO_x 排放浓度联系起来，确定是否存在一个最佳炉内过量空气系数，并挖掘其存在机理。

2.1 试验物料

为了尽可能地比较焦炭氮和挥发分氮的迁移转化而排除其他因素的影响，选用府谷煤(FB)和府谷半焦(FS)作为试验燃料。上述两种燃料的煤质分析如表 2.1 所示。FS 为

FB 在 500℃下进行低温热解的产物，其挥发分含量明显下降，固定碳含量明显升高且氮含量略有下降。

表 2.1 府谷煤及府谷半焦煤质分析

燃料	工业分析(质量分数)/%				元素分析(质量分数)/%					低位热值 $Q_{ar,net}$/(MJ/kg)
	M_{ar}	A_{ar}	V_{ar}	FC_{ar}	C_{ar}	H_{ar}	O_{ar}	N_{ar}	S_{ar}	
FB	3.36	5.02	33.40	58.22	73.86	4.37	12.09	0.98	0.32	28.65
FS	2.77	12.76	11.13	73.34	76.56	1.74	4.94	0.89	0.34	25.13

注：M_{ar}-水分；A_{ar}-灰分；V_{ar}-挥发分；FC_{ar}-固定碳。

为了保证试验过程中给料顺畅，将试验用燃料筛分至 0.1～1mm 的粒径。燃料 FB 和 FS 的粒径分析分别如图 2.1(a)和(b)所示。FB 和 FS 的中位粒径分别为 715.2μm 和 557.9μm。

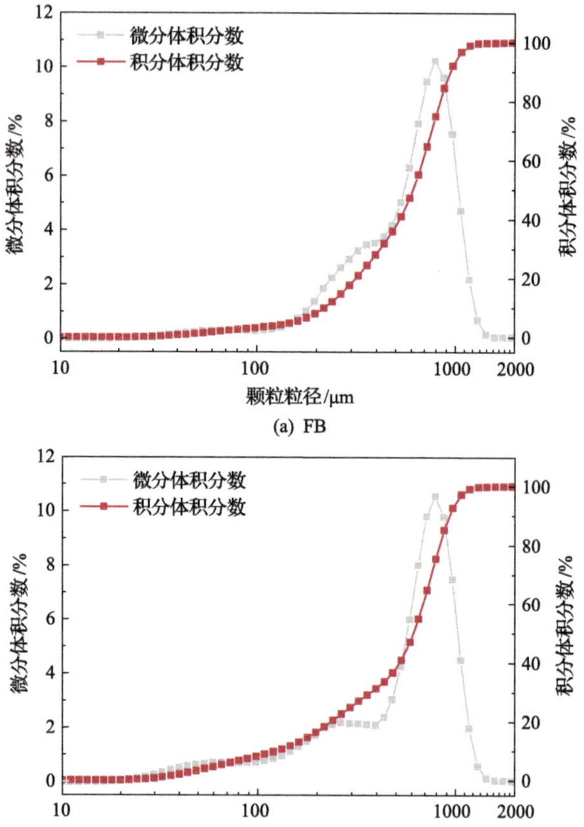

(a) FB

(b) FS

图 2.1 府谷煤及府谷半焦粒径分析

2.2 试验系统

图 2.2 为 0.1MW$_{th}$循环流化床低 NO_x 排放小试试验台系统简图。该系统主要由试验台主体、配风系统、给煤系统、电炉辅热系统、空气预热系统和可编程逻辑控制器(programmable logic controller, PLC)控制系统组成。试验台主体包括炉膛、旋风分离器、返料器和后燃室，整个试验台均为不锈钢结构。炉膛高 5500mm，内径 150mm。后燃室总长 3500mm，内径 80mm。此外，后燃室被分为水平段和竖直段，水平段和竖直段的长度分别为 1000mm 和 2500mm。在旋风分离器和返料器相互配合下，烟气中大部分颗粒会分离出来，并通过外循环返回炉膛。空气压缩机提供包括一次风、后燃风等在内的全部试验用风，试验用风的流量均由质量流量计控制。此外，一次风和后燃风在通入系统之前，由布置于尾部烟道的空气预热器进行预热。试验用燃料通过给煤系统送入提升管内。给煤系统由两套独立的给煤斗和给煤机组成(图 2.2 仅标出一套)，两台给煤机之间可以相互切换。此外，炉膛中下部布置有以 T2、T3 和 T4 为中心的三段电炉组成的电炉辅热系统，每段电炉的加热功率和设定温度可以实现单独控制。

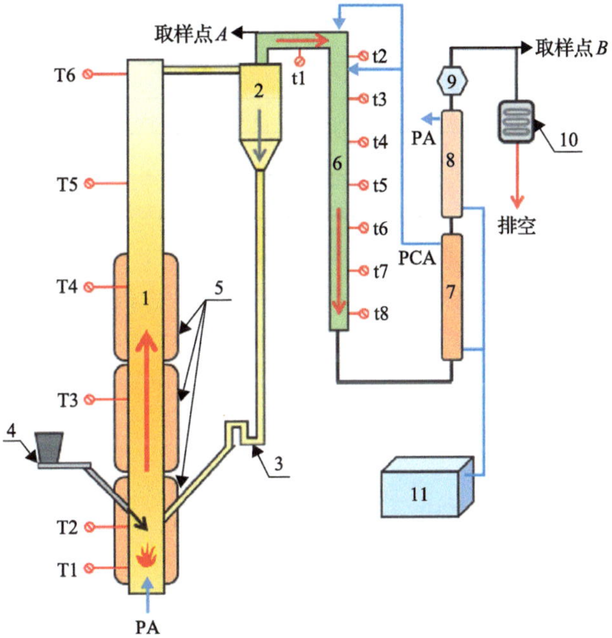

图 2.2　0.1MW$_{th}$循环流化床小试试验台系统简图

1.炉膛；2.旋风分离器；3.返料器；4.螺旋给煤机；5.加热电炉；6.后燃室；7.后燃风预热器；8.一次风预热器；9.氧化锆测氧仪；10.布袋除尘器；11.空气压缩机

沿试验系统布置多处温度和压力测点，试验中所测温度和压力以及试验用风流量等测量值由 PLC 控制系统采集并通过计算机实时呈现。试验系统布置有两处取样点，取样点 *A* 布置在旋风分离器出口，取样点 *B* 布置在尾部烟道氧化锆测氧仪后，图 2.2 中 PA 代表一次风，PCA 代表后燃风。

2.3 试验方法及样品分析

2.3.1 试验流程及工况

在热态研究中，选用石英砂作为床料，试验前分别将 12.5kg 和 1kg 床料加入炉膛和返料器内作为启动床料。启炉过程中，开启电炉提供辅热。床温升高至 450℃后，开始断续投煤。燃料点燃后逐渐退出电炉辅热系统。随后，通过调节给煤量和风量使燃烧温度和炉内过量空气系数达到试验工况的运行参数，具体试验工况运行参数见表 2.2。

表 2.2 炉内燃料氮转化试验工况

运行参数	试验工况					
	1-1	1-2	1-3	2-1	2-2	2-3
燃烧温度/℃	960	960	960	960	960	960
一次风量/(Nm^3/h)	25.98	25.80	25.80	24.96	25.56	25.74
后燃风量/(Nm^3/h)	6.60	9.60	15.90	5.64	10.20	15.60
其他风量/(Nm^3/h)	6.06	6.06	6.06	5.46	5.46	5.46
氧含量/%	2.3	2.4	2.4	2.3	2.4	2.4
λ_{CFB}	0.95	0.85	0.75	0.95	0.85	0.75
λ	1.12	1.13	1.13	1.12	1.13	1.13
燃料	府谷煤			府谷半焦		
给煤量/(kg/h)	11.1	12.1	13.5	10.8	11.9	16.1

表 2.2 中的燃烧温度是指试验工况中炉膛内最高温度。其他风量是指松动风、返料风和播煤风风量之和。λ 和 λ_{CFB} 分别是总过量空气系数和炉内过量空气系数。λ 按照式(2.1)计算，λ_{CFB} 按照式(2.2)计算。

$$\lambda = \frac{21}{21 - C_{O_2}} \tag{2.1}$$

$$\lambda_{CFB} = \frac{(PA_V + OA_V) \times \lambda}{PA_V + OA_V + PCA_V} \tag{2.2}$$

式中，C_{O_2} 为由氧化锆测量的尾部烟道氧气含量(%(质量分数))；PA_V、OA_V 和 PCA_V 分别为一次风量、其他风量和后燃风量(Nm^3/h)。

2.3.2 样品分析方法

试验工况中，在取样点 *A* 利用便携式红外煤气分析仪(Gasboard-3100P)测量煤气组分，并用气体测试管测量煤气中 HCN 和 NH_3 的浓度，同时利用真空泵自取样点 *A* 收集固体样品；在取样点 *B* 利用便携式烟气分析仪(Testo350)测量烟气中的 NO_x 浓度。

试验结束后，根据《煤的工业分析方法》(GB/T 212—2008)，利用马弗炉对飞灰样品灰含量进行测量。利用德国 Elementar 公司生产的 Vario MACRO cube 型元素分析仪，对飞灰中元素含量进行测量。利用美国 Micromeritics 公司生产的 ASAP2010 比表面积和孔径分布测定仪对飞灰样品的孔隙结构进行测量，测量范围为孔径为 1.7～300nm 的孔结构。此外，还利用英国 Renishaw 公司生产的 inVia 型号拉曼光谱仪对飞灰样品进行拉曼光谱分析，测量范围为 800～2000cm^{-1}。

2.3.3 燃料氮转化比例计算方法

在本节的研究中，对燃料氮的转化比例进行计算，首先根据灰平衡可以计算出燃料氮残留在固相中的比例（η_S）。

$$\eta_S = \frac{[N]_{ash} \times [A]_{fuel}}{[N]_{fuel} \times [A]_{ash}} \times 100\% \tag{2.3}$$

根据氮守恒，即可计算出燃料氮释放到气相的比例（η_G）。

$$\eta_G = 100\% - \frac{[N]_{ash} \times [A]_{fuel}}{[N]_{fuel} \times [A]_{ash}} \times 100\% \tag{2.4}$$

根据质量比例即可计算得到燃料氮转化为NH_3、HCN和NO_x的转化率，计算方式如下：

$$\eta_{NH_3} = \frac{14 \times V_g \times [C]_{NH_3}}{[Mr]_{NH_3} \times [N]_{fuel} \times 给煤量} \times 100\% \tag{2.5}$$

$$\eta_{HCN} = \frac{14 \times V_g \times [C]_{HCN}}{[Mr]_{HCN} \times [N]_{fuel} \times 给煤量} \times 100\% \tag{2.6}$$

$$\eta_{NO_x} = \frac{14 \times V_g \times [C]_{NO_x}}{[Mr]_{NO_x} \times [N]_{fuel} \times 给煤量} \times 100\% \tag{2.7}$$

根据氮平衡则可以计算出燃料氮在炉内转化为N_2的转化率：

$$\eta_{N_2} = \eta_G - \eta_{NH_3} - \eta_{HCN} - \eta_{NO_x} \tag{2.8}$$

在以上计算过程中，[N]为原煤或飞灰样品中的氮含量（%（质量分数））；[A]为原煤或飞灰样品中的灰含量（%（质量分数））；V_g 为烟气量（m^3）；[C]为气体浓度（mg/m^3）；[Mr]为相对分子质量（g/mol）。

2.4 炉内过量空气系数对飞灰中未燃尽碳特性的影响

2.4.1 飞灰中未燃尽碳的反应活性

在高温后燃技术中，由于炉内为还原性气氛，旋风分离器出口处的飞灰中有很大一部分是未燃尽的焦炭颗粒。这部分进入后燃室的焦炭颗粒会在后燃风的作用下继续释放焦炭氮，同时还会参与后燃室内的NO_x还原反应，而且焦炭的最终燃尽效果会影响机械不完全燃烧损失，进而影响锅炉的燃烧效率和热经济性，因此需要关注其反应活性。

拉曼光谱广泛应用于表征炭的微观结构，而微观结构可以反映炭的反应性。而本节采用 Sadezky 提出的方法对拉曼光谱结果进行分析，也就是将拉曼光谱分为 4 个洛伦兹(Lorentzian)谱带(D1、D2、D4 和 G 谱带分别在 1350cm^{-1}、1540cm^{-1}、1185cm^{-1} 和 1590cm^{-1} 处)和 1 个高斯(Gaussian)谱带(D3 谱带在 1230cm^{-1} 处)。在石墨晶体中只有 G 谱带，因此它代表了样品的石墨化程度。D1 和 D2 谱带总是成对出现，其强度随石墨化程度的增加而降低。D3 和 D4 谱带通常代表不规则的碳结构存在，如煤焦。图 2.3 展示了不同工况下飞灰中焦炭的拉曼光谱拟合结果。图 2.3 中 1-0 和 2-0 则分别代表 FB 和 FS。

之前有的研究利用谱带强度或谱带半高宽(full width at half maxima，FWHM)表征谱带，但这种表征方法并不能完全代表谱带特性。因此，在该试验中使用了谱带面积，谱带面积兼顾了谱带强度和 FWHM，因此可以更好地表征拉曼光谱。I_G 代表 G 谱带面积，$I_{(D1+D2)}$ 代表 D1 和 D2 谱带面积之和，同理，$I_{(D3+D4)}$ 代表 D3 和 D4 谱带面积之和。I_{All} 则为基线与测量值之间的总面积。借鉴已有研究，采用三种面积比对焦炭反应活性进行

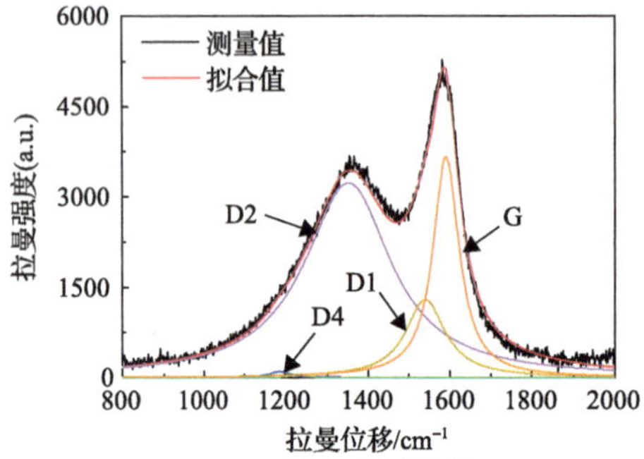

(a) 1-0工况(府谷煤)

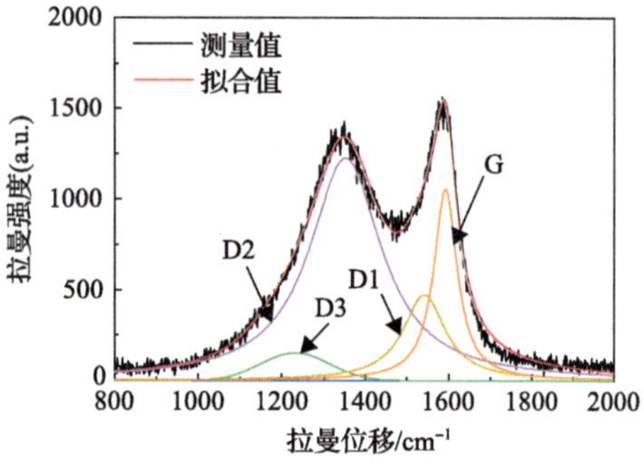

(b) 1-1工况

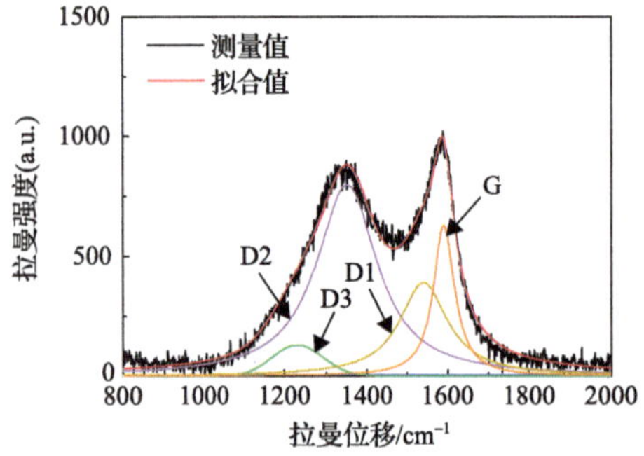

(c) 1-2工况

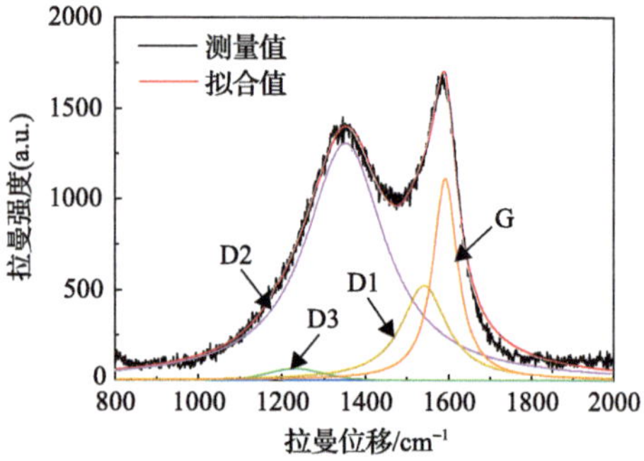

(d) 1-3工况

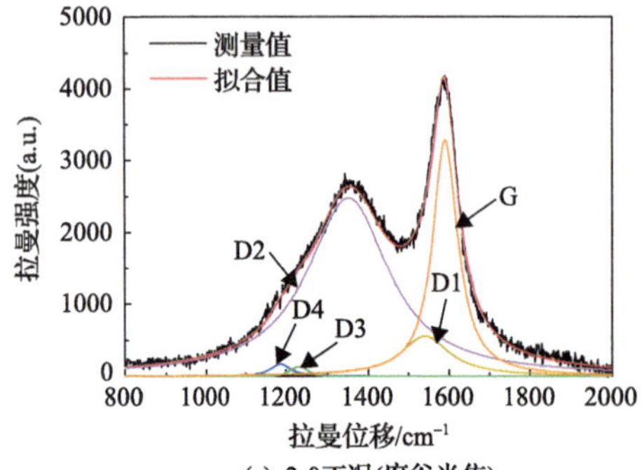

(e) 2-0工况(府谷半焦)

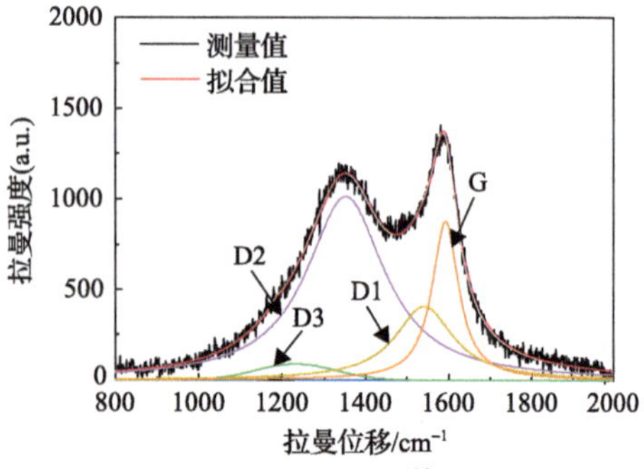

(f) 2-1工况

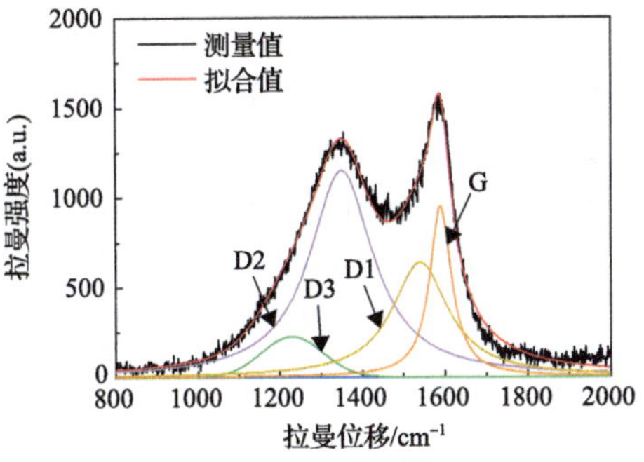

(g) 2-2工况

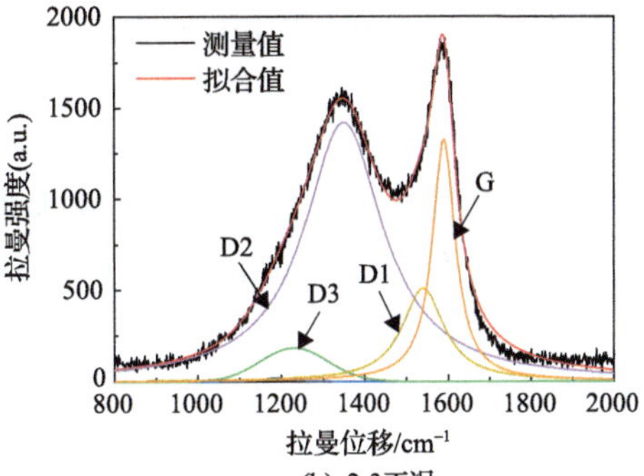

(h) 2-3工况

图 2.3 飞灰拉曼光谱拟合结果

表征，包括 D1 和 D2 谱带总面积与 G 谱带面积的比值($I_{(D1+D2)}/I_G$)、D3 和 D4 谱带总面积与 G 谱带面积的比值($I_{(D3+D4)}/I_G$)以及 G 谱带面积与总面积的比值(I_G/I_{All})。上述特征值计算结果如图 2.4 所示。首先比较 1-0 工况和 2-0 工况可以发现，FB 的反应活性好于 FS。在热解过程中，FS 发生裂解反应，脂肪侧链断裂，固定碳的芳香性增加。此外，FS 中的无序碳结构逐渐转变为更有序的石墨结构。因此，FS 反应活性略差于 FB。

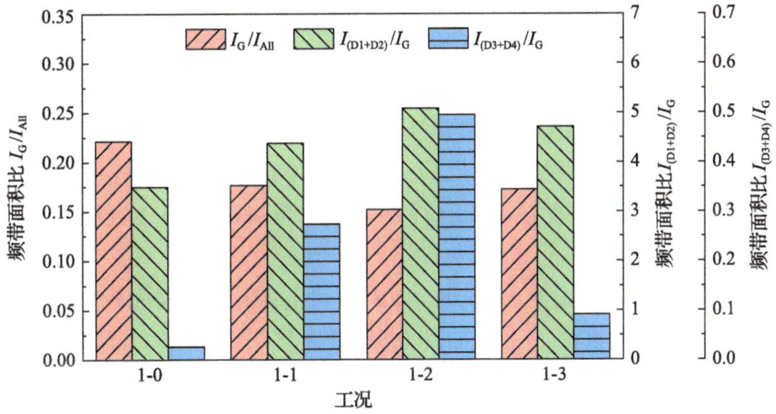

(a) FB

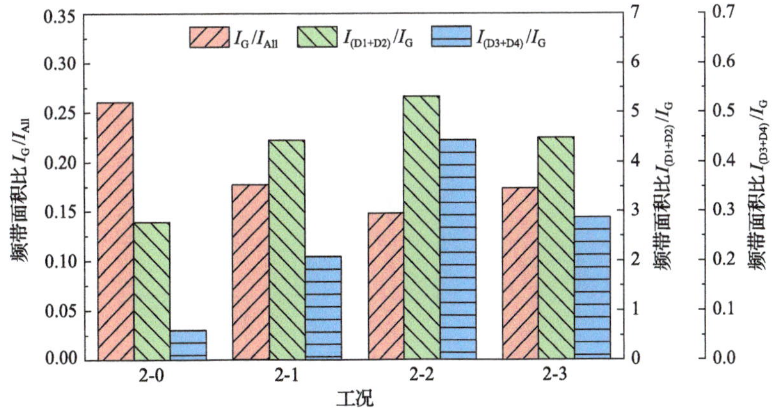

(b) FS

图 2.4 拉曼光谱特征值

如图 2.4 所示，无论是 FB 还是 FS，在经历了炉内高温还原性气氛后，I_G/I_{All} 都会有不同程度的降低，这意味着焦炭中微晶石墨结构的减少。同时，$I_{(D1+D2)}/I_G$ 和 $I_{(D3+D4)}/I_G$ 会有不同程度的升高。$I_{(D1+D2)}/I_G$ 的升高表明石墨微晶碳结构的平均尺寸减小，$I_{(D3+D4)}/I_G$ 的升高则表明更多的碳从晶体结构转化为非晶体结构。这说明，在经历了炉内的高温还原性气氛之后，焦炭的反应活性相较于原燃料均有不同程度的提高。此外，还可以发现在 λ_{CFB} 为 0.85 时，I_G/I_{All} 达到最低值，而 $I_{(D1+D2)}/I_G$ 和 $I_{(D3+D4)}/I_G$ 同样达到最高值。这说明炉内焦炭的反应活性随着 λ_{CFB} 的降低先增强后削弱，而炉内焦炭的反应活性会在 λ_{CFB} 为 0.85 时达到最佳。

之前有研究证明，煤气化过程中，在焦炭中形成的含 O 官能团与芳香族结构密切相关。O_2 的存在会使芳香族结构疏松并且使碳结构的石墨化程度降低。随着氧浓度的增加，更多的大分子芳香族结构会转化为小分子的无定形碳结构。O_2 的存在降低了焦炭的有序度。此外，O_2 的存在可能转化为焦炭中含 O 的官能团，焦炭的活性位也因此增加。因此，λ_{CFB} 从 0.75 增加到 0.85 时，炉内焦炭的反应活性逐渐增强。但是，当 λ_{CFB} 从 0.85 增加到 0.95 时，FB 和 FS 倾向于发生部分燃烧和部分气化反应而不是完全气化反应。高浓度 O_2 不仅会转化为含 O 官能团，还会直接与热稳定性较差的含 O 官能团发生进一步氧化反应并生成 CO_2。因此，当 λ_{CFB} 从 0.85 增加到 0.95 时，炉内焦炭的反应活性反而会削弱。

2.4.2 飞灰中未燃尽碳的孔隙结构

焦炭的孔隙结构同样会影响焦炭的反应活性，发达的孔隙结构会提供更大的反应表面积，更有利于 NO_x 与焦炭发生还原反应。因此，本试验对炉内焦炭的孔隙结构进行了研究。图 2.5 和图 2.6 分别为府谷煤和府谷半焦炉内焦炭的 BET 比表面积和 BJH 总孔容积测试结果。

如图 2.5(a)所示，当 λ_{CFB} 为 0.75 时，FB 焦炭的 BET 比表面积和 BJH 总孔容积为 3.96m^2/g 和 10.89mm^3/g。随着 λ_{CFB} 增加到 0.85，FB 焦炭的 BET 比表面积和 BJH 总孔容积分别增加到 4.99m^2/g 和 13.43mm^3/g。但是，当 λ_{CFB} 进一步增加到 0.95 时，FB 焦炭的 BET 比表面积和 BJH 总孔容积反而下降至 3.96m^2/g 和 10.88mm^3/g。而 FS 焦炭呈现相同

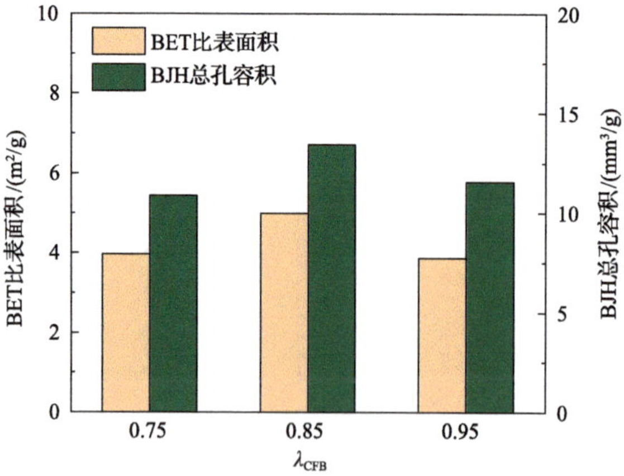

(a) BET比表面积和BJH总孔容积

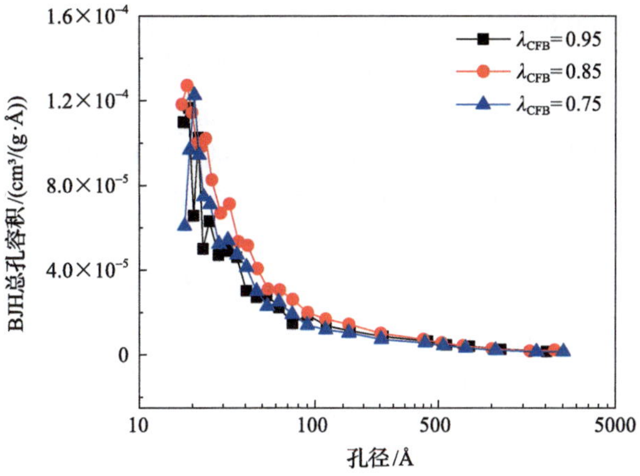

(b) BJH总孔容积

图 2.5　府谷煤未燃尽碳 BET 比表面积和 BJH 总孔容积结果

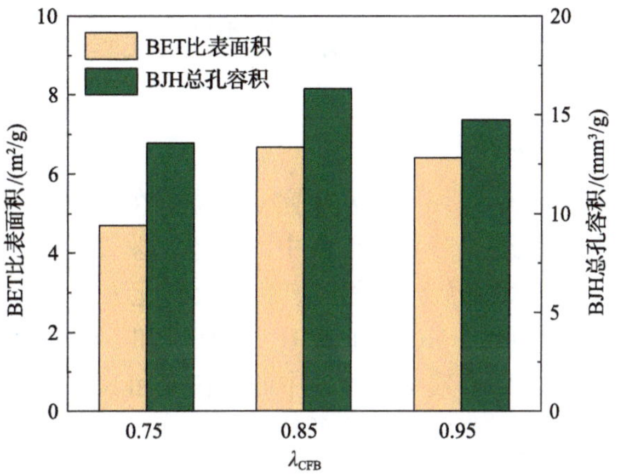

(a) BET比表面积和BJH总孔容积

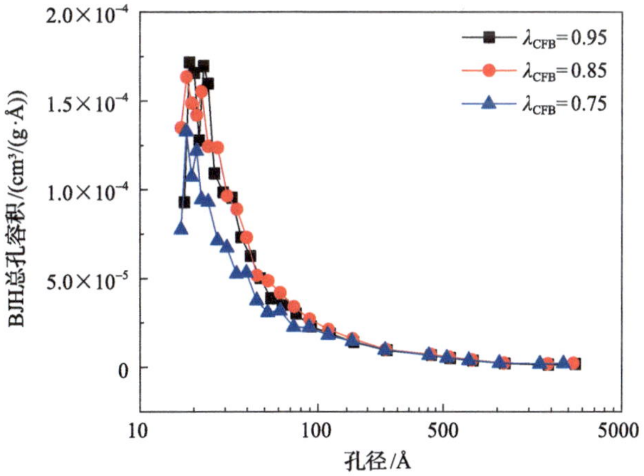

(b) BJH总孔容积

图 2.6　府谷半焦炉内焦炭 BET 比表面积和 BJH 总孔容积结果

的规律，即当 λ_{CFB} 为 0.85 时，FS 焦炭的孔隙结构最发达。此外，从图 2.5(b)可以看出，

焦炭中的微孔在 λ_{CFB} 为 0.85 时最多，而图 2.6(b)同样呈现此规律。

燃料送入炉膛后，燃料中的水分和挥发物会在热应力和 O_2 的作用下逐渐释放。在挥发物释放过程中，炭表面会形成微孔。当 O_2 浓度增加时，挥发物含量会更彻底地释放。另外，O_2 将与碳结构发生氧化反应。热稳定性较差的碳结构将首先被氧化，碳骨架也会越来越清晰。因此，当 λ_{CFB} 从 0.75 增加到 0.85 时，焦炭中形成了更多的微孔，因此孔隙结构也更加发达。然而，当炉内 O_2 浓度进一步增加时，焦炭会倾向于发生燃烧反应。在燃烧过程中，会发生孔结构的塑性变形和碳骨架的塌陷，塑性变形会使微孔结构消失，碳骨架的坍塌会使中孔和大孔消失，因此炉内焦炭的 BET 比表面积和 BJH 总孔体积相应减少。另外，在 λ_{CFB} 相同时，FS 炉内焦炭有比 FB 炉内焦炭更发达的孔隙结构。

相比于原煤，半焦有更为发达的孔隙结构，因此相较于 FB 炉内焦炭，FS 炉内焦炭也有更为发达的孔隙结构。

2.5 炉内过量空气系数对燃料氮迁移转化的影响

2.5.1 炉内燃料氮迁移转化规律

当炉膛保持还原性气氛时，煤不会发生完全燃烧。在此过程中，一部分燃料氮会释放到气相中，剩下的燃料氮仍会残留在固相中。在还原性气氛下，释放到气相的燃料氮几乎不会转化为 NO_x。大多数释放到气相的燃料氮会转化为 N_2，另有一部分燃料氮会以 NO_x 前驱物的形式存在，也就是 HCN 和 NH_3。而焦炭和 NO_x 前驱物随着烟气进入后燃室后，随着后燃风的注入，部分残留在固相中的燃料氮和 NO_x 前驱物会转化为 NO_x。因此，本节将高温后燃技术中燃料氮在炉内的迁移转化分为四部分，分别是残留在固相的燃料氮（η_S）、转化为 HCN 的燃料氮（η_{HCN}）、转化为 NH_3 的燃料氮（η_{NH_3}）和转化为 N_2 的燃料氮（η_{N_2}）。同时，将释放到气相的燃料氮比例定义为 η_G。根据燃料氮平衡和灰平衡，可以计算出以上各部分燃料氮的转化比例。具体计算方法见 2.3.3 节。

η_S、η_G 和 η_{N_2} 的计算结果如图 2.7 所示。由图 2.7(a)可知，在府谷煤工况中，当 λ_{CFB} 为 0.95 时，η_S 仅为 0.99%，而 η_G 高达 99.01%，这说明当炉内还原性气氛较弱时，几乎全部燃料氮都会释放到气相中。而随着 λ_{CFB} 降低至 0.85 和 0.75 时，η_S 则逐渐升高至 3.14% 和 4.47%，说明有更多的燃料氮残留在固相中。众所周知，燃料氮均以有机氮的形式存在，也就是氮原子和碳原子在原煤中组成高分子有机物。随着 λ_{CFB} 降低，炉内 O_2 浓度下降，焦炭难以发生氧化反应，不完全燃烧程度增加，因此也就有更多的燃料氮残留在固相而不是释放到气相中。此外，值得注意的是，FB 和 FS 的 η_{N_2} 均会在 λ_{CFB} 为 0.85 时达到最大值，分别为 95.60%和 91.40%。

比较图 2.7(a)和(b)可以发现，相比于府谷煤工况，府谷半焦的 η_S 显著升高。在还原性气氛中，挥发分氮可以在脱挥发分阶段中在热应力的作用下释放到气相中，即挥发分氮相比于焦炭氮更容易释放。而 FS 中挥发分含量明显低于 FB，因此 FS 残留在固相中的燃料氮比例会高于FB。

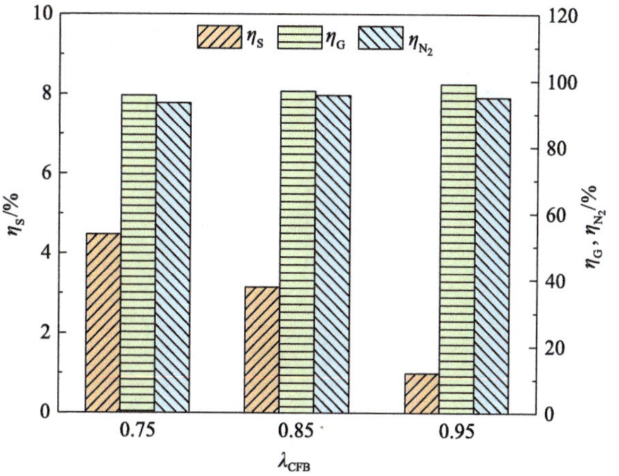

(a) FB

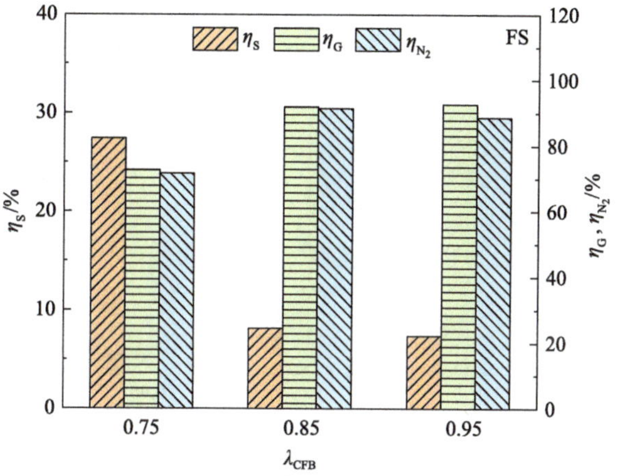

(b) FS

图 2.7　不同 λ_{CFB} 下 η_S、η_G、η_{N_2} 计算值

η_{HCN} 和 η_{NH_3} 的计算结果如图2.8所示，图2.8(a)和(b)分别代表FB工况和FS工况。对于FB，当 λ_{CFB} 为0.95时，η_{HCN} 和 η_{NH_3} 分别为0.015%和0.291%。随着 λ_{CFB} 的减小，η_{HCN} 和 η_{NH_3} 逐渐增加。当 λ_{CFB} 降至0.75时，η_{HCN} 和 η_{NH_3} 增加至0.624%和1.635%。FS也具有这样的规律：η_{HCN} 和 η_{NH_3} 随着 λ_{CFB} 的减小而逐渐增加。这些现象是以下两个方面的结果。一方面，在 λ_{CFB} 降低过程中，O_2 浓度降低，大量的氢自由基在炉内富集。现有研究证明，形成HCN和 NH_3 的第一步是氢自由基引发含氮芳香环的杂化。因此，HCN和 NH_3 的形成量将随着 λ_{CFB} 的减小而增加。另一方面，HCN和 NH_3 在高温下难以与 O_2 共存，NO_x 前驱物在高温下会被 O_2 氧化。随着 O_2 浓度的降低，HCN和 NH_3 的消耗速率降低。基于上述原因，NO_x 前驱物的转化率随着 λ_{CFB} 的增大而逐渐减小。

此外，FB的 NO_x 前驱物的转化率明显高于FS。先前的研究已经证明，HCN的形成有两条主要途径。一个是挥发分氮在热应力的作用下裂解，另一个是相对不稳定的焦炭

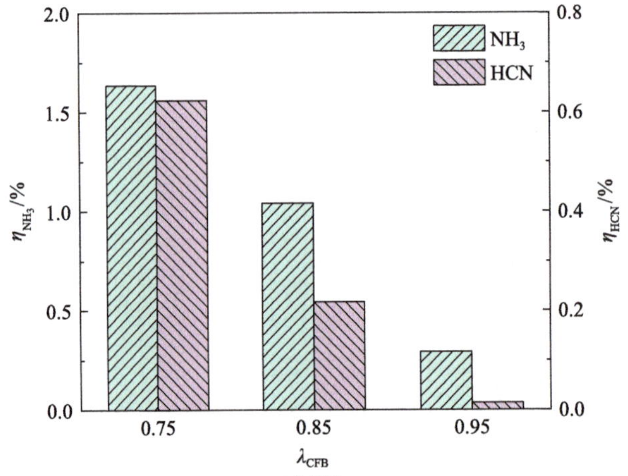

(a) FB

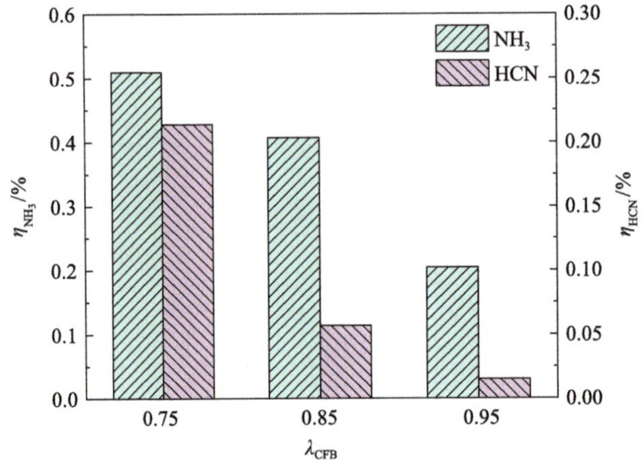

(b) FS

图 2.8　不同 λ_{CFB} 下 η_{HCN}、η_{NH_3} 计算值

氮裂解。与 FS 相比，FB 的挥发分含量更多，且固定碳的热稳定性更差。因此，FB 的 η_{HCN} 明显高于 FS。相比之下，NH_3 主要是氢自由基将焦炭氮直接氢化而形成。FB 的氢含量高于 FS，因此在 λ_{CFB} 相同时，FB 工况中炉内氢自由基浓度会更高。更多的氢自由基无疑会增加 NH_3 的生成量。另外，FB 中焦炭氮的热稳定性比 FS 差，这意味着 FB 中的焦炭氮更容易与氢自由基直接反应生成 NH_3。基于上述原因，FB 的 η_{NH_3} 高于 FS。而 Li 的研究证明了焦炭氮主要转化为 NH_3 而不是 HCN，因此在本试验中，无论何种燃料的 η_{NH_3}，都始终高于 η_{HCN}。

2.5.2　原始 NO_x 排放特性

如前所述，本试验进行过程中，通过布袋除尘器前氧化锆旁的取样口对烟气中原始 NO_x 排放浓度进行了测量，同时根据给煤量、氮含量、烟气量以及烟气中 NO_x 排放浓度计算了燃料氮向 NO_x 的转化率（η_{NO_x}）。烟气中 NO_x 排放浓度（6%基准氧量）以及 η_{NO_x} 如

图 2.9 所示，图 2.9(a) 和 (b) 分别代表 FB 工况和 FS 工况。

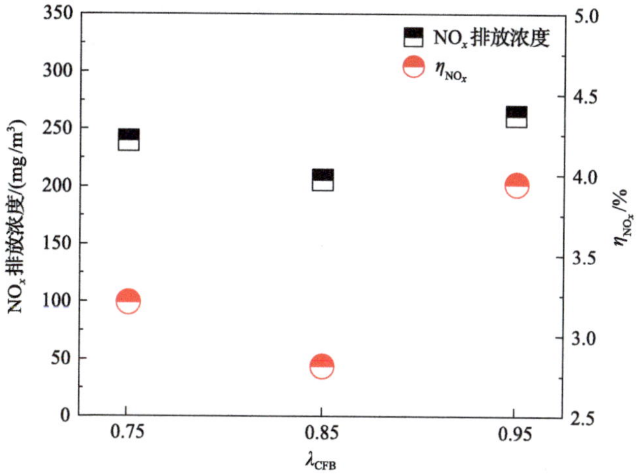

(a) FB

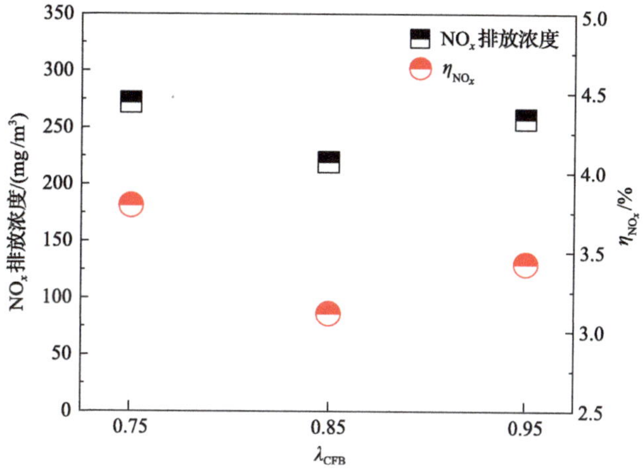

(b) FS

图 2.9 不同 λ_{CFB} 下 NO_x 排放值及 η_{NO_x} 计算值

无论 FB 还是 FS，随着 λ_{CFB} 的减小，NO_x 的排放先呈下降趋势，然后呈上升趋势，η_{NO_x} 也呈相同的规律。当 λ_{CFB} 为 0.95 时，NO_x 前驱物的产率极低，并且焦炭中几乎没有残留的燃料氮。然而，该小试试验台并没有设置二次风，全部炉内供风由一次风提供。这会在炉膛密相区形成局部氧化区，因此仍有 NO_x 在呈现弱还原性的炉膛内生成。此外，当 λ_{CFB} 为 0.95 时，炉内处于弱还原气氛，炉内焦炭颗粒和 CO 的浓度偏低，对于 NO_x 的还原效果也有限。因此，在旋风分离器出口的烟气中仍存在 NO_x，而最终 NO_x 的排放浓度也相对较高。当 λ_{CFB} 为 0.75 时，旋风分离器的出口处烟气中 NO_x 前驱物浓度较高。此外，仍有相当一部分的燃料氮留在焦炭中。在后燃室内，烟气中 NO_x 前驱物以及焦炭中的燃料氮会在后燃风的氧化作用下转化为 NO_x。而在当 λ_{CFB} 为 0.85 时，炉内几乎不生成 NO_x，残留在固相中的燃料氮以及转化为 NO_x 前驱物的燃料氮比例也相对较低，因此当 λ_{CFB} 为 0.85 时，NO_x 排放浓度以及 NO_x 转化率最低。

此外，后燃室内还会发生 NO_x 还原反应，而还原反应的速率会受到焦炭的反应活性和孔隙结构的影响。NH_3 也可以作为还原剂参与 NO_x 的还原反应，如式(2.9)所示。当 λ_{CFB} 为 0.85 时，焦炭的反应活性最佳，孔隙结构最发达，同时烟气中存在适量的 NH_3。这意味着后燃室内的 NO_x 还原反应同样在 λ_{CFB} 为 0.85 时最强烈。

$$4NH_3 + 6NO = 5N_2 + 6H_2O \tag{2.9}$$

也正因为当 λ_{CFB} 为 0.85 时，炉内有最合适的氮迁移转化比例，后燃室内有最剧烈的 NO_x 还原反应，所以 NO_x 排放浓度以及 NO_x 转化率最低。

2.6 本章小结

本章在 $0.1MW_{th}$ 低 NO_x 排放小试试验台上探究了 λ_{CFB} 和煤种对燃料氮在炉内迁移转化比例的影响。首先，验证了 λ_{CFB} 对炉内焦炭反应活性和孔隙结构的影响。随后探究了府谷煤和府谷半焦在不同 λ_{CFB} 下燃料氮在还原性气氛下的迁移转化比例。最终将上述规律与最终 NO_x 排放浓度及 NO_x 转化比例相关联。通过本章研究得到以下结论。

(1)府谷煤和府谷半焦的试验结果一致表明，λ_{CFB} 存在一个最佳值，能够使炉内焦炭的反应活性达到最佳，同时还能使其孔隙结构最发达。在本章中，λ_{CFB} 的最佳值为 0.85。由于煤和半焦本身燃料特性的区别，半焦工况中生成的炉内焦炭反应活性稍差，却拥有更为发达的孔隙结构。

(2)当炉内还原性气氛增强时，更多的燃料氮会残留在焦炭中而不是释放到气相。同时，释放到气相的燃料氮也更多地以 NO_x 为前驱物，即以 NH_3 和 HCN 的形式存在，而不是转化为 N_2。以府谷煤为例，当 λ_{CFB} 为 0.85 时，η_S、η_{HCN} 和 η_{NH_3} 分别为 3.14%、0.22% 和 1.04%，而 η_{N_2} 可以达到 95.60%。但是当 λ_{CFB} 降至 0.75 时，η_S、η_{HCN} 和 η_{NH_3} 有不同程度的升高，分别达到 4.47%、0.624%和 1.635%，而 η_{N_2} 也相应降至 93.27%。

(3)燃料特性同样对燃料氮迁移转化规律产生影响。府谷煤中挥发分含量更高，因此在府谷煤工况中，炉内 NO_x 前驱物的生成量更高。而府谷半焦中焦炭氮的比例更高，因此在府谷半焦工况中，更高比例的燃料氮会残留在固相而不是释放到气相中。当 λ_{CFB} 同样保持为 0.85 且燃烧温度相同时，相较于府谷煤，府谷半焦的 η_S 会升高至 8.13%，而 η_{HCN} 和 η_{NH_3} 则分别下降至 0.06%和 0.41%

(4)在 λ_{CFB} 为最佳值时，燃料氮能够在炉内尽可能多地释放，并且在炉内转化为 N_2。同时，炉内焦炭在该最佳 λ_{CFB} 下有最佳的反应活性和最发达的孔隙结构，既有利于 NO_x 在后燃室内发生还原反应，又有助于燃尽。因此，当 λ_{CFB} 为最佳值时，NO_x 原始排放浓度和转化率达到最低值。

第 3 章

高温后燃技术后燃室内燃料氮的迁移规律

前期以高温后燃技术中特有的呈现还原性气氛的炉膛为研究对象，探索了燃料氮在炉内迁移转化的比例。同时探究了在高温还原性气氛下，炉内焦炭的反应活性及孔隙结构。同时，前期证明了当炉内维持足够强的还原性气氛时，在旋风分离器出口处的烟气中基本不存在 NO_x，同时存在大量可燃气体和焦炭。而这部分焦炭的燃尽特性以及残留在固相中和以 NO_x 前驱物形式存在的燃料氮在后燃室内如何生成 NO_x 仍不清晰。由于在常规 CFB 中，NO_x 在炉内生成，同时会在旋风分离器入口布置 SNCR 装置或者在尾部烟道内布置 SCR 装置。因此，在以往的研究中，极少有研究关注旋风分离器之后烟气中 NO_x 的变化趋势。但是在高温后燃技术中，旋风分离器出口几乎不存在 NO_x，而最终排放的 NO_x 大多来自烟气中的 NO_x 前驱物以及飞灰中残留的燃料氮。因此，需要探究最终的 NO_x 是在后燃室何处生成的，找到后燃室内控制 NO_x 生成的关键，进而更好地控制 NO_x 排放。此外，高温后燃技术中高温后燃室还承担将可燃气体和焦炭颗粒燃尽的重要作用，所以也要研究后燃室内未燃尽的焦炭和可燃气体的燃尽特性。

本章研究借助 $0.15MW_{th}$ 循环流化床低排放热态试验台，考察燃用不同燃料时，后燃室沿程飞灰碳含量和烟气中 CO 浓度的燃尽情况，同时探究后燃室沿程飞灰氮含量及烟气中 NO_x 浓度的变化趋势。随后将燃料氮的释放同燃料特性相关联，结合前序结论揭示燃料氮在高温后燃技术中的迁移转化路径。

3.1 试验物料

试验用煤包括府谷煤(FB)、府谷半焦(FS)和兖矿干煤泥(DCS)，府谷煤及府谷半焦的煤质分析见表 2.1。也采用山东济宁的兖矿干煤泥(DCS)进行试验，首先将煤泥进行烘干并筛分至不同粒径。兖矿干煤泥的燃料特性分析结果见表 3.1。

表 3.1 兖矿干煤泥煤质分析及灰成分结果

燃料	工业分析(质量分数)/%				元素分析(质量分数)/%					$Q_{ar,net}$/(MJ/kg)
	M_{ar}	A_{ar}	V_{ar}	FC_{ar}	C_{ar}	H_{ar}	O_{ar}	N_{ar}	S_{ar}	
DCS	1.83	27.13	26.40	44.64	57.05	3.55	8.89	1.04	0.51	21.98

为了保证试验过程中给料顺畅，将试验用燃料筛分至 0.1～2.0mm 的粒径。燃料的粒径分析如图 3.1 所示。FB、FS 和 DCS 的中位粒径分别为 346.74μm、248.86μm 和 49.7μm。

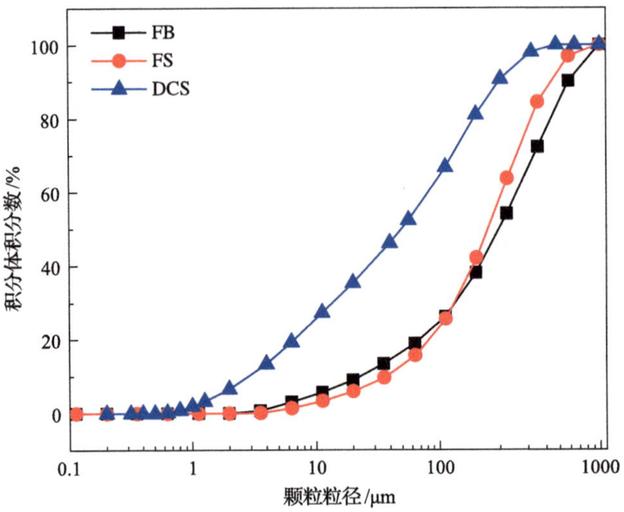

图 3.1 燃料粒径分析结果

3.2 试验装置及取样系统

鉴于 0.1MW$_{th}$ 试验台的后燃室尺寸偏小，为了更好地探究燃料氮在后燃室内的转化，本节选择在尺寸更大的 0.15MW$_{th}$ 循环流化床低排放热态试验台上进行，试验台系统示意图见图 3.2。热态试验台由炉膛、旋风分离器、返料器、绝热后燃室、尾部受热面、布袋

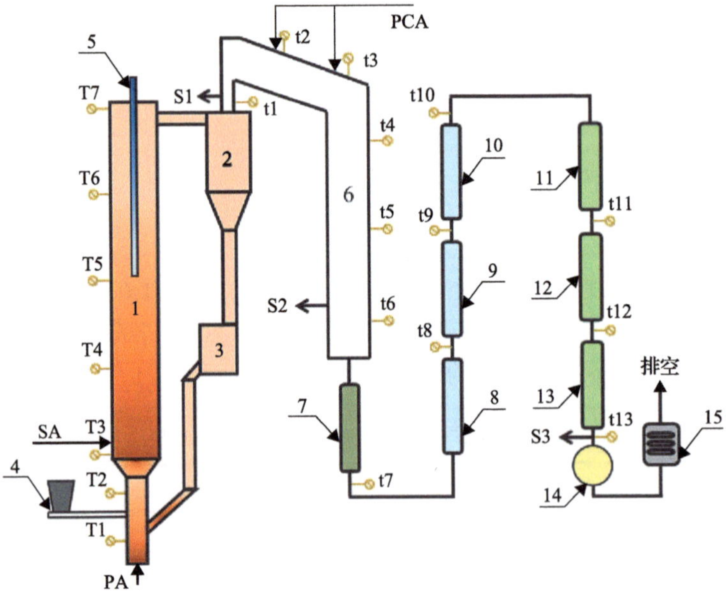

图 3.2 0.15MW$_{th}$ 循环流化床小试试验台系统示意图

1.炉膛；2.旋风分离器；3.返料器；4.螺旋给煤机；5.水冷刺刀管；6.绝热后燃室；7，11～13.烟气冷却器（水冷套管）；8.后燃风预热器；9.一次风预热器；10.二次风预热器；14.氧化锆测氧仪；15.布袋除尘器

除尘器、给料系统、冷却系统及测量系统等组成。循环流化床炉膛采用变径设计，炉膛下部的内径为 233mm，有效高度为 1880mm。炉膛上部的内径为 300mm，有效高度为 8120mm。在炉膛沿程布置了 7 支热电偶。高温后燃室采用耐火材料，同时为了模拟实际锅炉的烟道结构，后燃分为水平段和垂直段两部分。水平段后燃室是 300mm×300mm 的方形烟道，有效长度为 2000mm。竖直段后燃室是内径为 300mm 的圆形烟道，有效高度为 4000mm。后燃室至尾部烟道共布置 13 支热电偶，图 3.2 中 T1～T7 为炉膛烟气温度，t1～t13 为尾部烟道烟气温度，PA 为一次风，SA 为二次风，PCA 为后燃风。试验台在炉膛底部布置有一个螺旋进料器。试验台布置三台罗茨风机分别提供一次风、二次风和后燃风。松动风、返料风和播煤风则由一台空气压缩机提供。烟气中的氧含量由尾烟道上的一台氧化锆氧气分析仪进行在线实时测量。同时，在后燃室和尾部烟道沿程，共计布置三个取样点，用于收集飞灰样品，同时测量烟气中 CO 和 NO_x 的浓度。第一个取样点(S1)布置在旋风分离器出口，第二个取样点(S2)布置在后燃室尾部，第三个取样点(S3)布置在尾部烟道的氧化锆处。

3.3 试验方法及工况

在热态试验之前，对试验台进行冷态模化试验，确认各管路供风流量正常且试验台气密性良好。启炉阶段，0.15MW_{th}循环流化床低排放热态试验台采用油点火器升温。温度达到 500℃后，断续给煤，确认着火后正常给煤并持续升温。炉膛底部温度达到 800℃后，开启松动风和返料风，切换至外循环运行。随后根据试验内容调整给煤量和供风量以达到试验工况。整个试验台为自身热平衡，因此试验参数会在保证试验稳定安全运行的前提下进行微调。

在试验过程中，保持给煤量不变且总过量空气系数(λ)一致，同时保证炉内过量空气系数(λ_{CFB})在 0.75～0.80 的范围内。每个工况保证稳定运行 2h，试验工况下具体操作参数见表 3.2。

表 3.2 后燃室内燃料氮转化试验工况

项目	工况 1	工况 2	工况 3
燃料	FB	FS	DCS
炉膛温度/℃	960	960	930
后燃室温度/℃	881	977	919
λ	1.20	1.20	1.20
λ_{CFB}	0.78	0.76	0.79
给料量/(kg/h)	40	41	43
一次风量/(Nm^3/h)	115	120	110
二次风量/(Nm^3/h)	81	80	75
后燃风量/(Nm^3/h)	110	120	100

3.4 样品分析

工况进行过程中，利用 Gasmet 烟气分析仪(DX4000)在沿程三个取样点对烟气中气体成分进行测量。测量气体成分后，利用真空泵抽取沿程飞灰样品。试验结束后，对固体样品进行元素分析及灰含量分析，详细的步骤同 2.3.2 节。

3.5 后燃室内温度分布及燃尽特性

3.5.1 温度分布特性

图 3.3 展示了三个工况中炉膛的温度分布曲线。总体来说，三种燃料的温度分布趋势相似。在炉膛底部和顶部的温度相对低于炉膛中部温度。炉膛底部温度偏低是因为较低温度的循环灰和燃料会自炉膛底部返回炉膛。因为炉顶布置有水冷刺刀管，所以炉膛顶部温度偏低。相比于 FB 和 FS，DCS 工况中，炉膛温度相对偏低，这是因为 DCS 的热值较低。在各工况给煤量基本一致的情况下，DCS 工况的热负荷相对偏低，炉膛温度也更低。由图 3.3 可知，炉膛最高温度在 T3 位置，而最低温度则是在炉膛顶部的 T7 位置。值得注意的是，DCS 工况中炉膛温差，也就是炉膛最高温度 T3 和最低温度 T7 的差值最小。由燃料粒径分析可知，相比于 FB 和 FS，DCS 粒径更细，有更多的燃料被携带至稀相区燃烧，也就是有更多的燃料份额从密相区转移到稀相区，因此炉膛温差最小。

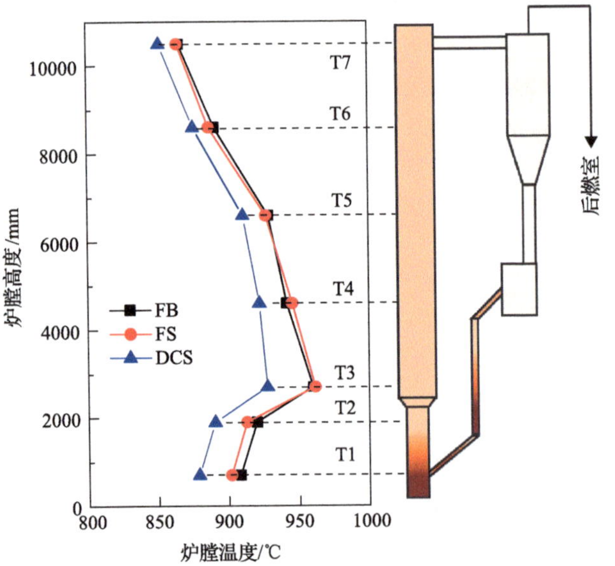

图 3.3 炉膛温度分布曲线

后燃室及尾部烟道内的温度分布如图 3.4(a)所示。各工况中后燃室的温度分布差异更大，而尾部烟道中的温度分布相对差异较小。因此，图 3.4(b)中对图 3.4(a)虚线框内后燃室的温度分布进行了放大展示。

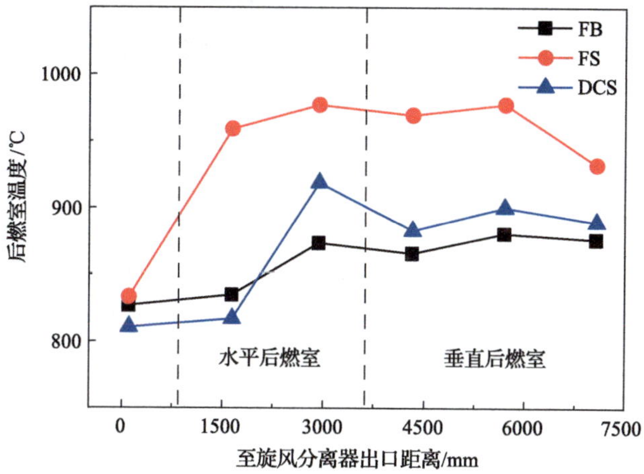

(a) 后燃室

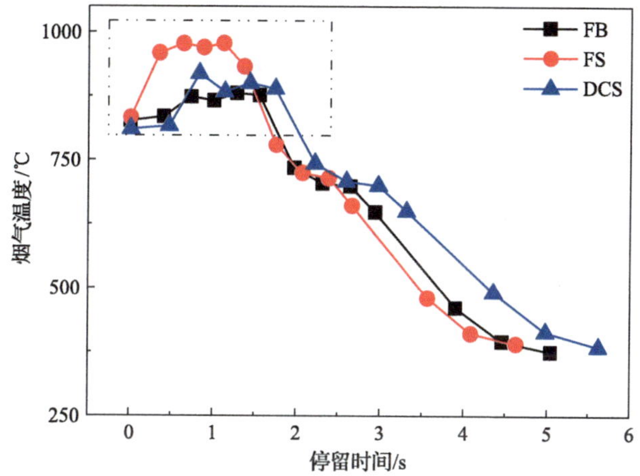

(b) 尾部烟道

图 3.4 后燃室及尾部烟道温度分布曲线

由图 3.4(a)可知，在水平后燃室内，烟气温度急剧升高。在 FS 工况中，T2 处烟气温度便剧烈升高，但在 FB 和 DCS 工况中，烟气温度直至 T3 才出现剧烈的上升。这种温度分布的差异是由旋风分离器出口处烟气中可燃组分的不同特性造成的。低位热值是由烟气中可燃气体的体积浓度计算而来的，计算公式如下：

$$Q_{\mathrm{net,v}}=V(\mathrm{C}_m\mathrm{H}_n)\times 14206+V(\mathrm{CO})\times 3021+V(\mathrm{CH_4})\times 8582+V(\mathrm{H_2})\times 2577 \tag{3.1}$$

烟气中的可燃组分主要为可燃气体和飞灰中未燃尽的焦炭颗粒。可燃气体(如 CO 和 H_2)的燃烧为均相反应。因此，在后燃风注入之后，可燃气体会迅速着火燃烧。相比之下，焦炭燃烧为异相反应，因此焦炭需要有更多的反应时间点燃。在 FS 工况中，烟气的热值最高，所以烟气温度会在 T2 处迅速升高。而在 FB 和 DCS 工况中，随着焦炭的进一步燃烧，烟气温度才在 T3 处明显升高。

除此之外，后燃室温度分布的另一个区别是旋风分离器出口温度和后燃室内最高温度之间的温升。在 FS 工况中，烟气中可燃气体的总热值最高，因此温升幅度最大为 144℃。此外，在 FB 和 DCS 工况中，后燃室内温差分别为 54℃和 108℃。但是在 FB 工况中的烟气热值和飞灰碳含量均高于 DCS 工况，这是因为在 DCS 工况中，旋风分离器出口处烟气中飞灰浓度更高。一方面，DCS 中灰含量是三种燃料中最高的。另一方面，DCS 的燃料粒径较小，这意味着更多的 DCS 颗粒会通过旋风分离器进入后燃室。也就是说，除烟气热值和飞灰碳含量之外，烟气中飞灰浓度同样会对后燃室内温度分布产生影响。而且，烟气中飞灰浓度也会对实际锅炉运行中尾部受热面的传热效率及安全运行造成影响。因此，在后燃技术的工业应用中，在设计过程中应该考虑烟气中飞灰浓度可能造成的影响。

3.5.2 后燃室内烟气中 CO 浓度及飞灰碳含量变化规律

本节主要关注的含碳可燃组分为烟气中 CO 和飞灰中未燃尽的碳颗粒，CO 和未燃尽的焦炭颗粒不仅影响最终的锅炉效率，还会参与后燃室内 NO_x 的还原反应。两者分别以烟气中 CO 浓度和飞灰碳含量为标准进行定量分析。但是如果直接比较飞灰碳含量会受灰含量的影响，因此为了排除灰含量的影响，利用飞灰中可燃碳的残留比例进行比较。式(3.2)为基于灰平衡的飞灰中可燃碳的残留比例的计算公式。

$$\eta_C = \frac{[C]_{ash} \times [A]_{fuel}}{[C]_{fuel} \times [A]_{ash}} \tag{3.2}$$

式中，η_C 为飞灰中可燃碳的残留比例；$[C]_{fuel}$ 和 $[C]_{ash}$ 分别为燃料和飞灰中的可燃碳含量(%)；$[A]_{fuel}$ 和 $[A]_{ash}$ 则分别为燃料和飞灰中的灰含量(%)。经过计算，烟气中 CO 浓度和飞灰中可燃碳的残留比例如图 3.5 所示。

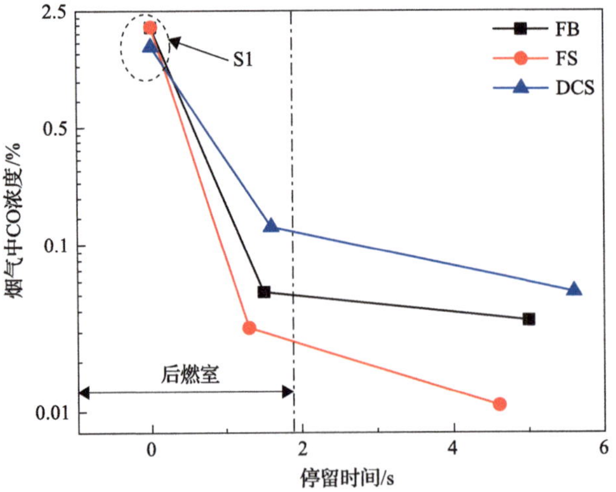

(a) CO浓度

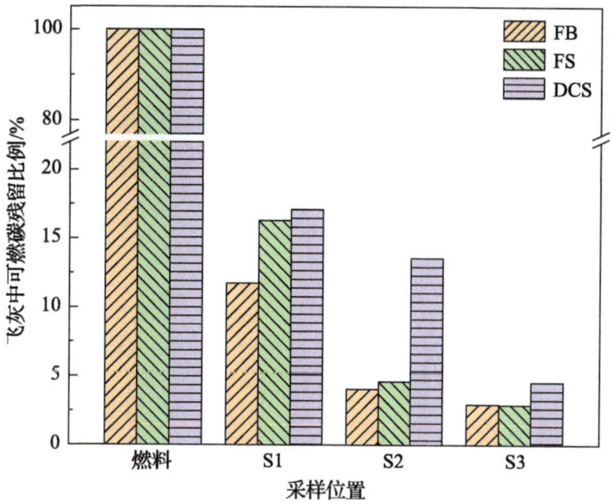

(b) 飞灰中可燃碳的残留比例

图 3.5　CO 浓度和飞灰中可燃碳的残留比例

如图 3.5(a)所示,烟气中 CO 浓度在后燃室中急剧下降,然后在尾部烟道中略有下降。经过计算，在 FB、FS 和 DCS 工况中，分别有 96%、97%和 88%的 CO 在后燃室内燃尽。根据图 3.5(b)，比较原燃料和飞灰中可燃碳的残留比例可以发现，大概有 80%～90%的固定碳在循环流化床中消耗并转移到气相，在后燃室中飞灰碳含量逐渐降低。在 FB 和 FS 工况下，大多数焦炭颗粒在后燃室内燃尽。然而，在 DCS 工况中，很大一部分未燃尽的焦炭颗粒在尾部烟道而不是后燃室中燃尽。在 FB 和 FS 工况中，后燃室过量空气系数 λ_{PCC} 相对较高，这意味着后燃室内氧含量更高，因此燃烧反应速率更快，所以焦炭颗粒能够在后燃室内迅速燃尽。但是在 DCS 工况中，λ_{PCC} 较低，较低的氧含量使得焦炭着火延迟，因此需要更长时间燃尽。总体来说，大多数可燃物能够在高温后燃室内燃尽。

3.6　后燃室内燃料氮释放和转化特性

3.6.1　后燃室内烟气中 NO_x 浓度及飞灰氮含量变化规律

图 3.6 为后燃室沿程烟气中 NO_x 浓度及飞灰氮含量的变化趋势。由图 3.6(a)可知，炉内维持较强的还原性气氛，因此 S1 处的烟气中 NO_x 浓度几乎为 0。FB 工况中，烟气中 NO_x 浓度在 S2 处上升至 211.7mg/m^3，随后逐渐降低至 105.9mg/m^3。而在 FS 工况中，烟气中 NO_x 浓度在 S2 处达到最大值 218.1mg/m^3，而后逐渐下降至 155.2mg/m^3。同样，在 DCS 工况中，烟气中 NO_x 浓度同样呈现在后燃室迅速升高而后在尾部烟道内逐渐降低的趋势，而并不是呈现一个单调上升的趋势。但是值得注意的是，图 3.6(b)显示飞灰中氮含量沿后燃室逐渐下降，这说明虽然飞灰中的燃料氮在后燃室沿程不断释放到气相中，但是烟气中 NO_x 浓度却并不是单调上升的。

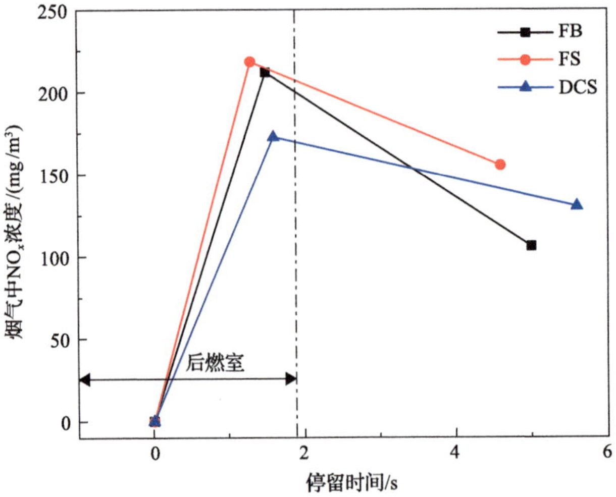

(a) NO_x浓度

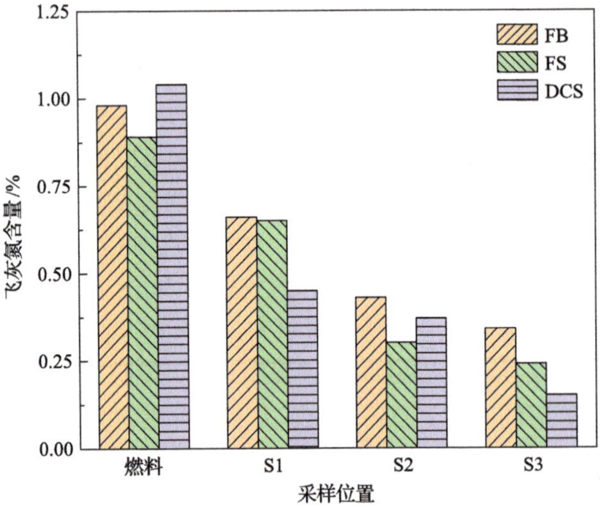

(b) 飞灰氮含量

图 3.6 NO_x 浓度和飞灰氮含量变化规律

许多研究证明，NO_x 的浓度取决于其生成速率和还原速率。随着后燃风注入，后燃室内将保持一个强氧化性气氛。前期研究证明，旋风分离器出口烟气中将存在大量 NO_x 前驱物，如 HCN 和 NH_3。同时飞灰中的燃料氮会持续释放。而在这种强氧化性气氛下，NO_x 前驱物和燃料氮会被氧化生成 NO_x，也就是反应(3.3)和反应(3.4)的反应速率会迅速升高。

$$HCN,NH_3+O_2 \longrightarrow NO \tag{3.3}$$

$$Char\ N(焦炭氮)+O_2 \longrightarrow NO \tag{3.4}$$

烟气中存在的焦炭颗粒和 CO 也会在后燃风中氧气的作用下迅速燃烧，而不是参与还原反应。这也就意味着，能够参与 NO_x 还原反应的焦炭颗粒和 CO 会减少。此外，高浓度的 O_2 会占据焦炭颗粒表面的活性位。因此，在后燃室后燃风注入的高 O_2 浓度位置，如反应(3.5)～反应(3.7)所示的 NO_x 还原反应会被抑制，反应速率下降。

$$NO + C \longrightarrow \frac{1}{2}N_2 + CO \tag{3.5}$$

$$2NO + C \longrightarrow N_2 + CO_2 \tag{3.6}$$

$$NO + CO \xrightarrow{\text{焦炭/催化剂}} \frac{1}{2}N_2 + CO_2 \tag{3.7}$$

总而言之，大量 O_2 随后燃风注入后燃室，使得 NO_x 的生成速率远远高于还原速率，因此烟气中 NO_x 浓度急剧升高。

而在后燃室后端以及尾部烟道内，烟气中 NO_x 浓度会略微下降，这是在后燃室后端和尾部烟道内 NO_x 的还原速率升高导致的。随着后燃室内燃烧持续发生，焦炭颗粒粒径也不断减小，而越小的颗粒越容易发生团聚。另外，后燃风均在后燃室前段通入，因此后燃室前段的气流扰动较大。而在后燃室后段，流场扰动小，这也使得飞灰颗粒的团聚现象加剧。在颗粒团内部保持了局部还原性气氛，这使得 NO_x 的还原速率升高。此外，烟气中 O_2 浓度降低，也使得焦炭表面有更多的活性位能够参与 NO_x 的还原反应。简而言之，在后燃室后段和尾部烟道内，NO_x 的还原速率略高于 NO_x 生成速率，因此烟气中 NO_x 浓度沿程略有下降。

3.6.2 燃料氮释放比例及迁移转化路径

如图 3.6(b)所示，燃料中氮元素会在高温后燃技术中逐渐释放到气相中。为了探究在炉内和后燃室内燃料氮的释放特性，采用灰平衡法对燃料氮的释放比例进行计算。

$$\eta_G = 100\% - \frac{[N]_{ash} \times [A]_{fuel}}{[N]_{fuel} \times [A]_{ash}} \times 100\% \tag{3.8}$$

式中，η_G 为燃料氮释放到气相中的比例；$[N]_{fuel}$ 和 $[N]_{ash}$ 分别为燃料和飞灰中的氮含量(%)；$[A]_{fuel}$ 和 $[A]_{ash}$ 分别为燃料和飞灰中的灰含量(%)。此外，将 η_{CFB} 和 η_{PCC} 分别定义为燃料氮在炉内和后燃室内释放到气相中的比例。计算值在表 3.3 中列出。

表 3.3 不同燃料的 η_{CFB} 和 η_{PCC}

燃料	FB	FS	DCS
η_{CFB}	87.66	80.04	82.24
η_{PCC}	8.03	14.53	4.13

通过分析，发现燃料氮在炉内和后燃室内的转化率与燃料特性之间有紧密的联系。图 3.7(a)展示了 η_{CFB} 和燃料挥发分含量的关系，图 3.7(b)则展示了 η_{PCC} 和燃料固定碳含量的关系。

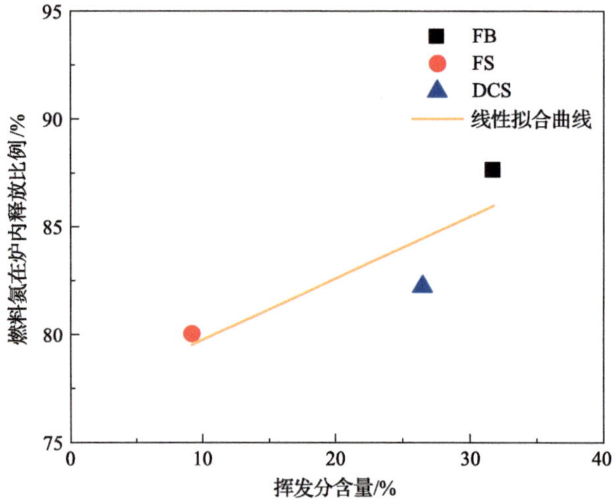

(a) 燃料氮在炉内释放的比例与挥发分含量的关系

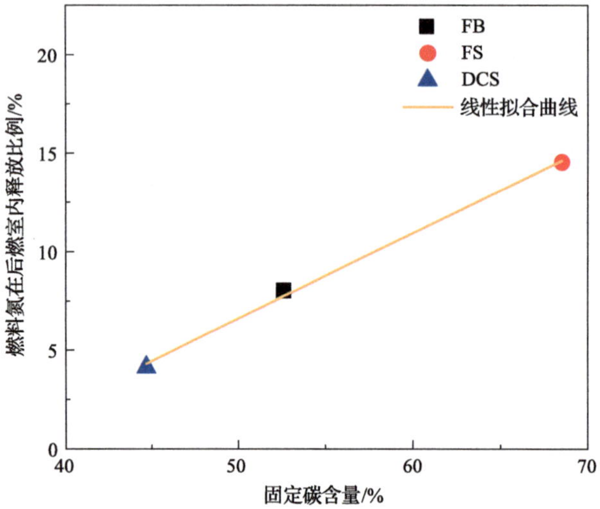

(b) 燃料氮在后燃室内释放的比例

图 3.7　燃料氮释放比例和燃料特性的关系

实线是根据试验结果进行线性拟合的结果。尽管图 3.7(a)中的拟合线并没有很好地拟合试验数据点，但可以反映 η_{CFB} 的变化趋势，即 η_{CFB} 会随着燃料中挥发分含量的增加而增加。在高温后燃技术中，炉内维持一个还原性气氛，而即便是在 O_2 浓度相对较低的气氛下，挥发分氮仍然可以在脱挥发分阶段受热应力的作用而释放到气相中。因此，高挥发分燃料的 η_{CFB} 会相应升高。在煤中，焦炭氮会和固定碳结合形成较为稳定的高分子有机物，而在低氧气氛下固定碳不能发生完全燃烧，所以有一部分稳定性较好的焦炭氮同样会残留在固相中。

正如高温后燃技术中，大多数 NO_x 均在后燃室内后燃风注入时生成，因此 η_{PCC} 非常值得关注。如图 3.7(b)所示，η_{PCC} 与燃料固定碳含量呈正比关系，试验数据点与拟合曲线保持高度一致。在还原性气氛的炉内难以释放的焦炭氮可以在呈氧化性气氛的后燃室内释放到气相。较高的固定碳含量则意味着有更多的焦炭氮在后燃室内释放，因此 η_{PCC} 随着燃料固定碳含量的增加而增加。

综上所述，在高温后燃技术中，挥发分氮和焦炭氮的迁移转化途径不同，对高温后燃技术中燃料氮的迁移转化路径进行了描述，结果如图 3.8 所示。η_{CFB} 和 η_{PCC} 仍旧表示在炉内和后燃室内燃料氮释放到气相中的比例。左侧饼状图中的灰色部分则代表一小部分最终残留在飞灰和底渣中的燃料氮比例。在图 3.8 中，实线代表燃料氮在维持还原性气氛的炉内发生的迁移转化，而虚线则表示焦炭氮在氧化性气氛的后燃室内的反应路径。

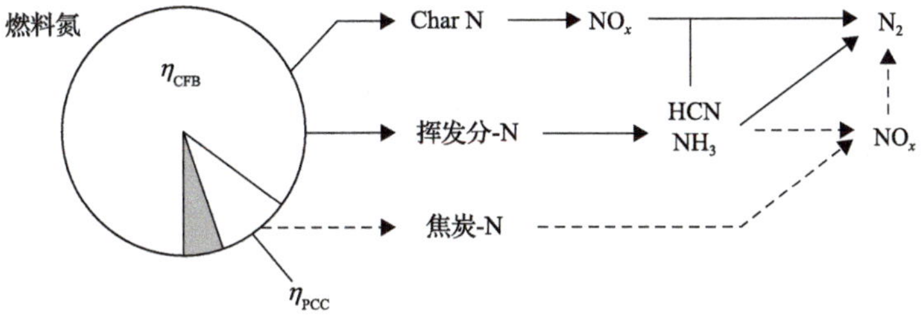

图 3.8　高温后燃技术中燃料氮的迁移转化路径

在炉内，大部分挥发氮在脱挥发分期间以 HCN 和 NH_3 的形式释放。然后，在焦炭燃烧过程中，部分焦炭氮释放形成 N_2 或 NO_x。然而，由于炉内维持还原性气氛，炉内焦炭颗粒、CO 和其他还原性气体，如 CH_4 等的浓度很高，能够将已生成的 NO_x 还原为 N_2。此外，HCN 和 NH_3 也可以参与 NO_x 的还原。在旋风分离器的出口，烟气中有大量 HCN、NH_3 和未燃烧的焦炭颗粒。随着后燃风的通入，这些 NO_x 前驱物和焦炭颗粒中的焦炭氮将在氧化气氛中转化为 NO_x。最终，一部分已经生成的 NO_x 有机会在尾部烟道内被还原生成 N_2，其余已生成的 NO_x 就成为最终排放的 NO_x。

根据高温后燃技术中燃料的迁移转化路径可以发现，挥发分氮和焦炭氮对高温后燃技术中最终 NO_x 排放浓度有不同的影响。大部分挥发分氮在炉中转化为 NO_x 前驱物，即 HCN 和 NH_3。在还原气氛下，HCN 和 NH_3 可以参与 NO_x 的还原反应并转化为 N_2。一部分 NO_x 前驱物和残留在焦炭颗粒中的挥发分氮将在后燃室内转化为 NO_x。相反，一部分焦炭氮在炉中被释放并转化为 N_2，而另一部分焦炭氮则在高温后燃室中被释放并转化为 NO_x。简而言之，在高温后燃技术中更容易控制挥发分氮定向转化为 N_2。因此，高温后燃技术更适用于高挥发分含量和低固定碳含量的煤种。

3.7 本章小结

本章研究利用 0.15MW_{th} 低排放热态试验台考察了 FB、FS 和 DCS 在高温后燃技术中后燃室内碳元素和氮元素的变化规律。然后将燃料氮的释放比例同燃料特性联系在一起，进而总结了在高温后燃技术中燃料氮的迁移转化路径。根据试验结果，可以得出如下结论。

(1) 烟气中的 CO 浓度和飞灰碳含量会沿高温后燃室逐渐下降，有 90%以上的未燃尽

CO 能够在高温后燃室内燃尽，相比之下未燃尽的炭颗粒需要更长的燃尽时间。后燃室的温度不但会受烟气中 CO 浓度和飞灰碳含量的影响，而且烟气中飞灰浓度同样对后燃室温度有显著影响。而且烟气中飞灰浓度会对实际锅炉尾部受热面的传热特性和运行安全造成影响，因此高温后燃技术在设计和实际应用过程中要考虑烟气飞灰浓度可能造成的影响。

(2) 飞灰氮含量会沿后燃室和尾部烟道逐渐下降，也就是飞灰中的焦炭氮会逐渐释放到气相中。但是烟气中的 NO_x 浓度并不是一个单调上升的趋势，而是在后燃风注入的位置急剧升高然后在后燃室后段和尾部烟道内略微下降，也就是说高温后燃技术进一步控制 NO_x 生成的关键是优化后燃室配风方式。

(3) 燃料氮在炉内释放比例随着燃料挥发分含量的增加而逐渐增加。除此之外，燃料氮在后燃室内释放的比例随着燃料固定碳含量的增加而逐渐增加。例如，在 FB 和 FS 工况中，后燃室内燃料氮释放比例分别为 8.03%和 14.53%。这是因为在高温后燃技术中，挥发分氮和焦炭氮有不同的迁移转化倾向：挥发分氮倾向于在炉内释放，而焦炭氮则有可能在后燃室内释放。

(4) 挥发分氮和焦炭氮有不同的转化路径，因此可以预测在使用高温后燃技术时高挥发分、低固定碳的燃料最终 NO_x 浓度会低于低挥发分、高固定碳燃料，而本次试验的最终 NO_x 排放浓度呈现出相同的规律。

第 4 章

后燃室后燃风掺混特性及配风方式对 NO_x 排放的影响

在前期研究中，采取不同的炉内过量空气系数和不同的燃料进行了小试试验，探究了高温后燃技术中燃料氮的迁移转化路径。下一步就是尝试通过改变运行条件实现 NO_x 的深度控制。根据已揭示的燃料氮在高温后燃技术中的迁移转化路径，可以认为大多数 NO_x 均在后燃风通入的位置生成。因此，为了实现 NO_x 超低排放和燃烧效率的协同控制，进一步优化高温后燃技术中后燃风的掺混及配风方式将意义重大。目前，已有的大量研究表明，优化掺混及配风方式有利于降低 NO_x 排放，无论是在煤粉炉还是循环流化床锅炉中。Gong 等[73]尝试改变单级后燃风通入位置从而降低 NO_x 排放浓度，结果 NO_x 排放浓度能够随着后燃风向上游移动而进一步降低。Zhou 等[9]则进一步探究了两级后燃风对 NO_x 排放的影响。结果表明，两级后燃风间保持一定距离有利于降低 NO_x 排放。

在之前研究的基础上，采用冷态模化试验、数值模拟和热态试验验证相结合的方法，主要研究循环流化床锅炉负荷变化、后燃风比例及后燃风喷嘴数量及位置等因素对后燃风与烟气掺混特性的影响，获得优化掺混过程的最佳后燃风比例、喷嘴位置、喷嘴数量及配风方式等关键参数。

4.1　后燃风掺混特性冷态模化试验

依照 130t/h 循环流化床锅炉的实际尺寸，按照一定的几何比例对原有的循环流化床冷态模化试验台进行改造，采用冷态模化的试验方法来设计试验工况，用冷态模化试验台的一次风来代替实际锅炉中的烟气，作为与后燃风进行掺混的主气流，通过调节一次风量来实现锅炉的不同负荷工况。通过从鼓风机单独引一路风作为后燃风，研究旋风分离器出口烟道内主气流的速度分布；研究后燃风喷嘴布置位置变化时，后燃风和主气流在旋风分离器出口处掺混后烟道的气体速度分布；研究后燃风喷嘴数量变化时，后燃风和主气流掺混后烟道的气体速度分布；研究后燃风比例改变时，后燃风和主气流掺混后烟道的气体速度分布；研究循环流化床负荷变化时，后燃风和主气流掺混后烟道的气体速度分布。对试验台测量数据进行整理和分析，用于数值模拟结果的对比，为数值计算模型参数的选取提供依据。

4.1.1 冷态模化计算

作为一种有效掌握试验对象内部流动规律的试验方法，冷态模化具有省时、省力、效率高及灵活等特点。根据相似性原理，进行冷态等温模化试验时应遵循以下原则：

(1)模型与实物几何相似。

(2)气流以运动状态进入自模化区。

(3)模型与实物的边界条件相似。

通常情况下，采用雷诺准则来判定流动过程。根据定义，$Re=\frac{ud}{\nu}$ 表示流动惯性力与黏性力之比。其中，u 为速度特征尺度，m/s；d 为长度特征尺度，m；ν 为运动学黏性系数，Pa·s。在等温流动过程中，雷诺数决定了气流运动的阻力特性。欧拉数是压力与惯性力的比值，即 $Eu=\frac{\Delta p}{\rho u^2}=f(Re)$。其中，$\Delta p$ 为压差，Pa；ρ 为密度，kg/m^3。当 Re 大于某个值以后，Eu 与 Re 无关而变为一个常数，此时惯性力起主要作用，黏性力可以忽略不计，气流运动状态进入自模化区。对于内部流动，通常选取 $Re>10^5$ 作为流动进入自模化区的判断准则。

1) 几何相似

冷态模化试验台的旋风分离器出口烟道按照 130t/h 循环流化床锅炉的实际尺寸以大约 1∶4 比例缩小进行设计改造，满足几何相似条件，具体冷态模化参数见表 4.1。

表 4.1 冷态模化试验的主要几何尺寸

项目	实际锅炉	试验台
旋风分离器出口烟道宽度/mm	1450	350
旋风分离器出口烟道高度/mm	4190	1000
旋风分离器中心筒直径/mm	1450	350
后燃风喷嘴直径/mm	105	25

2) 自模化区

130t/h 锅炉的烟气成分如表 4.2 所示，据此计算出烟气在 850℃下的密度和运动黏度，见表 4.3。在本次冷态模化试验中，用 30℃条件下的空气代替 850℃的烟气和 200℃的后燃风。

表 4.2 130t/h 烟气成分及其物理性质

烟气成分	体积分数/%	密度/(kg/m^3)	运动黏度/(10^{-4}m^2/s)
CO_2	0.163	0.471	0.949
N_2	0.726	0.299	1.494
O_2	0.011	0.343	1.547
H_2O	0.1	0.193	2.189

表 4.3　空气和烟气的物理性质

物理性质	30℃空气	200℃空气	850℃烟气
密度/(kg/m^3)	1.165	0.746	0.318
运动黏度/($10^{-4}m^2/s$)	0.16	0.349	1.475

冷态模化试验的自模化区域选在后燃风和烟气混合后的部分。对于实际锅炉，旋风分离器中心筒出口的水力直径为 1.45m，烟气的运动黏度为 $1.475\times10^{-4}m^2/s$，取临界雷诺数为 10^5，计算得到进入自模化区的临界速度为 10.17m/s。同理，可得到试验台旋风分离器出口(即旋风分离器出口烟道入口)进入自模化区的临界速度为 4.57m/s。

3)边界条件相似

在冷态模化试验中除需要保证流动处于自模化区以及模型与实物的几何相似以外，还应满足边界条件相似。其中，最主要的是考虑主气流和后燃风之间的关系。影响旋风分离器出口烟道内流动状况的参数是动量，因此保持实际锅炉和试验台之间的动量比相等是十分必要的。

实际锅炉和试验台的混合前烟气与后燃风的动量比可表示为

$$\frac{m_{1O}u_{1O}}{m_{2O}u_{2O}}=\frac{m_{1M}u_{1M}}{m_{2M}u_{2M}} \tag{4.1}$$

可进一步改写为

$$\frac{\rho_{1O}u_{1O}^2A_{1O}}{\rho_{2O}u_{2O}^2A_{2O}}=\frac{\rho_{1M}u_{1M}^2A_{1M}}{\rho_{2M}u_{2M}^2A_{2M}} \tag{4.2}$$

式中，下角标 O 为实际锅炉，M 为试验台，1 为混合前烟气，2 为后燃风；m 为质量；A 为横截面积；u 为流速；ρ 为密度。在计算实际锅炉的烟气和后燃风的动量比时考虑温度对其流量和速度的影响，在锅炉的烟气和后燃风标态下的体积乘一个温度效应系数。

原有的冷态模化试验台设计风量为 $12000Nm^3/h$，为贴近实际锅炉的炉内流场，选取冷态模化试验台满负荷下的一次风流量为 $8550Nm^3/h$。试验台在 50%负荷时试验段入口气流速度为 13.78m/s，满足进入自模化区的条件。

试验选取锅炉额定负荷的 100%(工况 1.1～1.9)、75%(工况 2.1～2.9)、50%(工况 3.1～3.9)三个试验大工况；根据炉内低氧燃烧结合后燃技术的中试试验，后燃风比例分别取为 4%、6%、8%和 10%；后燃风的喷嘴数量采用 3 个和 4 个。具体设计试验工况见表 4.4～表 4.6。

表 4.4　100%负荷条件下冷态模化试验台试验工况

工况	一次风量/(Nm^3/h)	后燃风比例/%	后燃风量/(Nm^3/h)	喷嘴数量/个
1.1	8550	0	0	0
1.2	8550	4	342	4
1.3	8550	6	513	4

续表

工况	一次风量/(Nm³/h)	后燃风比例/%	后燃风量/(Nm³/h)	喷嘴数量/个
1.4	8550	8	684	4
1.5	8550	10	855	4
1.6	8550	4	342	3
1.7	8550	6	513	3
1.8	8550	8	684	3
1.9	8550	10	855	3

表 4.5　75%负荷条件下冷态模化试验台试验工况

工况	一次风量/(Nm³/h)	后燃风比例/%	后燃风量/(Nm³/h)	喷嘴数量/个
2.1	6400	0	0	0
2.2	6400	4	256	4
2.3	6400	6	384	4
2.4	6400	8	512	4
2.5	6400	10	640	4
2.6	6400	4	256	3
2.7	6400	6	384	3
2.8	6400	8	512	3
2.9	6400	10	640	3

表 4.6　50%负荷条件下冷态模化试验台试验工况

工况	一次风量/(Nm³/h)	后燃风比例/%	后燃风量/(Nm³/h)	喷嘴数量/个
3.1	4300	0	0	0
3.2	4300	4	172	4
3.3	4300	6	258	4
3.4	4300	8	344	4
3.5	4300	10	430	4
3.6	4300	4	172	3
3.7	4300	6	258	3
3.8	4300	8	344	3
3.9	4300	10	430	3

4.1.2　冷态模化试验系统

冷态模化试验系统主要由鼓风和引风系统、循环流化床炉膛、旋风分离器、后燃风系统、旋风分离器出口烟道及尾部管道和测控系统等组成，试验系统如图 4.1 所示。试验台如图 4.2 所示。在实际过程中，由于后燃风是在旋风分离器出口烟道加入与烟气混合的，经由旋风分离器分离后，烟气中颗粒份额很小，而且粒径很小，其速度分布可以认为和烟气速度一致，所以本试验不包含物料，料腿用盲板封闭。

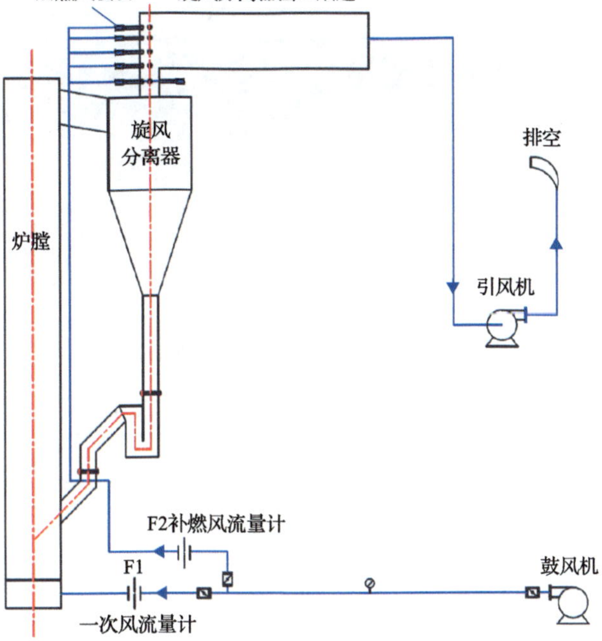

图 4.1 循环流化床冷态模化试验系统示意图

1. 循环流化床本体

循环流化床本体由碳钢制成，炉膛横截面为圆形。冷态模化试验台工作压力为常压。后燃风系统主要由管道、阀门、流量计和喷嘴等组成。旋风分离器出口烟道由碳钢板焊接而成。主要结构尺寸见表 4.7。

(a) 炉膛

(b) 旋风分离器出口烟道

图 4.2　循环流化床冷态模化试验台照片

表 4.7　冷态模化试验台主要结构尺寸

项目	数值
炉膛高度/mm	9400
炉膛直径/mm	1000
旋风分离器筒体直径/mm	1500
旋风分离器出口直径/mm	350
后燃风喷嘴直径/mm	25
旋风分离器出口烟道宽度/mm	350
旋风分离器出口烟道高度/mm	1000
旋风分离器出口烟道长度/mm	4275

2. 鼓/引风系统

鼓/引风系统由罗茨风机、引风机、布袋除尘器以及管道组成。一次风由 3 台并联的罗茨风机提供，流量通过罗茨风机的电机变频器调节；一次风和后燃风分别送入，每路上安装有阀门和热式流量计。试验系统配 4 台引风机。

3. 后燃风系统

一次风依次经由循环流化床的风室、布风板进入炉膛。在一次风母管道上焊接一支分管作为后燃风管道，引至旋风分离器出口处。根据旋风分离器出口烟道内烟气速度分布，且遵循使烟气和后燃气尽量接触时间长且接触面积大的原则，将后燃风喷嘴的位置限定在旋风分离器中心筒出口的上方，且在烟道与中心筒相切的一侧到另一侧 180°范围内。后燃风喷嘴具体布置如图 4.3 所示，由 5 层对称安装的后燃风喷嘴喷入旋风分离器出口烟道与主气流进行掺混。

沿着旋风分离器出口烟道的高度方向，分别布置 5 层后燃风喷嘴，每层喷嘴与旋风分离器出口烟道顶部距离分别为 $h/4$（第一层）、$h/2$（第二层）、$3h/4$（第三层）、h（第四层）、$5h/4$（第五层），h 为烟道高度。前 4 层每层布置 5 个后燃风喷嘴，第 5 层对称布置 4 个后燃风喷嘴。所有喷嘴都垂直烟道管壁安装。

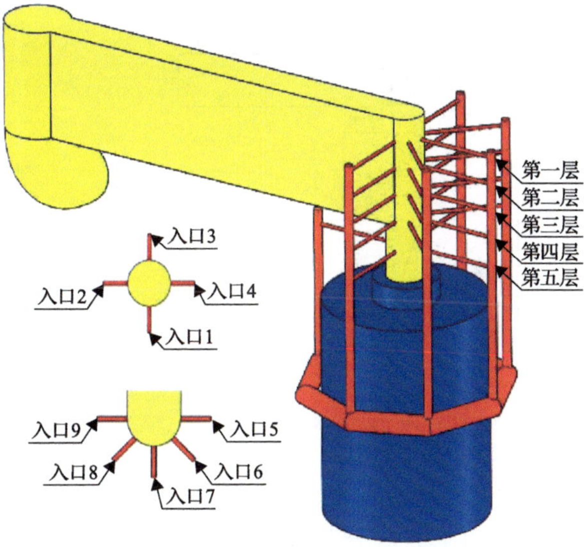

图 4.3 冷态模化试验台喷嘴布置示意图

4. 测量控制系统

试验系统的测量系统采用上位机计算机和下位机 PLC 组成集散控制系统，完成对一次风流量、后燃风流量、炉顶压力和旋风分离器压差等参数的在线运行、测量、控制操作、数据管理、显示等功能。PLC 和计算机通信采用以太网。

4.1.3 冷态模化试验参数测量及计算

冷态模化试验中直接或间接测试的主要参数有：①气体流量 F；②压差 ΔP；③气体速度 u。

1. 气体流量 F

气体流量 F 包括一次风流量 F_{PA} 和后燃风流量 F_{PCA}，分别由一次风流量计和后燃风流量计测量。

后燃风比例(λ)定义如下：

$$\lambda = \frac{F_{PCA}}{F_{PA}} \times 100\% \tag{4.3}$$

2. 压力 P 或压差 ΔP

压力 P 或压差 ΔP 采用压差传感器(采集频率为 2Hz，精度±0.1%)实时在线测量、采集和存储。如图 4.4 所示，在炉膛顶部和旋风分离器出口分别布置一个压差测点，以获得旋风分离器压差；在旋风分离器出口烟道尾部布置一个压差测点，测量旋风分离器出口烟道压降。

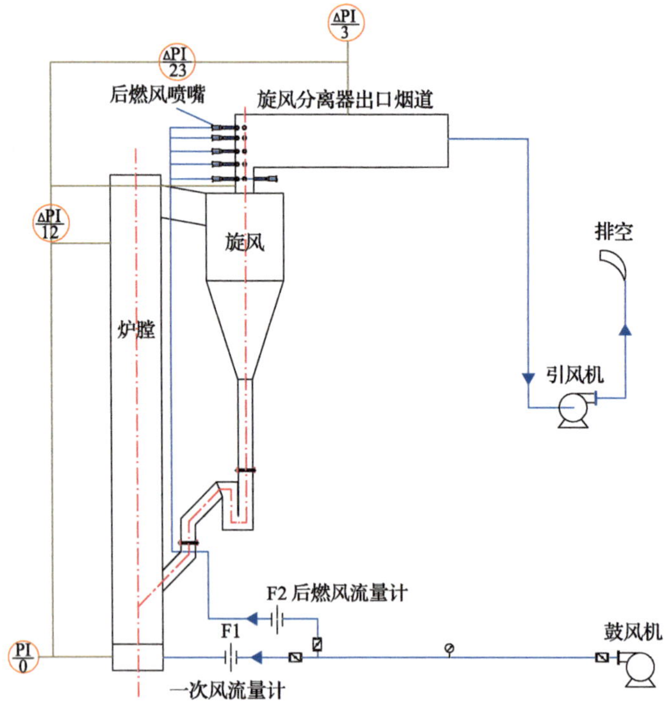

图 4.4　冷态模化试验台压差测量分布示意图

试验过程中的压力和流量等参数的测量值由 PLC 控制系统采集,并在线显示和保存。数据处理时，将保存的数据按工况时间区分。在计算各工况的参数时，首先选取计算工况下工艺画面截图中流量曲线平缓的区段作为时间段，计算该时间段内原始数据的算术平均值。

3. 气体速度 u

旋风分离器出口烟道的测孔布置如图 4.5(a)所示，在旋风分离器出口烟道正面开孔，沿着烟道长度方向布置 5 排，烟道高度方向布置 5 列，共 25 个测孔。以旋风分离器出口

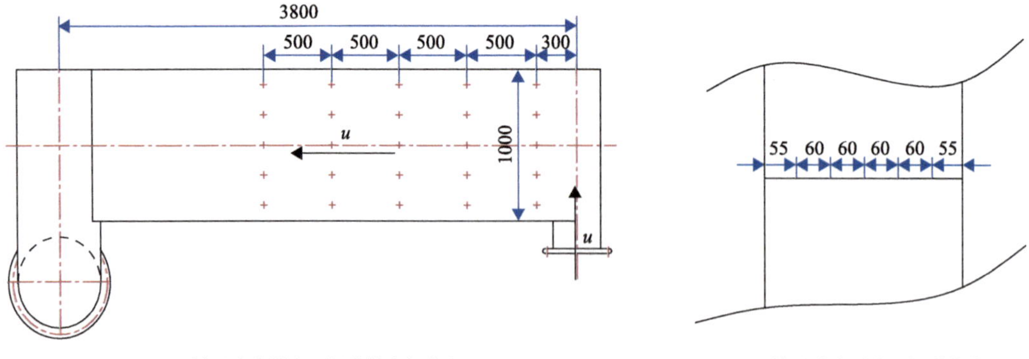

(a) 旋风分离器出口烟道长度与高度方向测点布置(单位：mm)

(b) 旋风分离器出口烟道宽度方向测点布置(单位：mm)

图 4.5　冷态模化试验台旋风分离器出口烟道测点的布置示意图

中心线为基准，第一排与中心线的距离为 300mm，其余各排的相互距离均为 500mm，垂直管道方向，每隔 100mm 布置一层测量点。每个测孔开孔直径 20mm。旋风分离器出口烟道深度方向的测点布置如图 4.5(b)所示，每个测孔在深度方向布置 5 个测点，测点之间相距 60mm。两侧端点与壁面距离 55mm。

旋风分离器出口烟道内气体速度采用 Fluke 923 热线式风速测量仪测量，每个取样点测量 10 次，取算数平均值作为该取样点的试验值，做现场记录，然后按照仪器的测量修正公式进行修正。

4.1.4 冷态模化试验结果及分析

1. 无后燃风条件下的旋风分离器出口烟道内气体速度分布

图 4.6 为在无后燃风的条件下，试验台负荷分别为 100%、75%和 50%时，旋风分离器出口烟道内各个截面上的气体速度分布。其中，X 轴表示烟道的宽度距离，Y 轴表示以分离器出口为起点的烟道长度距离，Z 轴表示烟道的高度距离，气体的速度方向为从下往上。从图 4.6 可以看出，在每个工况下，截面 Y=300mm 由于处于分离器出口处，流动还未充分发展，旋流作用使得烟道截面的左下处速度较高，右上处速度较低；沿着气

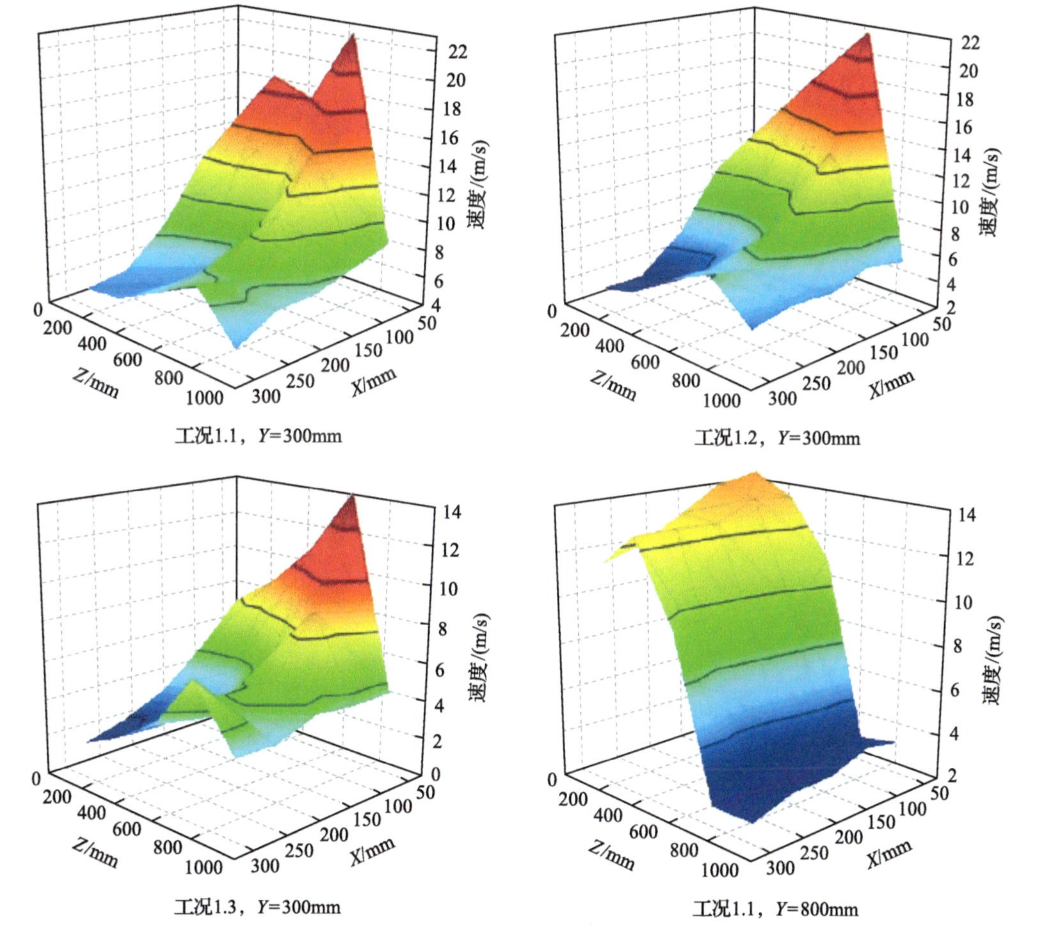

工况1.1，Y=300mm

工况1.2，Y=300mm

工况1.3，Y=300mm

工况1.1，Y=800mm

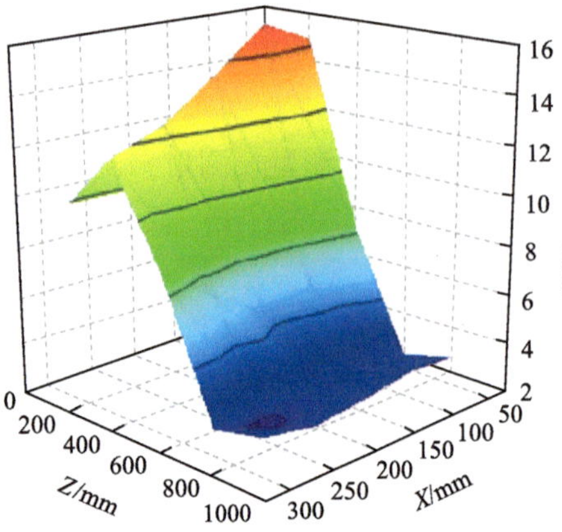

工况1.2，Y=800mm

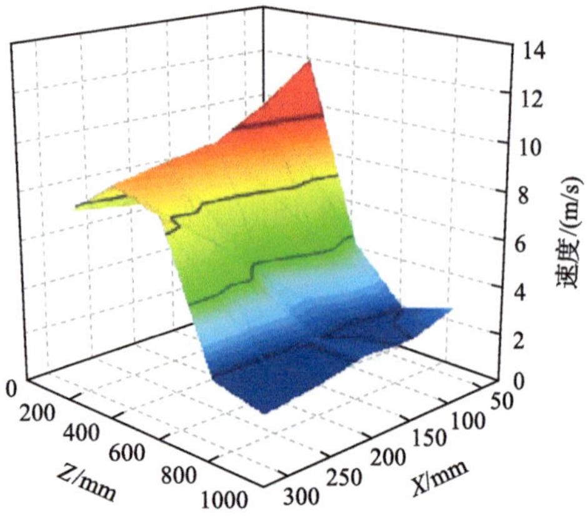

工况1.3，Y=800mm

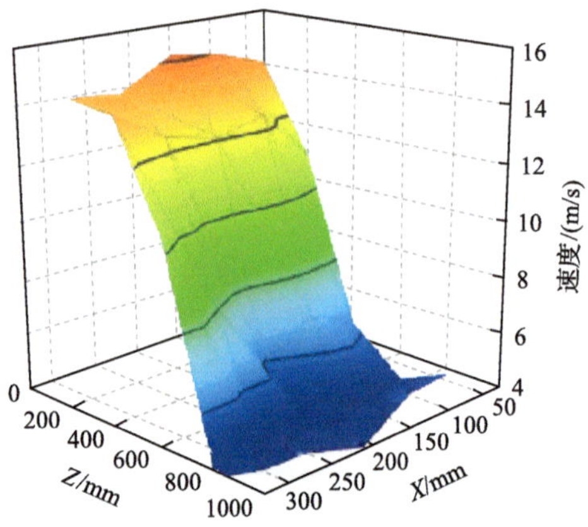

工况1.1，Y=1300mm

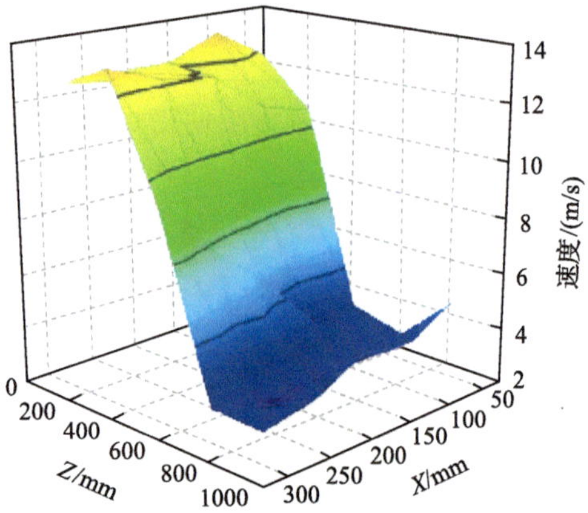

工况1.2，Y=1300mm

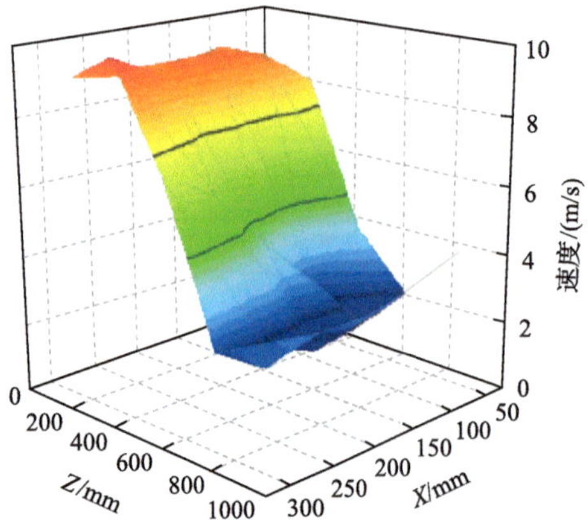

工况1.3，Y=1300mm

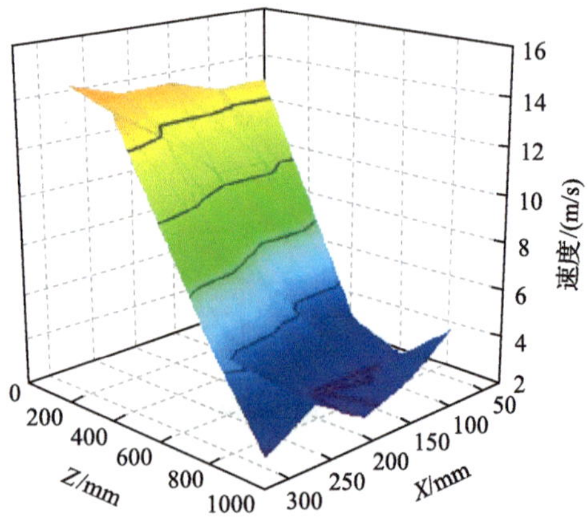

工况1.1，Y=1800mm

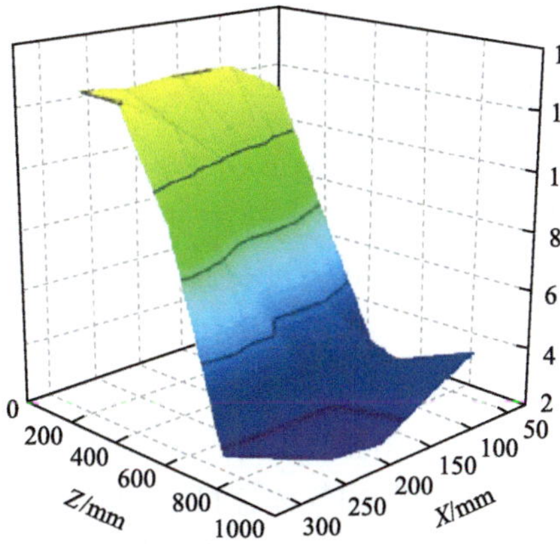

工况1.2，Y=1800mm

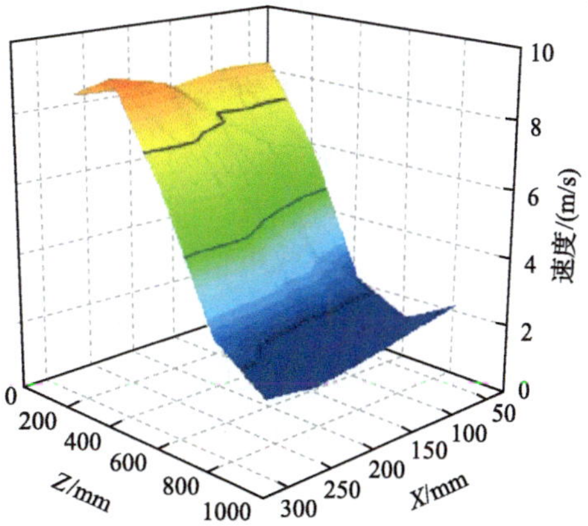

工况1.3，Y=1800mm

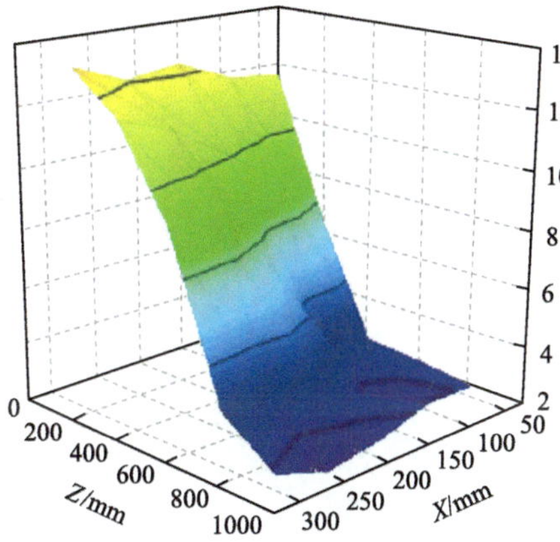

工况1.1，Y=2300mm

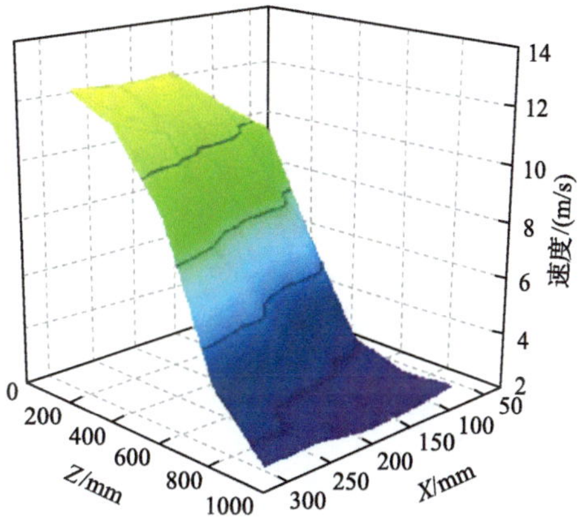

工况1.2，Y=2300mm

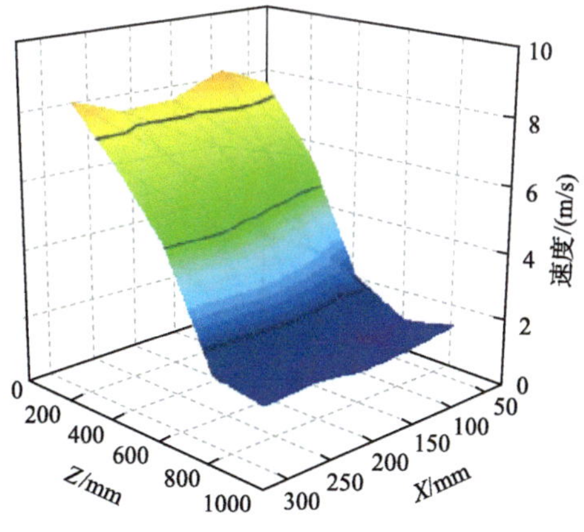

工况1.3，Y=2300mm

图 4.6 无后燃风时旋风分离器出口烟道内各截面气体速度分布

体的流动方向，流动逐渐充分发展，各截面处上方的气体速度较大，下方的气体速度较小。此外，不同工况同一截面处的气体速度分布具有一定的相似性。

2. 不同喷嘴位置下的旋风分离器出口烟道内气体速度分布

为了解后燃风喷嘴位置对于旋风分离器出口烟道内气体速度分布的影响，选取五个不同高度位置进行试验。图 4.7 表示满负荷、四喷嘴、λ=4%进行后燃时，五个不同高度位置的旋风分离器出口烟道内各截面的气体速度分布。λ=0 为没有通入后燃风时烟道内气体速度分布曲面。可以看出，在第四层和第五层两处通入后燃风时，旋风分离器出口烟道内上部气体速度有一定的提高，下部气体速度有一定降低，与 λ=0 时的气体速度分布相比，“上高下低”的气体速度分布得到显著的增强。在第一层和第二层两处通入后燃风时，上述旋风分离器出口烟道内“上高下低”的气体速度分布特点也有一定的增强，但与第四层和第五层两处相比较弱；在第三层处通入后燃风时，旋风分离器出口烟道内的气体速度分布与 λ=0 时的气体速度分布很相近，后燃风与主气流的掺混效果比较好。

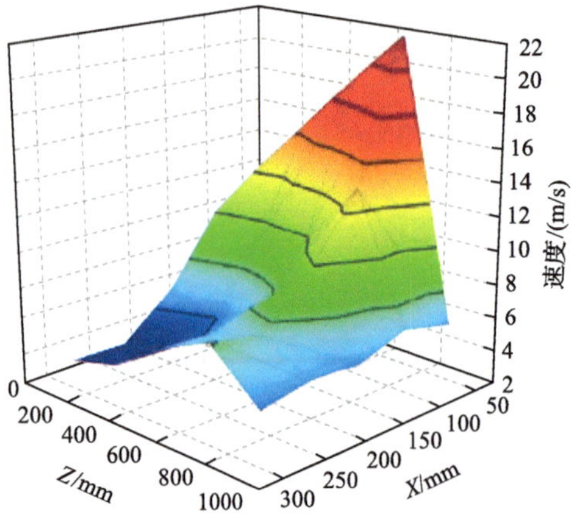

λ=0，Y=300mm

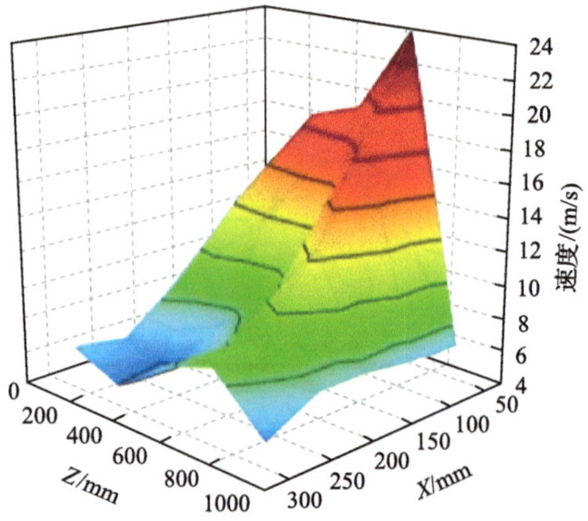

第一层，Y=300mm

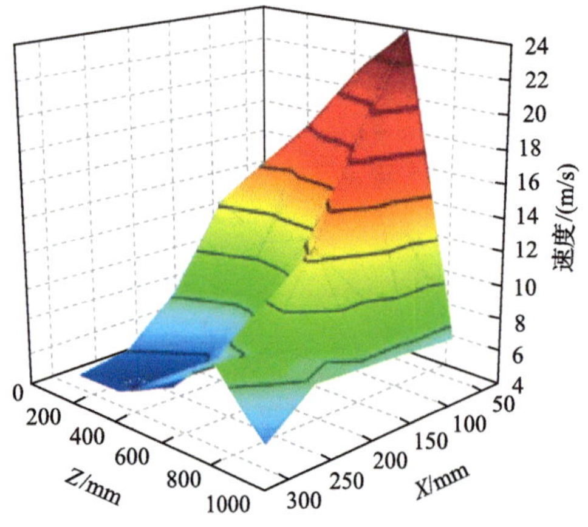

第二层，Y=300mm

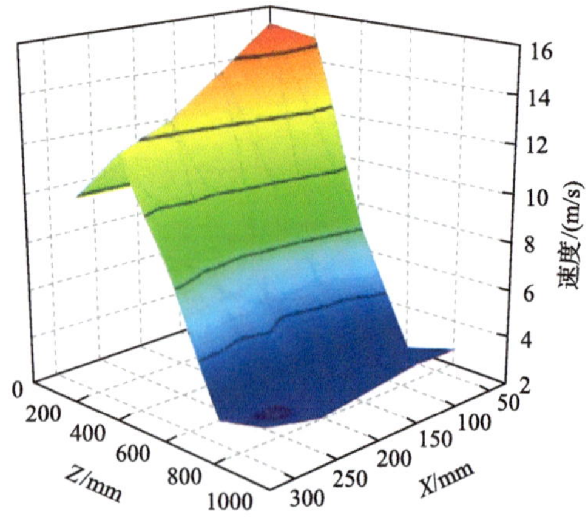

λ=0，Y=800mm

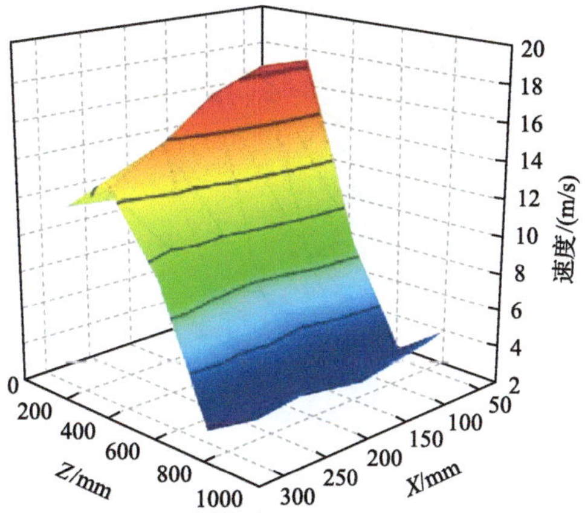

第一层，Y=800mm

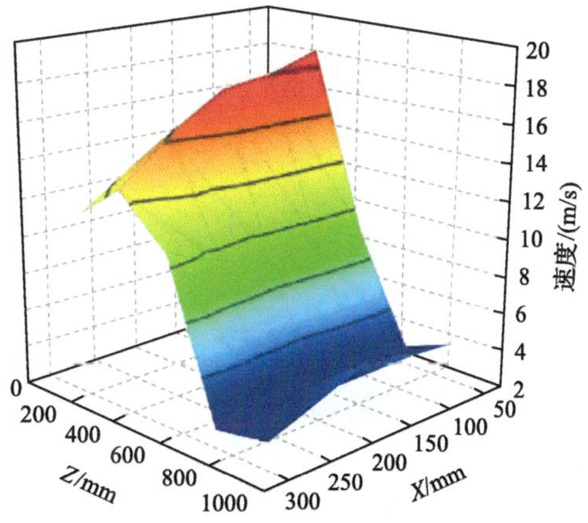

第二层，Y=800mm

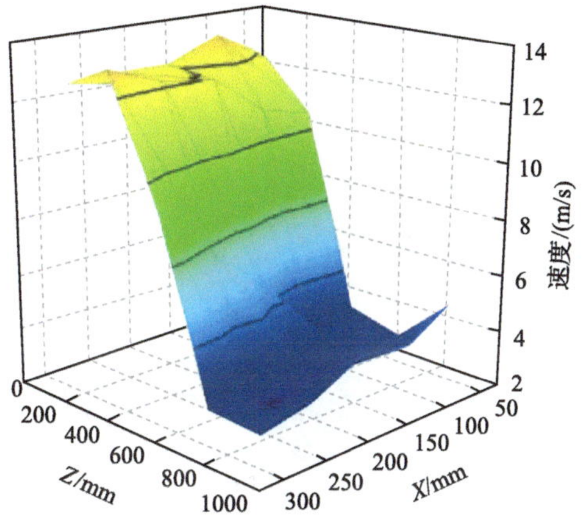

λ=0，Y=1300mm

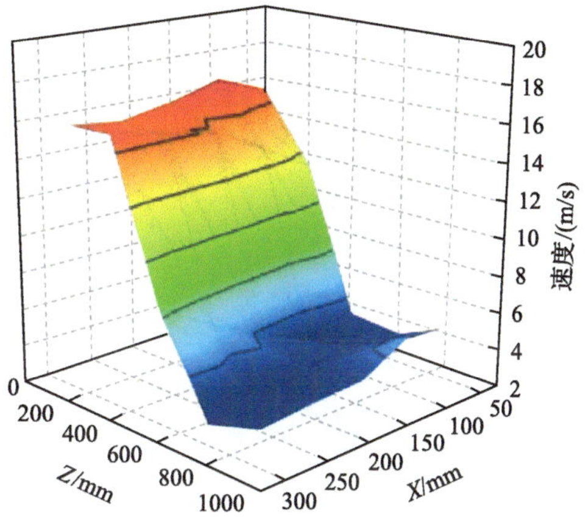

第一层，Y=1300mm

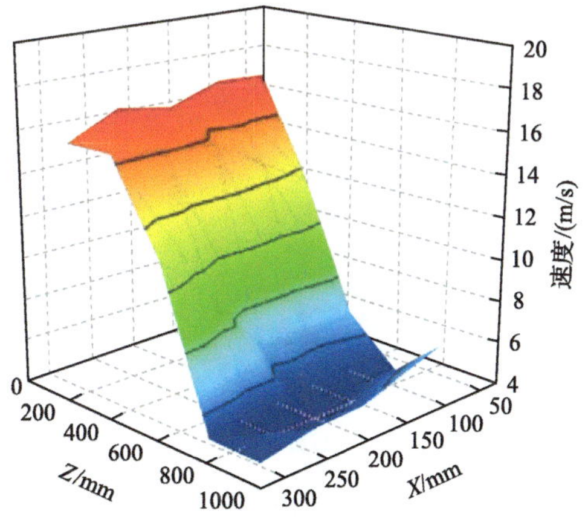

第二层，Y=1300mm

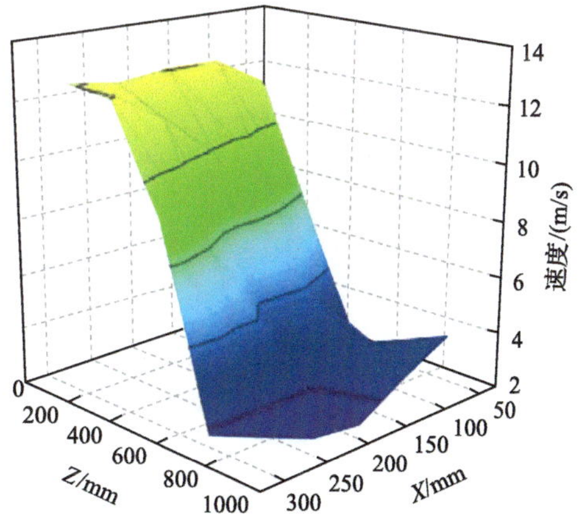

λ=0，Y=1800mm

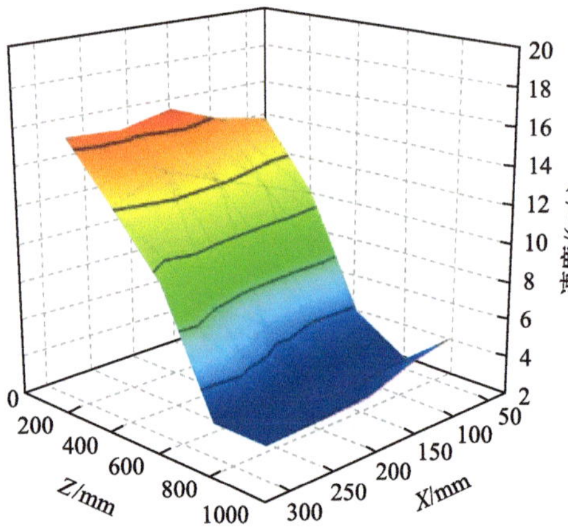

第一层，Y=1800mm

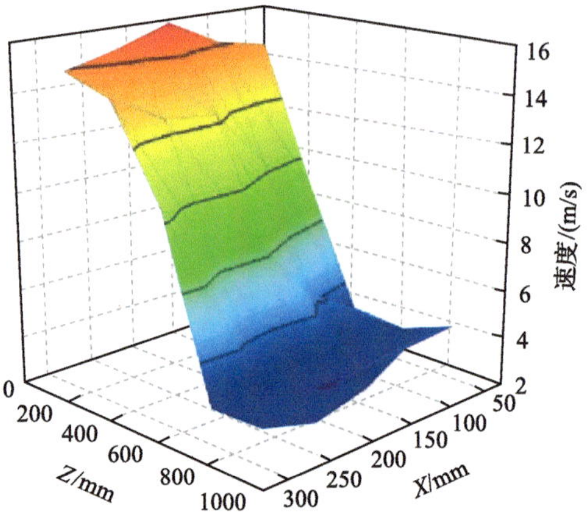

第二层，Y=1800mm

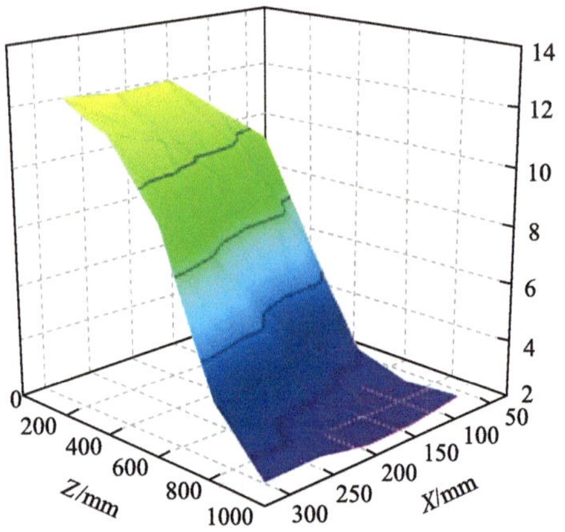

λ=0，Y=2300mm

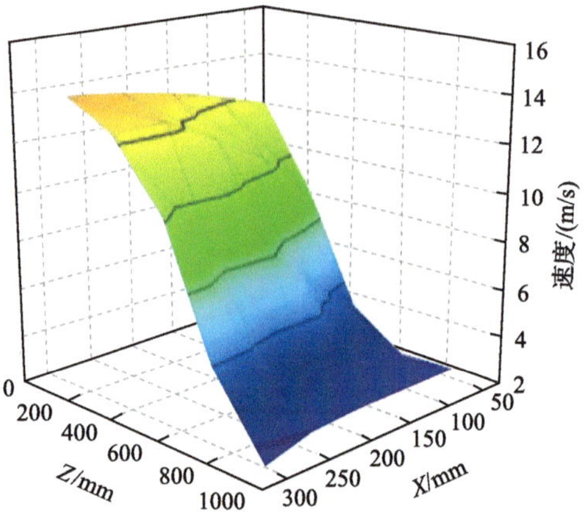

第一层，Y=2300mm

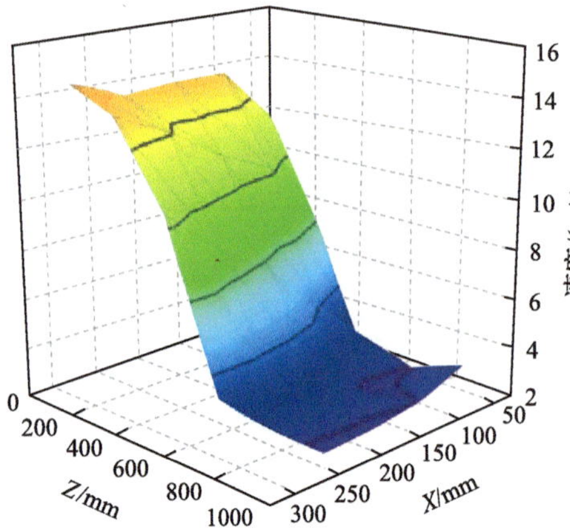

第二层，Y=2300mm

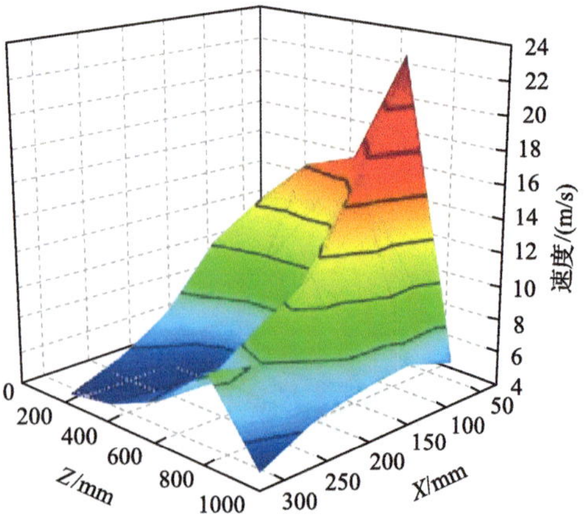

第三层，Y=300mm

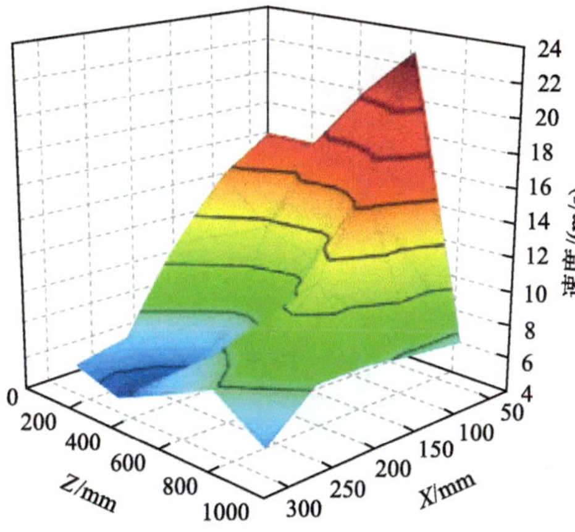

第四层，Y=300mm

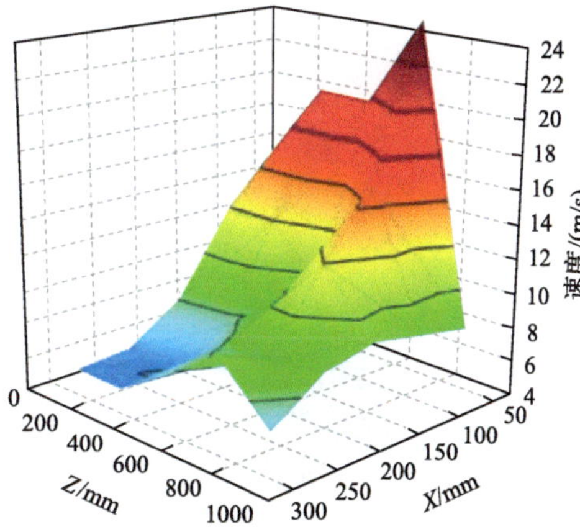

第五层，Y=300mm

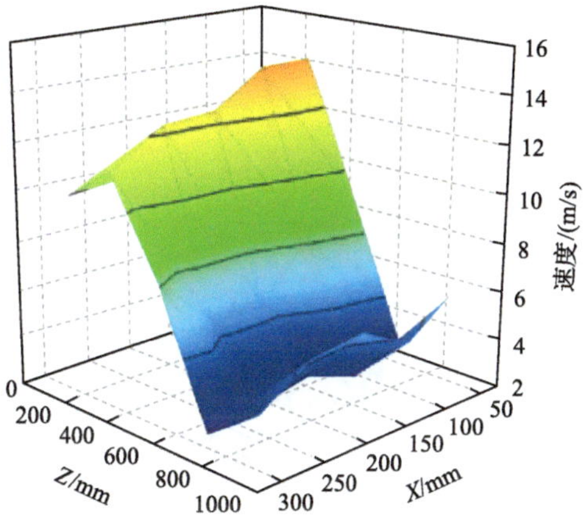

第三层，Y=800mm

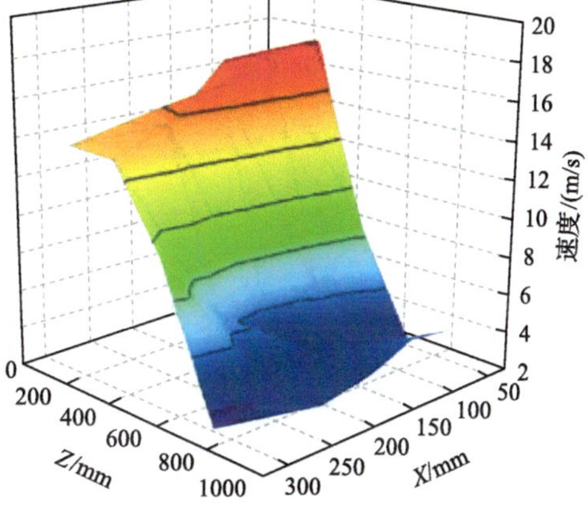

第四层，Y=800mm

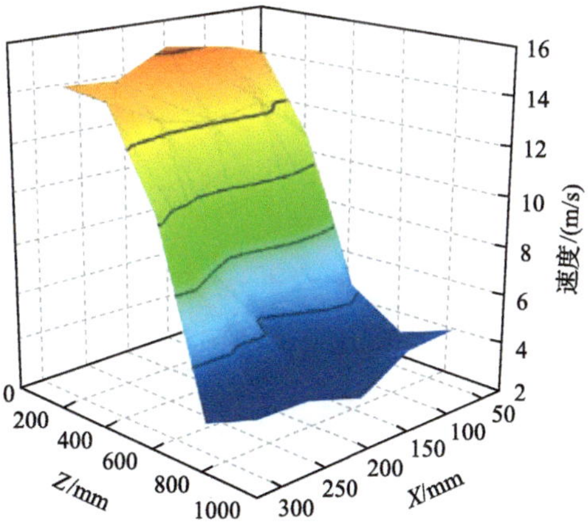

第五层，Y=800mm

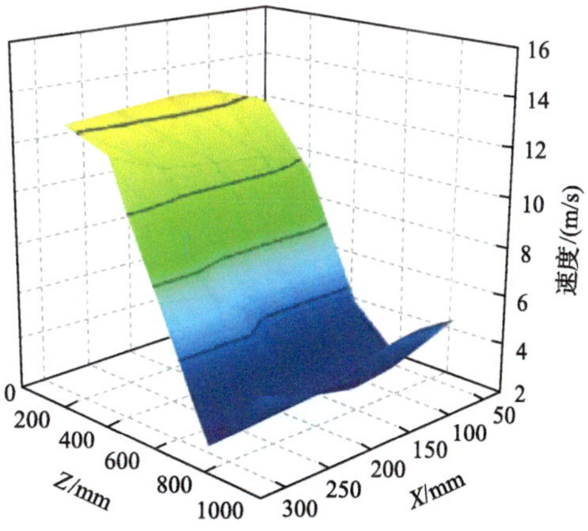

第三层，Y=1300mm

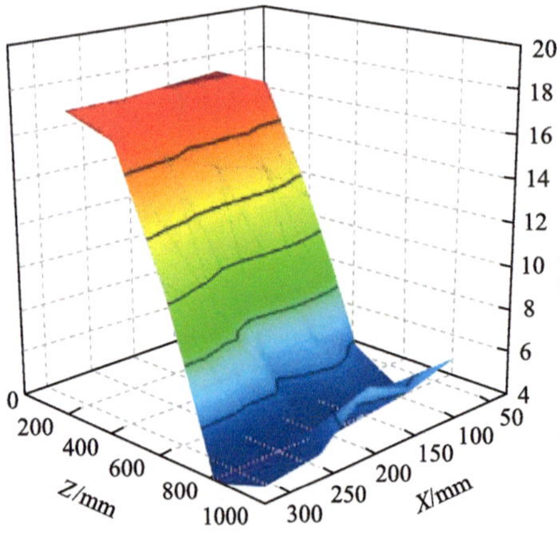

第四层，Y=1300mm

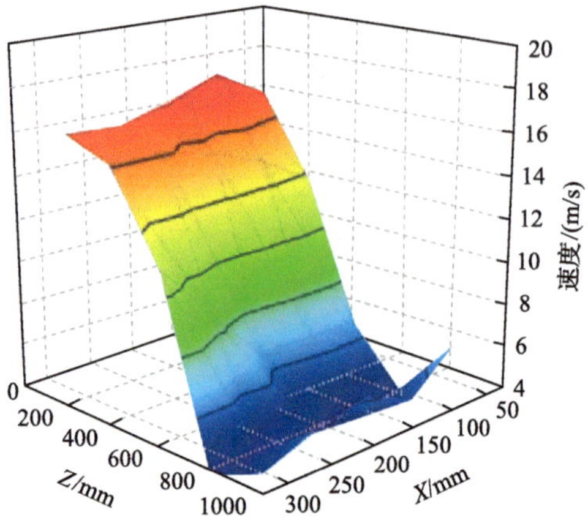

第五层，Y=1300mm

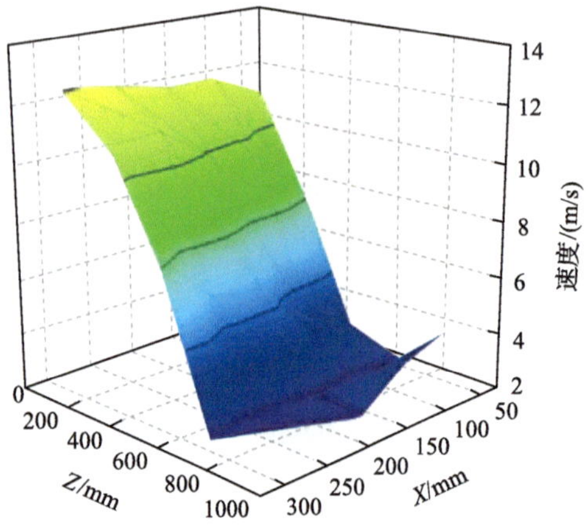

第三层，Y=1800mm

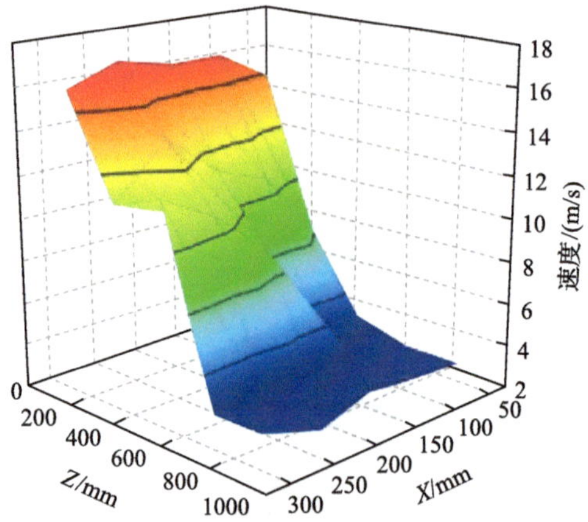

第四层，Y=1800mm

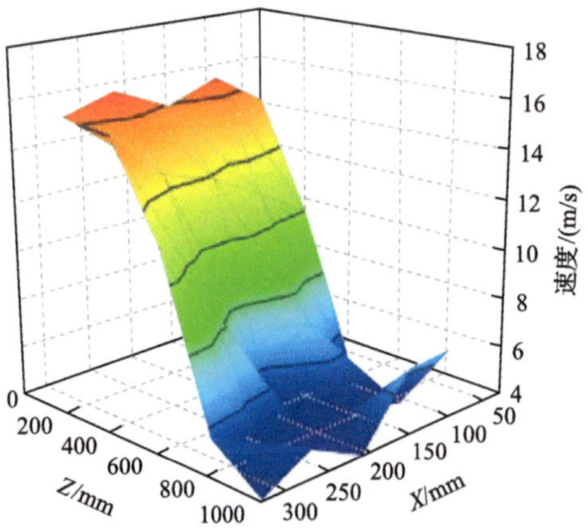

第五层，Y=1800mm

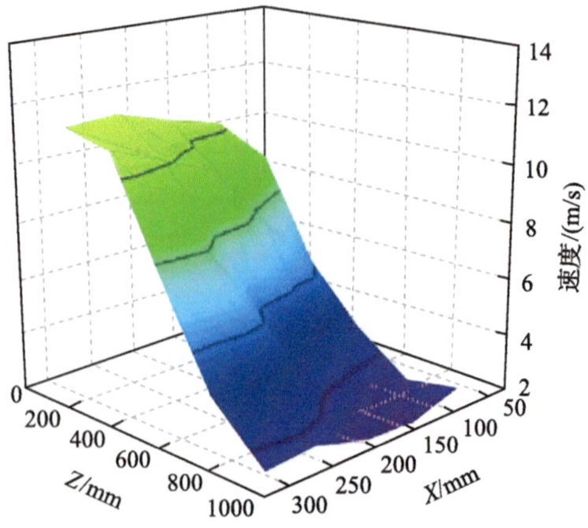

第三层，Y=2300mm

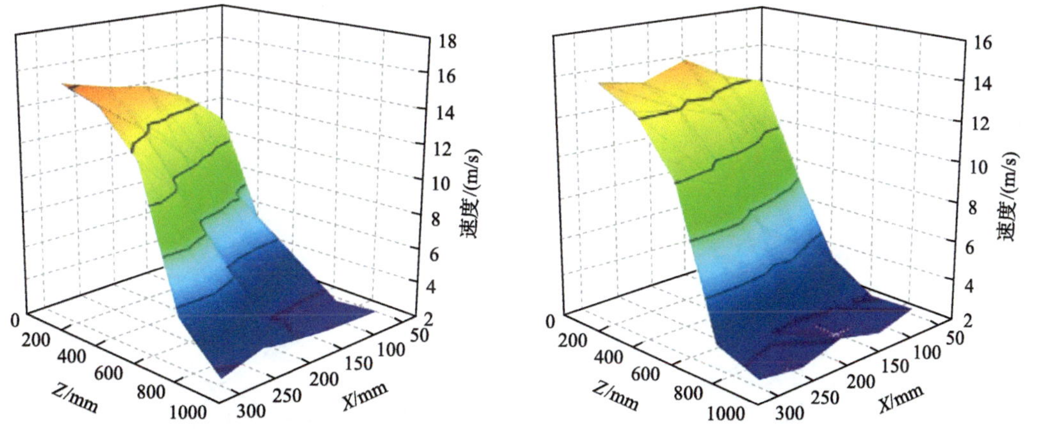

第四层，Y=2300mm　　　　第五层，Y=2300mm

图 4.7　不同位置的旋风分离器出口烟道内各截面气体速度分布

3. 不同后燃风比例下的旋风分离器出口烟道内气体速度分布

为了解后燃风比例对于旋风分离器出口烟道内气体速度分布的影响，依据前期炉内低氧燃烧结合后燃技术试验的经验，选取后燃风比例分别为 6%、8%、10%进行试验。图 4.8 为满负荷条件下采用三个后燃风喷嘴在第三层进行后燃时，不同后燃风比例下的旋风分离器出口烟道内各截面的气体速度分布。λ=0 为没有后燃风时烟道内气体速度分布曲面图(图 4.7)。从图 4.8 可以看出，在流动的充分发展段，后燃风的加入及其比例的增加并没有引起烟道内气体速度分布的显著改变。考虑可能主要是因为旋风分离器出口气体的速度高、旋流强度大而通入的后燃风比例相对较小。

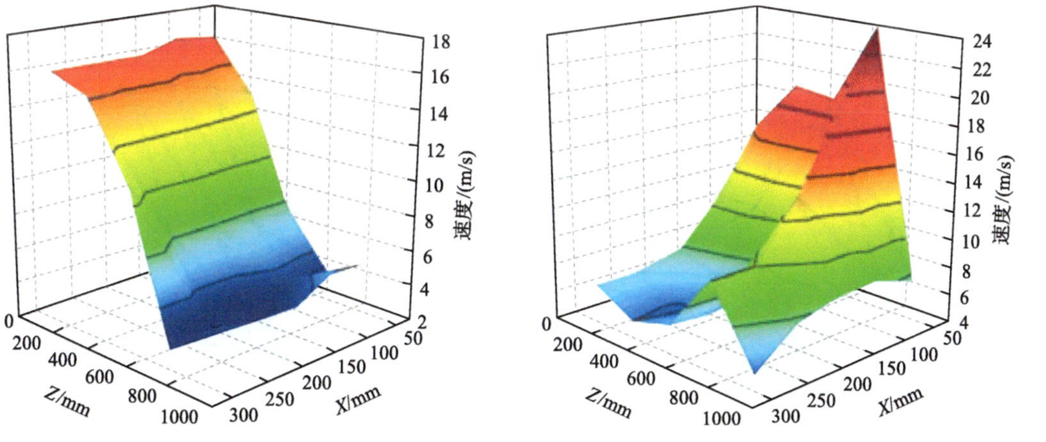

λ=6%，Y=300mm　　　　λ=8%，Y=300mm

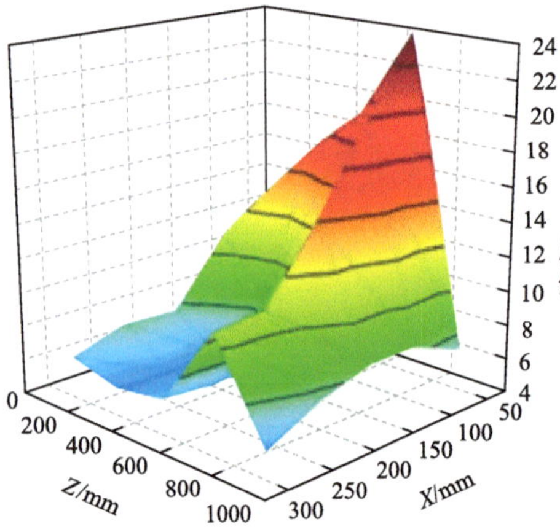

λ=10%，Y=300mm

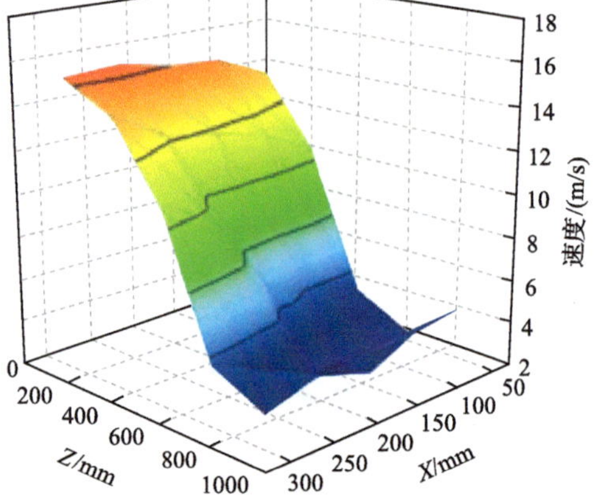

λ=6%，Y=800mm

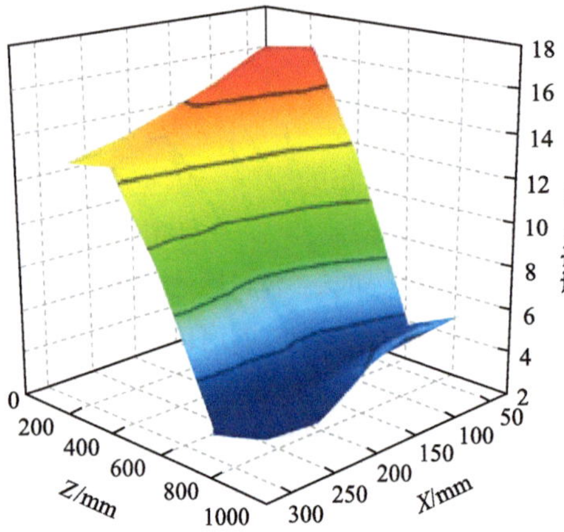

λ=8%，Y=800mm

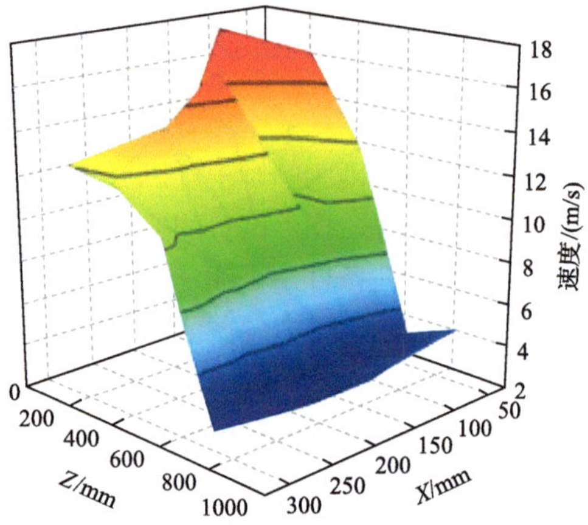

λ=10%，Y=800mm

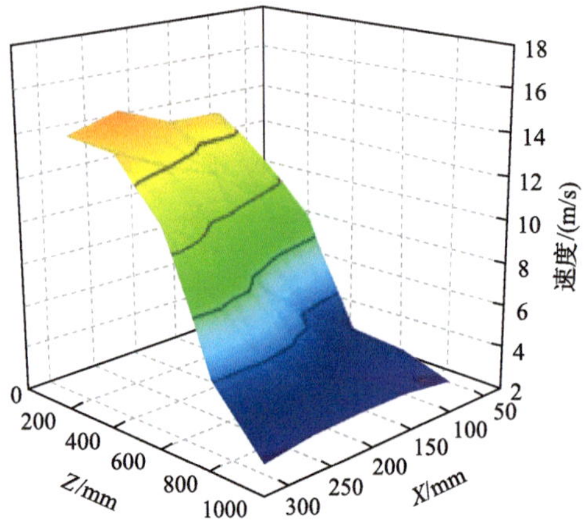

λ=6%，Y=1300mm

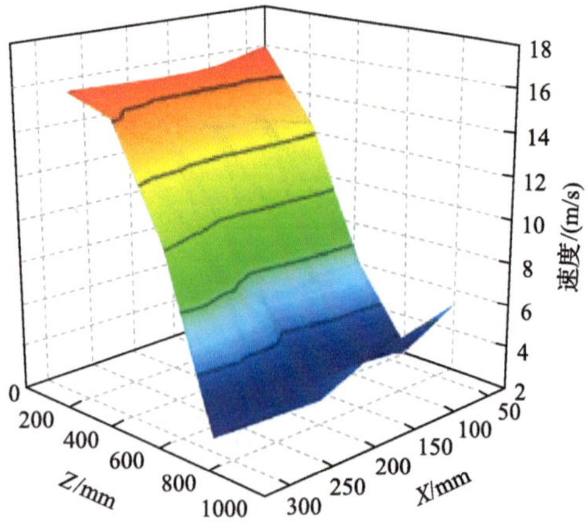

λ=8%，Y=1300mm

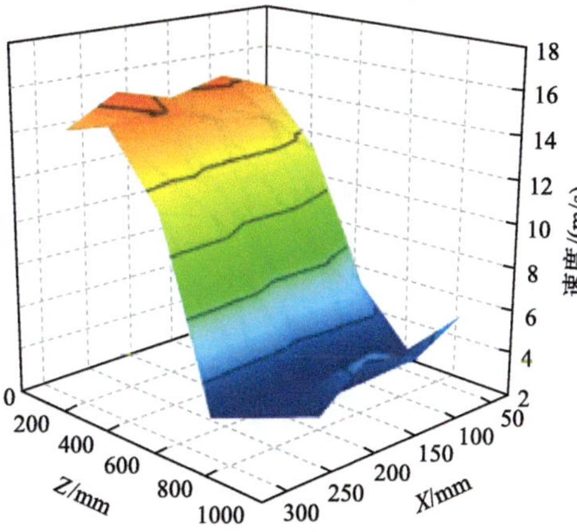

λ=10%，Y=1300mm

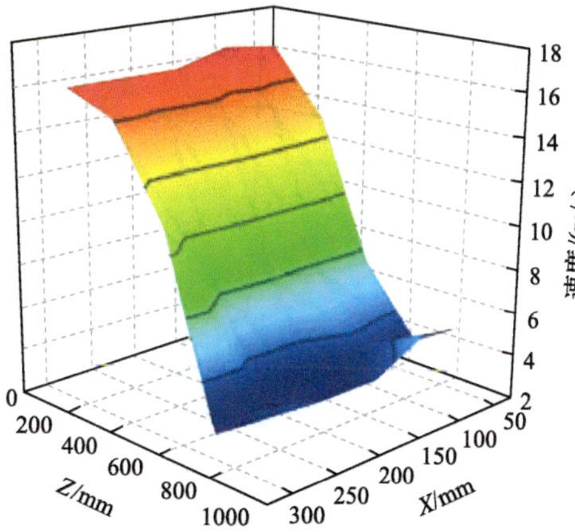

λ=6%，Y=1800mm

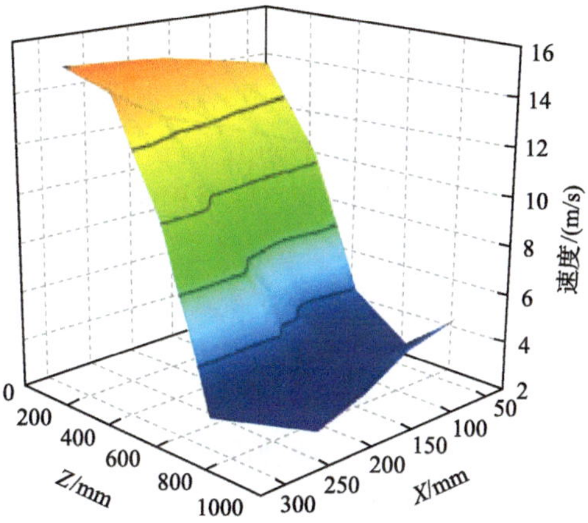

λ=8%，Y=1800mm

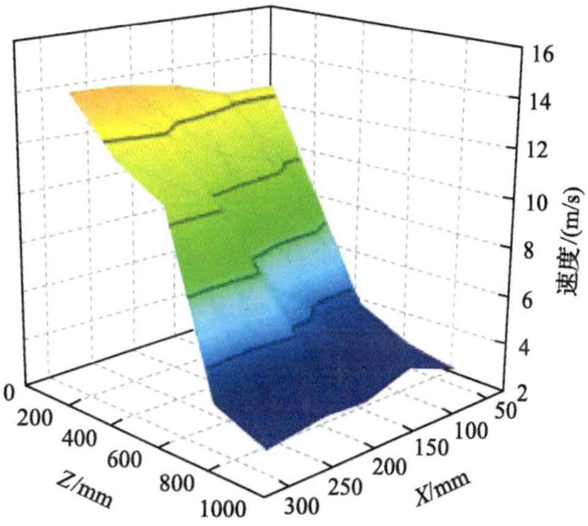

λ=10%，Y=1800mm

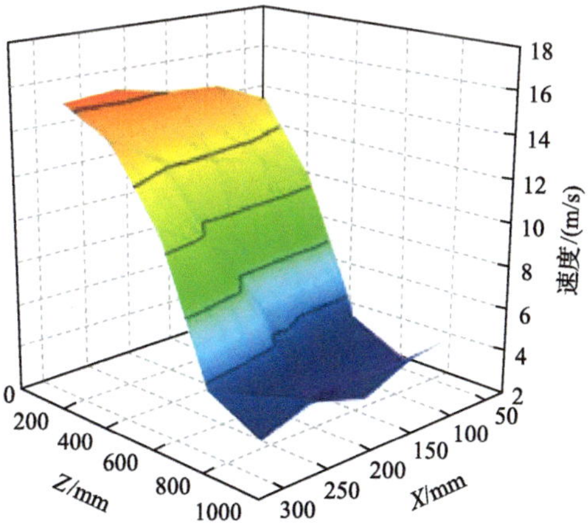

λ=6%，Y=2300mm

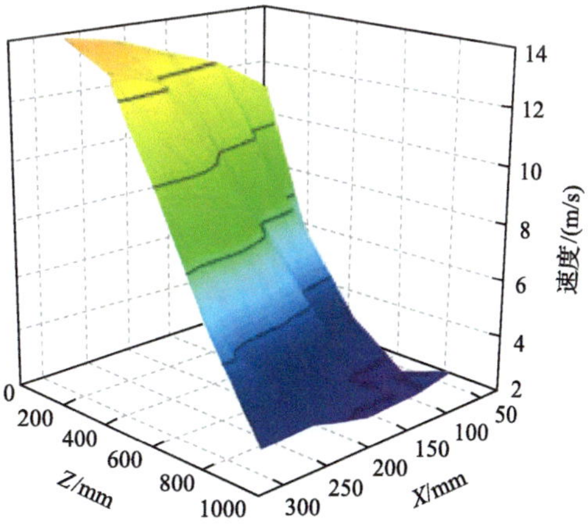

λ=8%，Y=2300mm

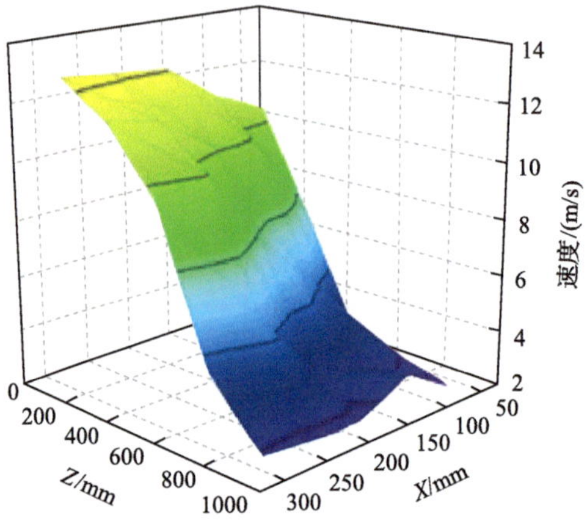

λ=10%，Y=2300mm

图 4.8 不同后燃风比例的旋风分离器出口烟道内各截面气体速度分布

4. 不同喷嘴数量下的旋风分离器出口烟道内气体速度分布

为探究后燃风喷嘴数量对旋风分离器出口烟道内气体速度分布的影响，设置 3 支后燃风喷嘴(简称三喷嘴)和 4 支后燃风喷嘴(简称四喷嘴)两种情况下的工况进行研究。因为保持了相同的后燃风比例，所以当喷嘴数量减少时，后燃风喷嘴速度会相应地增加。

以满负荷条件下第二层进行后燃的工况为例，分析工况 1.1、工况 1.2、工况 1.6 三个工况的气体速度分布特点。如图 4.9 所示，工况 1.1 为对比工况，工况 1.2 为四喷嘴的气体速度分布，工况 1.6 为三喷嘴的气体速度分布。可以看出，工况 1.2 和工况 1.6 在截面 Y=300mm 上流动仍没有充分发展，在后面 4 个截面上流动逐渐稳定。各个工况间相同截面上的气体速度分布曲面具有相似性，沿着气体流动方向，气体速度分布逐渐稳定。采用三喷嘴和四喷嘴时的气体速度分布没有明显的差异，可见喷嘴数量对旋风分离器出口烟道内的气体速度分布没有显著的影响。

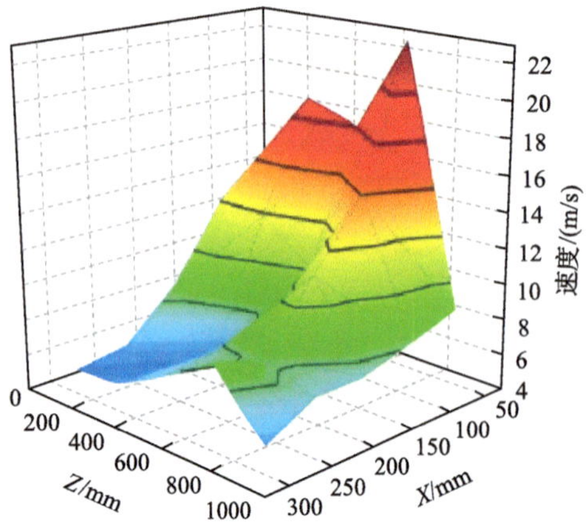

工况1.1，Y=300mm

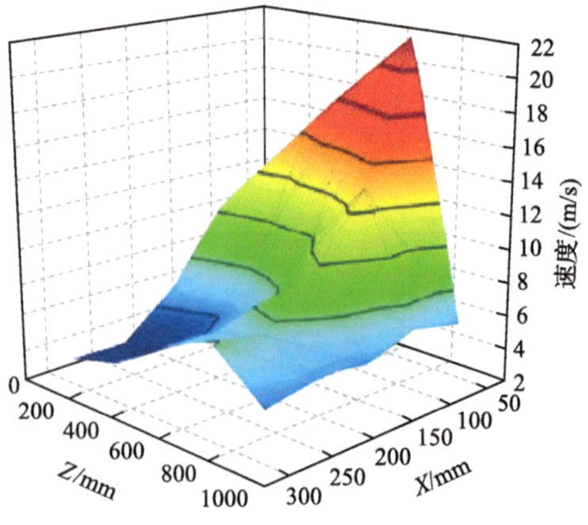

工况1.2，Y=300mm

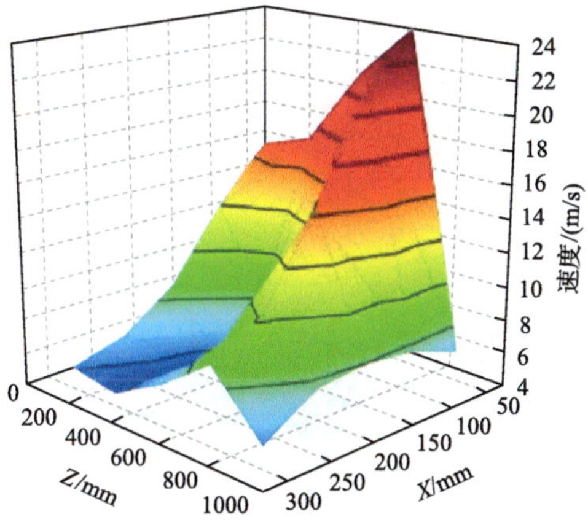

工况1.6，Y=300mm

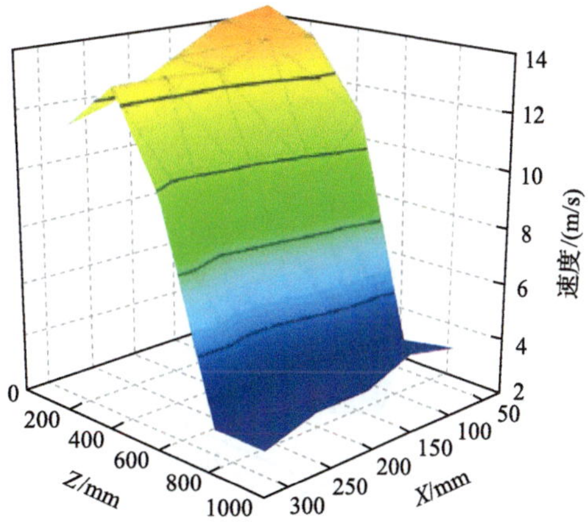

工况1.1，Y=800mm

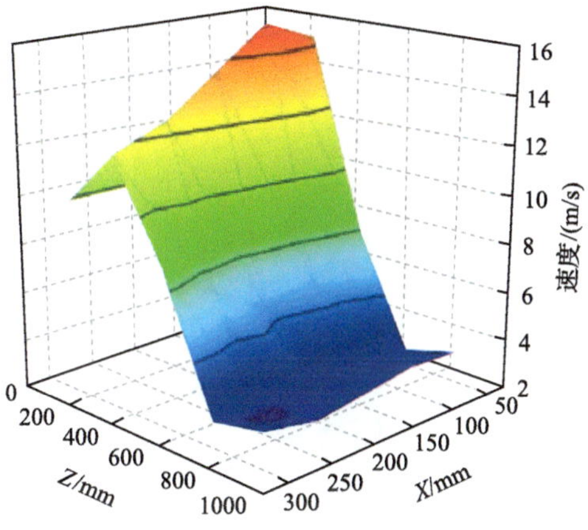

工况1.2，Y=800mm

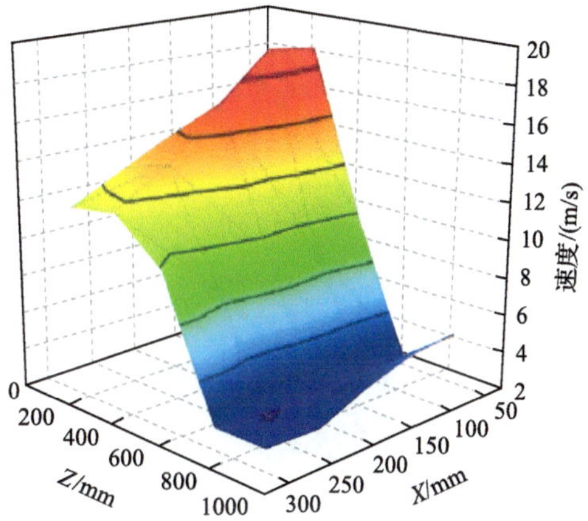

工况1.6，Y=800mm

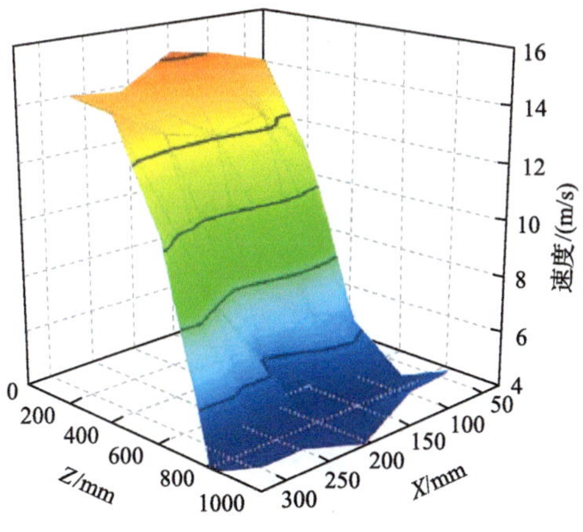

工况1.1，Y=1300mm

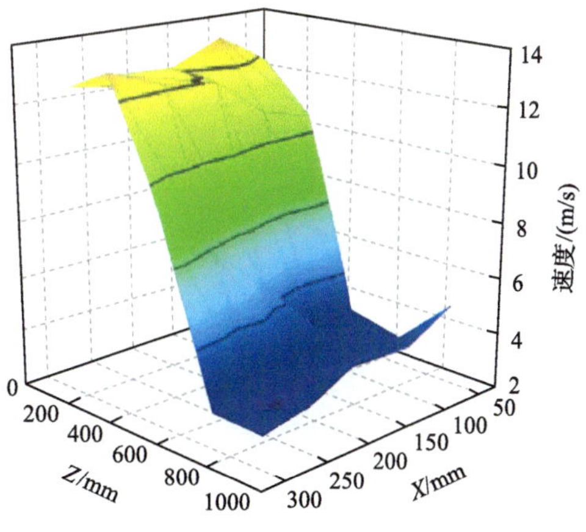

工况1.2，Y=1300mm

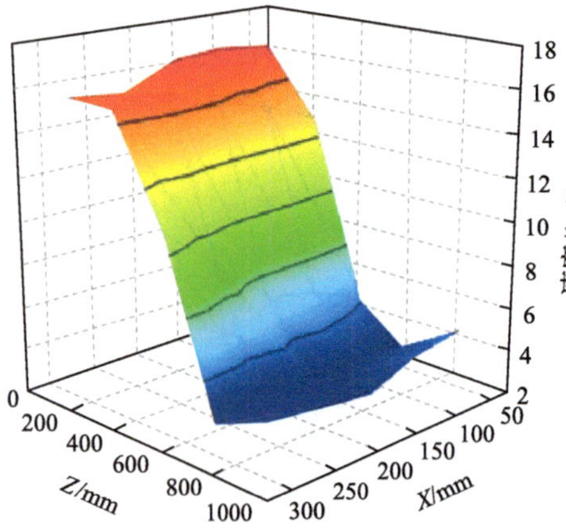

工况1.6，Y=1300mm

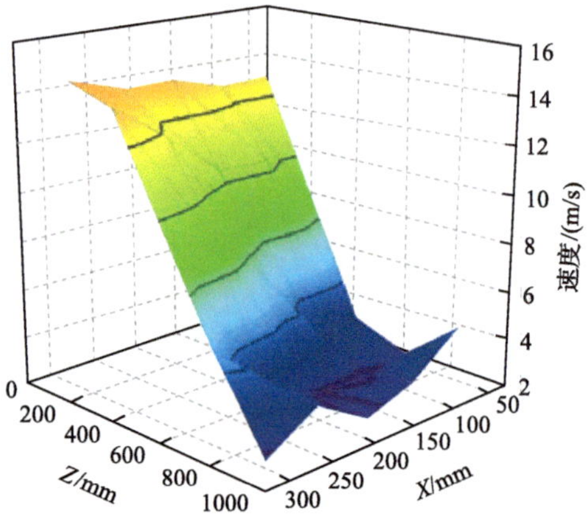

工况1.1，Y=1800mm

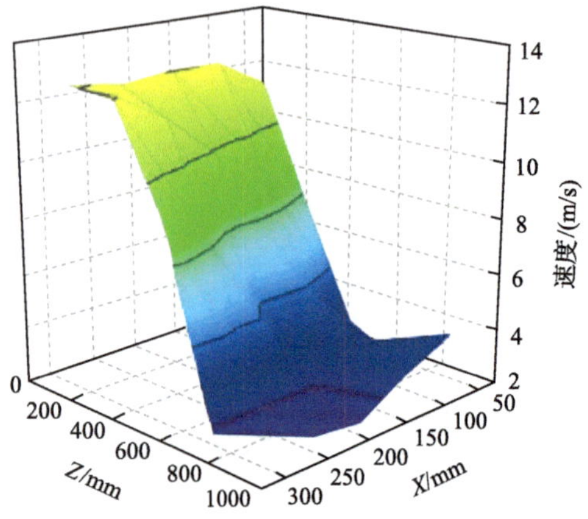

工况1.2，Y=1800mm

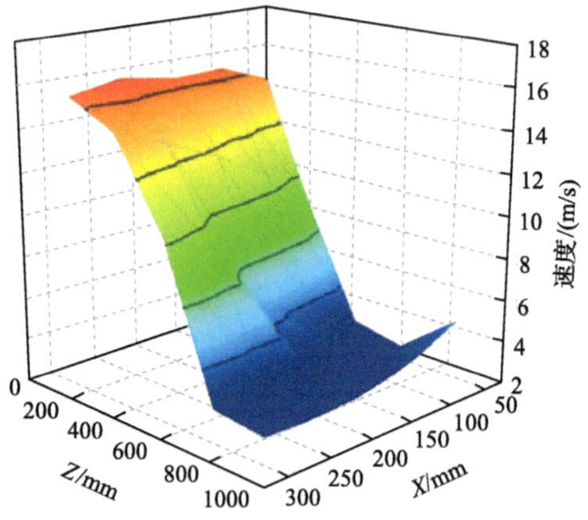

工况1.6，Y=1800mm

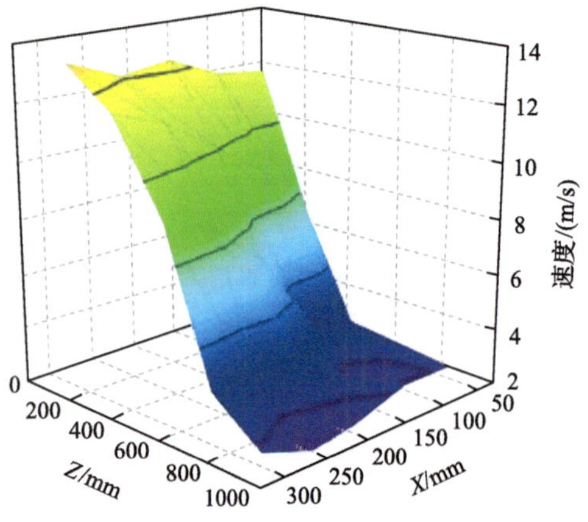

工况1.1，Y=2300mm

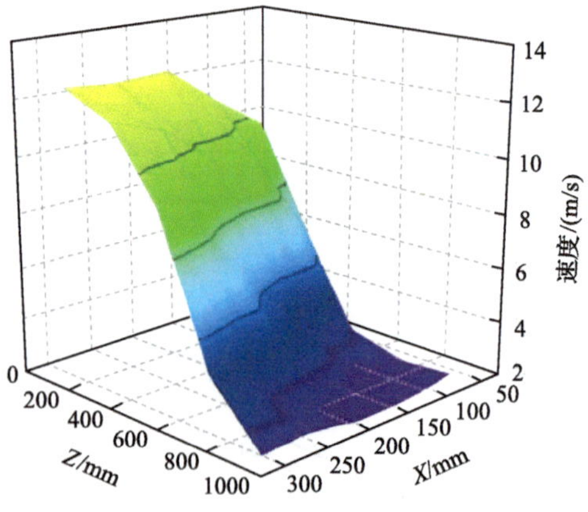

工况1.2，Y=2300mm

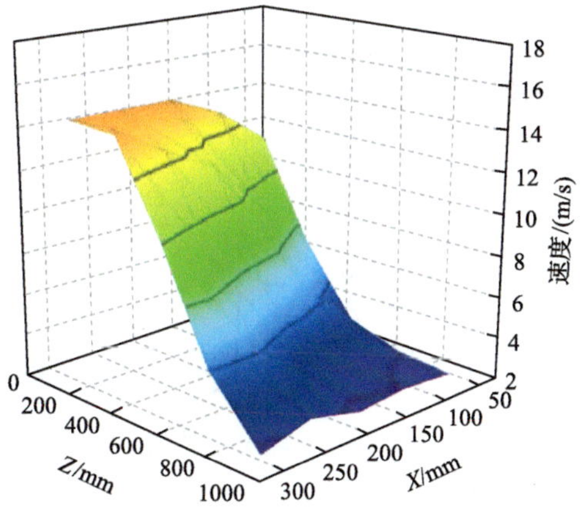

工况1.6，Y=2300mm

图 4.9　不同喷嘴数量的旋风分离器出口烟道内各截面气体速度分布

5. 不同负荷下的旋风分离器出口烟道内气体速度分布

在研究后燃风比例、喷嘴位置、喷嘴数量对旋风分离器出口烟道内气体速度分布影响的同时，也研究了保持其他影响因素不变的情况下，试验台负荷对旋风分离器出口烟道内气体速度分布的影响。图 4.10 分别为保证后燃风比例和喷嘴数量相同的条件下，改变试验台负荷时各工况的烟道内气体速度分布特性。以三喷嘴、λ=4%、第三层进行后燃的 3 个不同负荷工况为例，可以看出当试验台负荷减小时，烟道内气体流动非充分发展段延长，气体充分发展所需要的时间延长。在流动的充分发展阶段，同一界面上仍然存在“上高下低”的气体速度分布特点。

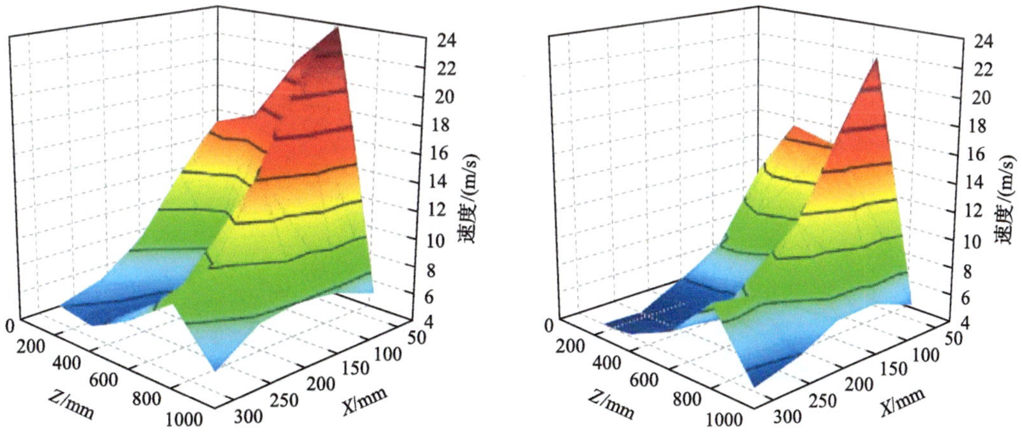

工况1.6，Y=300mm　　工况2.6，Y=300mm

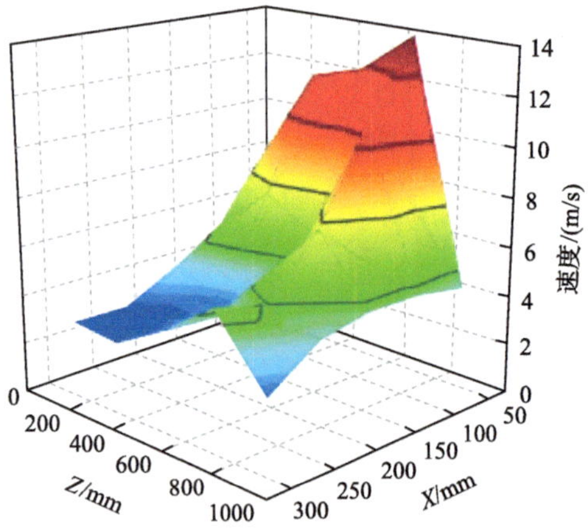

工况3.6，Y=300mm

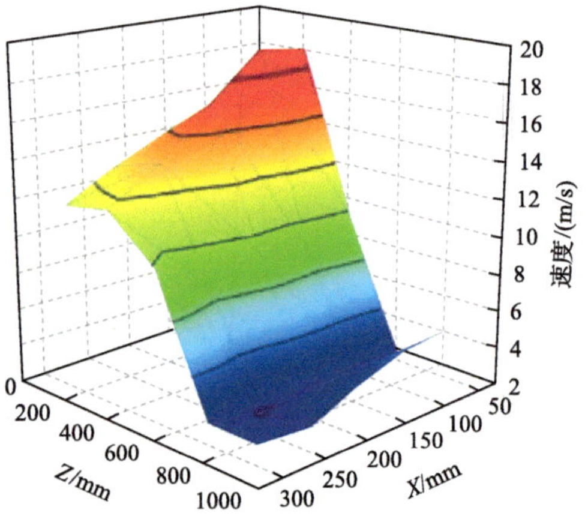

工况1.6，Y=800mm

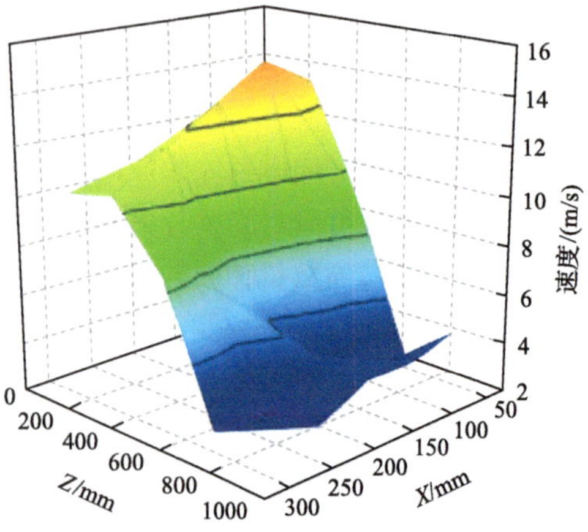

工况2.6，Y=800mm

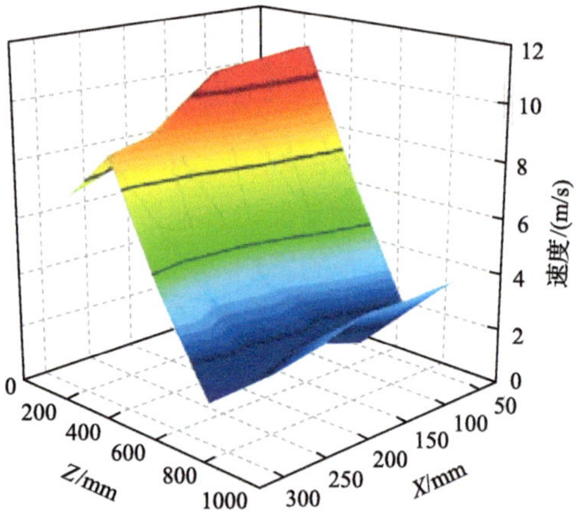

工况3.6，Y=800mm

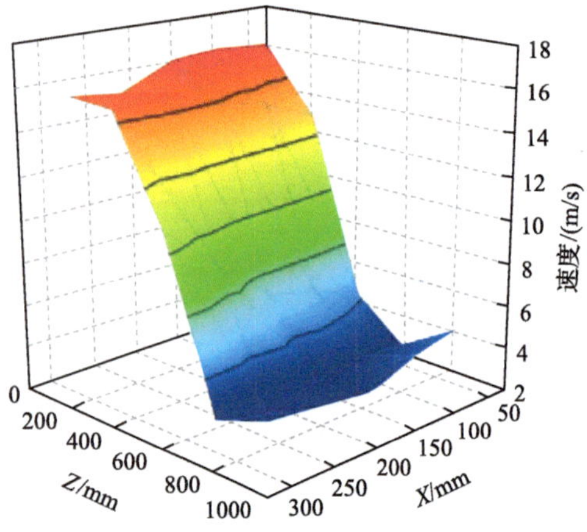

工况1.6，Y=1300mm

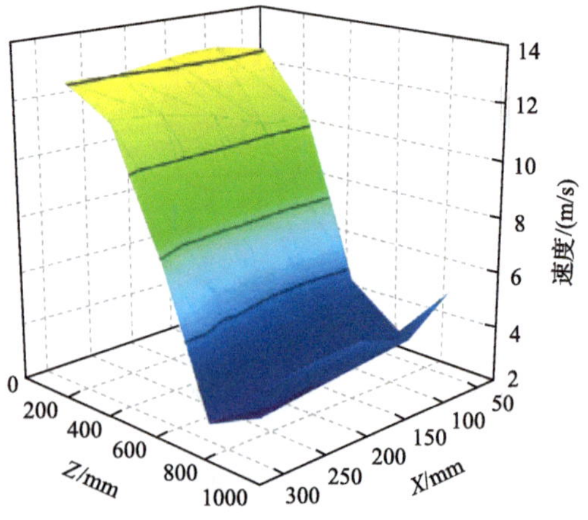

工况2.6，Y=1300mm

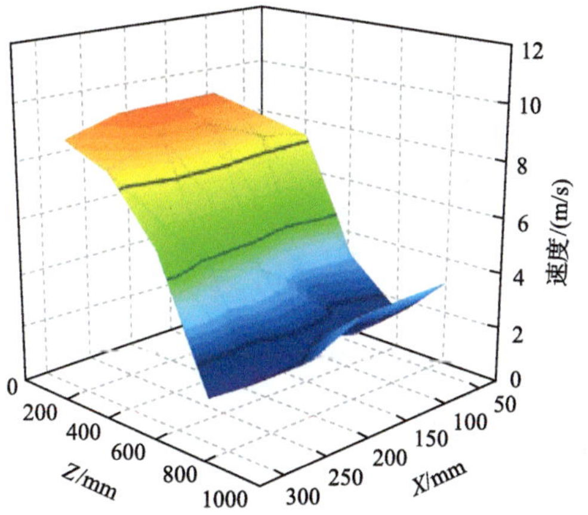

工况3.6，Y=1300mm

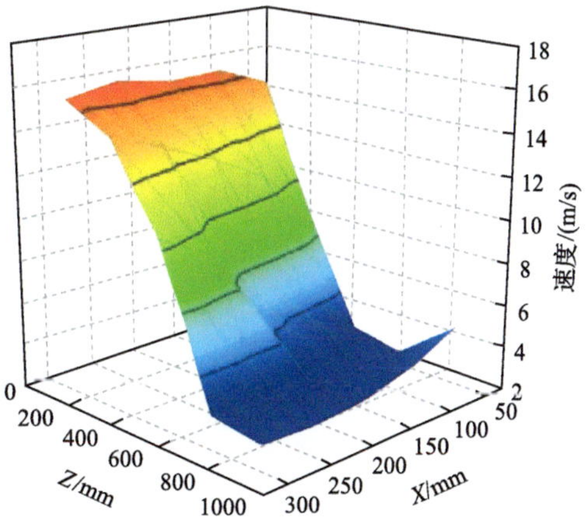

工况1.6，Y=1800mm

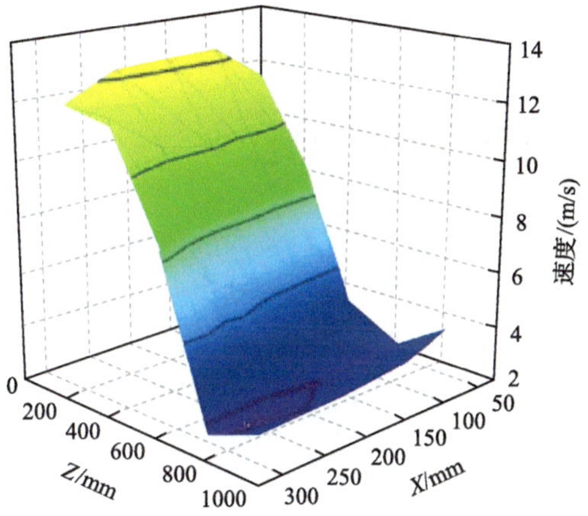

工况2.6，Y=1800mm

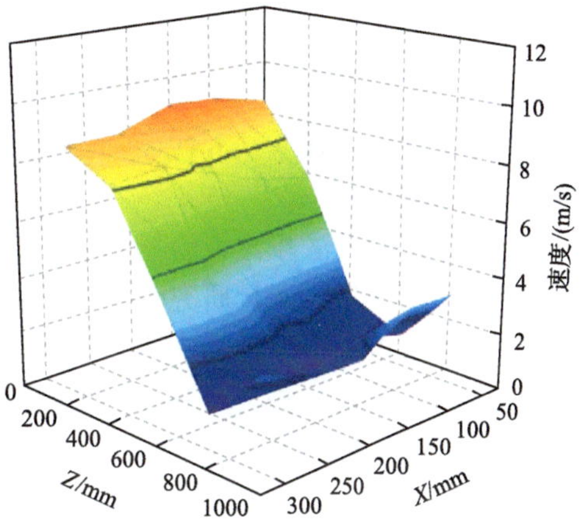

工况3.6，Y=1800mm

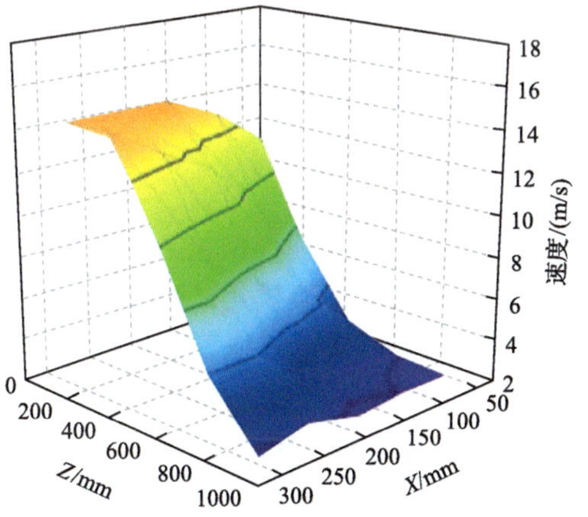

工况1.6，Y=2300mm

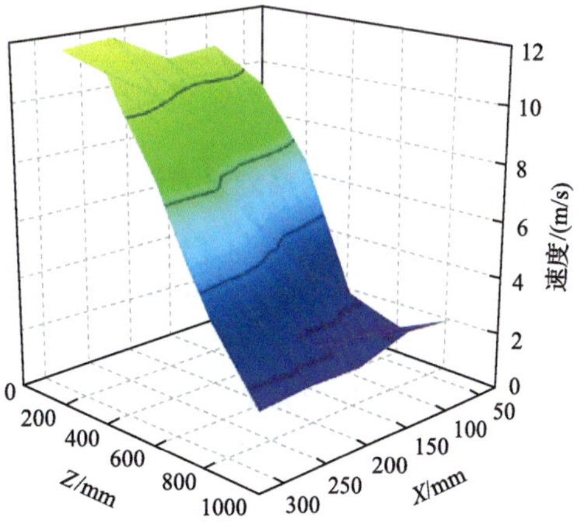

工况2.6，Y=2300mm

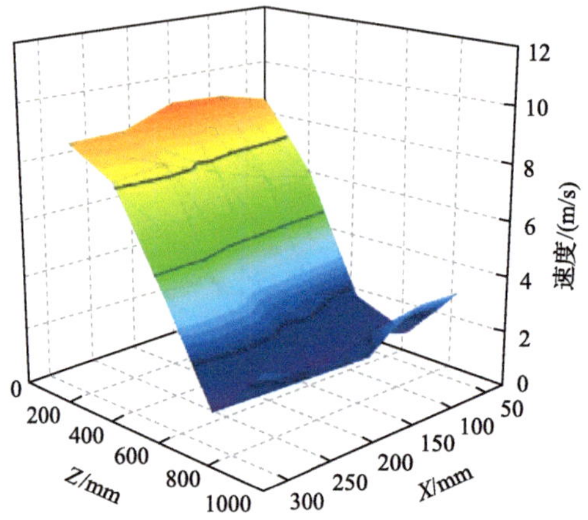

工况3.6，Y=2300mm

图 4.10　不同负荷时的旋风分离器出口烟道内各截面气体速度分布

4.2　后燃风掺混特性的数值模拟研究

与传统试验方法相比，流场的数值模拟能够全面地分析研究对象内的流场特性，能够提供更多的信息，而且研究方式方便灵活、成本低，在热传递、流动以及化学反应等工业相关领域得到了广泛的应用。近年来，数值模拟逐步成为研究炉内流动、燃烧以及污染物生成的重要方法。尤其在锅炉脱硝方面，数值模拟常用来研究烟气脱硝过程中的内部流场、还原剂与烟气混合特点以及喷嘴布置方式优化等问题，为实际工程改造提供指导。

本节以 FLUENT 软件为计算平台，采用数值模拟的方法对冷态模化试验台进行三维数值模拟计算，研究喷嘴位置、喷嘴数量、后燃风比例以及试验台负荷等因素对后燃风在旋风分离器出口烟道内与主气流掺混的影响。通过 4.1 节冷态模化试验的结果来保证数值计算的准确性。研究结果为优化循环流化床锅炉后燃风系统提供依据。

4.2.1　几何模型及网格划分方法

图 4.11 为数值计算的几何模型与网格划分图。数值模拟的几何模型包括三部分：炉膛、旋风分离器以及旋风分离器出口烟道，如图 4.11(a)所示。冷态模化试验台中只有空气流动，因此对试验台进行合理简化，省略了布风板、风帽以及返料腿等结构。

采用结构网格以及分块划分的方法对几何模型进行网格划分，如图 4.11(b)所示。为了保证数值计算的准确性，对旋风分离器、后燃风喷嘴部分进行局部加密，炉膛、旋风分离器及旋风分离器出口烟道的网格步长为 10mm，喷嘴部分的网格步长为 5mm。选取垂直烟道长度方向的截面 *Re* 作为判断标准，进行网格无关性检验。经网格无关性检验，1∶1 比例下的试验台几何模型网格数为 197 万。

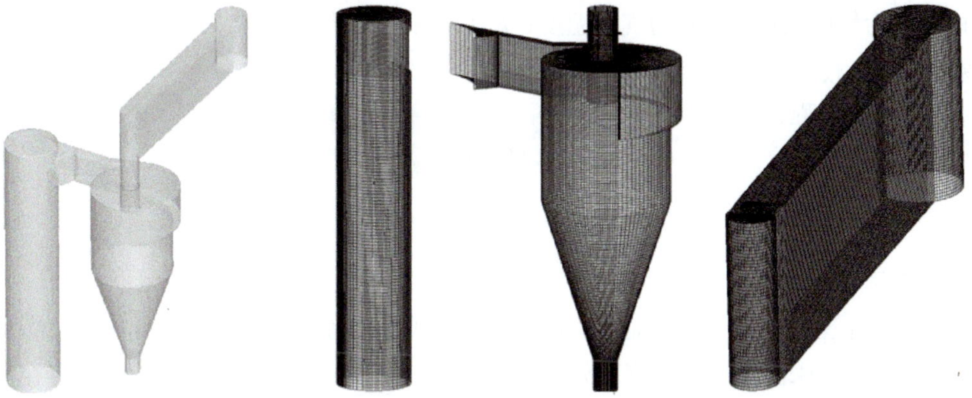

炉膛　旋风分离器　旋风分离器出口烟道

(a) 几何模型　(b) 网格划分

图 4.11　几何模型及网格划分

4.2.2　数学模型

1. 基本假设

(1) 计算中选取空气作为流体介质，不含颗粒。

(2) 空气介质为不可压缩的理想气体，其物性参数为常数，流动为定常流动。

(3) 假设在炉膛出口下部炉膛某高度的横截面上提供的是速度均匀的流场，该横截面与炉膛出口之间有足够的距离使流场得到充分发展。

通过以上假设，将冷态掺混试验的流动问题简化为纯气体、等温、稳态及不可压缩的三维流动问题。

2. 控制方程

控制方程包括质量守恒方程、动量守恒方程、能量守恒方程以及气体状态方程。

质量守恒方程为

$$\frac{\partial}{\partial x_i}(\rho u_i)=0 \tag{4.4}$$

式中，ρ 为气体密度；u_i 为气体速度。

动量守恒方程为

$$\frac{\partial}{\partial x_j}(\rho u_i u_j)=-\frac{\partial p}{\partial x_i}+\frac{\partial}{\partial x_j}\left[\mu\left(\frac{\partial u_i}{\partial x_j}+\frac{\partial u_j}{\partial x_i}-\frac{2}{3}\delta_{ij}\frac{\partial u_i}{\partial x_i}\right)\right]+\frac{\partial}{\partial x_j}\left(-\rho\overline{u_i'u'_j}\right) \tag{4.5}$$

式中，p 为微元体上的压力；μ 为动力黏度，Pa·s；当 $i=j$ 时，$\delta_{ij}=1$，当 $i\neq j$ 时，$\delta_{ij}=0$。

能量守恒方程为

$$\frac{\partial}{\partial x_i}(\rho u_i T)=\frac{\partial}{\partial x_i}\left(\frac{k}{c_p}\frac{\partial T}{\partial x_i}\right)+S_{\mathrm{T}} \tag{4.6}$$

式中，c_p 为气体比热容；T 为气体温度；k 为气体的传热系数；S_T 为气体的内热源及由于黏性作用而使气体机械能转换为热能的部分。

气体状态方程为

$$pM = \rho RT \tag{4.7}$$

式中，R 为气体常数，8.314J/(K·mol)。

3. 湍流模型

准确地计算旋风分离器内部的气相流场可以为模拟旋风分离器出口气体与后燃风的掺混提供贴切的来流速度场。旋风分离器内部流场属于三维强旋转湍流，同时存在流体旋转和流线弯曲，且有回流现象。为保证数值模拟的准确性，除保证高质量的网格外，还需要选择合适的湍流模型。

针对旋风分离器，普遍采用的湍流模型计算方法有大涡模拟、雷诺应力模型、标准 k-ε(湍流动能-耗散率)模型、重整化群(*Re*-nomalization group，RNG) k-ε 双方程模型和可实现的(realizable) k-ε 双方程模型。大涡模拟的主要思想是通过某种滤波函数将大尺度的涡和小尺度的涡分离开，大尺度的涡直接模拟，小尺度的涡用模型来封闭。雷诺应力模型由于完全抛弃了涡黏性假设，对强湍流有较强的模拟计算能力，近年来也被许多研究人员用来模拟计算旋风分离器内部流场。上述两种模型虽然对湍流计算具有较高的准确性，但是其计算成本也很高；对实际工业锅炉来说，为获得较好的网格质量，其需要的网格数也较多。因此，在计算时间成本和准确性之间做一个平衡，在保证满足数值计算准确性的前提下，选用 k-ε 双方程模型。

通过文献调研得出，在三种 k-ε 双方程模型中，realizable k-ε 双方程模型对于旋流具有更好的预测能力。前期试算也同样证明，对于本节的研究对象，realizable k-ε 双方程模型的计算结果更合理。两个参数方程如下：

$$\frac{\partial}{\partial x_j}\left(\rho k u_j\right)=\frac{\partial}{\partial x_j}\left[\left(\mu+\frac{\mu_t}{\sigma_\kappa}\right)\frac{\partial \kappa}{\partial x_j}\right]+G_\kappa+G_b-\rho\varepsilon-Y_M+S_\kappa \tag{4.8}$$

$$\frac{\partial}{\partial x_j}\left(\rho \varepsilon u_j\right)=\frac{\partial}{\partial x_j}\left[\left(\mu+\frac{\mu_t}{\sigma_\varepsilon}\right)\frac{\partial \varepsilon}{\partial x_j}\right]+\rho C_1 S\varepsilon-\rho C_2\frac{\varepsilon^2}{\kappa+\sqrt{\upsilon\varepsilon}}+C_{1\varepsilon}\frac{\varepsilon}{\kappa}C_{3\varepsilon}G_b+S_\kappa \tag{4.9}$$

式中，G_κ 为由平均速度梯度引起的湍动能；G_b 为由浮力产生的湍动能；σ_κ 和 σ_ε 分别为湍动能和耗散率的湍流普朗特数；μ 为分子黏度；μ_t 为湍流黏度；κ 为湍动能；ε 为耗散率；C_1、C_2、$C_{1\varepsilon}$、$C_{3\varepsilon}$ 为经验常数；Y_M 为可压湍流中脉动扩张的贡献；S_κ 为用户定义的源项。

4. 组分输运模型

选用 30℃的空气作为冷态模化试验中的流体介质，其密度为 1.165kg/m^3，运动黏度为 1.6×10^{-5}m^2/s。由于流动介质包括主气流和后燃风，需要使用组分输运模型以区分主气流和后燃风，以便判断旋风分离器出口气体和后燃风在旋风分离器出口烟道内的掺混情况。为叙述方便，将从旋风分离器出口流出的气体称为主气流。

$$\frac{\partial}{\partial x_i}\left(\rho u_i Y_j\right)=-\frac{\partial J_{ji}}{\partial x_i}+S_j \tag{4.10}$$

式中，Y_j 为第 j 组分的质量分数；J_{ji} 为组分 j 的质量扩散分数；S_j 为广义源项。

4.2.3　边界条件及离散方法

计算域的入口包括主气流和后燃风喷嘴入口，均采用速度入口边界条件。选择湍流强度和水力直径两个参数来描述入口湍流，湍流强度的计算公式为

$$I=0.16\left(Re_{D_\mathrm{H}}\right)^{-1/8} \tag{4.11}$$

式中，I 为湍流强度；Re_{D_H} 为以水力直径 D_H 为特征长度计算得到的雷诺数。

旋风分离器出口烟道的出口边界选用 outflow 边界条件类型,其余边界均作为壁面来处理，采用无滑移边界条件，选用标准壁面函数法确定壁面附近的流动。模拟计算的工况与冷态模化试验一致。

本节采用压力-速度耦合算法，以最小二乘法的单元格为基础。由于旋风分离器以及旋风分离器出口烟道内部都存在强烈的旋流,各个计算单元体之间存在较大的压力梯度,所以压力项采用 PRESTO! 格式。在方程中对流项差分格式的选择方面，当研究对象存在强旋流时，首先考虑选用 QUICK 格式，该格式不仅具有三阶精度，还可以降低出现假扩散的可能性。然而，通过前期试算，分别选用 QUICK 格式和二阶迎风格式进行计算，对比其计算结果并没有明显的区别。为了促进收敛，降低计算时间成本，动量、湍动能、耗散率以及组分等均采用二阶迎风差分格式。各个守恒方程收敛的判断残差均设为 1×10^{-5}。

4.2.4　数值模拟计算结果

1. 模拟计算值与试验值对比

图 4.12 为满负荷条件下后燃风喷嘴布置在旋风分离器出口烟道下方的第五层，4%后燃风比例的气体速度试验值和模拟值对比。Z 表示测点离旋风分离器出口烟道底部的高度，横轴 (X/D) 为测点在旋风分离器出口烟道宽度方向的距离与旋风分离器出口直径之比，纵轴为旋风分离器出口烟道中部横截面上 5 个不同高度处沿旋风分离器出口

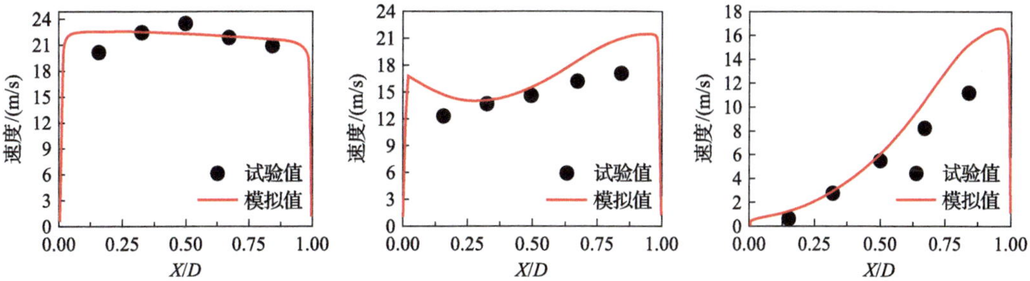

(a) Z=900mm　(b) Z=700mm　(c) Z=500mm

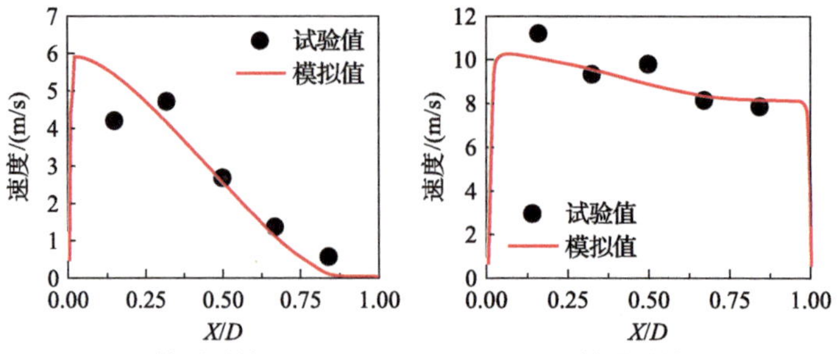

(d) Z=300mm　　(e) Z=100mm

图 4.12　旋风分离器出口烟道中部横截面上气体速度试验值与模拟值

烟道长度方向气体速度试验值和模拟值的分布。从图 4.12 可以看出，计算值和试验值趋势相同，两者相对误差为 1%～17%，在靠近旋风分离器出口烟道的测点上由于未充分发展，误差较大，整体上试验值与模拟值吻合较好。

2. 气体速度分布

图 4.13 为无后燃风时旋风分离器出口不同高度处横截面气体速度分布及其矢量图。从图中可见，旋风分离器出口处气流具有强烈的旋流特性，同时在出口初始段，旋流略有偏心，随后旋流中心沿程逐渐与圆管几何中心重合。

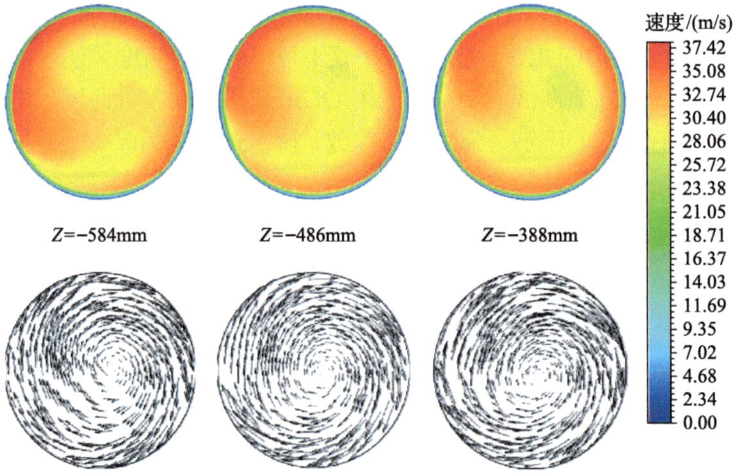

图 4.13　旋风分离器出口气体速度分布与矢量图

主气流在流过旋风分离器出口之后进入旋风分离器出口烟道。图 4.14 为无后燃时旋风分离器出口烟道内纵向中心的垂直截面以及垂直横截面上的气体速度分布，横坐标(Y/D)表示旋风分离器出口烟道长度方向距离与旋风分离器出口直径之比，纵坐标(Z/D)表示沿旋风分离器出口烟道高度方向距离与旋风分离器出口直径之比。可以看出，具有强旋流特性的主气流在旋风分离器出口管与旋风分离器出口烟道连接的过渡部分顶部形成一个回流区，完全进入旋风分离器出口烟道后主气流冲到烟道顶部，速度整体呈“上高下低”分布，并在下部形成较大的回流区。

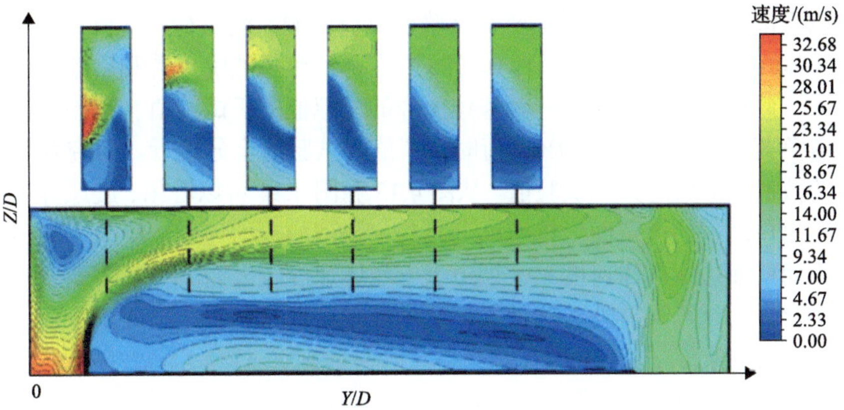

图 4.14 无后燃时旋风分离器出口烟道内纵向中心垂直截面及垂直横截面的气体速度分布

图 4.15 显示了无后燃时试验台的湍动能和湍动能耗散率分布。由图可见，炉膛内部湍动能和耗散率分布均匀，锅炉中最主要的湍动能和湍动能耗散率变化发生在旋风分离器处。旋风分离器出口高速气流进入分离器出口烟道形成回流区，导致此区域压力降低，湍动能和湍动能耗散率增加，特别是旋风分离器出口，湍流扰动增强。

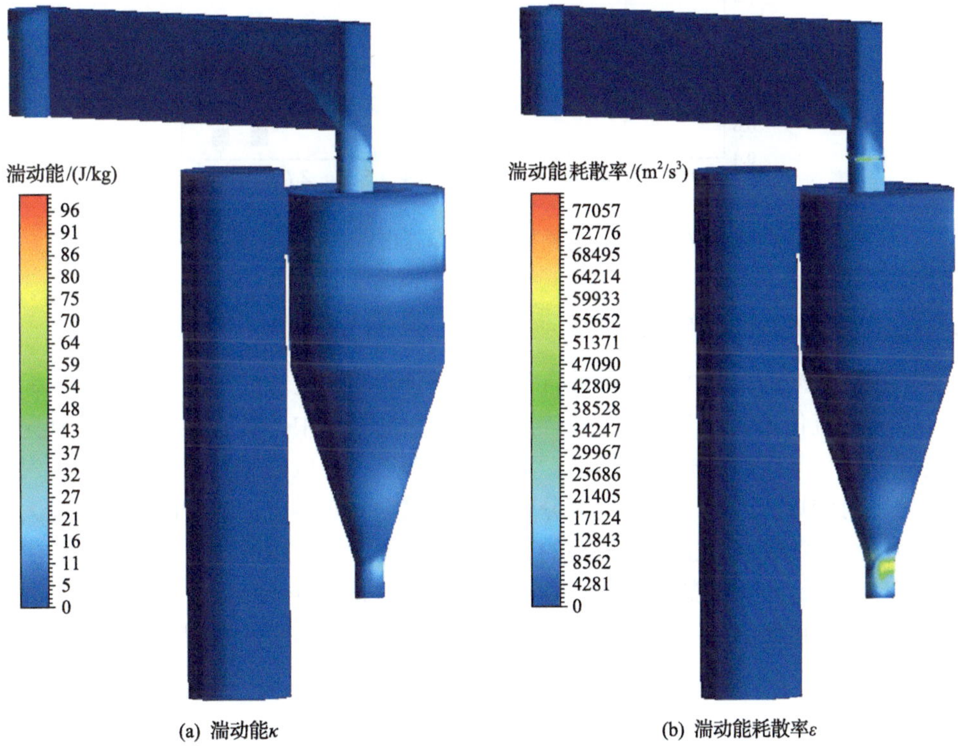

图 4.15 无后燃时试验台的湍动能和湍动能耗散率分布

3. 压力分布

在进行后燃时，旋风分离器与旋风分离器出口烟道两部分的整体压降分布如图 4.16

所示。可以看出，两者整体压降主要受试验台负荷影响，满负荷时压降最大，75%负荷时次之，50%负荷时压降最小，只有 0.5kPa 左右；后燃风喷嘴位置和后燃风比例对其压降影响不大，此外，还可以看出两者整体压降的模拟值大于试验值，其差值在满负荷时最大，随着负荷减小而减小，50%负荷时模拟值与试验值十分接近。研究发现，旋风分离器压降的数值模拟值总大于试验值。从图 4.13 和图 4.14 可以看出，旋风分离器出口和旋风分离器出口烟道的横截面气体速度分布具有强烈的不均匀性，旋风分离器出口中心气体速度小而壁面边缘气体速度大，烟道上方气体速度较大而下方气体速度较小。除数值模拟本身存在的计算误差外，这种气体速度分布特征是导致压降的试验值偏小且总小于模拟值的重要因素。

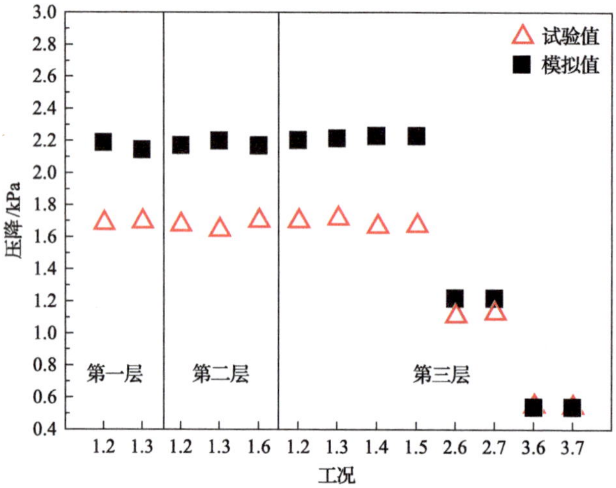

图 4.16 旋风分离器与旋风分离器出口烟道整体压降

4.2.5 后燃风掺混特性影响因素分析

评价掺混效果的方法主要包括混合指数、混合时间、混合长度以及组分浓度标准偏差等。在循环流化床锅炉上，为了使旋风分离器后的烟气中一氧化碳和焦炭得到充分燃烧，需要使烟气与后燃风充分地掺混。在本试验台上，旋风分离器出口烟道内主气流流速高、停留时间短，因此需要主气流分布与后燃风的分布尽量一致，即主气流量大的地方后燃风的组分浓度高，主气流量小的地方后燃风的组分浓度低，而主气流量与主气流速度成正比，因此采用斯皮尔曼等级相关(Spearman's rank correlation)系数来计算主气流速度和后燃风浓度之间的吻合度，以此来评判后燃风喷嘴设置的合理性和优劣性，其定义为

$$r_s = 1 - \frac{6\sum_{i=1}^{n}(x_i - y_i)^2}{n(n^2 - 1)} \tag{4.12}$$

式中，x_i 和 y_i 分别为两类变量的样本值，两类变量分别为主气流速度和后燃风组分；n 为样本数量。r_s 取值范围为[-1,1]，当 $r_s > 0$ 时，表示两个变量间具有正相关关系；当 $r_s < 0$

时，表示两个变量之间具有负相关关系。

当正相关值越大时，表明主气流与后燃风的掺混越充分。后燃风在旋风分离器出口烟道内的分布与喷嘴位置、喷嘴数量、后燃风比例及试验台负荷相关，因此下面将对上述 4 项因素对掺混的影响进行详细分析。

1. 喷嘴位置对掺混的影响

喷嘴位置对后燃风和主气流的掺混效果有重要影响。本节研究 5 种不同高度的喷嘴位置。图 4.17 为后燃风比例为 4%和 6%时，采用 3 个后燃风喷嘴（三喷嘴）和采用 4 个后燃风喷嘴（四喷嘴）在不同高度位置的掺混相关系数（即斯皮尔曼等级相关系数，r_s）分布。可以看出，当喷嘴位于旋风分离器出口烟道下方（第五层）时，掺混相关系数小于 0，这是由于旋风分离器出口烟道处主气流旋流强度大，后燃风比例小，动量相对较低，穿入主气流主体的深度小，使得后燃风和主气流的掺混效果很差；喷嘴布置在旋风分离器出口烟道底部（第四层）时，主气流旋流强度变化不大，故掺混相关系数与布置在旋风分离器出口烟道下方时具有相似的分布；当喷嘴布置在旋风分离器出口烟道的中上部

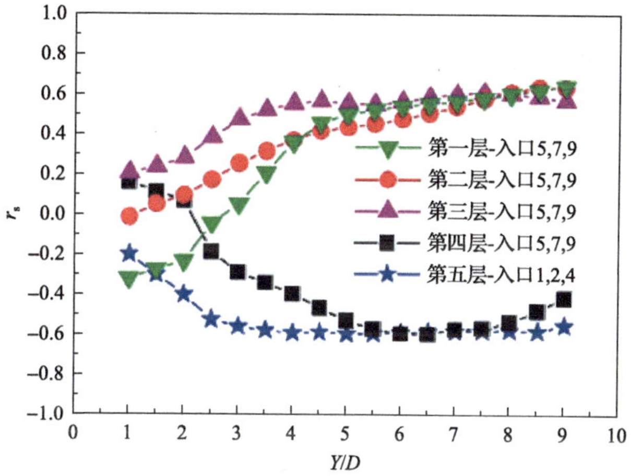

(a) 三喷嘴，λ=4%

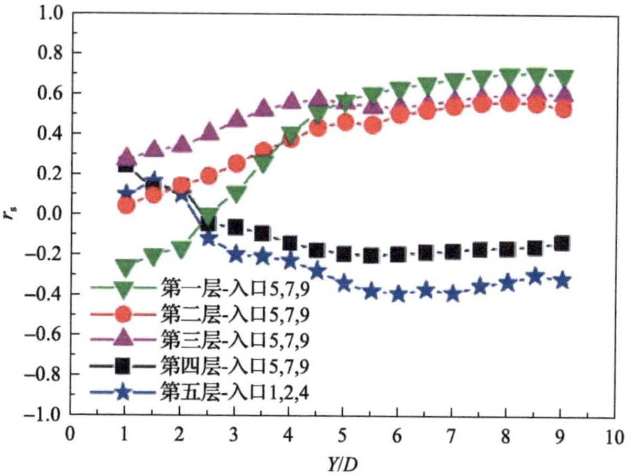

(b) 三喷嘴，λ=6%

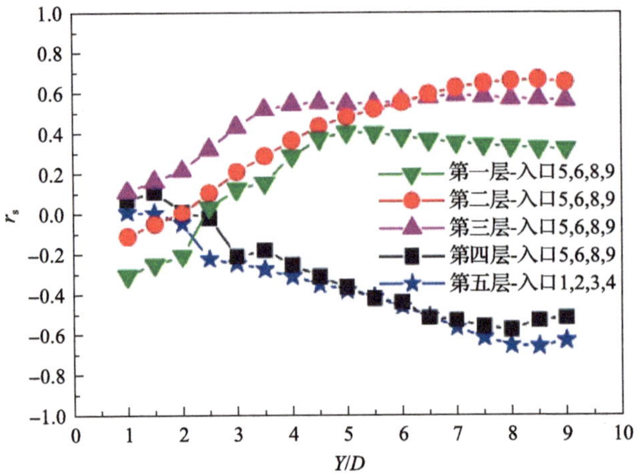

(c) 四喷嘴，λ=4%

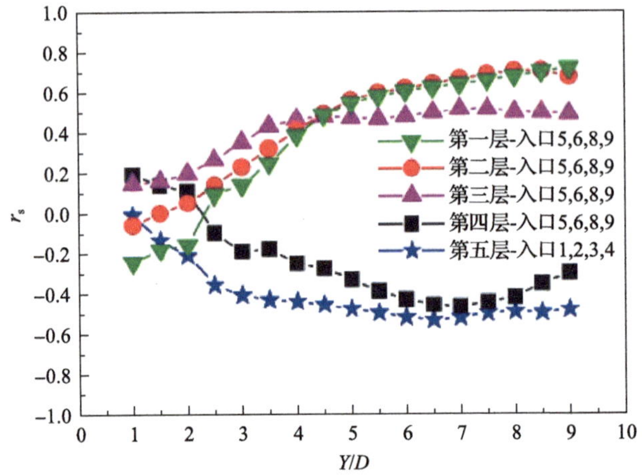

(d) 四喷嘴，λ=6%

图 4.17　不同喷嘴位置的掺混相关系数分布

(第一层)、中部(第二层)和中下部(第三层)时，由于流动空间的突然扩大，主气流旋流发生偏转，旋流强度变小，掺混条件得到改善，沿着主气流流动方向，掺混相关系数逐渐增大，增大到一定值后，其值不再增大，最终稳定在 0.6 左右，掺混效果的提高不再明显。喷嘴布置高度从旋风分离器出口烟道中上部逐渐降低至中下部时，在旋风分离器出口烟道长度的前半部分($Y/D<5$)，掺混相关系数逐渐增大，后燃风与主气流的掺混效果逐渐提高；在旋风分离器出口烟道长度的后半部分($Y/D>5$)，3 种高度布置的喷嘴掺混效果整体较好。

图 4.18 为三喷嘴、无后燃风时，$Y/D=5$ 处的旋风分离器出口烟道横截面气体速度与4%后燃风比例时，5 种不同喷嘴布置高度处对应横截面的后燃组分分布图。可以看出，当采用第四层和第五层两种喷嘴高度时，后燃风组分在垂直横截面上分布为“下高上低”，与无后燃风时的气体速度分布相反，后燃风掺混相关系数为负；当采用其余 3 种喷嘴高度时，后燃风组分分布与气体速度分布相似，后燃风掺混相关系数为正，表明主气流与后燃风能够充分掺混。

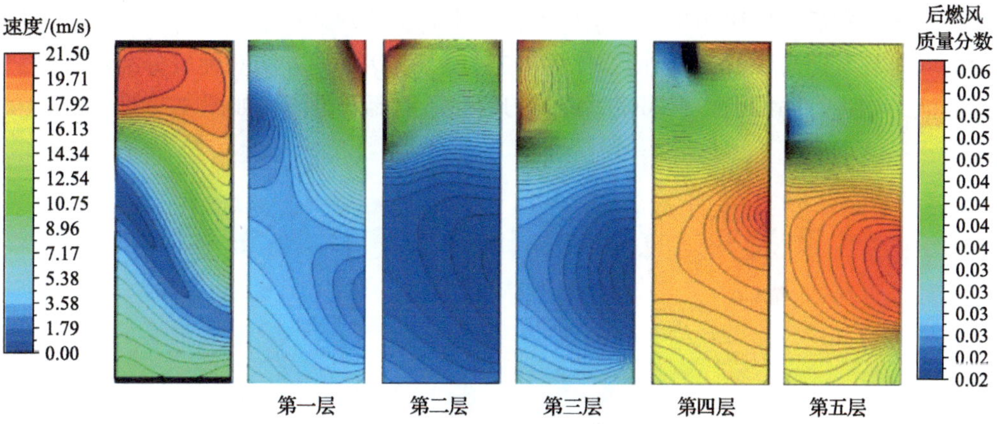

图 4.18 三喷嘴、无后燃风时，Y/D=5 处旋风分离器出口烟道横截面气体速度与 4%后燃风比例时不同喷嘴布置高度处对应横截面的后燃风组分分布

在采用三喷嘴、满负荷、4%后燃风比例的条件下，改变后燃风喷嘴高度时，后燃风组分分布如图 4.19 所示。后燃风在进入烟道后受主气流旋流的作用，随着主气流螺旋上升；在第四层和第五层两处位置时，后燃风在烟道上部分布较少，而其余三种后燃位置下的后燃风在上部分布较多，与主气流速度分布匹配较好，有利于两者的掺混。

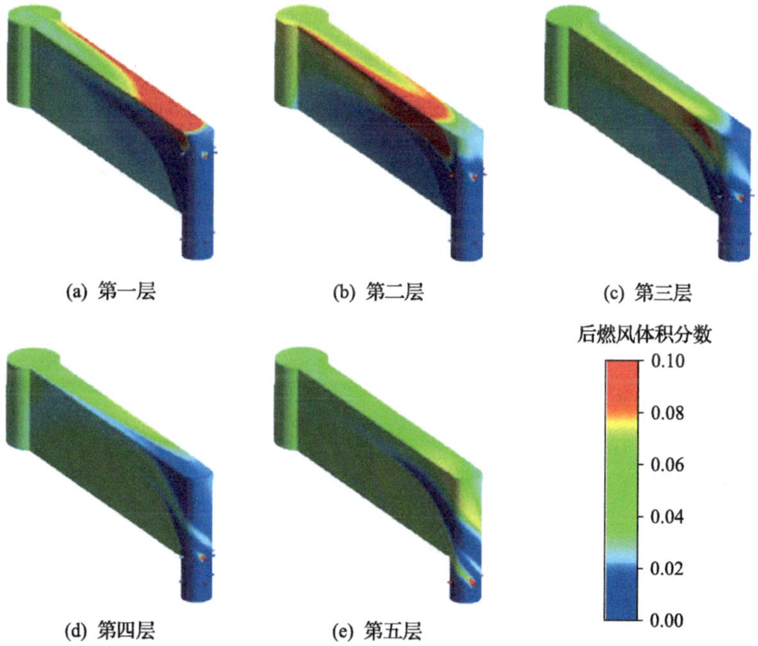

图 4.19 4%后燃风比例时不同喷嘴位置的后燃风组分分布

2. 喷嘴数量对掺混的影响

在保证后燃风比例、喷嘴位置以及喷嘴管径相同的条件下，只改变喷嘴的数量会改变后燃风的动量。本节分别研究采用三喷嘴和四喷嘴在不同高度位置上后燃风和主气流

的掺混情况。在后燃风比例相同的条件下，三喷嘴时后燃风与主气流的入口动量比和四喷嘴的入口动量比为 1.3，射流面积比为 0.75。采用 Q 判据方法对旋风分离器出口烟道内的湍流结构进行涡识别，不同喷嘴位置的后燃风射流涡等值面如图 4.20 所示。

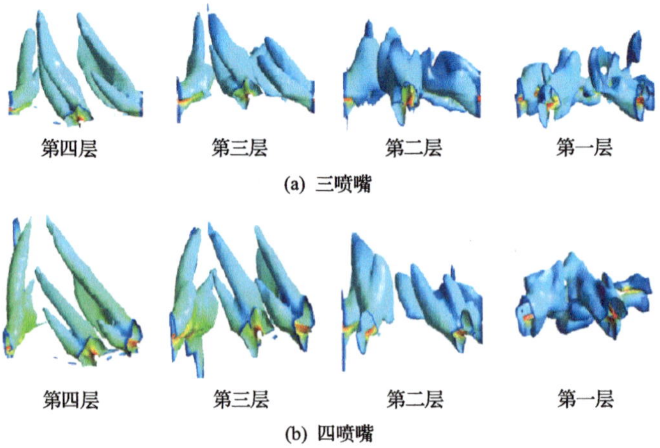

图 4.20　6%后燃风比例时不同喷嘴位置的后燃风喷嘴处的涡等值面

沿着旋风分离器出口烟道高度方向，主气流旋流强度逐渐降低，后燃风射流的弯曲程度逐渐减小，单股射流的横截面逐渐变大，可以形成良好的主体扩散，有利于后燃风和主气流的掺混。图 4.21 为 6%后燃风比例时不同喷嘴数量的掺混相关系数分布图。

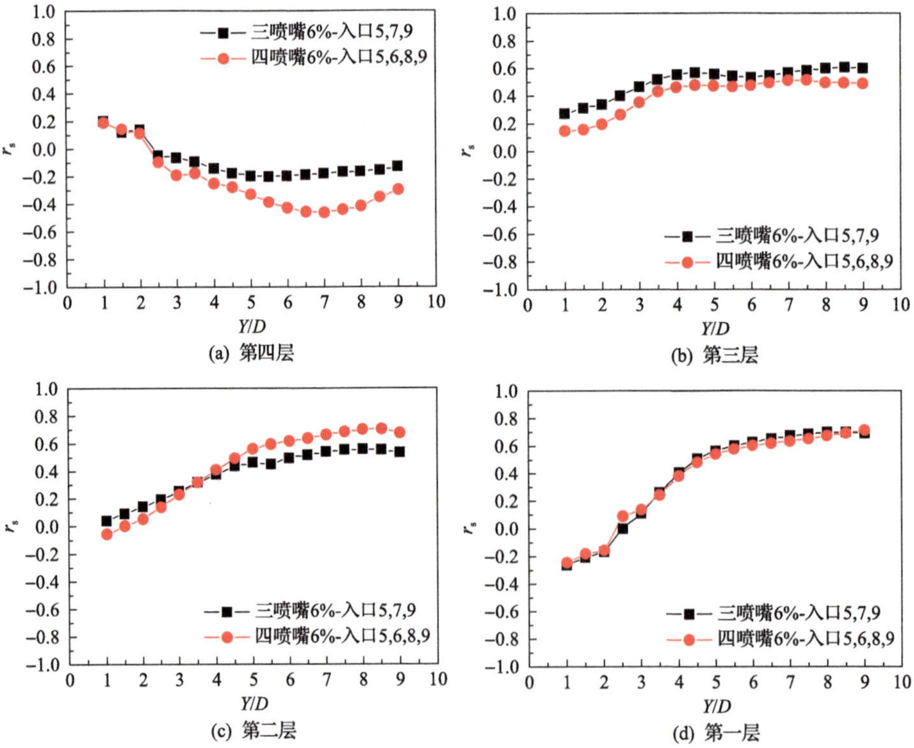

图 4.21　6%后燃风比例时不同喷嘴数量的掺混相关系数分布

对比同等条件下的三喷嘴和四喷嘴的后燃风射流可以看出，在旋风分离器出口烟道中下部(第三层)及底部(第四层)，主气流旋流强度较大，三喷嘴的高动量比增加了穿入主气流主体的深度，有助于掺混，从图 4.21 中同样可以看出，三喷嘴的掺混效果好于四喷嘴。

当喷嘴布置在旋风分离器出口烟道上部(第一层)和中部(第二层)时，主气流主体旋流沿旋风分离器出口烟道方向发生偏转且强度较小，在旋风分离器出口烟道上部形成了一个回流区，喷嘴附近主气流速度相对较低，两种喷嘴方式的局部动量比都得到很大提高，此时动量比对提高掺混效果的能力相对减弱，射流面积成为影响掺混效果的主要因素。从图 4.21 中也可以看出，喷嘴布置在旋风分离器出口烟道上部和中部时，四喷嘴掺混效果已经达到甚至超过三喷嘴的掺混效果。因此，在旋风分离器出口烟道下部布置喷嘴时，需要适当减小喷嘴数量，增加动量比；在旋风分离器出口烟道上部布置喷嘴时，需要适当增加喷嘴数量来增强后燃风与主气流的掺混效果。

3. 后燃风比例对掺混的影响

在喷嘴数量和位置相同的条件下，增加后燃风比例就等同于增加后燃风与主气流的动量比。在横向无旋流的情况下，动量比越大喷嘴射流的卷吸能力越强，穿透主流的深度越大，可以形成很好的主体扩散和湍流扩散。然而，存在旋流的情况下，现有研究表明，提高 SNCR 脱硝还原剂动量对提高还原剂与主气流在旋风分离器内混合效果以及脱硝效率的影响并不明显。

图 4.22 为采用四喷嘴，改变后燃风比例时，4 种不同高度位置的掺混相关系数分布。

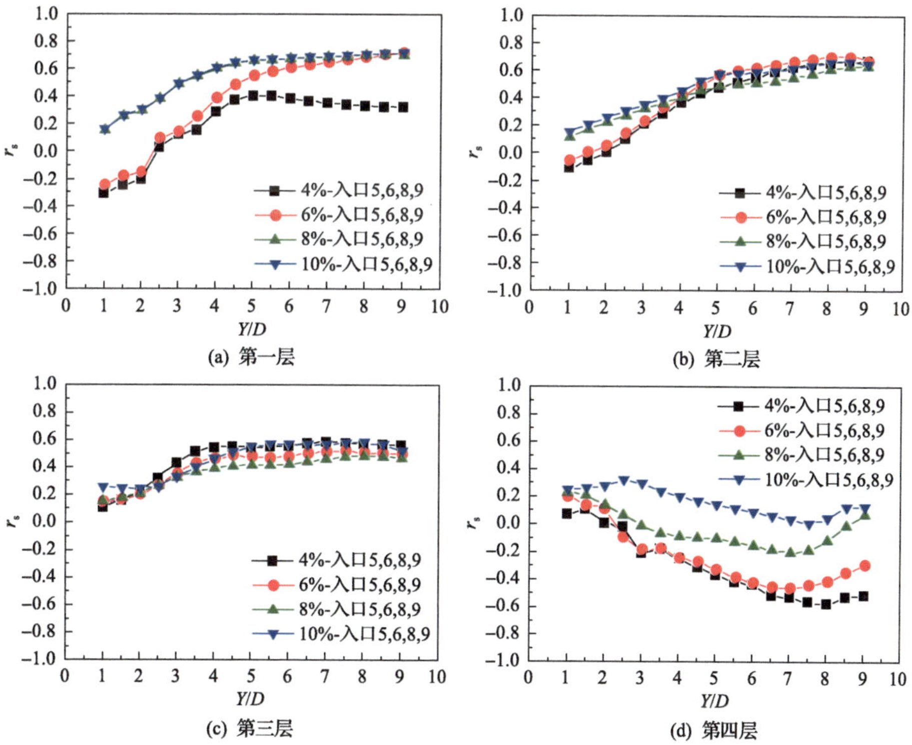

(a) 第一层　(b) 第二层　(c) 第三层　(d) 第四层

图 4.22　四喷嘴时不同后燃风比例的掺混相关系数分布

当喷嘴布置在旋风分离器出口烟道上部(第一层)时，随着后燃风比例的增加，掺混相关系数逐渐增大,当后燃风比例增加至 8%时,提高后燃风比例对增强掺混的效果不再明显。当喷嘴布置在旋风分离器出口烟道的中部(第二层)以及中下部(第三层)时，增加后燃风比例，掺混相关系数没有明显的变化。当喷嘴布置在旋风分离器出口烟道底部(第四层)时，后燃风与主气流的掺混相关系数随着后燃风比例的增加而增大。

4. 试验台负荷对掺混的影响

试验台负荷变化对掺混过程也有一定的影响。图 4.23 为在烟道上部(第一层)、中下部(第三层)采用三喷嘴进行后燃时，负荷变化对掺混相关系数分布的影响。从图 4.23(a)和(b)可以看出，在烟道上部处通入后燃风时，在烟道的前半部分($Y/D<4.5$)三种负荷下的掺混相关系数分布十分接近，在旋风分离器出口烟道后半部分($Y/D>4.5$)，后燃风比例为 4%时 75%负荷的掺混效果最好，100%负荷次之，50%负荷时最低；后燃风比例为 6%时，75%和 100%负荷时的掺混效果区别不明显，50%负荷时较低。从图 4.22(c)和(d)可以看出，在中下部通入 4%后燃风时，75%负荷时掺混效果最好，100%负荷时次之，50%负荷最差；通入 6%后燃风时，75%和 100%负荷时的掺混效果区别不明显，50%负荷时较低。研究认为，随着锅炉负荷的降低，烟道内的流速也减小，改善了还原剂射流的掺混条件，有利于提高掺混效果。但是从图 4.23 中可以看出，掺混效果并不是一直随着负荷的减小而提高的。此外，试验台负荷对掺混的影响也随着后燃风比例的变化而变化，当后燃风比例增加时，100%负荷下的掺混效果与 75%负荷下的掺混效果逐渐接近。

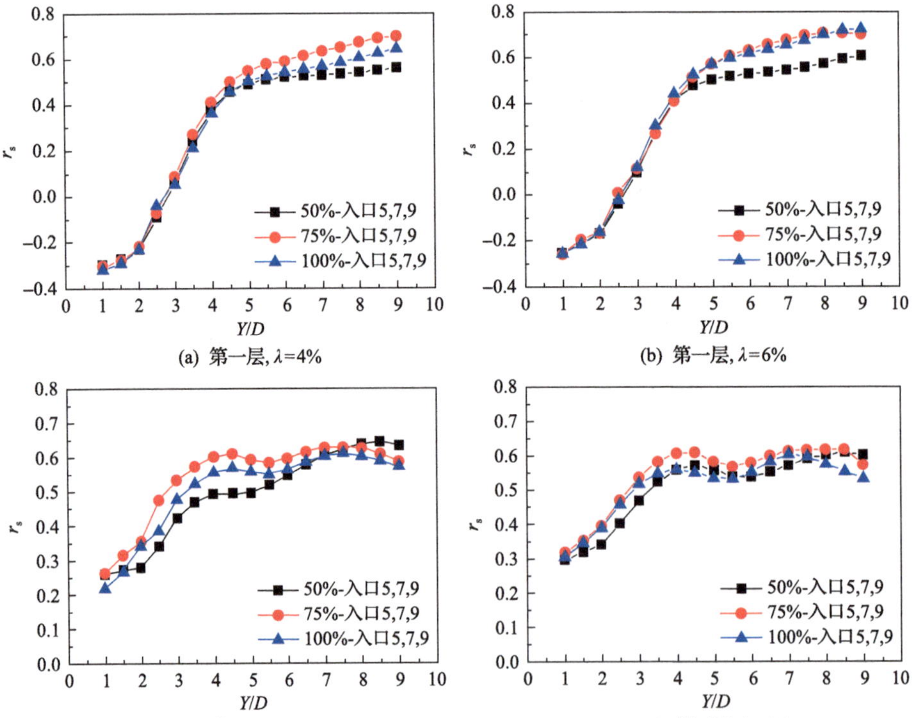

(a) 第一层, $\lambda=4\%$　(b) 第一层, $\lambda=6\%$

(c) 第三层, $\lambda=4\%$　(d) 第三层, $\lambda=6\%$

图 4.23　三喷嘴时不同负荷下的掺混相关系数分布

射流与横向来流入口处的动量比是影响掺混的重要因素之一，在几何结构和尺寸已定的条件下，常采用有效速度比 V' 来代替动量比分析两种流体间的掺混[105,106]。由于旋风分离器出口处的主气流为强烈的旋流，在烟道高度方向上气体速度分布具有不均匀性，采用入口有效速度比并不能合理地描述后燃风与主气流的有效速度比情况，本节采用局部有效速度比 V'_{local} 更能有效地刻画后燃风在喷入烟道时与主气流的掺混情况。

局部有效速度比定义式为

$$V'_{\text{local}} = \sqrt{\frac{\rho_{\text{PCA}} u_{\text{PCA}}^2}{\rho_{\text{local,PA}} u_{\text{local,PA}}^2}} \tag{4.13}$$

式中，ρ_{PCA} 为喷嘴处后燃风的密度；u_{PCA} 为喷嘴处后燃风的速度；$\rho_{\text{local,PA}}$ 为无后燃风时同一位置处的主气流密度；$u_{\text{local,PA}}$ 为无后燃风时同一位置处的主气流速度。

以采用三喷嘴在第三层通入 4%后燃风时为例，分别计算三种负荷下的后燃风与主气流的入口和局部有效速度比，如图 4.24 所示。可以看出，三种负荷下的入口有效速度比均小于局部有效速度比，说明了在非均匀流场中采用局部有效速度比的必要性；75%负荷的局部有效速度比最高，100%负荷时次之，50%负荷时最低。较高的有效速度比可以促进后燃风与主气流的掺混。

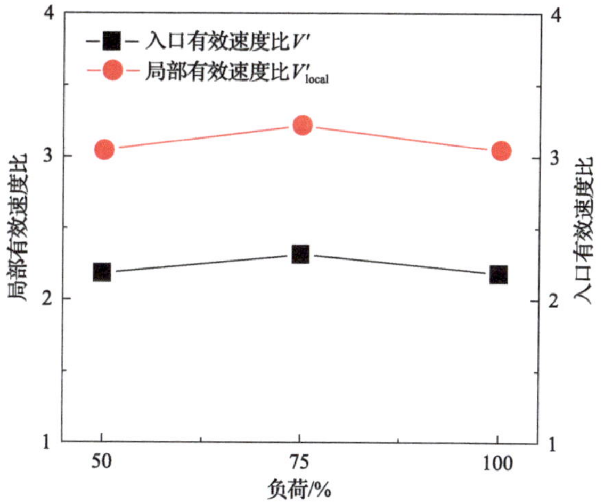

图 4.24　三喷嘴时不同负荷下的有效速度比

4.3　后燃风配风热态试验

在冷态模化试验及数值计算的基础上，选用神木半焦作为试验用煤，依托 $0.15\text{MW}_{\text{th}}$ 低排放热态试验台，开展后燃风优化配风试验，系统地考察改变给煤位置、后燃风分级以及后燃风通入位置对最终 NO_x 排放的影响，并且找到最优的配风方式，为实现高效燃烧和超低 NO_x 协同控制提供指导，也为高温后燃技术的工业应用提供设计依据。

4.3.1 热态试验物料

后燃风配风热态试验用煤为神木半焦，工业分析、元素分析、低位发热量和灰成分等检测结果见表 4.8。神木半焦的粒径为 0～2mm，中位粒径为 625.39μm，粒径分布见图 4.25。

表 4.8 神木半焦煤质分析结果

工业分析(质量分数)/%				元素分析(质量分数)/%					低位发热量 $Q_{net,ar}$ /(MJ/kg)
M_{ar}	A_{ar}	V_{daf}	FC_{ar}	S_{ar}	C_{ar}	H_{ar}	N_{ar}	O_{ar}	
14.60	11.36	7.32	66.72	0.30	68.31	0.85	0.58	4.01	23.32

灰成分(质量分数)/%									灰熔性/℃			
SiO_2	Al_2O_3	Fe_2O_3	CaO	MgO	TiO_2	SO_3	K_2O	Na_2O	DT	ST	HT	FT
28.56	10.90	9.34	26.94	2.28	0.50	6.55	0.66	0.55	1150	1160	1170	1180

注：DT 为变形温度；ST 为软化温度；HT 为半球温度；FT 为流动温度。

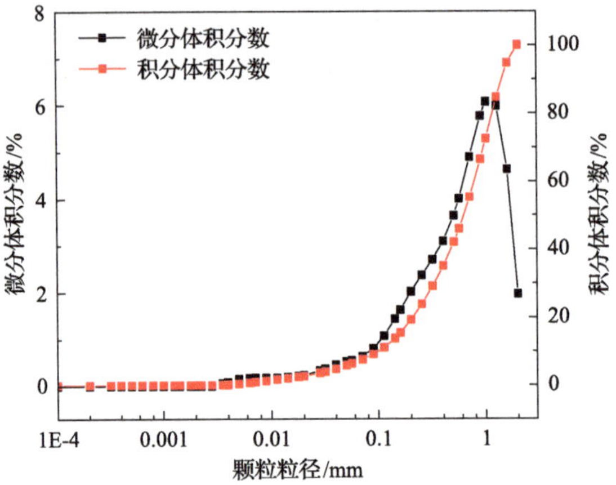

图 4.25 神木半焦粒径分布

试验过程中选取 40～70 目的石英砂作为床料，床料粒径分布见图 4.26。床料中 95.64%成分均为稳定的 SiO_2，具体成分见表 4.9。

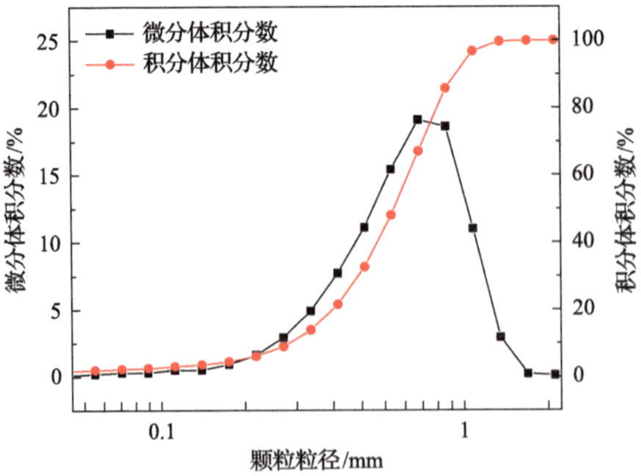

图 4.26 石英砂粒径分布

表 4.9　床料主要成分分析

成分	SiO_2	Al_2O_3	Fe_2O_3	CaO	K_2O	Na_2O	其他
质量分数/%	95.64	1.74	0.13	0.02	0.53	0.22	1.72

4.3.2　热态试验系统

后燃风配风热态试验在 0.15MW_{th} 低排放热态试验台上进行，试验台示意图如图 4.27 所示。主要改造内容为增加三支后燃风喷嘴，共计布置了 5 个不同位置的后燃风喷嘴。第一级喷嘴(N1)和第二级喷嘴(N2)分别布置在旋风分离器的入口和出口。第三级喷嘴(N3)和第四级喷嘴(N4)布置在后燃室水平段，最后一级喷嘴(N5)布置在后燃室竖直段上端。在设计工况下，自旋风分离器出口到 N2～N5 喷嘴的烟气停留时间分别为 0.05s、0.5s、1s 和 1.5s。

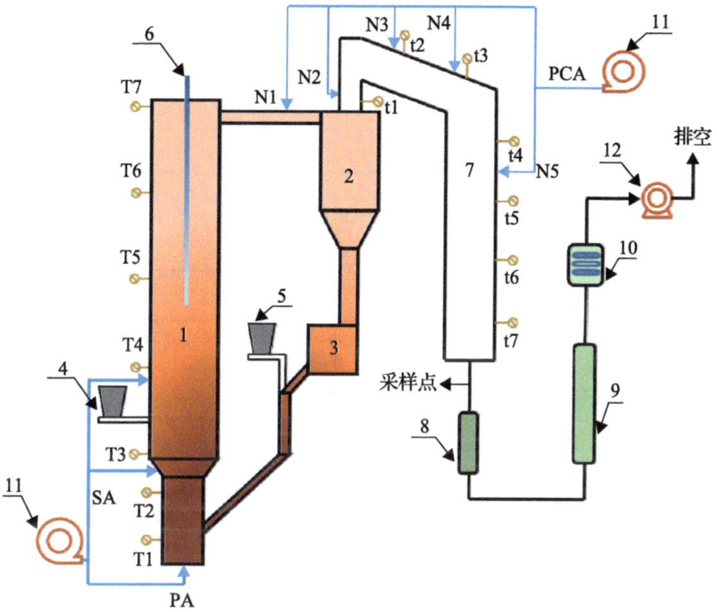

图 4.27　0.15MW_{th} 低排放热态试验台示意图

1.炉膛；2.旋风分离器；3.返料器；4.螺旋给料机 S1(炉膛中部)；5.螺旋给料机 S2(返料器)；6.水冷刺刀管；7.绝热后燃室；8.烟气冷却器；9.空气预热器(简)；10.氧化锆测氧仪；11.罗兹风机；12.引风机

4.3.3　热态试验流程及工况

该系列试验分两部分工况予以探索。因为所用燃料为半焦，所以在试验过程中适当提高了床温，以尽可能保证燃烧效率，而工况中的燃烧温度是指炉膛沿程的最高温度。第一部分试验探究在常规循环流化床燃烧过程中不同给煤位置对温度分布和 NO_x 排放的影响，试验台保持常规循环流化床燃烧，炉内为氧化性气氛，保持给煤量和总过量空气系数基本不变。两个工况采用不同给煤位置的给煤机，工况 1 中采用位于炉膛中部的 S1 给煤机，而工况 2 采用了位于返料器的 S2 给煤机，具体工况见表 4.10。

表 4.10　不同给煤位置试验工况

工况	燃烧温度/℃	λ_{CFB}	λ	一次风量/(Nm^3/h)	二次风量/(Nm^3/h)	给煤量/(kg/h)
1	994	1.18	1.18	116	53	26.8
2	972	1.17	1.17	116	53	27.8

第二部分试验探究在高温后燃技术中不同后燃风布置方式对温度分布和 NO_x 排放的影响。试验过程中保证过量空气系数和炉膛燃烧温度(990℃±10℃)基本不变，保证各工况稳定运行 1h 并取平均值作为工况运行参数，各工况的具体运行参数见表 4.11。

表 4.11　不同后燃风布置方式试验工况

工况	3	4						5
		4-1	4-2	4-3	4-4	4-5	4-6	
燃烧温度/℃	998	1000	992	998	995	988	992	995
λ_{CFB}	0.86	0.91	0.92	0.91	0.91	0.92	0.90	0.91
λ_{PCC}	0.22	0.25	0.26	0.27	0.27	0.27	0.27	0.27
λ	1.08	1.16	1.18	1.18	1.18	1.19	1.17	1.17
一次风量/(Nm^3/h)	123	106	107	106	105	107	105	106
二次风量/(Nm^3/h)	73	73	73	74	73	74	73	73
后燃风量/(Nm^3/h)	50	49	51	52	52	53	54	53
后燃风喷嘴	N4	N1/N2	N1/N3	N2/N3	N2/N4	N3/N4	N3/N5	N2/N3/N4
给煤量/(kg/h)	45.2	45.2	45.2	45.2	45.2	45.2	45.2	45.2

4.3.4　热态试验样品分析

试验过程中,采用 Gasmet DX4000 和 Testo 350 在尾部烟道 S3 处对烟气中 CO 和 NO_x 浓度进行连续测量。

4.3.5　不同给煤位置的影响

1. 不同给煤位置对温度分布的影响

如前所述，工况 1 和工况 2 的一次风流量、二次风流量和给煤量均保持基本不变。但由于采用了不同的给煤位置，两个工况的温度分布和烟气排放数据存在较大差异。两个工况的炉膛温度分布曲线如图 4.28 所示。可以看出，炉顶布置有水冷刺刀管，因此两个工况中炉膛温度均在炉膛顶部迅速下降。在采用常规给煤位置的工况 1 中，炉膛的最高温度大约在 4.5m 处，略高于 S1 给煤机。这是由于神木半焦送入炉膛后燃烧放热。而在工况 2 中，神木半焦由 S2 给煤机投入返料器出口。然而，返料器的温度并没有显著升高，这是因为返料管中氧气含量极低，所以神木半焦并没有在返料立管内燃烧。直到神木半焦进入炉膛与一次风相遇后才被点燃并迅速发生剧烈燃烧，因此在工况 2 中炉膛的最高温度大约在 2.5m 处。经计算，当采用炉膛中部给煤时，平均床温为 944℃，炉膛上下温差为 61℃。而工况 2 的平均床温为 932℃，炉膛上下温差为 53℃。

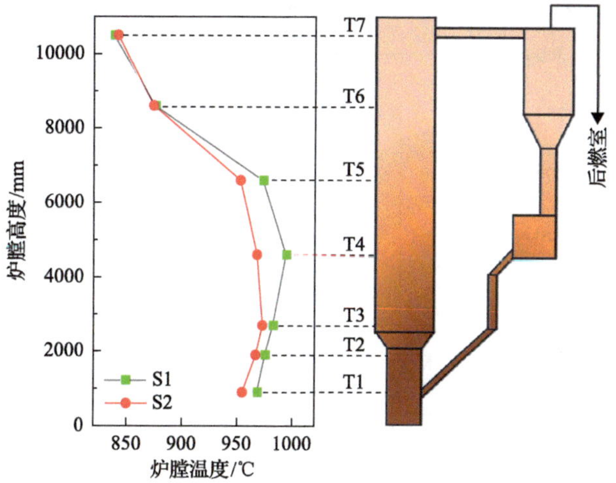

图 4.28　不同给煤位置时炉膛温度分布

S1 的位置高于一次风和下二次风喷口，因此当神木半焦自炉膛中部投入炉膛时，会同时与一次风和下二次风中的氧气接触并点燃，燃烧过程中会放出大量热量，这使得炉膛最高温度为 994℃。而当神木半焦从返料器给入系统时，会依次与一次风和上下二次风发生反应，延长了放热过程，燃烧强度有所下降，因此在工况 2 中，炉膛最高温度下降为 972℃。换句话说，采用返料器给煤有利于提高床温均匀性。炉温越均匀，局部高温区越少，越有利于抑制结渣和抑制 NO_x 的生成。

工况 1 和工况 2 的后燃室温度分布曲线如图 4.29 所示。可以很直观地看出，这两个工况中，后燃室的温度分布几乎相同。这是因为当炉内为氧化性气氛时，大多数燃烧均在炉内燃尽，在后燃室内几乎不发生燃烧反应。

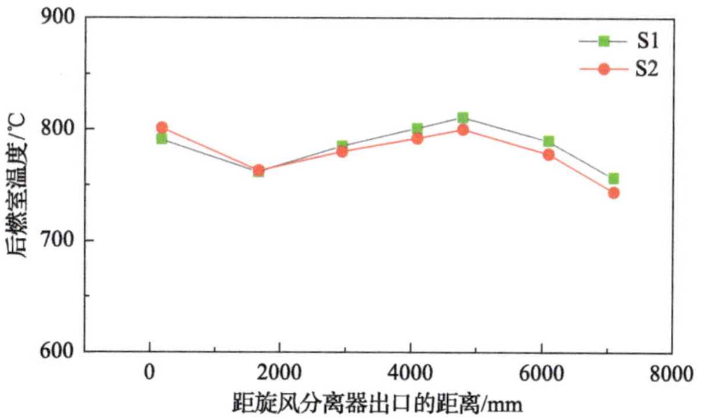

图 4.29　采用不同给煤位置时后燃室温度分布

2. 不同给煤位置对 NO_x 排放浓度的影响

工况 1 和工况 2 的 NO_x 和 CO 排放浓度如图 4.30 所示。当神木半焦自炉膛中部送入炉膛时，NO_x 排放浓度为 748mg/m^3，CO 排放浓度为 244mg/m^3。当神木半焦自返料器投入时，NO_x 和 CO 排放浓度分别下降至 366mg/m^3 和 169mg/m^3。相较于从炉膛中部给煤，自返料器给煤不但能够提高燃烧效率还能降低 NO_x 排放。

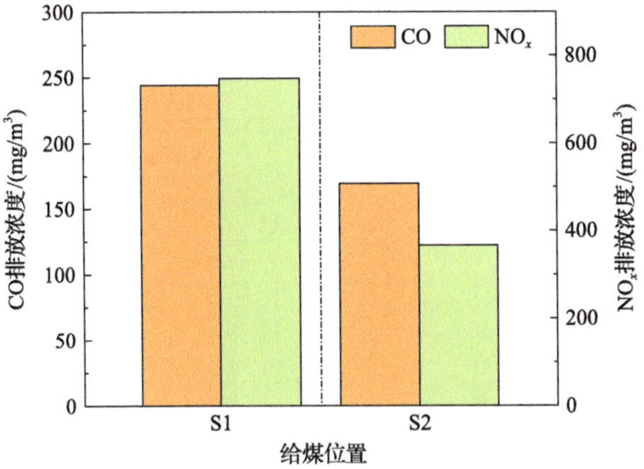

图 4.30　不同给煤位置时 CO 和 NO_x 排放浓度

试验表明，当使用返料器处给煤机给神木半焦时，平均床温更低。然而，Gong 等[73]验证了神木半焦燃烧过程中 NO_x 排放量随着燃烧温度的升高而降低，因此 NO_x 排放浓度下降并不是床温降低导致的，而是另有原因。首先，S1 给煤机的位置处于上层二次风和下层二次风之间。也就是说当采用 S1 给煤时，炉内空气分级的降氮效果被削弱。

此外，返料立管内会发生燃料氮的转化。众所周知，返料器内存在大量高温循环灰和少量流化空气，是一个高温贫氧的强还原性环境。当神木半焦自返料器投入后，会被高温循环灰迅速加热，在脱挥发分过程中部分燃料氮会以 NO_x 前驱物和 N_2 的形式释放到气相中，反应如式(4.14)所示：

$$\text{燃料氮} \longrightarrow NH_3, HCN, N_2, \cdots \tag{4.14}$$

由于存在少量松动风和返料风，少部分释放到气相的 HCN、NH_3 和焦炭氮会被氧化为 NO，同时焦炭会发生不完全燃烧，产生 CO。反应如下：

$$\text{燃料氮} + O_2 \longrightarrow NO \tag{4.15}$$

$$NH_3, HCN + O_2 \longrightarrow NO \tag{4.16}$$

$$C + O_2 \longrightarrow CO \tag{4.17}$$

因为返料立管内的贫氧环境，气相和固相中分别存在大量 NH_3、CO 和未燃烧的焦炭，生成的 NO_x 会发生均相还原反应和异相还原反应并转化为 N_2。此外，进入炉膛后，NH_3、CO 和未燃烧的焦炭同样会参与 NO 的还原反应。具体反应如下所示：

$$4NH_3 + 6NO = 5N_2 + 6H_2O \tag{4.18}$$

$$NO + CO \xrightarrow{\text{催化剂}} \frac{1}{2}N_2 + CO_2 \tag{4.19}$$

$$NO + C \longrightarrow \frac{1}{2}N_2 + CO \tag{4.20}$$

$$2NO + C \longrightarrow N_2 + CO_2 \tag{4.21}$$

$$2NO + C(\ ) \longrightarrow N_2 + C(O) \tag{4.22}$$

换句话说，自返料器给煤延长了神木半焦在强还原性气氛区域的停留时间，同时促进了燃料氮转化为 N_2 而不是 NO_x。此外，较长的停留时间无疑有利于神木半焦的燃尽，因此当神木半焦自返料器投入时，烟气中 CO 排放浓度更低，燃烧效率更高。

4.3.6　后燃风分级布置的影响

1. *后燃风分级对温度分布的影响*

如前所述，试验台共计布置有 5 处后燃风喷嘴。表 4.11 中工况 3 为单级后燃风布置工况，即在试验过程中仅有 N4 开启。工况 5 为三级后燃风布置，即开启 N2、N3 和 N4 三个后燃风喷嘴。为了尽可能消除后燃风喷嘴位置的影响，选取表 4.11 中工况 4-4，即仅有 N2 和 N4 开启的工况，作为二级后燃风工况进行对比分析。上述三个工况试验过程中，炉膛温度分布如图 4.31 所示。

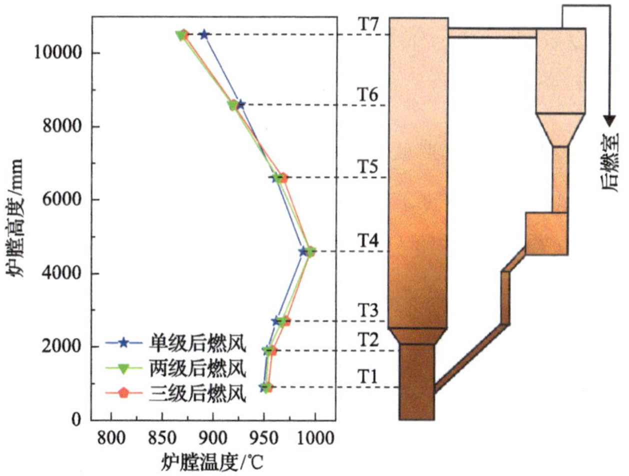

图 4.31　不同后燃风分级下炉膛温度分布

从整体上来看，图 4.31 中所示的三条曲线是相似的。炉膛最高温度在 4.5m 处。炉内布置有水冷刺刀管，因此所有温度分布曲线在炉顶都有明显的下降。代表单级后燃风工况的曲线与其他两条曲线略有不同。这是因为在单级后燃风工况中，λ_{CFB} 略低于其他两种情况。较低的 λ_{CFB} 导致稀相区和密相区的燃烧份额发生变化，由于 O_2 浓度偏低，点火延迟，燃烧速率下降，更多的燃烧份额从密相区转移到稀相区。因此，在单级后燃风工况中，T4 的温度略有降低而 T7 的温度略有升高。因此可以得到结论，后燃风分级不会影响炉膛温度分布特性。

图 4.32 显示了在不同后燃风分级时后燃室内的温度分布曲线。单级后燃风工况中，后燃室最高温度明显高于其他两级后燃风工况，这同样是因为该工况中 λ_{CFB} 略低，因此烟气中 CO 和未燃尽的焦炭颗粒等的浓度更高。因此，在后燃室内燃烧时释放的热量更多，从而导致后燃室温度升高更多。而在二级后燃风和三级后燃风工况中，λ_{CFB} 相同，因此这两个工况中后燃室的最高温度基本一致。

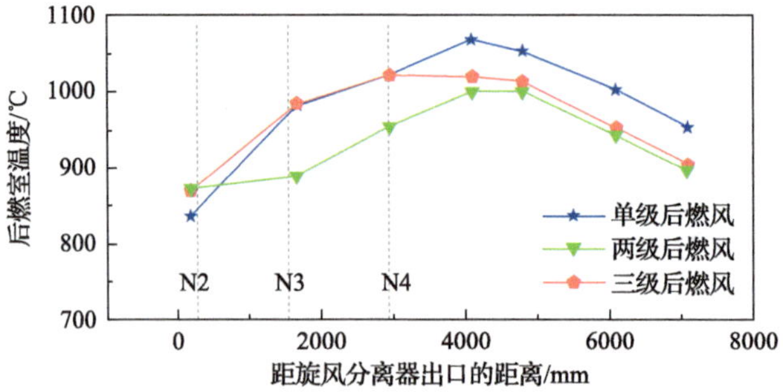

图 4.32　不同后燃风分级下后燃室温度分布

单级后燃风工况中，旋风分离器出口处的温度略低于其他两个多级后燃风的工况。在单级后燃风工况中，N2 并没有投入使用，因此旋风分离器出口没有发生燃烧，所以温度偏低。单级后燃风曲线在 N4 后面存在一个明显的温度峰值，这是因为当后燃风自 N4 注入后，烟气中可燃组分遇到后燃风中的氧气后开始剧烈燃烧，燃烧过程释放的热量使得温度剧增。此外可以发现，在三级后燃风工况下，N3 和 N4 之间的温度明显高于二级后燃风工况，这说明后燃风的布置方式会对后燃室的温度分布产生明显的影响。

2. 后燃风分级对 CO 及 NO_x 排放的影响

图 4.33 显示了不同后燃风分级下，烟气中最终 CO 及 NO_x 排放的浓度。单级后燃风工况中，最终的 NO_x 和 CO 排放浓度分别为 60mg/m^3 和 2212mg/m^3。二级后燃风工况中，

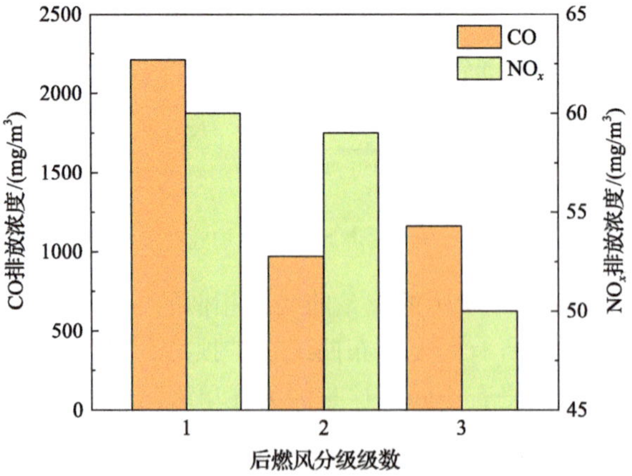

图 4.33　不同后燃风分级下 CO 和 NO_x 排放浓度

NO_x 的排放浓度为 59mg/m^3，CO 的排放浓度为 970mg/m^3。当使用三级后燃风布置时，NO_x 和 CO 排放浓度为 50mg/m^3 和 1162mg/m^3。显然，在二级后燃风布置时，CO 燃尽效果最佳，但采用更多级后燃风的布置则有利于降低 NO_x 排放浓度。

在高温后燃工况中，旋风分离器出口烟气中含有大量的 CO、HCN 和 NH_3，HCN 和 NH_3 的主要氧化产物可能是 NO 或 N_2，具体的氧化反应式归纳如下：

$$HCN + \frac{7}{4}O_2 = NO + CO_2 + \frac{1}{2}H_2O \tag{4.23}$$

$$HCN + \frac{5}{4}O_2 = \frac{1}{2}N_2 + CO_2 + \frac{1}{2}H_2O \tag{4.24}$$

$$NH_3 + \frac{5}{4}NO = NO + \frac{3}{2}H_2O \tag{4.25}$$

$$2NH_3 + \frac{3}{2}O_2 = N_2 + 3H_2O \tag{4.26}$$

从以上反应式可以看出，当采用单级后燃风时，大量氧气被一次性通入后燃室，产生了强氧化性区域。这种条件下，NO_x 前驱物将倾向于转化为 NO 而不是 N_2。而采用多级后燃风布置时，可以避免一次性注入大量氧气。同时，由于炉膛内保持还原气氛，分级布置后燃风还可以尽可能延长还原气氛的区域，烟气在还原气氛区域的停留时间也相应增加，这能够有效抑制 NO_x 的生成。另外，烟气中携带未燃尽的焦炭颗粒，当后燃风不分级时，大量氧气会占据焦炭颗粒表面活性位，抑制了式(4.22)所示的 NO_x 还原反应。因此后燃风分级将有利于降低 NO_x 最终排放。

在单级后燃风工况中，选取的后燃风喷嘴(N4)较靠后，后燃风注入后烟气在后燃室内停留时间有限，因此 CO 不容易燃尽。而当使用三级后燃风时，每个喷嘴的后燃风流量下降，射流速度也随之下降，也就导致后燃风与烟气的掺混效果不佳，因此烟气中 CO 燃尽效果受到影响。因此采用二级后燃风配风时，烟气中可燃物的燃尽效果最佳。

4.3.7 后燃风通入位置的影响

1. 后燃风通入位置对温度分布的影响

试验过程中，在保证运行条件(炉膛温度、λ_{CFB} 和 λ)不变的前提下，通过手动调节后燃风阀门来调整后燃风喷嘴的位置，进而探究后燃风注入位置对温度分布和烟气浓度的影响。图 4.34 展示了工况 4-1～工况 4-6 的炉膛温度分布曲线。同样，工况 4-1～工况 4-6 中所有的炉膛温度分布曲线基本重叠，这是因为所有工况的运行参数基本一致。这也足以证明后燃风通入位置对炉膛温度分布的影响很小。

在不同后燃风通入位置下，后燃室内温度分布曲线如图 4.35 所示。图 4.35 中虚线表示从旋风分离器出口到不同喷嘴的距离。在工况 2-1 中使用的后燃风喷嘴为 N1 和 N2，而在工况 2-2 中使用的喷嘴为 N1 和 N3。当使用后燃风喷嘴 N1 和 N2 时，后燃室最高温度为 1002℃，距离旋风分离器出口约 1800mm。而在使用后燃风喷嘴 N1 和 N3 时，后燃室温度在距旋风分离器出口约 3000mm 处达到最大值 1042℃。上述两个工况之间的后燃室温度分布差异是由后燃风射入位置不同导致的。可以明显看出，后燃室温度会在后燃风通入之后明显升高。又如图 4.35(b)所示，当使用后燃风喷嘴 N2 和 N3 时，后燃室最高温度为距旋风分离器出口 3000mm 处的 990℃，即燃烧最剧烈的区域在喷嘴 N2 和 N3 的后面。相比之下，当后燃风喷嘴 N2 和 N4 投用时，最高燃烧强度区则位于 N2 和 N4 后面。在图 4.35(c)中也存在相同的规律。

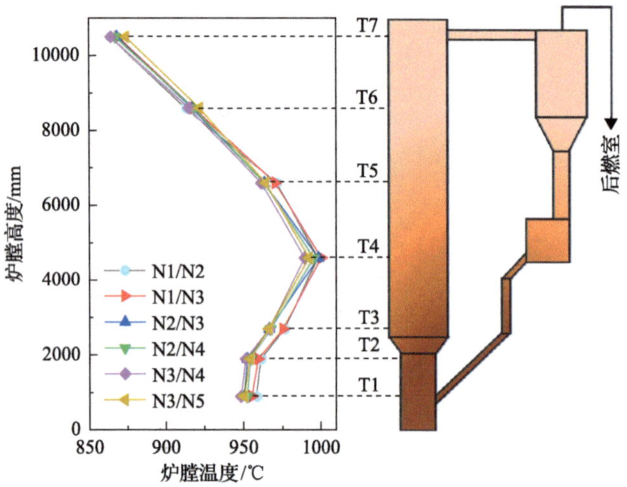

图 4.34　不同后燃风位置时炉膛温度分布

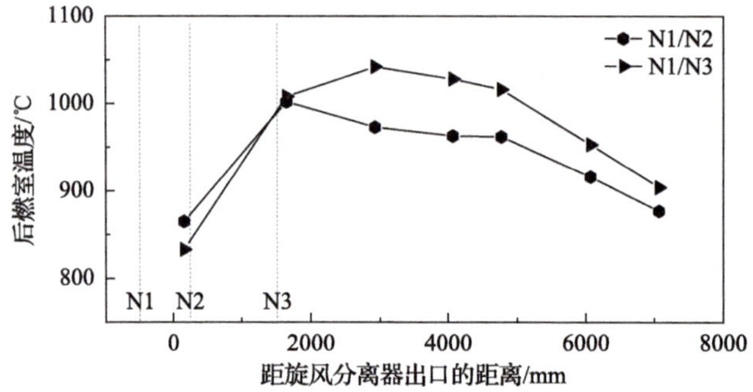

(a) N1~N3中二级后燃风

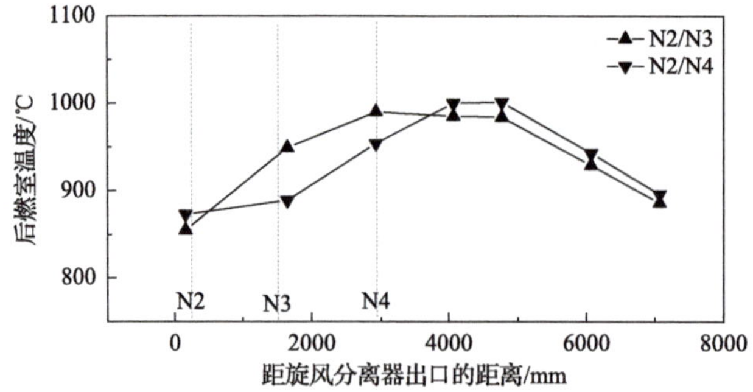

(b) N2~N4中二级后燃风

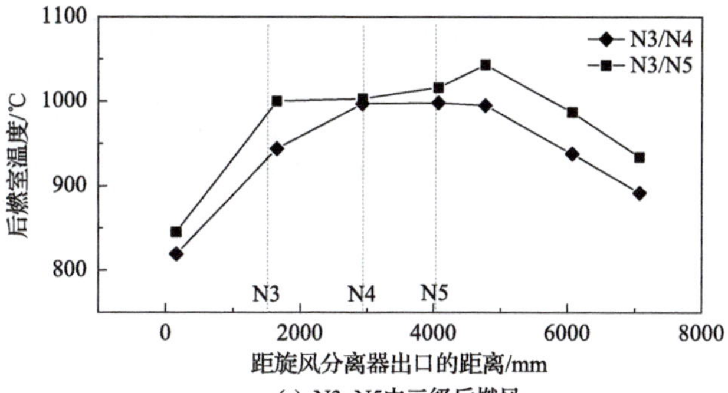

(c) N3~N5中二级后燃风

图 4.35　不同后燃风位置时后燃室温度分布

总而言之，后燃风通入位置对后燃室温度分布有很大的影响。综上所述，在高温后燃技术中，炉内保持还原性气氛，旋风分离器出口处的烟气中含有大量可燃成分。随着后燃风的注入，可燃成分与氧气发生剧烈燃烧反应并释放热量。因此，在后燃风喷嘴后，后燃室的温度会急剧升高。而随着后燃风注入位置向后移动，后燃室内的高温区也相应地后移。

2. 后燃风通入位置对 CO 及 NO_x 排放的影响

在工况 4-1～工况 4-6 中，后燃风的通入位置自旋风分离器进出口逐渐后移。图 4.36 描述了在使用不同位置的后燃风喷嘴时烟气中 CO 和 NO_x 的排放浓度。图 4.36 中的虚线为 NO_x 排放浓度为 $50mg/m^3$(在 $6\%O_2$ 体积浓度下)的基准线。工况 4-1 和工况 4-2 中，NO_x 排放浓度分别达到 $26.6mg/m^3$ 和 $37.7mg/m^3$，满足了超低排放要求。此外，工况 4-6 的 NO_x 排放浓度为 $50.5mg/m^3$，基本满足超低排放要求。此外，图 4.36 中的所有工况的 NO_x 排放浓度均低于 $100mg/m^3$。

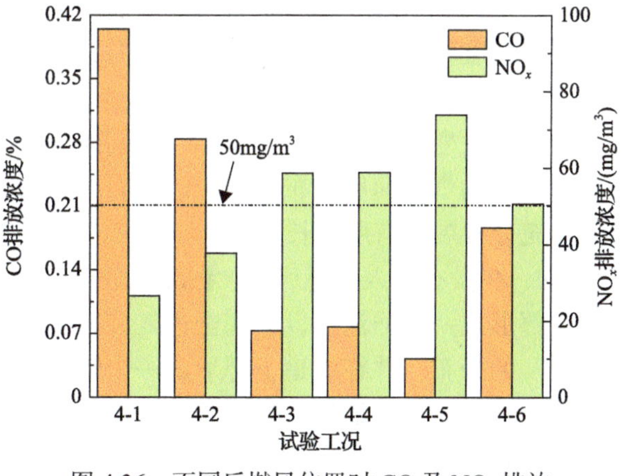

图 4.36　不同后燃风位置时 CO 及 NO_x 排放

由图 4.36 可知，存在燃烧效率最佳的后燃风喷入位置。当后燃风喷入位置逐渐向后移动时，CO 排放浓度先降低然后升高。在工况 4-1 和工况 4-2 中，使用了布置在旋风分离器入口的后燃风喷嘴 N1。这样的布置方式无疑会使旋风分离器的流场受到影响，进而影响旋风分离器的气固掺混，导致可燃物无法有效燃烧，因此这两个工况中的 CO 排放浓度比其他工况高出一个数量级。而随着后燃风注入位置逐渐向后移动，可燃物与后燃风掺混后，在后燃室内的停留时间逐渐降低。较短的停留时间不足以使可燃物完全燃尽，因此 CO 排放浓度会升高，所以存在一个最佳的后燃风通入位置能够使得燃尽效果最佳。

NO_x 排放和 CO 排放的规律正好相反。NO_x 排放浓度取决于 NO_x 的生成速率和还原速率。NO_x 的还原反应分为均相还原反应和异相还原反应，如反应式(4.5)～式(4.9)所示。在旋风分离器的入口处通入后燃风会降低气固掺混和分离效果，这使得旋风分离器后烟气中 CO 浓度和未燃尽的焦炭颗粒浓度均有所增加。这为 NO_x 的还原提供了良好的反应条件。因此，在 N1 投用时，NO_x 排放浓度可以降至 $50mg/m^3$ 以下，但是这是以牺牲一定的燃烧效率为代价的。而随着后燃风注入位置逐渐向后推移，可燃物的燃尽效果越来越好，NO_x 的还原反应速率下降，因此 NO_x 排放浓度也有所升高。而随着后燃风通入位置的不断后移，NO_x 在还原性气氛区域内的停留时间也不断增长，所以 NO_x 排放水平又有所降低。不过在试验工况中，所有的 NO_x 排放浓度都成功控制在远低于 $100mg/m^3$ 的水平。

4.4 本章小结

基于前期研究，采用冷态模化试验、数值模拟和热态试验验证相结合的方法，主要研究循环流化床锅炉负荷变化、后燃风比例及后燃风喷嘴数量及位置等因素对后燃风与烟气掺混特性的影响，获得优化掺混过程的最佳后燃风比例、喷嘴位置、喷嘴数量及配风方式等关键参数，得到以下结论。

(1) 通过冷态模化试验可知，在没有通入后燃风时，在旋风分离器出口烟道横截面 Y=300mm 处由于处于分离器出口，流动还未充分发展，旋流作用使得烟道截面的左下方气体速度较高，右上方气体速度较低；沿着气体的流动方向，流动逐渐充分发展。在通入后燃风时，后燃风的加入及其比例的增加和喷嘴数量的变化并没有引起旋风分离器出口烟道内气体速度分布的显著改变。试验台负荷减小时，旋风分离器出口烟道内同一横截面上仍然存在“上高下低”的气体速度分布特点；但随着试验台负荷减小，旋风分离器出口烟道内气体流动非充分发展段有所延长。

(2) 通过数值模拟可知，在没有通入后燃风时，在旋风分离器出口烟道内，具有强旋流特性的主气流在烟道顶部形成一个回流区，在完全进入旋风分离器出口烟道后，主气流速度整体呈“上高下低”的分布，并在烟道下部形成一个较大的回流。喷嘴布置位置对掺混效果具有重要影响。在旋风分离器出口烟道的中上部、中部和中下部加入后燃风时，后燃风与主气流的掺混效果良好。喷嘴数量对掺混效果的影响随喷嘴位置的不同而变化。后燃风比例的增加使得后燃风的入口动量比增大；在旋风分离器出口烟道底部和上部通入后燃风时增加后燃风比例会显著地提高掺混效果；试验台负荷对掺混效果的影响随后燃风比例的改变而变化，在保证其他条件相同的情况下，后燃风比例较小时，试验台在75%负荷时后燃风与主气流的掺混效果最好。

(3) 通过后燃风配风热态试验可得知采用不同给煤位置和不同后燃风配风方式对燃烧特性和最终 NO_x 排放特性的影响。研究结果表明，不同给煤位置和不同后燃风配风方式会对 NO_x 排放浓度造成很大的影响。

第 5 章

高温后燃炉内还原性气氛下的固硫特性

高温后燃技术通过增强循环流化床炉内还原性气氛以降低 NO_x 排放，该技术应用后，将原本的炉内氧化性气氛变成还原性气氛，传统的炉内喷钙脱硫机理也就不再适用了，因此炉内还原性气氛对固硫特性的影响研究对该技术的应用非常关键。

本章研究的目的是明晰还原性气氛下炉内石灰石的固硫机理，获得高温后燃技术下的炉内最佳固硫温度和 CO 浓度，确定炉内被固定下来的硫在后燃室不会被再次释放的温度等关键参数。采用热重质谱联用和管式炉进行机理研究并结合实炉验证的研究路线，分别开展碳热还原分解 $CaSO_4$ 的机理研究、CaS 的氧化及与 $CaSO_4$ 的固固反应机理研究，并在管式炉和 100kW 循环流化床试验平台上进行验证，研究结果对于循环流化床锅炉炉内低氧燃烧结合后燃技术进一步发展成为联合脱硫脱硝技术和该技术的应用与推广具有重要的作用。

5.1 碳热还原分解 $CaSO_4$ 的机理研究

C 和 $CaSO_4$ 的反应在很多情况下都存在，最典型的就是循环流化床锅炉采用炉内脱硫时密相区内焦炭与脱硫石膏的反应，该反应对循环流化床炉内脱硫效率有重要的影响。另外，现在国内外处理工业废渣磷石膏普遍采用的也是该反应。虽然国内外关于该反应的研究已有很多，但是该反应的机理比较复杂，因此过程中会发生哪些具体反应，以及各个反应的温度区间都还尚未明确。

在循环流化床锅炉炉内低氧燃烧结合后燃技术中，炉内燃料在还原性气氛下燃烧，炉内存在大量未完全燃烧的焦炭，而氧化性气氛的固硫产物为 $CaSO_4$，$CaSO_4$ 与焦炭的反应直接影响了炉内的固硫产物和固硫率，因此需要明晰该反应的机理，充分了解还原性气氛下炉内的固硫情况。

研究主要采用热重质谱联用加等效特征图谱法对逸出气体的实时组分和流量进行分析，通过将逸出气体的质量流量转换成摩尔流量后对比逸出气体各组分摩尔流量之间的关系，分别研究石墨和半焦还原分解 $CaSO_4$ 的机理。另外，为了使结论更可靠，还通过管式炉试验从固体生成物角度验证结论的正确性。

在 C 还原分解 $CaSO_4$ 的过程中，$CaSO_4$ 与 C 之间的反应复杂多样，通过调研和试验发现，主要会发生以下反应：

$$CaSO_4(s) \longrightarrow CaO(s) + \frac{1}{2}O_2(g) + SO_2(g) \tag{5.1}$$

$$CaSO_4(s) + 2C(s) \longrightarrow CaS(s) + 2CO_2(g) \tag{5.2}$$

$$2CaSO_4(s) + C(s) \longrightarrow 2CaO(s) + CO_2(g) + 2SO_2(g) \tag{5.3}$$

$$3CaSO_4(s) + CaS(s) \longrightarrow 4CaO(s) + 4SO_2(g) \tag{5.4}$$

5.1.1　试验系统与方法

热重分析及其联用技术（热重与红外光谱、质谱、色谱等技术联用）已广泛应用于对无机材料、有机材料、复合材料及纳米材料的分析。该技术不仅可以获得物质在升温过程中质量和热量随时间/温度的变化情况，还能够对过程中逸出气体的组分进行实时定性和定量分析，从而达到对物质结构和热稳定性进行深入研究的目的。作为典型的热分析联用技术，同步热重分析仪（thermogravimetric analyzer，TG）-质谱仪（mass spectrometer，MS）联用系统除了可以对升温过程中物质的失重信息进行记录，还能对过程中产生的挥发性组分进行定性和定量解析，因而常应用于对反应过程中的逸出气体进行分析。

1. TG-MS 联用加等效特征图谱法

本试验主要采用热重分析仪-质谱仪联用加等效特征图谱（equivalent characteristic spectrum analysis）法（以下简称 TG-MS& ECSA 法）对逸出气体进行实时检测分析。试验系统主要由 Netzsch 同步热重-差示扫描量热法（thermogravimetric- differential scanning calorimetry，TG-DSC）热分析仪 STA449F3 Jupiter 和 QMS403C 质谱仪（图 5.1）及一台用于数据采集的计算机组成。试验过程中，进入热重分析仪炉内的气体与固体样品进行反应，随后气相反应产物被载气携带进入质谱仪中进行相关参数检测。热重分析仪对试验过程样品质量随温度的变化情况进行记录，质谱仪对逸出气体各组分的特征值（不同质核比逸出气体的离子流强度）进行记录，最后再通过 ECSA 法对离子流强度进行解析，从而获得逸出气体中各组分的实时质量流量。

图 5.1　Netzsch 同步 TG-DSC 热分析仪和质谱仪

ECSA 法是由中国科学院工程热物理研究所提出的一种对质谱数据进行定量分析的方法，该方法基于 TG-MS 工作原理通过对质谱数据进行解析建立逸出气体与载气的相对关系，结合已知的载气流量变换计算出逸出气体不同组分的质量流量。与传统的逸出气体质谱定量分析方法相比，该方法不受试验过程及其条件的影响，适用于各种反应类型的逸出气体定性分析和定量分析，而且利用标定参数解析质谱图谱，可以计算获得逸出气体中不同组分的实时流量(标准状态)，流量数据求和后可与注入气体流量及样品失重率比对，能够验证测试及解析的准确性和可靠性。

ECSA 法通过对质谱数据的定量解析能得到逸出气体的实时质量流量，实现了连续在线测量时逸出气体的精确定量分析，并且可以通过对比逸出气体各组分的总质量流量与反应过程中的微商热重法(derivative thermogravimetry，DTG)曲线证明该方法的准确性。该方法不仅能够消除热重扩散效应和质谱质量歧视效应，还能消除离子流对温度的依赖效应。ECSA 法处理质谱信号流程如图 5.2 所示。

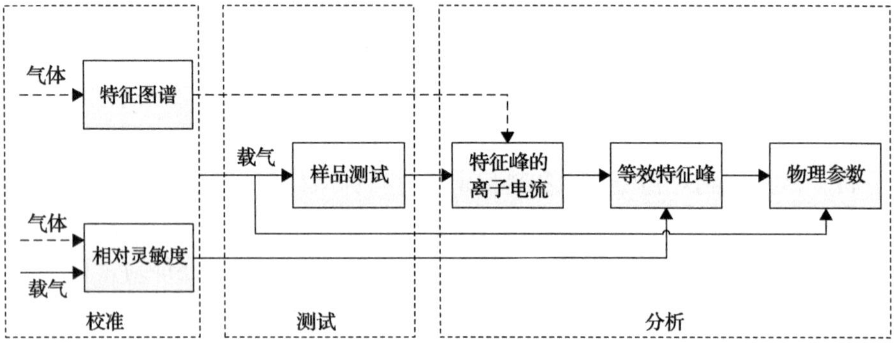

图 5.2　ECSA 法处理质谱信号流程

该方法可靠且不受操作条件影响，可获得逸出气体不同组分的质量流量，通过不同试验条件下的结果比对，可应用于多步反应过程的测试分析，因此目前该方法已成功应用于煤与生物质的热解、燃烧及气化、石墨烯电池材料的特性分析、NO_x 排放的控制、药物晶型转变及晶型筛选、矿石材料成分结构解析及成矿机理研究、硅橡胶热解机理研究、储氢合金的吸附/脱附过程研究、三聚氰胺对有机材料的催化过程等研究领域。

2. 数据处理方法

由于通过对比逸出气体各组分质量流量间的关系，无法直接得出过程中发生反应的化学方程式，因此为深入研究反应过程的具体机理，先按照式(5.5)将采用 ECSA 法得出的逸出气体实时质量流量转变为摩尔流量，然后通过对比逸出气体各组分摩尔流量间的关系去分析具体的反应机理。

$$n(i)=\frac{Q_{\mathrm{m}}(i)}{M(i)} \tag{5.5}$$

式中，$Q_{\mathrm{m}}(i)$ 为气体 i 的质量流量；$M(i)$ 为气体 i 的摩尔质量；$n(i)$ 为气体 i 的摩尔流量。

首先，根据文献调研确定过程中可能会发生的化学反应，然后根据其中有两种以上气体参与的化学方程式中各气体间的数量关系在逸出气体流量图上作辅助曲线，最后通过对比反应过程中逸出气体各组分摩尔流量间的比例关系与反应过程中可能发生的化学反应方程式中各参与气体的比例，就能清晰地分析出各个温度区间发生的反应，进而将各个反应的温度区间界定出来。

3. 卧式管式炉试验系统及分析方法

TG-MS&ECSA 法只能通过反应过程中样品的质量变化和逸出气体各组分的具体流量去推断反应过程中各个温度区间可能发生的反应，但是由于反应后固体产物的量极少，无法对其反应后固体产物中各组分进行定性和定量分析，也就是无法从固体生成物角度去判断反应过程，因此在卧式管式炉试验台上进行了验证试验，将反应后的固体产物进行 X 射线衍射分析（X-ray diffraction，XRD），定性分析反应后的固体产物，从固体生成物的角度验证结论的可靠性，更全面地了解了整个过程的反应机理。

高温、高通量水平管式炉反应系统主要由管式炉、供气系统、抽真空系统、流量控制系统、数据采集系统、进样推杆及排气管路七部分组成，该系统如图 5.3 所示。

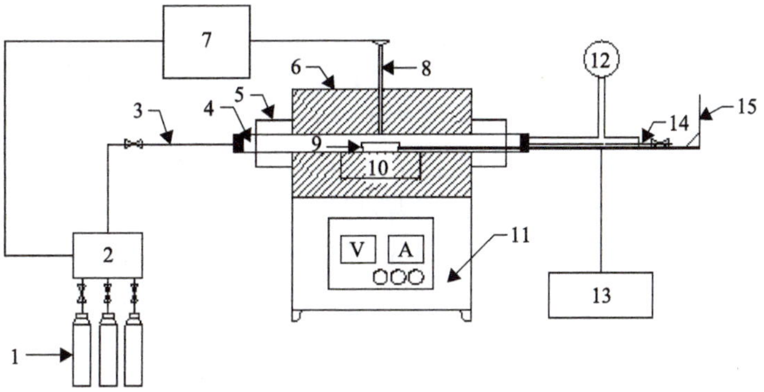

1. 气源；2. 流量控制及配气系统；3. 进气管路；4. 管式反应器；5. 支撑架；6. 电炉本体；7. 数据采集系统；8. 热电偶；9. 瓷舟；10. 恒温区；11. 温度控制器；12. 真空压力表；13. 抽真空系统；14. 排气管路；15. 进样推杆

图 5.3　高温、高通量水平管式炉反应系统图

采用 XRD 对反应后样品中的主要晶体进行分析，所用仪器的型号为 D8 Advance 型，检测参数为：Cu 靶，管压 40kV，管流 40mA，角度 5°～90°。然后使用 Jade 软件对测试结果进行解析，得到反应后产物中的主要物相组成。

5.1.2　石墨还原分解 $CaSO_4$ 的试验研究

1. 试验样品

试验样品为纯 $CaSO_4$ 和石墨粉。

$CaSO_4$ 为国药集团化学试剂有限公司生产的纯 $CaSO_4$，粉末白色微带灰色，粒径≤150μm；石墨粉为阿拉丁公司生产的纯石墨粉，纯度≥99.95%，粒径≤150μm。

2. 热重质谱试验工况

为便于对试验进行解释说明，对试验工况进行了编号，相关编号及对应的试验条件见表 5.1。

表 5.1 试验编号及对应条件

试验工况	反应各样品质量/mg		反应样品摩尔比 (C/$CaSO_4$)
	C	$CaSO_4$	
S1	0	20	0
S2	0.9	20	0.5
S3	1.8	20	1
S4	2.7	20	1.5
S5	3.6	20	2
S6	5.3	20	3
S7	7.1	20	4

3. TG-MS 试验步骤

每次试验前根据预先设定工况的 C/S 摩尔比（C 与 $CaSO_4$ 的摩尔比），称取 20mg $CaSO_4$ 粉末和一定质量的石墨粉，混合均匀后放于 Al_2O_3 坩埚中，将坩埚放在热重分析仪的天平上后关闭炉体，对热重和质谱分析仪的运行参数进行设置。每次在应用程序启动前，为保证炉内气氛不受残余气体影响，都需要对炉子抽两次真空并充保护气氩气。反应在氩气气氛下进行，流量设置为 100mL/min，升温速率为 10℃/min，终温为 1200℃，当炉内温度升高至 1200℃时对炉子进行保温，直至 TG 曲线不再发生明显变化时结束程序。

4. 管式炉试验工况及方法

为了使试验结论更可靠，通过卧式管式炉试验验证了温度对反应产物的影响。在试验过程中，除温度外的所有条件都保持一致，样品的总质量为 2g，为了方便与 TG-MS 试验结果进行对比，石墨与 $CaSO_4$ 的摩尔比选为 1，即石墨与 $CaSO_4$ 的质量分别为 0.16g 和 1.84g。每个工况的反应时间为 45min，整个过程在 N_2 气氛下进行，N_2 的流量为 6L/min，试验的温度分别为 700℃、800℃、900℃、1000℃、1100℃和 1200℃。

每次试验前取 2g 提前配制好并混合均匀的样品置于坩埚中，然后将坩埚放置于管式炉的恒温区，加热炉子前先通 10min N_2，避免炉内残留气体对试验的影响，然后将炉子快速升温至工况温度并保温相应的时间，待保温结束后，加大通入 N_2 的流量至 10L/min，使其快速冷却，待炉温降至室温时，取出反应后的样品，进行 XRD 测试。

5. 不同含量的石墨对 $CaSO_4$ 分解的影响

从图 5.4（c）可以看出，在 $CaSO_4$ 分解过程中是否有石墨的存在差别很大，工况 S2 虽然加入了极少量石墨，但是其开始失重的温度却从工况 S1 的约 1150℃提前至约 950℃，最大分解速率从工况 S1 的 0.1mg/min 增大到了 0.5mg/min，完全失重所需要的时间也从工况 S1 在 1200℃下保温 155min 减少到了 80min。总体来说，$CaSO_4$ 的开始失重温度随石墨含量的增加而降低，但当石墨物质的量增加至 $CaSO_4$ 物质的量的 1.5 倍以上时，$CaSO_4$ 的初始分解温度将不再变化，而且完全失重所需要的时间与开始失重温度也有与之相同的变化趋势，但最大分解速率的变化趋势则与之相反。

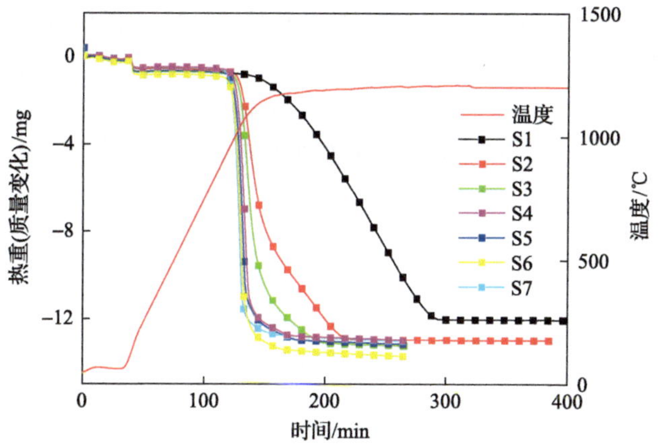

(a) 不同工况下TG曲线对比

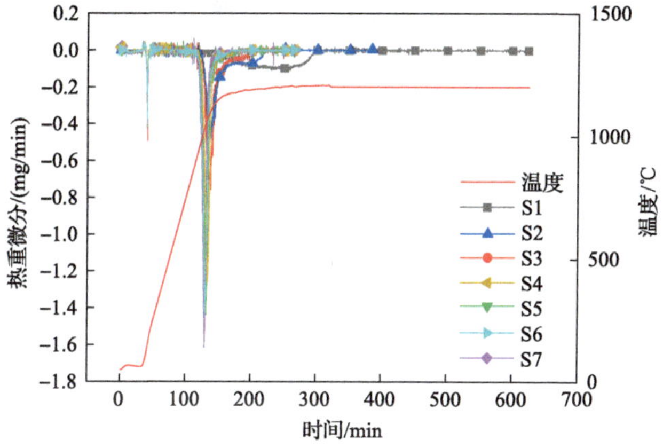

(b) 不同工况下DTG曲线对比

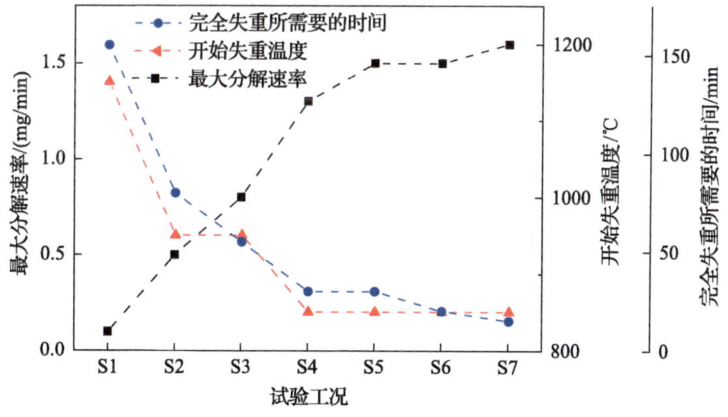

(c) 不同工况下其他各参数对比

图 5.4 不同工况下各参数对比

另外，图 5.4(b)中，从 DTG 曲线(质量变化速率随温度或时间的变化曲线)来看，在工况 S1 中，其最大反应速率发生在 1200℃保温处，而在工况 S2～S7 中，其最大反应速率都发生在约 1050℃处。虽然仅从 DTG 曲线上来看无论加入石墨的量为多少，其最大反应速率对应的温度都约为 1050℃，但是这并不能说明该反应的最佳温度就在 1050℃左右，因为仅从 TG 曲线（质量随温度或时间的变化曲线）和 DTG 曲线并不能看出在该温度下具体发生了哪些反应，以及每个反应对样品失重贡献的大小。这正是仅从热重数据得出结论存在重大偏差的原因，因为它不能解释详细的反应机理，也从侧面也说明了利用 TG-MS& ECSA 法进行该反应研究的重要意义。

6. *石墨还原分解 $CaSO_4$ 的机理*

将逸出气体的质量流量通过式(5.5)转变成逸出气体的摩尔流量后，在工况 S1 的逸出气体流量图中添加 2 倍 O_2 的逸出流量曲线作为辅助曲线，在工况 S2～S7 的逸出气体流量图中添加 2 倍 CO_2 的逸出流量曲线作为辅助曲线，结果如图 5.5 所示。

卧式管式炉试验中反应后产物的 XRD 分析结果如图 5.6 所示。

如图 5.5(a)所示，SO_2 和 O_2 在 1100℃左右同时开始逸出，且整个过程中只有这两种气体逸出。此外，SO_2 和 O_2 一旦开始逸出，SO_2 逸出流量曲线与 2 倍 O_2 逸出流量曲线就基本上重合了。因此，可以推断在工况 S1 中只发生了反应(5.1)，从而验证了 $CaSO_4$ 的自分解反应。

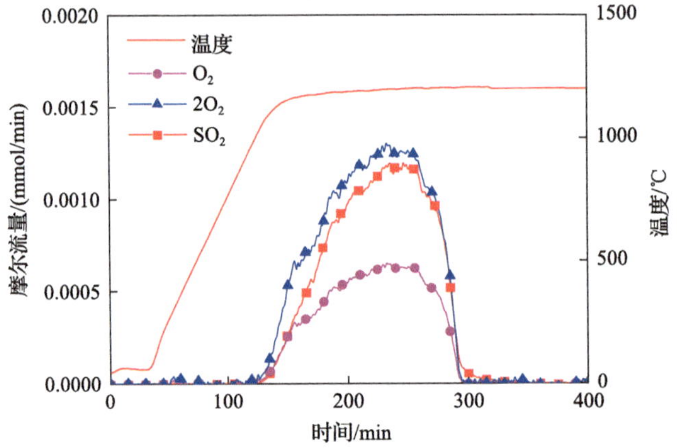

(a) S1

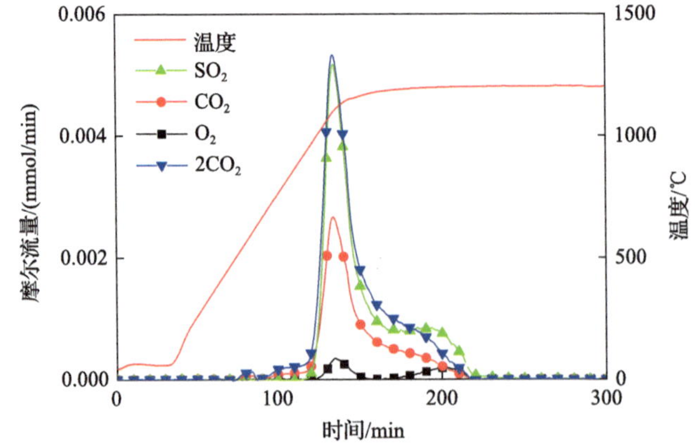

(b) S2

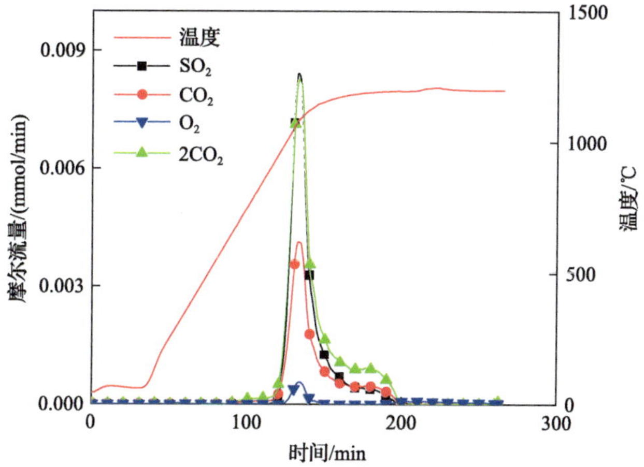
温度
SO_2
CO_2
O_2
$2CO_2$
摩尔流量/(mmol/min)
温度/℃
时间/min
0.009
0.006
0.003
0.000
1500
1000
500
0
0
100
200
300
(c) S3

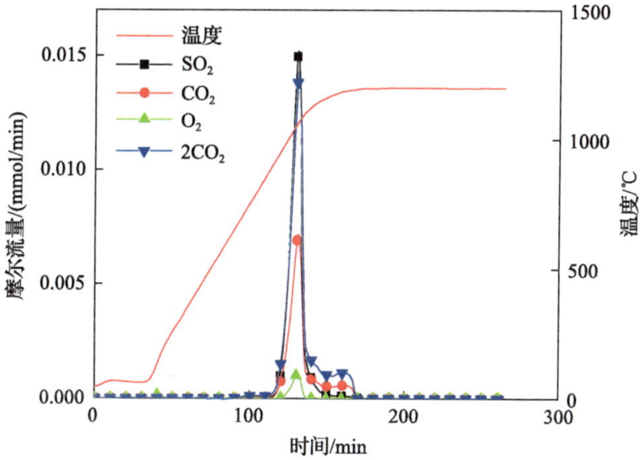
温度
SO_2
CO_2
O_2
$2CO_2$
摩尔流量/(mmol/min)
温度/℃
时间/min
0.015
0.010
0.005
0.000
1500
1000
500
0
0
100
200
300
(d) S4

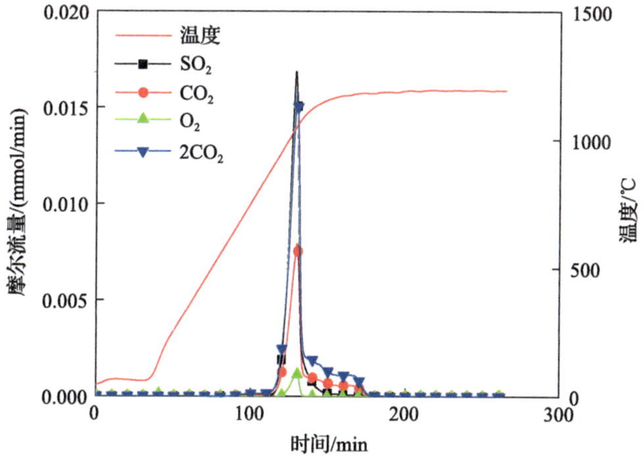
温度
SO_2
CO_2
O_2
$2CO_2$
摩尔流量/(mmol/min)
温度/℃
时间/min
0.020
0.015
0.010
0.005
0.000
1500
1000
500
0
0
100
200
300
(e) S5

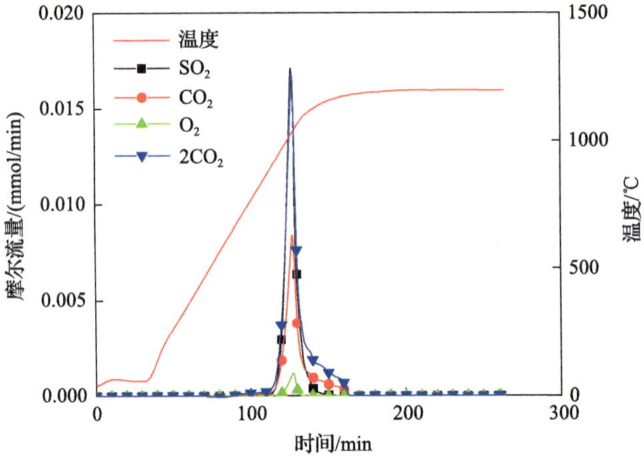

(f) S6

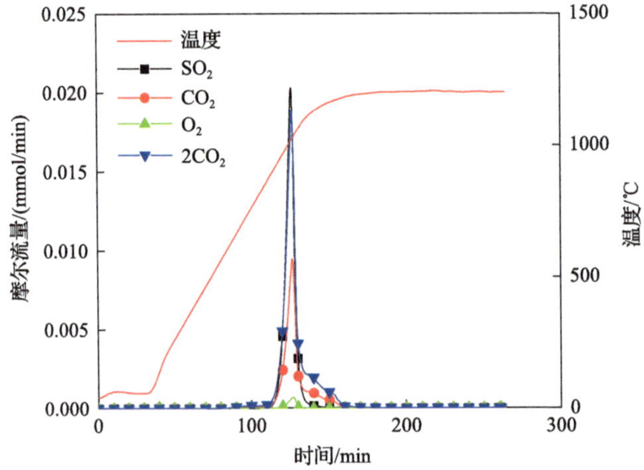

(g) S7

图 5.5　不同工况下逸出气体的流量曲线

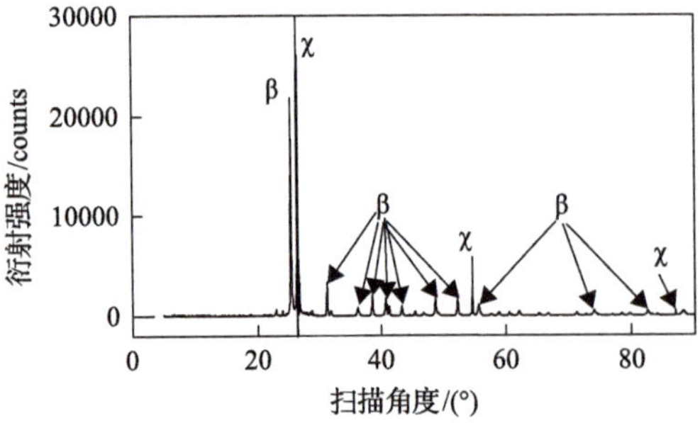

(a) 700℃

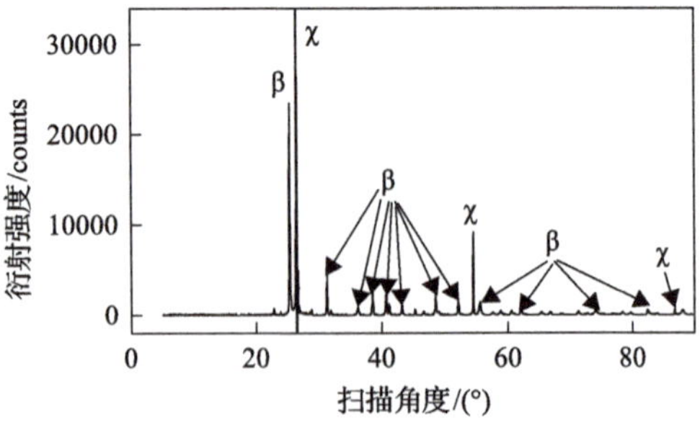

(b) 800℃

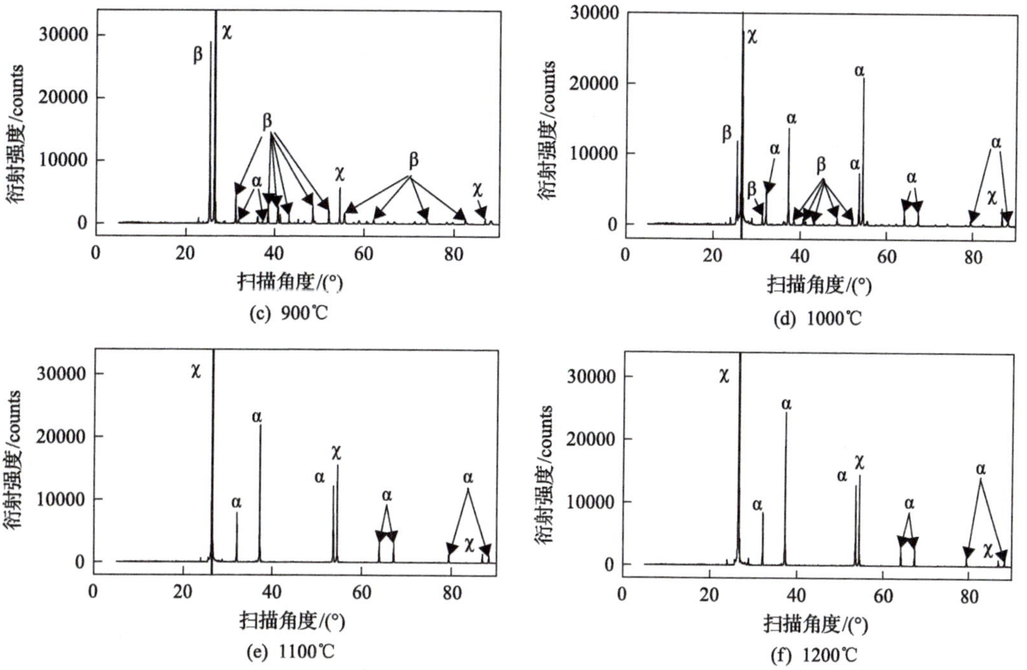

图 5.6 不同温度下的 XRD 图谱分析结果

如图 5.5(b)～(g)所示，SO_2一旦开始逸出，其逸出流量曲线与 2 倍 CO_2逸出流量曲线迅速重合，可以推断该过程中主要发生反应(5.3)，且基本上不存在其他反应。因为一旦有其他反应的大量存在，两条重合的曲线就会偏离，而图 5.5 中在集中反应的区间内，两条曲线基本上完全重合。从图 5.6 也可以发现，在卧式管式炉的所有试验工况下，没有检测到 CaS 的出现，因此可以推断，$CaSO_4$与石墨发生反应时，主要发生反应(5.3)。

SO_2开始逸出意味着反应(5.3)开始发生，不同工况下 SO_2逸出流量曲线如图 5.7 所示。

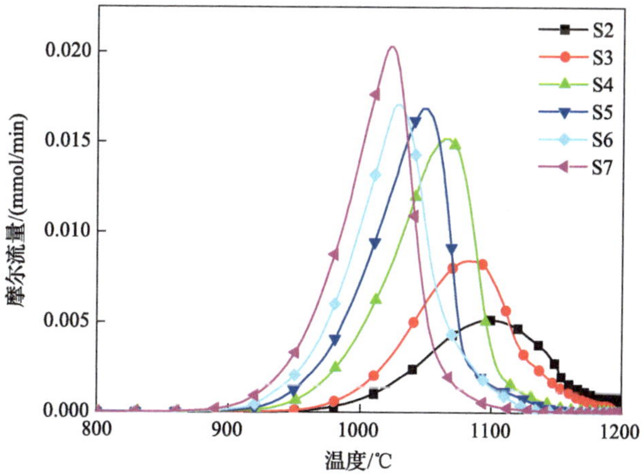

图 5.7 不同工况下 SO_2 逸出流量曲线

由图 5.7 可知，随着石墨含量的增加，SO_2开始逸出的温度从工况 S2 的 934℃提前到了工况 S7 的 871℃，因此反应(5.3)开始发生的温度约为 900℃，并且随着石墨含量的增加稍有提前。该结论也可以通过图 5.6 证实，在 700℃和 800℃的反应产物中只检测到了石墨和 $CaSO_4$，没有检测到 CaO，在 900℃时检测到少量的 CaO，而且随着温度的升高，检测到 CaO 的峰值不断增大，意味着 CaO 的含量不断增多。在 1000℃反应产物的检测结果中，$CaSO_4$ 的峰值已经很小，CaO 的峰值很大，说明 $CaSO_4$ 基本上已经完全被消耗生成了 CaO，在 1100℃和 1200℃反应产物的检测结果中，只检测到了 CaO 和石墨，已经检测不出 $CaSO_4$。总体来说，在有石墨存在的情况下，900℃就已经在反应产物中检测到了 CaO，而正常情况下，纯 $CaSO_4$ 在 1100℃左右才开始分解，而且分解速率很小，所以反应产物中的 CaO 可以排除是 $CaSO_4$ 自分解反应产生的。

因此，在石墨还原分解 $CaSO_4$ 的反应中，主要发生的为反应(5.3)，且反应(5.3)开始发生的温度约为 900℃。随着石墨含量的增加，其开始反应的温度略有提前。

但在反应的后期，SO_2 逸出流量曲线和 2 倍 CO_2 逸出流量曲线两条曲线开始偏离，在工况 S2 中 SO_2 逸出流量曲线在两条曲线偏离后以高于 2 倍 CO_2 逸出流量曲线继续释放了一段时间，且这段时间伴有 O_2 的逸出，这是因为在工况 S2 中，虽然石墨与 $CaSO_4$ 的摩尔比正好等于反应(5.3)中这两种物质的反应摩尔比，但是由于两种物质接触不充分，部分 $CaSO_4$ 没有被反应(5.3)消耗，而此时温度已经达到了 $CaSO_4$ 的自分解温度，因此这段时间内还发生了 $CaSO_4$ 的自分解反应(5.1)。但从工况 S3 开始，石墨开始过量，$CaSO_4$ 基本上都已经通过反应(5.3)被消耗完，不会再发生反应(5.1)，因此从工况 S3 开始，两条曲线偏离后没有 O_2 的逸出。

另外，还可以发现，在工况 S3 中，两条曲线分离后，SO_2 和 CO_2 仍然以一定的速率持续逸出了一段时间；而在工况 S4～S7 中，SO_2 在两条曲线分离后迅速停止逸出，而 CO_2 仍然以一定速率持续逸出了一段时间。由此可以判定，在工况 S3～S7 中，当温度高于 1100℃时可能还发生了除反应(5.3)以外的其他反应。根据调研和推测，这个反应只可能是反应(5.2)，但是此时 $CaSO_4$ 已经很少，因此该反应的速率很小。而且在管式炉试验时，由于每个工况下温度都保持在相应值不变，相同温度时反应(5.3)的优先级远远高于反应(5.2)，而且进行 XRD 测试的样品中若有石墨存在，其峰值极大，会掩盖其他微量物质的峰，因此对反应后产物进行 XRD 测试时，未检测到 CaS。

综上所述，石墨的加入会大大提前 $CaSO_4$ 的分解开始温度，在石墨还原分解 $CaSO_4$ 的反应中，优先级最高的为 $CaSO_4$ 与石墨反应生成 CaO、SO_2 和 CO_2，该反应开始发生的温度约为 900℃，且随着石墨含量的增加略有提前，该反应会消耗绝大部分 $CaSO_4$。当温度超过 1100℃时，$CaSO_4$ 和石墨可能会反应生成 CaS 和 CO_2，但是在相同温度下，$CaSO_4$ 与石墨反应生成 CaO 的优先级高于生成 CaS 的优先级，因此卧式管式炉试验中未检测到 CaS 的存在。

5.1.3 半焦还原分解 $CaSO_4$ 的试验研究

1. 试验样品

试验样品为纯 $CaSO_4$ 和神木半焦。

试验使用的 $CaSO_4$ 样品与 5.2.2 节的相同；神木半焦是由神木煤在 600～700℃的较

低温度下缓慢热解制造而成的，试验所用神木半焦预先筛分为 0.100～0.355mm。神木半焦的元素分析和工业分析结果如表 5.2 所示。

表 5.2 神木半焦的元素分析和工业分析

工业分析(质量分数)/%		元素分析(质量分数)/%	
水分(M_{ar})	4.14	碳 C_{ar}	81.58
挥发分(V_{ar})	11.60	氢 H_{ar}	1.58
固定碳(FC_{ar})	72.21	氧 O_{ar}	2.91
灰分(A_{ar})	12.05	氮 N_{ar}	0.57
		硫 S_{ar}	0.03

2. TG-MS 试验工况

为便于对试验进行解释说明，对试验工况进行编号，相关编号及对应的试验条件见表 5.3。

表 5.3 试验编号及对应条件

试验工况	样品质量/mg		神木半焦与 $CaSO_4$ 的质量比
	神木半焦	$CaSO_4$	
C0	0	20	0
C1	1.8	20	0.090
C2	2.6	20	0.130
C3	3.5	20	0.175
C4	5.3	20	0.265
C5	7.0	20	0.350

3. TG-MS 试验步骤

每次试验前根据预先设定好工况的神木半焦与 $CaSO_4$ 的质量比称取 20mg $CaSO_4$ 和一定质量的神木半焦，其余步骤与 5.1.1 节相同。

4. 管式炉试验

此外，为了使试验结论更可靠，在卧式管式炉上进行试验，为了便于与 TG-MS 数据进行对比，试验样品与 TG-MS 试验所使用样品相同，神木半焦与 $CaSO_4$ 的质量比与工况 C4 相同，都为 0.265；样品的总质量为 2g，其中神木半焦为 0.42g，$CaSO_4$ 为 1.58g。试验前先分别称取一定质量的神木半焦和 $CaSO_4$，将其混合均匀后置于坩埚中，将坩埚置于管式炉的恒温区，整个试验过程在 N_2 气氛下进行，N_2 的流量为 6L/min，加热前先将炉子通 10min 的 N_2，避免炉内残留气体对试验的影响，然后将炉内温度首先从室温升至 1200℃，在 1200℃下保持 0.5h，最后，将通入的 N_2 量加大至 10L/min，使炉内温度快速降至室温时，将反应后样品取出，进行 XRD 测试。

5. 不同含量的神木半焦对 $CaSO_4$ 分解的影响

不同工况下的 TG 和 DTG 曲线如图 5.8 所示。

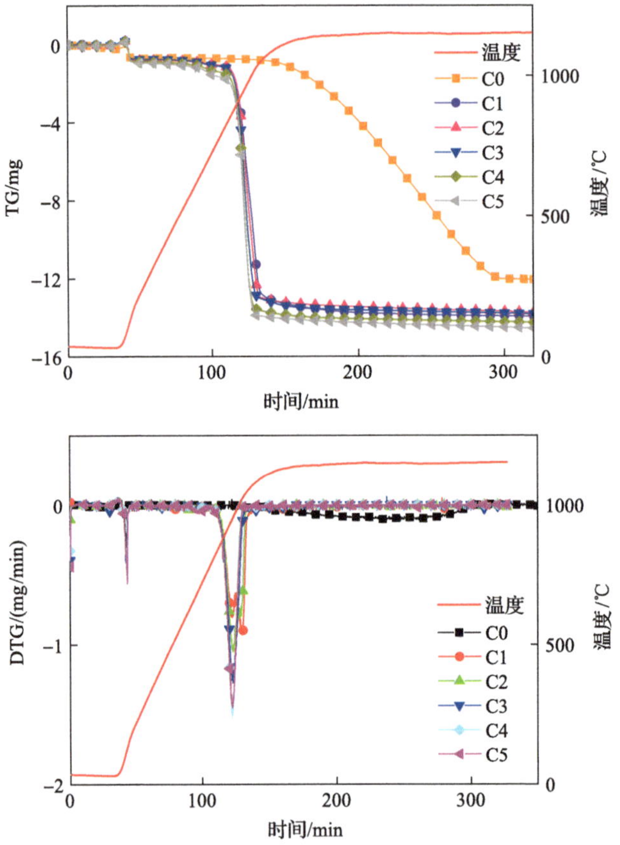

图 5.8 不同工况的 TG 和 DTG 曲线

如图 5.8 所示，$CaSO_4$ 开始失重的温度和完全失重所需要的时间在加入神木半焦后发生了很大变化，虽然工况 C1 含有极少量的神木半焦，但其开始失重温度从工况 C0 的 1100℃提前至了 C1 的 770℃，完全失重所需要的时间从工况 C0 的约 300min 减少到了约 140min。此外，还可以发现工况 C1 和 C2 的 DTG 曲线中存在双峰，但在工况 C3～C5 中，该现象消失。

仅从 TG 和 DTG 曲线无法推断出失重的具体原因，更无法分析得出出现双峰的具体原因，但 TG-MS&ECSA 法可以准确判断逸出气体的种类，并获得每种气体的实时逸出流量，从而可以更准确地分析和判断失重以及双峰出现的原因。

研究半焦还原分解 $CaSO_4$ 的目的是分析得出在神木半焦存在的情况下，被 $CaSO_4$ 固定下来的硫是否会被再次释放以及被释放的比例有多大，因此有必要了解当神木半焦的含量不同时，$CaSO_4$ 脱硫率的具体变化规律。

不同工况下 SO_2 逸出流量随时间的变化曲线如图 5.9 所示。

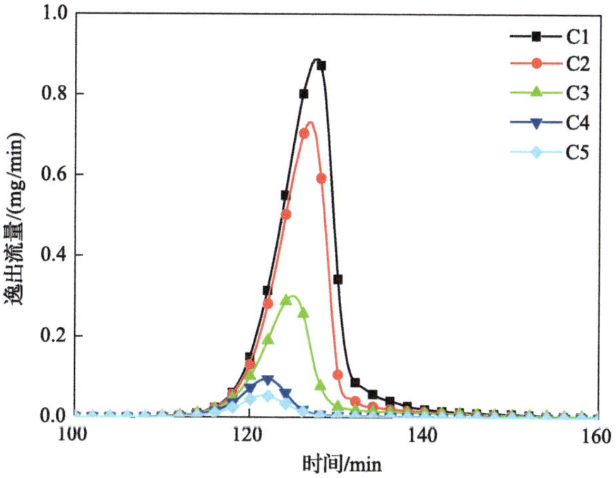

图 5.9 不同工况下 SO_2 逸出流量随时间变化的曲线

由图 5.9 可知，在所有的工况下，SO_2 都在 100～160min 范围内全部被释放，因此在 100～160min 范围内将各个工况下的 SO_2 逸出流量曲线对时间求积分可以得出各个工况下释放的 SO_2 总量，式(5.6)为计算脱硫率的具体公式，以工况 S0 中释放的全部 SO_2 量作为可释放的总 SO_2 量，忽略半焦中的硫含量，因此样品中的全硫含量为 $\left(\int_{100}^{350} V_{SO_2}(t)\mathrm{d}t\right)\mathrm{mg} = 8.21\mathrm{mg}$（$V_{SO_2}$ 为 SO_2 的逸出流量），计算的结果如表 5.4 所示。

$$X_{SO_2} = \frac{\int_{100}^{160} V_{SO_2}(t)\mathrm{d}t}{8.21} \tag{5.6}$$

式中，X_{SO_2} 为脱硫率，以质量分数表示。

表 5.4 不同工况下的脱硫率计算结果

工况	C1	C2	C3	C4	C5
X_{SO_2}/%	83.68	62.85	27.78	8.04	4.87

如图 5.9 和表 5.4 所示，随着神木半焦含量的增多，$CaSO_4$ 的脱硫率明显减小。如表 5.4 所示，当神木半焦与 $CaSO_4$ 的质量比为 0.090(工况 C1)时，$CaSO_4$ 的脱硫率超过 83%，比质量比为 0.130(工况 C2)时高出了 33.1%，是质量比为 0.175(工况 C3)时的 3 倍。当神木半焦与 $CaSO_4$ 的质量比大于等于 0.265(工况 C4 和工况 C5)时，$CaSO_4$ 的脱硫率小于 10%，该结论与用褐煤还原 $CaSO_4$ 得出的结论一致。但与用烟煤还原 $CaSO_4$ 得出的结论相反[84]。但是出现这种趋势的原因尚不明确，因此对神木半焦还原分解 $CaSO_4$ 机理的研究是非常有必要的。

6. 神木半焦还原分解 $CaSO_4$ 的机理研究

经 ECAS 法处理后的数据经式(5.5)变换后结果如图 5.10 所示。

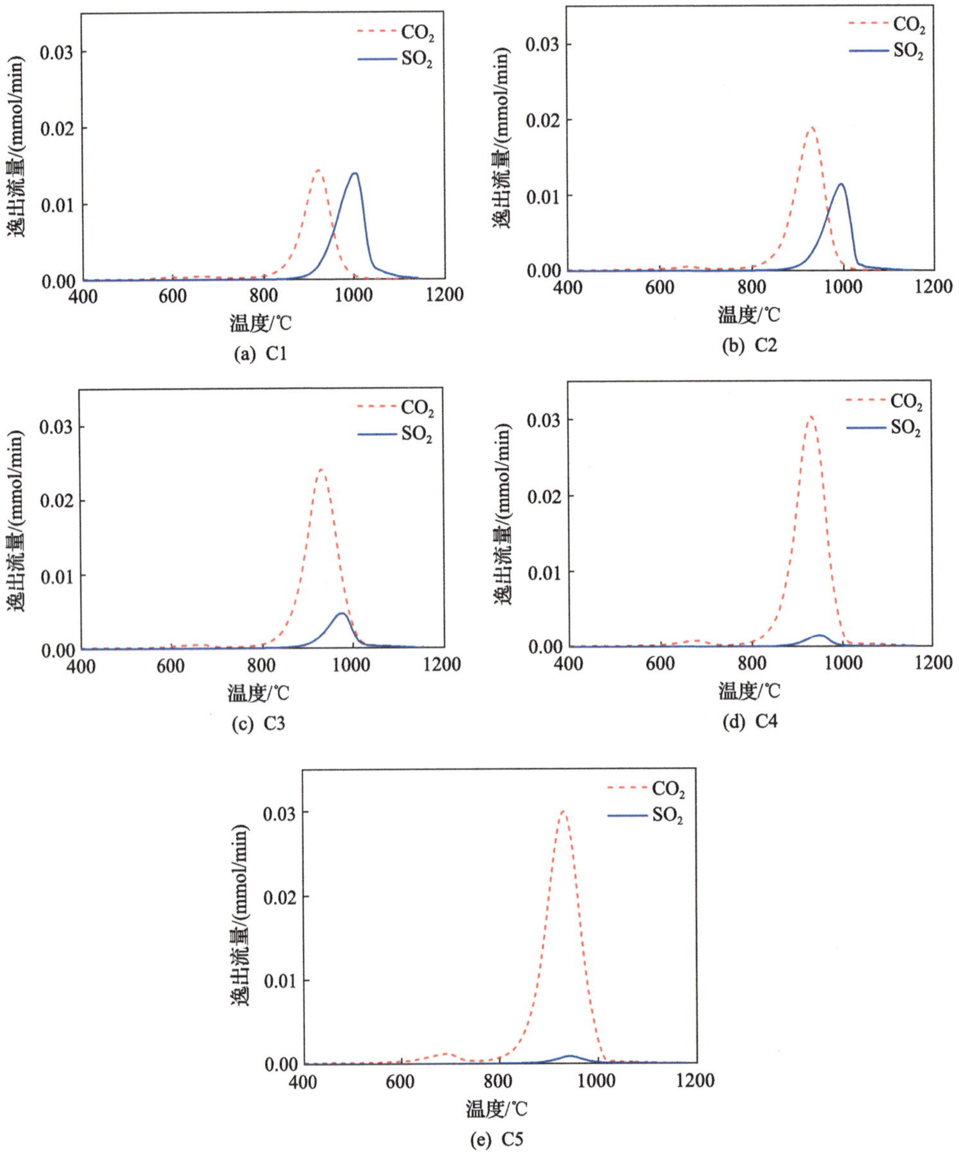

图 5.10　不同工况下逸出气体的流量曲线

整个过程中没有 O_2 生成，且温度范围低于 $CaSO_4$ 的自分解温度，因此可以排除 $CaSO_4$ 自分解反应发生的可能性，即 $CaSO_4$ 自分解反应不可能为某个反应的中间反应。从图 5.10 可以明显看出，所有工况下都只生成了 SO_2 和 CO_2 两种气体，图 5.8 中工况 C1 和工况 C2 的 DTG 曲线出现双峰，是因为两种气体逸出流量曲线峰值所对应的温度不一致，且两种气体的逸出流量峰值相差不大，双峰分别出现在 SO_2 逸出流量峰值和 CO_2 逸出流量峰值所对应的温度处。但在工况 C3～工况 C5 中，虽然两种气体逸出流量曲线峰值所对应的温度也不一致，但 SO_2 逸出流量与 CO_2 逸出流量相比数值过小，CO_2 逸出流量峰值在两种气体逸出流量叠加之后的曲线中不至于构成明显的峰，所以 DTG 曲线中没有出现双峰，工况 C3～工况 C5 的 DTG 曲线中的单峰值出现在 CO_2 逸出流量的峰值所对应的温度处。

如图 5.10 所示，在所有工况下，都是 CO_2 首先开始逸出，然后过一段时间 SO_2 才开始逸出，在只有 CO_2 逸出的时间内，可能发生的只有反应(5.2)，因此 CO_2 开始逸出意味着反应(5.2)开始发生。

在工况 C1 和工况 C2 中，当 CO_2 停止逸出后，SO_2 仍大量逸出，在只有 SO_2 逸出的这段时间内，可能发生的只有反应(5.4)。因此可以判断，在 $CaSO_4$ 与半焦的反应中，SO_2 是通过 $CaSO_4$ 与反应(5.2)生成的 CaS 的固固反应生成的，而不是直接通过反应(5.3)生成的，也就是说反应(5.3)是反应(5.2)和反应(5.4)的总反应。

另外，在工况 C3～工况 C5 中，CO_2 逸出的区间完全覆盖了 SO_2 逸出的区间，且 CO_2 逸出量远远大于 SO_2 逸出量。这是因为在工况 C3～工况 C5 中，神木半焦过量，任何时候坩埚内都有神木半焦，不会出现像在工况 C1 和工况 C2 中神木半焦被消耗完，坩埚内只有 CaS 和 $CaSO_4$ 的情况，在神木半焦和 CaS 同时存在的情况下，大量的 $CaSO_4$ 会优先与神木半焦发生反应(5.2)生成 CO_2 和 CaS，极少量 $CaSO_4$ 会与 CaS 发生反应(5.4)生成 SO_2 和 CaO，也就是说反应(5.2)的优先级高于反应(5.4)。

不同工况下 CO_2 逸出流量曲线如图 5.11 所示。可以看出，CO_2 开始逸出的温度与神木半焦的量基本无关，都约为 770℃，当神木半焦或者 $CaSO_4$ 消耗完时，CO_2 才停止逸出，但 CO_2 逸出量随着神木半焦量的增加明显增多。

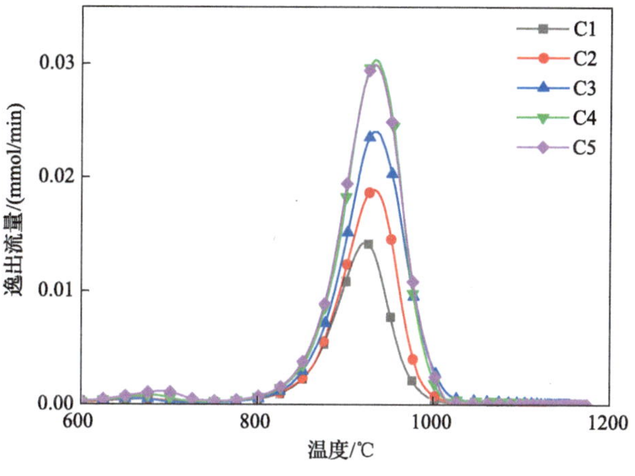

图 5.11　不同工况下 CO_2 逸出流量曲线

因此，$CaSO_4$ 与神木半焦生成 CaS 和 CO_2 的反应在 770℃左右开始发生，且开始发生的温度与神木半焦的量基本无关，只有当 $CaSO_4$ 或者神木半焦被消耗完时，反应才会结束。

不同工况下 SO_2 的逸出流量曲线如图 5.12 所示。可以看出，SO_2 开始逸出的温度都约为 850℃，而且与神木半焦的量无关，但是其停止逸出的温度随着半焦含量的升高而急剧减小，这是因为反应(5.2)的优先级和反应速率高于反应(5.4)，随着神木半焦量的增加，神木半焦通过反应(5.2)消耗掉的 $CaSO_4$ 增多，参与反应(5.4)的 $CaSO_4$ 就会减少，当所有的 $CaSO_4$ 被消耗完时，SO_2 就会停止逸出。

因此，反应(5.4)在 850℃左右开始发生，直到 $CaSO_4$ 被完全消耗完，反应(5.4)才停止。

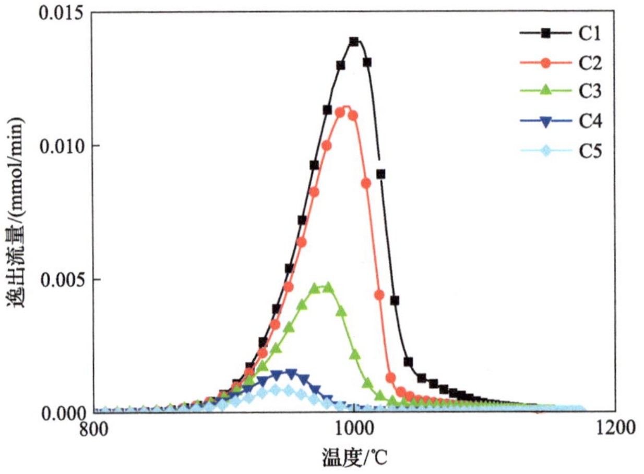

图 5.12　不同工况下 SO_2 逸出流量曲线

在工况 C1 和工况 C2 中，$CaSO_4$ 过量，神木半焦不足，在 770～850℃时，神木半焦与 $CaSO_4$ 发生反应(5.2)，生成的气体只有 CO_2；而当温度大于 850℃时，反应(5.4)开始发生，因为此时坩埚内 $CaSO_4$、神木半焦和 CaS 共存，所以反应(5.2)和反应(5.4)同时发生，CO_2 和 SO_2 同时生成，但是因为反应(5.2)的优先级高于反应(5.4)，所以 SO_2 逸出流量缓慢，但是当神木半焦被消耗完之后，坩埚内只剩下 $CaSO_4$ 和 CaS，反应(5.2)停止，剩余的 $CaSO_4$ 只会与 CaS 发生固固反应(5.4)，生成大量的 CaO 和 SO_2，直至 $CaSO_4$ 被完全消耗完。

而在工况 C3～工况 C5 中，神木半焦过量，$CaSO_4$ 不足，在 770～850℃，$CaSO_4$ 与神木半焦发生反应(5.2)，生成的气体只有 CO_2；当温度高于 850℃时，反应(5.4)也开始发生，但神木半焦足量，且 $CaSO_4$ 参与反应(5.2)的优先级高于反应(5.4)，因此在温度高于 850℃以后，反应(5.2)和反应(5.4)同时发生，CO_2 和 SO_2 同时生成，但是 CO_2 的生成量远远高于 SO_2 的生成量。

管式炉试验中反应产物的 XRD 分析结果如图 5.13 所示。

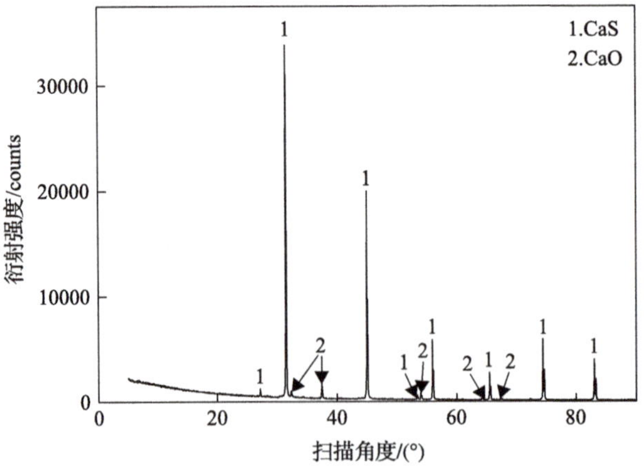

图 5.13　管式炉试验反应产物 XRD 分析结果

由图 5.13 可知，反应后的产物中没有检测到 $CaSO_4$ 的存在，绝大部分都是 CaS，只有少量的 CaO，该结论与 CO_2 的生成量远远高于 SO_2 相对应，也验证了反应过程中主要发生的为反应(5.2)，次要发生的为反应(5.4)。

综上所述，神木半焦的存在会大大降低 $CaSO_4$ 的开始分解温度，随着神木半焦含量的增加，$CaSO_4$ 的脱硫率急剧减小；神木半焦还原分解 $CaSO_4$ 时，$CaSO_4$ 和神木半焦会直接反应生成 CaS 和 CO_2，该反应在 770℃左右开始发生，直到反应物 $CaSO_4$ 或神木半焦被消耗完才会停止。另外，反应过程中还会释放出 SO_2，但 SO_2 不是由 $CaSO_4$ 与神木半焦直接反应生成的，而是由 $CaSO_4$ 与神木半焦反应生成的 CaS 再与 $CaSO_4$ 结合反应生成的，该反应在 850℃左右开始发生，直到 $CaSO_4$ 被消耗完才停止，但是 $CaSO_4$ 参与反应生成 CaS 和 CO_2 的优先级远远高于与 CaS 反应生成 CaO 和 SO_2 的优先级。

5.2　还原性气氛固硫的管式炉试验验证

循环流化床锅炉燃烧技术可实现燃烧过程中直接脱硫，但是在炉内的还原性区域，硫会以 CaS 的形式被固定下来，由于 CaS 在常温下易被氧化，很难保存，而且有可能会再次释放出 SO_2 或 H_2S 产生二次污染，因此 CaS 只能作为固硫的中间产物，而不能作为最终固硫产物。因此，需要对 CaS 的再氧化进行全面的研究，使其在转化为稳定物质的同时保证 SO_2 不会被再次释放。虽然在使用石灰石等钙基固硫剂固硫时，有学者已经对 CaS 的再氧化进行了大量的研究，但是由于 CaS 的氧化机理比较复杂，反应产物受气氛影响大，至今没有形成一个统一的定论。使用 TG-MS&ECSA 法对比反应过程中逸出气体摩尔流量之间的关系进行 CaS 的氧化机理研究，旨在界定出过程中可能发生的反应及对应的温度区间，为完善循环流化床锅炉高温后燃技术提供理论基础。

CaS 不仅可以被 O_2 氧化，还可以被 CO_2 氧化，有学者也进行过相关的研究，但是其反应机理复杂，至今也没有统一的结论，所以对该反应机理进行研究依然十分有必要。

不管是在碳热还原分解 $CaSO_4$ 的反应还是 CaS 的氧化反应中，CaS 与 $CaSO_4$ 的固固反应都起着相当大的作用，因此明晰 CaS 与 $CaSO_4$ 的固固反应机理对碳热还原分解 $CaSO_4$ 的反应和 CaS 的氧化反应的机理研究都有非常重要的作用。

5.2.1　试验系统与方法

试验系统与方法与 5.1.1 节相同。

5.2.2　CaS 的氧化机理研究

1. 试验样品

CaS 由国药集团化学试剂有限公司生产；质量分数≥99.0%，粒径≤150μm。

由于 CaS 性质不稳定，为保证试验的准确性，试验前对其进行 XRD 测试，分析结果见图 5.14。

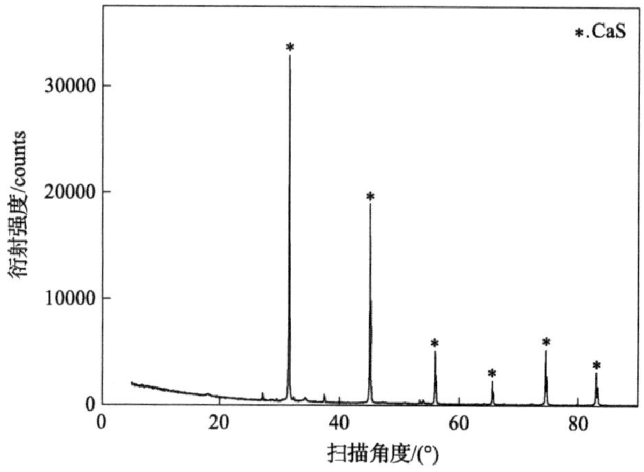

图 5.14 CaS 样品的 XRD 分析结果

如图 5.14 所示，被标注出来的峰全部都是 CaS 的峰，不存在其他杂质，因此可以判断 CaS 是纯的。

2. 试验步骤

试验前称取 20mg CaS 样品置于坩埚内，其余步骤与 5.1.1 节中 TG-MS 试验步骤相同，但是 CaS 在 O_2/Ar 气氛下的试验中 Ar 的流量为 65mL/min，O_2 的流量为 5mL/min。CaS 在 CO_2/Ar 气氛下的试验中 Ar 的流量为 60mL/min，CO_2 的流量为 10mL/min。

3. CaS 在 O_2/Ar 气氛下的氧化机理

通过前期文献调研及试验研究发现，CaS 在 O_2/Ar 气氛下主要发生的反应有

$$CaS(s)+2O_2(g) \longrightarrow CaSO_4(s) \tag{5.7}$$

$$CaS(s)+\frac{3}{2}O_2(g) \longrightarrow CaO(s)+SO_2(g) \tag{5.8}$$

反应过程中可能存在的副反应有

$$CaS(s)+3CaSO_4(s) \longrightarrow 4CaO(s)+4SO_2(g) \tag{5.9}$$

$$2CaO(s)+2SO_2(g)+O_2(g) \longrightarrow 2CaSO_4(s) \tag{5.10}$$

反应的 TG 和 DTG 曲线如图 5.15 所示。由图可知，反应过程中，随着温度的升高，样品的质量先缓慢增加，然后发生骤降，紧接着样品质量又快速增加，随着温度进一步升高，样品质量才趋于平稳。

如图 5.15 所示，整个过程涉及的温度低于 1100℃，$CaSO_4$ 只有在温度大于 1100℃时才分解，因此过程中不可能存在生成的 $CaSO_4$ 发生再分解的可能性。

仅从 TG 和 DTG 曲线无法得知出现这种趋势的原因以及其中发生的具体反应，质谱数据经 ECSA 法分析处理和式(5.5)转换后，结果如图 5.16 所示。

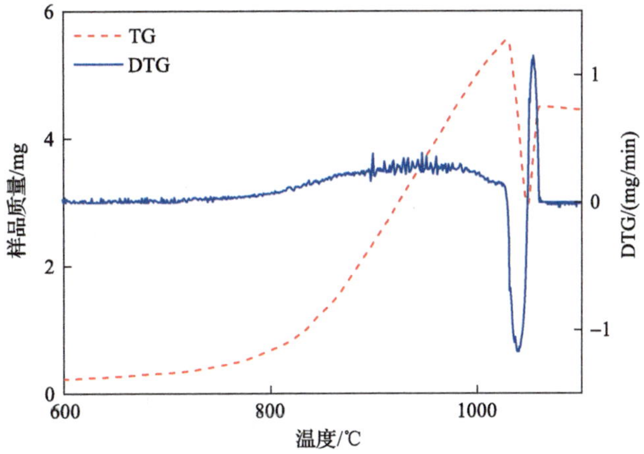

图 5.15 O_2/Ar 气氛下的 TG 和 DTG 曲线

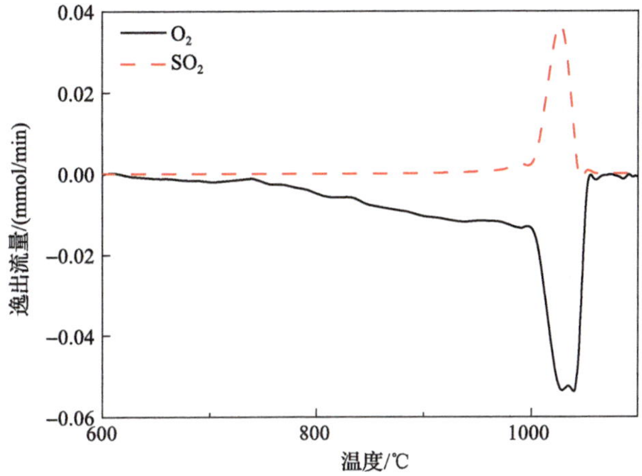

图 5.16 O_2/Ar 气氛下的气体逸出流量曲线

整个反应过程只涉及 O_2 和 SO_2 两种气体，O_2 的逸出流量一直为负，因此在过程中被吸收，而 SO_2 的逸出流量一直为正，在反应过程中被释放，但是仅由图 5.16 也无法清楚地分辨出每个温度下的具体反应。反应(5.8)中有 O_2 和 SO_2 参与，且参与反应的 O_2 物质的量为生成 SO_2 物质的量的 1.5 倍，因此在图 5.16 的基础上，将 O_2 逸出流量曲线转换成吸收流量曲线，然后再添加 1.5 倍的 SO_2 逸出流量曲线作为辅助曲线，结果如图 5.17 所示。通过对比分析逸出流量曲线的关系，就能清晰地判别出过程中每个温度下的具体反应。

由图 5.17 可知，在 617～935℃，样品只吸收了 O_2，没有释放出 SO_2，因此在该温度区间内只发生了反应(5.7)，所以反应(5.7)开始发生的温度为 617℃。

SO_2 开始逸出的温度为 935℃，但是在 935～997℃，SO_2 是由反应(5.9)产生的，但是前期反应(5.7)生成的 $CaSO_4$ 很少，因此反应(5.9)反应速率较慢，使得 SO_2 的逸出流量较小。但是从 997℃开始，SO_2 逸出流量迅速增大，直至 1.5 倍的 SO_2 逸出流量曲线与 O_2 吸收流量曲线重合，这是因为从 997℃开始，反应(5.8)也开始发生，且反应速率很快，使得 SO_2 的逸出流量急剧增大。当 1.5 倍的 SO_2 逸出流量曲线与 O_2 吸收流量曲线重合时，

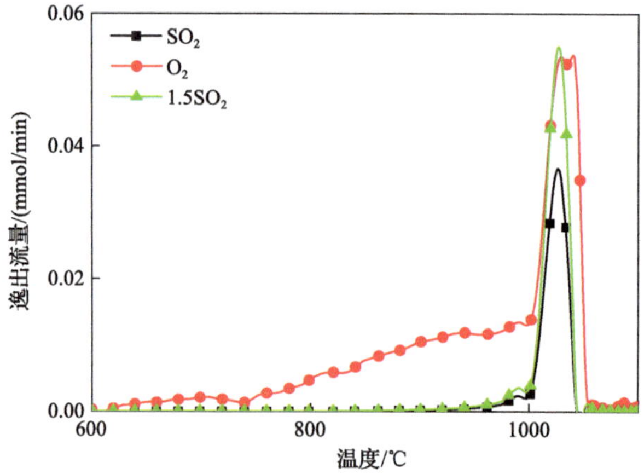

图 5.17　O_2 吸收流量曲线与 1.5 倍 SO_2 逸出流量曲线对比

反应(5.9)和反应(5.7)停止，仅发生反应(5.8)。由此可以推断，反应(5.8)在 997℃开始发生，而反应(5.7)在 1015℃停止。

如图 5.17 所示，SO_2 逸出流量在 1027℃达到一个峰值之后，急剧下降，直至降为 0，但 O_2 的大量吸收依然持续到了 1055℃，这是由于在 1027～1055℃，反应(5.8)生成的 SO_2 被反应(5.9)吸收再次生成了 $CaSO_4$，当温度高于 1055℃时，反应停止。

因此，整个反应的过程如下。

在 617～935℃，只发生反应(5.7)，大量的 O_2 被反应物吸收，所以总质量增加。

在 935～997℃，除反应(5.7)之外，还发生了反应(5.9)，但是因为反应(5.7)生成的 $CaSO_4$ 较少，所以反应(5.9)反应速率很慢，该区间的主要反应还是反应(5.7)，所以除了有大量 O_2 被吸收以外，还有少量的 SO_2 逸出。

在 997～1027℃，反应(5.8)为主要反应，从 997℃开始，反应(5.8)开始发生，反应(5.8)的反应速率非常快，迅速占据了主导地位，因此 SO_2 逸出量和 O_2 吸收量都急剧增大，样品总质量显著减小。

从 1027℃开始到 1055℃反应结束，反应(5.10)为主要反应，此时反应(5.8)生成的 SO_2 基本上全部被 CaO 吸收，所以 SO_2 停止逸出，但大量的 O_2 依然被吸收，因此样品的总质量再次显著增加。

综上所述，在 617～997℃，反应(5.7)为主要反应；在 935～997℃，还发生了反应(5.9)，但是其反应速率很慢；在 997～1027℃，反应(5.8)为主要反应；从 1027℃到反应结束，反应(5.10)为主要反应。

CaS 与 O_2 生成 $CaSO_4$ 的反应开始发生的温度为 617℃，结束温度为 1015℃。CaS 与 O_2 生成 CaO 和 SO_2 的反应开始发生的温度为 997℃。

4. CaS 在 CO_2/Ar 气氛下的氧化机理

反应的 TG 和 DTG 曲线如图 5.18 所示。

从图 5.18 中的 TG 曲线可以看出，整个反应过程中，质量先增加后减少，而且从图中的 DTG 曲线可以看出，质量的增加和减少分为几个不同的阶段。

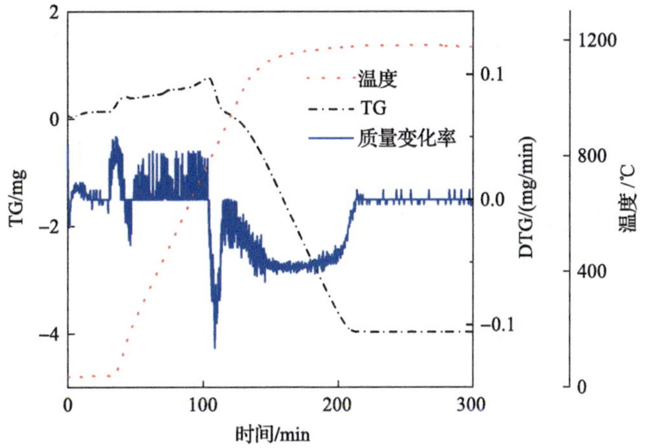

图 5.18 CO_2/Ar 气氛下的 TG 和 DTG 曲线

质谱数据经 ECSA 法分析和式(5.5)转换后的结果如图 5.19 所示。由图 5.19 可知，反应过程中样品吸收 CO_2，同时释放出 CO 和 SO_2，但是通过该图不能明显地看出各气体逸出流量之间的关系，于是求取了 CO 的逸出流量与 SO_2 逸出流量在每个时间点的比值，结果如图 5.20 所示。

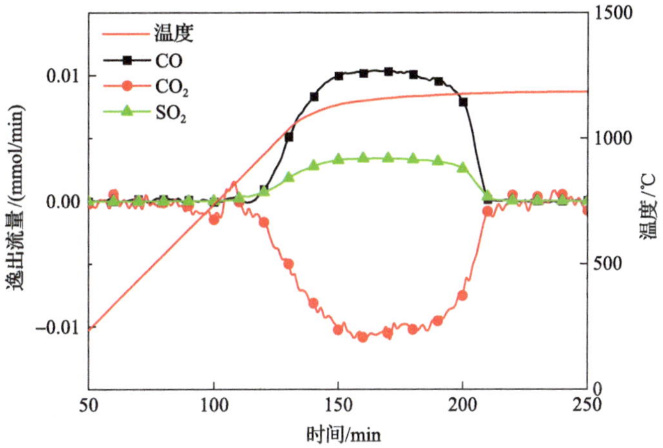

图 5.19 CO_2/Ar 气氛下的气体逸出流量曲线

由图 5.20 可知，在 CO 和 SO_2 释放的区间内，CO 和 SO_2 逸出流量的比值基本上都为 3，因此可以确定在该过程发生的化学反应方程式中，CO 系数是 SO_2 系数的 3 倍，也就是说，CO 的实时生成速率为 SO_2 的 3 倍，因此添加了 SO_2 逸出流量 3 倍的曲线和 CO_2 逸出流量绝对值的曲线，结果如图 5.21 所示。

由图 5.21 可知，CO 逸出流量曲线、CO_2 逸出流量绝对值的曲线和 SO_2 逸出流量 3 倍的曲线在一段时间内基本上重合在了一起。因此可以推断，CaS 在与 CO_2 反应时主要发生的化学反应方程式为

$$CaS(s)+3CO_2(g)\longrightarrow CaO(s)+SO_2(g)+3CO(g) \tag{5.11}$$

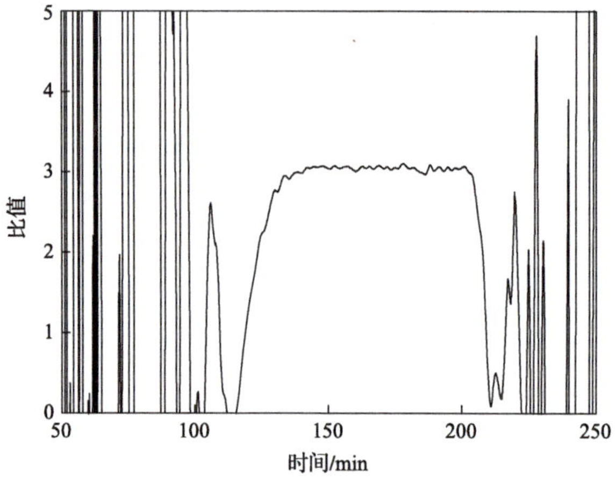

图 5.20　CO 与 SO_2 的逸出流量比值曲线

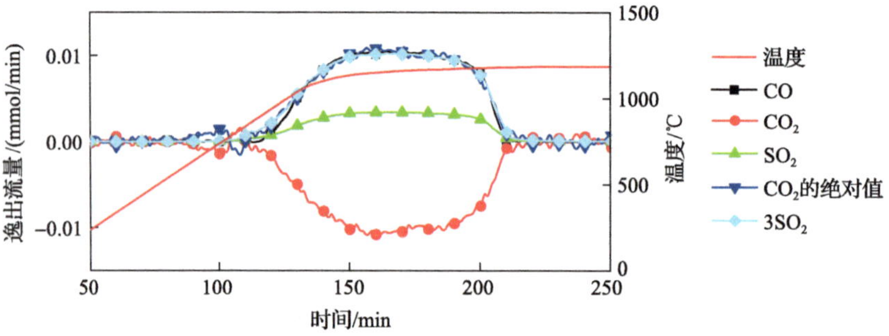

图 5.21　气体逸出流量绝对值曲线

该反应开始发生的温度为 900℃，直到 CaS 被完全消耗完，反应才结束。

综上所述，CaS 会与 CO_2 反应生成 CaO，同时产生 SO_2 和 CO_2；而且该反应开始发生的温度为 900℃。

5.2.3　CaS 与 $CaSO_4$ 固固反应机理研究

1. 试验样品

试验使用的 CaS 样品与 5.1.2 节相同，试验使用的 $CaSO_4$ 样品与 5.1.3 节相同。

2. 试验工况

为便于对试验进行解释说明，对试验工况进行编号，相关编号及对应试验条件见表 5.5。

表 5.5　试验编号与对应条件

项目	D1	D2	D3	D4	D5	D6
$n(CaSO_4):n(CaS)$（摩尔比）	0.5	1	2	3	4	5

3. 试验步骤

每次试验前根据预先设定工况的两反应物的摩尔比，分别称取一定质量的两反应物并混合均匀，然后称取 20mg 混合后的样品置于 Al_2O_3 坩埚中，其余步骤与 5.1.3 节中 TG-MS 试验步骤相同。

4. 结果与讨论

根据文献调研以及试验研究发现，过程中主要发生的反应为

$$CaS(s)+3CaSO_4(s) \longrightarrow 4CaO(s)+4SO_2(g) \tag{5.12}$$

其次，过程中还可能会发生 $CaSO_4$ 的自分解反应：

$$CaSO_4(s) \longrightarrow CaO(s)+SO_2(g)+\frac{1}{2}O_2(g) \tag{5.13}$$

不同工况下的 TG 曲线和 DTG 曲线分别如图 5.22 和图 5.23 所示。

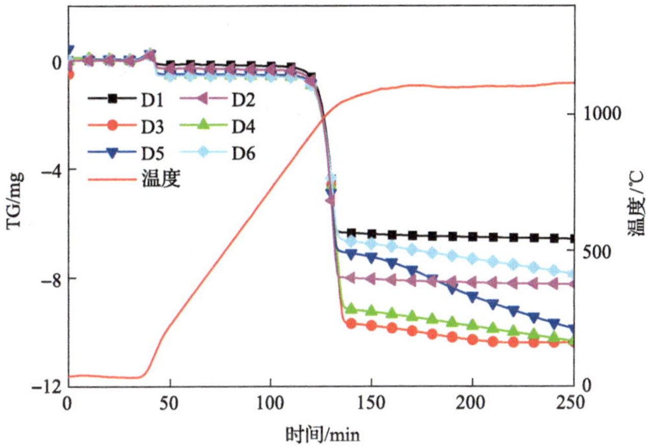

图 5.22　不同 $CaSO_4$ 与 CaS 摩尔比下的 TG 曲线

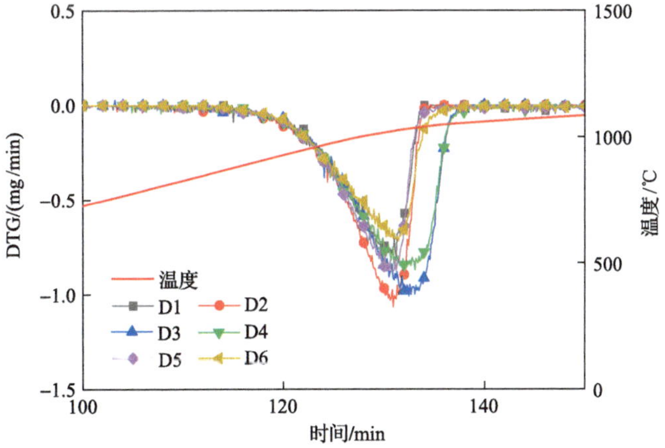

图 5.23　不同 $CaSO_4$ 与 CaS 摩尔比下的 DTG 曲线

如图 5.22 所示，所有工况下的 TG 曲线都在 850～1060℃经历了一个较大的快速失重，但是工况 D1、D2 和 D3 在经过快速失重后质量马上就稳定了下来，而 D4、D5 和 D6 在经过快速失重后，质量依然处于缓慢下降的状态。这是由于工况 D1、D2 和 D3 中的 CaS 过量，工况 D4 中两反应物的摩尔比等于反应(5.12)中两者的反应比，而工况 D5 和 D6 中的 $CaSO_4$ 过量。因此，当固固反应由于其中的一种反应物被消耗完而停止时，工况 D1、D2 和 D3 坩埚中只剩下了 CaS；虽然工况 D4 中两反应物的摩尔比等于反应(5.12)中两者的反应比，但是由于固固反应时两者会接触不充分，反应结束后会有部分 $CaSO_4$ 和 CaS 残留；工况 D5 和 D6 坩埚中只会剩下了 $CaSO_4$，$CaSO_4$ 在当时的温度下会继续发生自分解反应，而 CaS 不会发生自分解反应。因此，工况 D1、D2 和 D3 在经过快速失重后会稳定下来，而工况 D4、D5 和 D6 在经过快速失重后质量依然会缓慢地减小。

当过程中只有固固反应发生时，逸出的气体应只有 SO_2，而当温度达到 $CaSO_4$ 的自分解反应温度时，反应(5.13)也会发生，但反应(5.13)中除有 SO_2 逸出外，还应有 O_2 的逸出，且两者的逸出量之比为 2，因此在反应过程中可以认为 O_2 逸出流量的 2 倍就是 $CaSO_4$ 自分解产生 SO_2 的流量，如图 5.24 所示。在不同工况下逸出气体的流量曲线图上分别作出 2 倍 O_2 逸出流量的曲线，通过对比该曲线与反应过程中总 SO_2 逸出流量曲线，就能清楚地得出反应(5.12)和反应(5.13)在反应过程中发生的份额。

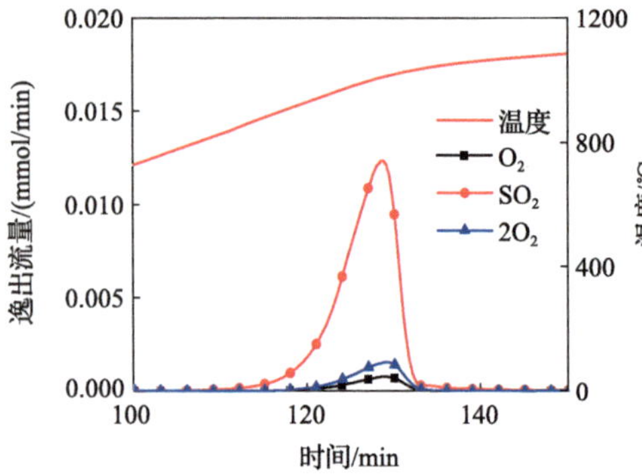

(a) D1

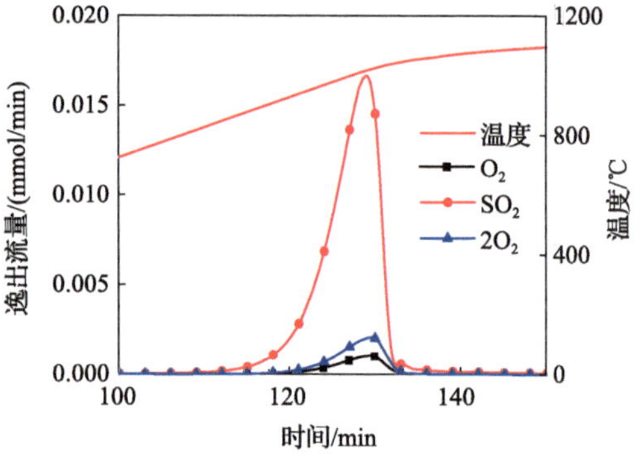

(b) D2

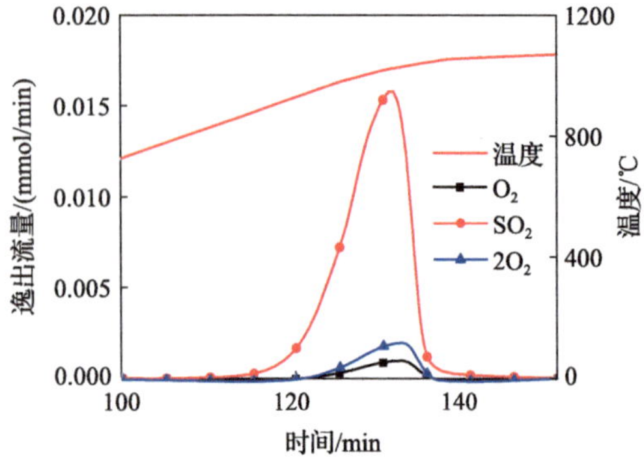

(c) D3

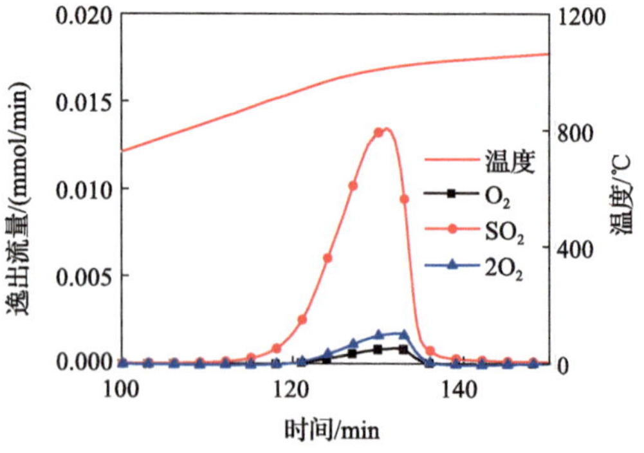

(d) D4

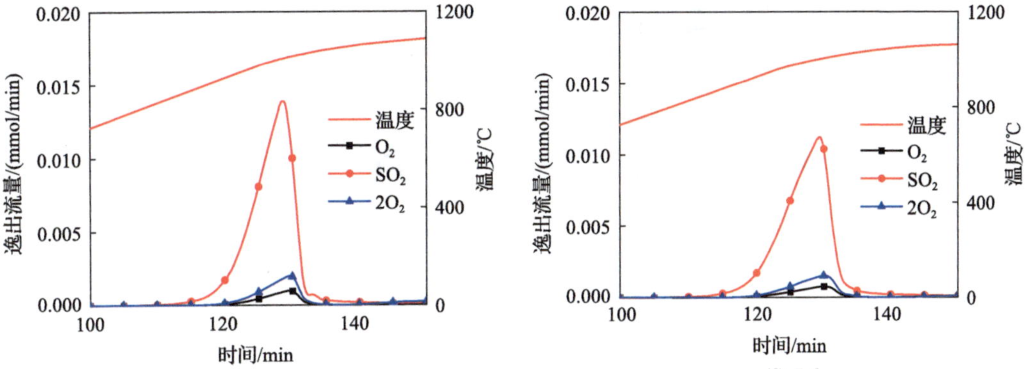

(e) D5　　(f) D6

图 5.24　不同 $CaSO_4$ 与 CaS 摩尔比下的逸出气体的流量曲线

由图 5.24 可知，虽然反应过程中发生了 $CaSO_4$ 的自分解反应，但 $CaSO_4$ 自分解时 SO_2 的生成速率与反应过程中 SO_2 的总释放速率相比很小，大量的 SO_2 还是通过固固反应产生的，因此在反应过程中，$CaSO_4$ 与 CaS 的固固反应占据主要地位。

另外，将不同气体的逸出流量曲线分别对时间积分可以计算出每种气体的逸出总量，反应过程中 $CaSO_4$ 自分解释放出的 SO_2 量应等于 2 倍的 O_2 释放总量，因此固固反应产生的 SO_2 量等于反应过程中的 SO_2 释放总量减去 2 倍的 O_2 释放总量，计算结果如图 5.25 所示。

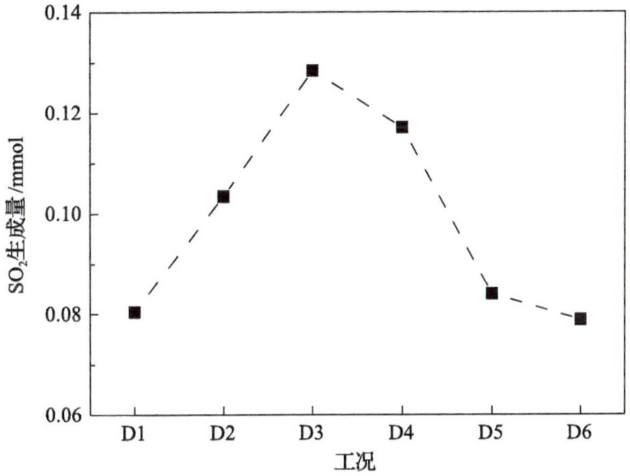

图 5.25　不同 $CaSO_4$ 与 CaS 摩尔比下的通过固固反应产生的 SO_2 量

如图 5.25 所示，固固反应生成的 SO_2 从工况 D1 至 D3 逐渐增多，而从工况 D3 至 D7 逐渐减少，即固固反应进行的程度由 D1 至 D3 逐渐增大，由 D3 至 D7 逐渐减小，这与通过对比固固反应方程式(5.12)中 CaS 与 $CaSO_4$ 的反应比和不同工况下 CaS 与 $CaSO_4$ 的摩尔比得出的顺序一致。

如图 5.25 所示，SO_2 开始逸出时 O_2 还没有开始逸出，所以整个过程中 SO_2 开始逸出的温度就是反应(5.12)开始发生的温度，不同工况下 SO_2 逸出流量曲线如图 5.26 所示。

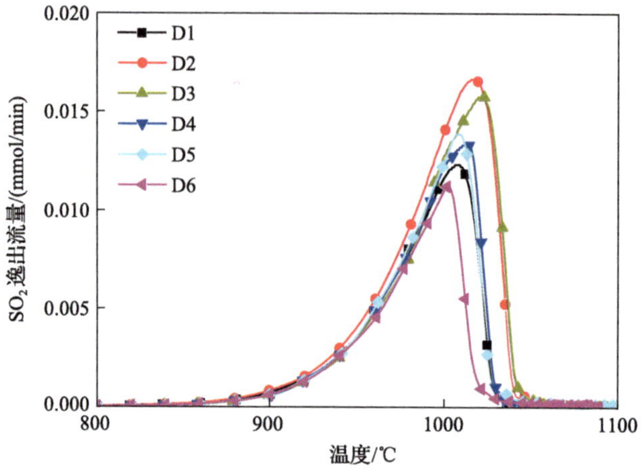

图 5.26 不同 $CaSO_4$ 与 CaS 摩尔比下的 SO_2 逸出流量曲线

如图 5.26 所示，所有工况下 SO_2 开始逸出的温度都约为 850℃，该温度与 CaS 和 $CaSO_4$ 的摩尔比无关，因此固固反应开始发生的温度都约为 850℃，且与两者的比值无关，这与半焦热还原分解 $CaSO_4$ 时得出的结论一致。

综上所述，CaS 会与 $CaSO_4$ 发生固固反应生成 CaO，同时释放出 SO_2，该反应开始发生的温度约为 850℃，且该温度与两反应物的摩尔比关系不大，该反应速率远远高于 $CaSO_4$ 的自分解反应速率，且直到反应物被完全消耗才会停止。

5.3 还原性气氛固硫的实炉试验验证

循环流化床锅炉炉内低氧燃烧结合后燃技术虽然已经证实在不使用任何脱硝剂的情况下可以达到低排放标准。到目前为止，该技术应用后的炉内喷钙脱硫情况尚不明确，虽然该技术在原理上符合众多学者研究的两段脱硫技术，可以实现高效脱硫，但是实际运行情况还有待研究。

选用神木烟煤作为试验燃料，基于 100kW 循环流化床试验台，采用炉内喷钙脱硫，初步探索循环流化床锅炉在常规燃烧温度下弱还原性气氛与氧化性气氛的烟气污染物排放特性和固硫产物的区别，通过在烟道尾部取飞灰进行 XRD 测试和尾部烟气中 SO_2 含量测量，确定循环流化床炉内还原性气氛对固硫产物和固硫率的影响，为进一步完善该技术打好基础。

5.3.1 试验物料

试验用煤为神木烟煤，其煤质分析结果如表 5.6 所示，粒径范围为 0～1mm。试验过程中所用床料为石英砂，其主要成分为 SiO_2，粒径范围为 0.212～0.380mm。选用的石灰石为纯石灰石，其分析结果如表 5.7 所示，粒径为 0～0.075mm。另外，由于煤中的 S 含量较低，为了使炉内的固硫产物能被明显地测试出来，试验过程中持续向炉内通入 SO_2 气体，SO_2 的体积浓度为 10%，平衡气为 N_2。

表 5.6 神木烟煤煤质分析结果

工业分析(质量分数)/%				元素分析(质量分数)/%					低位发热量 $Q_{net,ar}$ /(MJ/kg)
M_{ar}	A_{ar}	V_{daf}	FC_{ar}	S_{ar}	C_{ar}	H_{ar}	N_{ar}	O_{ar}	
7.09	6.24	32.11	54.56	0.25	68.70	4.53	0.90	12.29	24.40

表 5.7 石灰石成分分析结果

成分	CaO	SiO_2	Al_2O_3	MgO	Fe_2O_3	K_2O	TiO_2	Cr_2O_3	SO_3
质量分数/%	95.69	1.84	0.79	0.71	0.56	0.21	0.11	0.05	0.04

5.3.2 试验系统

试验在 100kW 循环流化床试验台上进行，试验台系统简图如图 5.27 所示。试验台设计的热功率为 100kW，试验台由试验台主体、给料系统、配风系统、空气预热系统、取样系统、电炉辅热系统、PLC 数据采集系统及水冷系统等组成。

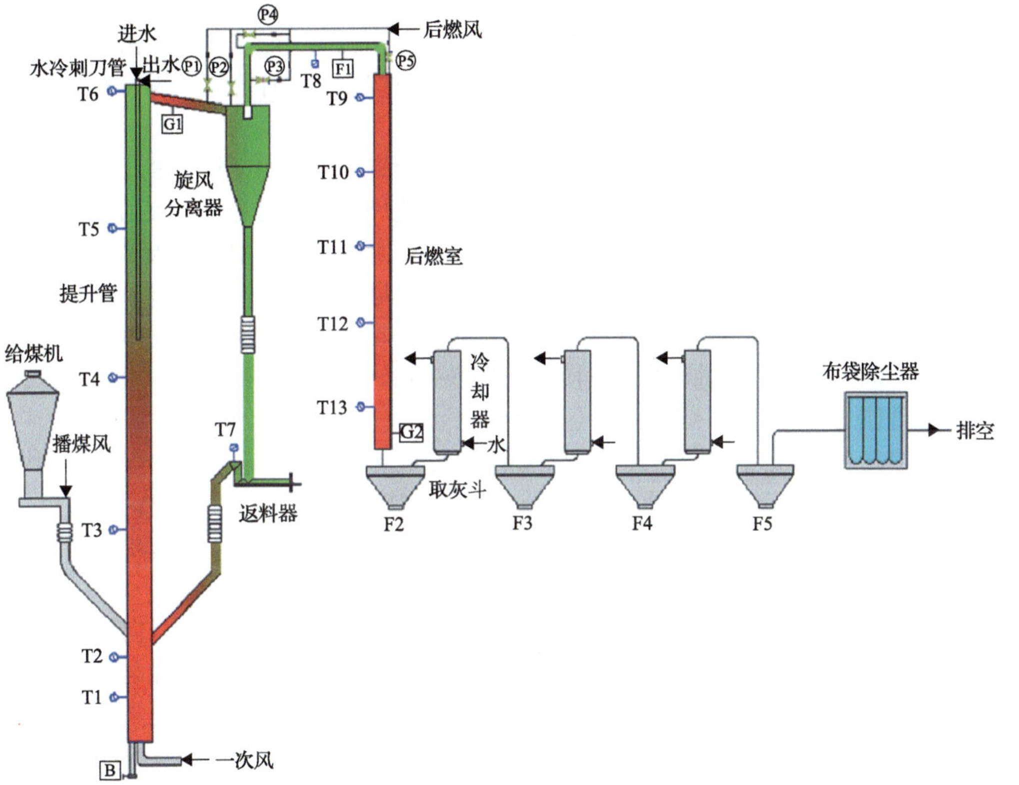

图 5.27 100kW 循环流化床试验台系统

试验台主体部分由提升管、旋风分离器、后燃室和返料器等组成。提升管的内径为 150mm，有效高度为 4.4m。旋风分离器和返料器相互配合，可实现大颗粒在炉内的循环燃烧。后燃室有效高度为 2m，内径为 90mm，后燃室内通入后燃风保证烟气中 CO 和飞灰可燃碳继续燃尽。

试验用风主要包括一次风、返料风、松动风、播煤风和后燃风等，由配套的空气压缩机提供，每一路风均由单独的空气质量流量计控制。一次风经空气预热器预热后通入提升管，预热温度最高可至 600℃。

试验用煤和石灰石都通过给煤系统在播煤风输运下加入至提升管内，给煤系统由给煤斗和给煤机组成。

电炉辅热系统由三段电炉组成，每段电炉的有效高度均为 1.1m，分别以 T2、T3 和 T4 为中心，功率分别为 30kW、15kW 和 15kW，主要用于试验启动时的升温和点火以及过程中的保温和辅热。

在主要管路的多个位置分别设置了压力和温度测点，压力由 B0300 型压差变送器测量，温度由 K 型热电偶测量，通过 PLC 数据采集系统将压力、温度以及风量等显示在计算机上。

G1 和 G2 为烟气测量点，F1、F2、F3、F4 和 F5 为飞灰取样点。

5.3.3 试验流程及工况

试验前准备阶段，向提升管和返料器中分别加入 16kg 和 1kg 石英砂，由于试验过程中煤和石灰石通过同一台给煤机加入至提升管内，故按照预先计算好的煤与石灰石的质量比将两者进行充分掺混，以方便试验使用。

启炉阶段，开启电炉辅热系统，利用电炉加热使提升管内的床料温度缓慢升高，调节一次风量使提升管内流化风速大于床料的临界流化风速。当提升管沿程的最大温度超过 500℃时，开始启动给煤机低频率断续给煤，启炉阶段给煤机中只加入不掺石灰石的煤粉，播煤风控制在 30L/min，整体温度通过调节给煤量和一次风量缓慢升高。当提升管沿程最大温度高于 900℃时，开始通入返料器的松动风和返料风，建立整体循环。最后，通过不断地调节给煤量和给风量使运行状态达到试验工况的要求，一般将提升管沿程最高温度作为工况温度。

空气当量比(α)是指单位时间内通入炉内的实际空气量与加入炉内的煤完全燃烧所需要的空气量之比，它能反映通入炉内煤的实际燃烧情况。当 $\alpha>1$ 时，炉内处于氧化性气氛，炉内的煤基本上会被燃尽，当 $\alpha<1$ 时，炉内处于还原性气氛，炉膛出口烟气中会有大量的 CO 和可燃飞灰。

试验选用的 Ca/S 摩尔比为 2.5(包括通入的 SO_2 气体)，在升温过程中只向炉内加煤，不加石灰石，在升温结束且能稳定运行时，将提前按照质量比掺混好的煤与石灰石通过给煤机一起加入炉内，通过调整给风量和给煤量使炉内氛围达到指定工况氛围，持续运行一段时间后再进行各项测量。工况运行参数见表 5.8。

表 5.8 试验工况中运行参数

工况	Ⅰ	Ⅱ	Ⅲ	Ⅳ
温度/℃	950	950	950	980
空气当量比(α)	1.2	0.8	0.8	0.8
SO_2 气体流量/(L/min)	0	0	10	10

5.3.4 烟气测量与样品分析

试验选用的烟气测点为 G2，飞灰取样点为 F2 和 F5，其中 F2 为高温段取样点，F5 为低温段取样点。试验过程中，待将炉子调至工况条件并能稳定运行时，提前将灰斗中的灰先排净，使炉子稳定运行 1h，其间一直用 Testo 350 烟气测量仪在测点 G2 测量烟气中的 SO_2 浓度。工况结束后，将灰斗中的灰取出，试验结束后对灰样进行 XRD 分析，确定样品中的含硫物相。

在所有的试验工况下均未测到烟气中的 SO_2。

不同工况下灰的 XRD 分析结果如图 5.28 所示。

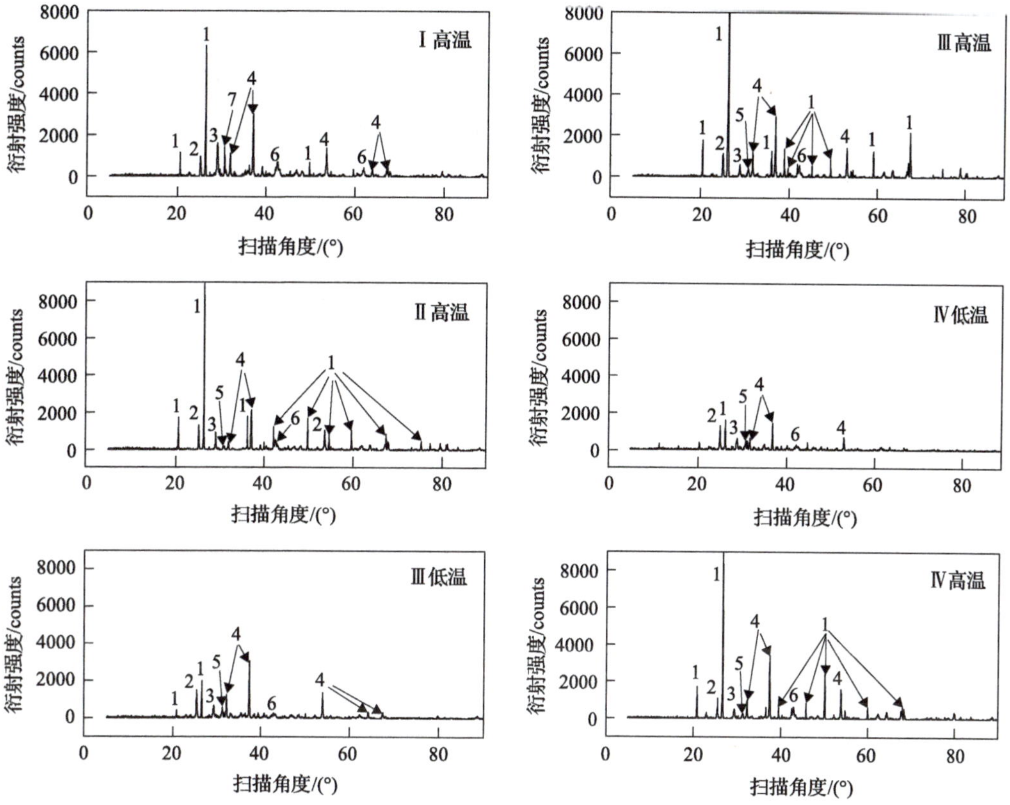

1. SiO_2；2. $CaSO_4$；3. $CaCO_3$；4. CaO；5. CaS；6. MgO；7. $MgCa(CO_3)_2$

图 5.28　不同工况下灰 XRD 分析结果

由图 5.28 可见，灰样中的含硫物质有 $CaSO_4$ 和 CaS，工况Ⅰ中没有通入 SO_2，被固定下来的 S 是煤燃烧过程中产生的 SO_2，所以其 $CaSO_4$ 的峰值较小。

除工况Ⅰ高温段灰样中没有测出 CaS 外，其他工况下都测出了 CaS，这是因为在工况Ⅰ中，炉内为氧化性气氛（α=1.2），而工况Ⅱ～Ⅳ中，炉内为弱还原性气氛（α=0.8），氧化性气氛下的固硫产物只是 $CaSO_4$，而弱还原性气氛下，固硫产物已经开始出现 CaS。从图上来看，CaS 的含量不是很多，这是因为炉内的还原性气氛不够强；各个工况下 CaS 的含量差别不是很大，这是因为炉内的过量空气系数相同，而温度差别也不大。

高温段的灰样中主要物质都为 SiO_2，而低温段灰样中的主要物质为 CaO，这是因为灰的粒径较大，大部分灰会在前端高温段取样点被收集，而煅烧后石灰石的粒径较小，大部分会在后端低温段被收集。

综上所述，当炉内温度处于 950～980℃时，氧化性气氛下的固硫产物只有 $CaSO_4$，气氛为弱还原性气氛时，固硫产物开始出现 CaS，但是因为试验过程中的还原性气氛较弱，所以大部分的固硫产物还是 $CaSO_4$。

5.4 本 章 小 结

通过立式管式炉试验模拟炉内的流化状态和反应氛围，直接向炉内添加石灰石和通入 N_2、SO_2 和 CO 气体，通过分析反应后产物的物相种类和含量，研究了循环流化床炉内还原性气氛对固硫特性的影响，为循环流化床锅炉内低氧燃烧结合后燃技术的进一步发展提供理论支撑。研究的主要结论如下。

(1) 在管式炉试验中，当 CO 体积浓度小于 0.6%时，反应产物中 CaS 的质量分数对温度的依赖性较强，随着温度的升高明显增大；当 CO 体积浓度大于 1%时，反应产物中 CaS 的质量分数对温度的依赖性较弱，整体上变化趋势与温度呈现负相关关系，但是变化幅度不大。

(2) 当 CO 体积浓度小于 1%时，反应产物中 CaS 的质量分数对 CO 浓度的依赖性较强，随着 CO 浓度的增加大幅度增大；但是当 CO 体积浓度大于 1%时，反应产物中 CaS 的质量分数对 CO 浓度的依赖性较弱，随着 CO 浓度的增大变化很小，基本上维持在一定数值。另外，随着反应的进行，样品表面会形成一层致密的 CaS 膜，阻碍反应的进一步发生。

另外，在 100kW 循环流化床试验台上进行了初步的验证试验，发现炉内当温度处于 950～980℃时，氧化性气氛下的固硫产物只有 $CaSO_4$，而弱还原性气氛时，固硫产物开始出现 CaS，该研究为循环流化床锅炉内低氧燃烧结合后燃技术的进一步优化做好了铺垫。

第 6 章

多煤种高温后燃超低 NO_x 燃烧与排放特性

为验证高温后燃技术的燃料适应性，选用之前试验中用过的府谷煤(FB)、府谷半焦(FS)、神木煤(SM)、神木半焦(SS)和兖矿干煤泥(DCS)作为试验燃料，在 0.5MW$_{th}$ 循环流化床中试平台上进行热态中试试验。试验过程中，通过调整燃烧温度、匹配反应气氛、优化后燃风配风和给煤位置等多种手段在中试平台上实现高效燃烧和超低 NO_x 控制。此外，还希望借助此次试验，深入探究高温后燃技术对产生飞灰的特性有何影响，是否满足飞灰资源化利用的标准，为高温后燃技术的工业应用提供支持。

6.1 试 验 物 料

试验用燃料府谷煤(FB)、府谷半焦(FS)、神木煤(SM)、神木半焦(SS)和兖矿干煤泥(DCS)，FB 及 FS 的煤质分析结果见表 2.1，DCS 的煤质分析见表 3.1。神木煤(SM)煤质分析见表 5.6，神木半焦煤质分析见表 4.8。在本章试验中，试验用煤同样在试验前被破碎筛分至 0.1～2mm，具体的粒径分布曲线见图 3.1。试验用床料为石英砂，其化学成分见表 4.9。

6.2 试 验 系 统

本试验依托 0.5MW$_{th}$ 循环流化床中试平台展开，试验系统示意图如图 6.1 所示。该测试平台由循环流化床本体、后燃室和其他供风供煤辅助系统组成。循环流化床炉膛、旋风分离器及后燃室均由耐火材料制成。炉膛总高度为 14000mm，内径和外径分别为 480mm 和 1230mm。后燃室总高度和内径分别为 9500mm 和 700mm。后燃室的耐火材料厚度为 400mm。炉内顶部布置有一支长为 8000mm 的水冷刺刀管。为了避免控制试验台热负荷，减少刺刀管吸热量，刺刀管上半段(4000mm)设计为绝热段，下半段(4000mm)设计为吸热段。测试平台有两个螺旋给煤器，第一个(S1)布置在炉膛底部，另一个(S2)布置在返料器出口。

燃烧供风分为一次风、二次风和后燃风，上述燃烧供风分别由一台变频罗茨风机独立供风。二次风喷嘴布置在布风板上方 800mm 处。为了保证在试验过程中炉膛维持微负压运行，尾部布置有一台引风机。试验过程中将后燃风分两级注入后燃室，第一级后燃风喷嘴布置在水平烟道管的入口，第二级后燃风喷嘴布置在后燃室的入口。除燃烧供风外，松动风、返料风和播煤风均由一台空气压缩机提供。

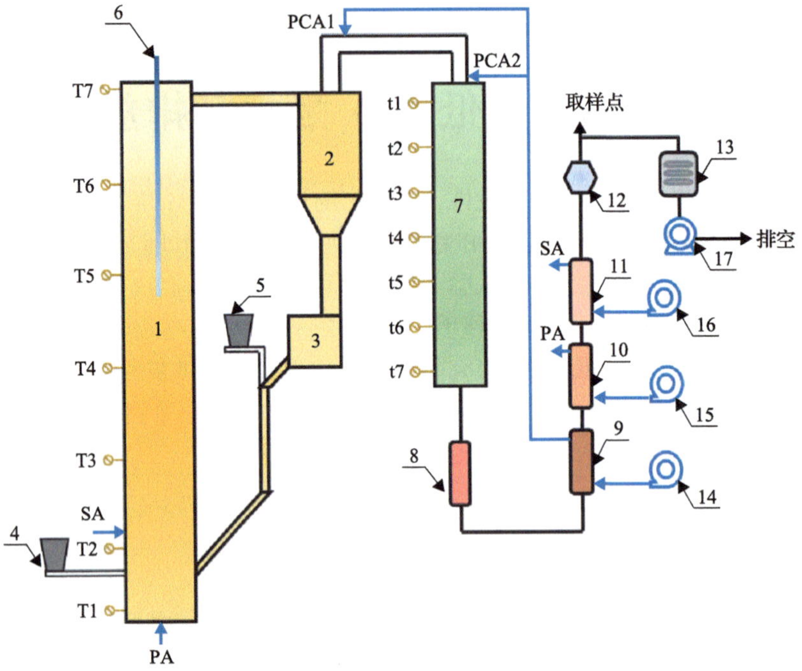

1. 绝热炉膛；2. 绝热旋分分离器；3. 返料器；4. 螺旋给料机(炉膛底部)；5. 螺旋给料机(返料器)；
6. 水冷刺刀管；7. 绝热高温后燃室；8. 烟气冷却器(水冷)；9. 后燃风预热器；10. 一次风预热器；
11. 二次风预热器；12. 氧化锆测氧仪；13. 布袋除尘器；14-16. 罗茨风机；17. 引风机

图 6.1　0.5MW_{th} 循环流化床中试平台试验系统示意图

0.5MW_{th} 循环流化床中试平台的尾部烟道依次设置了烟气冷却器，后燃风预热器，一次风预热器和二次风预热器。烟气经过布袋除尘器后最终从烟囱中排出。试验过程中，通过布置在布袋除尘器前的 CY-IS-G 氧化锆测氧仪在线监测烟气中的氧含量。此外，在氧化锆氧气分析仪旁设置有一个取样点，方便使用烟气分析仪在线测量烟气中 CO、NO_x 浓度并使用真空泵抽取固体飞灰样品。

6.3　试验工况

6.3.1　兖矿干煤泥低 NO_x 排放试验

兖矿干煤泥低 NO_x 排放试验，主要目的是实现 DCS 的超低 NO_x 排放控制。此外，还希望在本试验中探究最适合 DCS 运行的运行参数，为其工业示范提供指导。兖矿干煤泥试验工况的具体运行参数如表 6.1 所示。

表 6.1 兖矿干煤泥低 NO_x 排放试验工况

工况	运行参数：炉膛温度/℃	后燃室温度/℃	一次风流量/(m³/h)	一次风温度/℃	二次风流量/(m³/h)	二次风温度/℃	后燃风流量/(m³/h)	后燃风温度/℃	给煤量/(kg/h)	给煤位置	λ_{CFB}	λ_{PCC}	λ
1	948	756	403	106	340	109	0	—	83	S1	1.16	—	1.16
2	909	715	425	95	246	136	0	—	72	S1	1.23	—	1.23
3	949	772	407	114	337	113	0	—	83	S2	1.14	—	1.14
4	935	813	403	124	279	131	0	—	77	S2	1.07	—	1.07
5	924	1003	397	153	300	170	236	318	108	S1	0.83	0.23	1.06
6	926	862	422	130	299	138	139	387	98	S1	0.95	0.15	1.10
7	931	828	437	118	391	111	129	325	105	S1	1.03	0.13	1.16

6.3.2 府谷煤及府谷半焦低 NO_x 排放试验

府谷煤及府谷半焦低 NO_x 排放试验，主要目的是通过调整运行参数，实现 FB 和 FS 的超低 NO_x 排放控制。同时考察了在采用高温燃烧技术时，FB 和 FS 工况中飞灰的特性。府谷煤及府谷半焦试验工况的运行参数如表 6.2 所示。

表 6.2 府谷煤及府谷半焦低 NO_x 排放试验工况参数

工况	燃料	炉膛温度/℃	后燃室温度/℃	一次风流量/(m³/h)	一次风温度/℃	二次风流量/(m³/h)	二次风温度/℃	后燃风流量/(m³/h)	后燃风温度/℃	给煤位置	给煤量/(kg/h)	λ_{CFB}	λ_{PCC}	λ
1	FB	901	740	449	103	416	106	—	—	S1	114	1.10	—	1.10
2		967	952	438	124	358	134	129	310		122	0.98	0.14	1.12
3	FS	957	779	424	103	338	142	—	—	S2	105	1.12	—	1.12
4		945	915	452	120	292	149	126	326		123	0.97	0.13	1.10

6.3.3 神木煤及神木半焦低 NO_x 排放试验

神木煤及神木半焦超低 NO_x 排放试验，主要目的是通过调整运行参数，实现 SM 和 SS 的超低 NO_x 排放控制。同时，考察在采用高温燃烧技术时，FB 和 FS 工况中飞灰的特性。神木煤及神木半焦试验工况的运行参数如表 6.3 所示。

表 6.3 神木煤及神木半焦低 NO_x 排放试验工况参数

工况	燃料	炉膛温度/℃	后燃室温度/℃	一次风流量/(m³/h)	一次风温度/℃	二次风流量/(m³/h)	二次风温度/℃	后燃风流量/(m³/h)	后燃风温度/℃	给煤量/(kg/h)	炉内过量空气系数 λ_{CFB}	后燃室过量空气系数 λ_{PCC}	总的过量空气系数 λ
1	SM	940	796	469	141	497	138	—	—	137	1.10	0	1.10
2		960	822	287	155	303	111	144	282	130	0.87	0.22	1.10
3	SS	930	926	347	189	313	132	140	366	130	0.86	0.20	1.06

6.4 样品分析

在试验工况进行过程中，利用便携式烟气分析仪(Testo 350)和 Gasmet 烟气分析仪(DX4000)对尾部烟气中 CO 和 NO_x 的浓度进行分析。同时，在工况进行过程中，利用真空泵抽取烟气的飞灰。试验后，利用元素分析仪测量飞灰中的碳含量和氮含量。利用粒径分析仪测量飞灰的粒径分布。此外，对第二部分试验中 FB 和 FS 工况中的飞灰进行 X 射线光电子能谱(X-ray photoelectron spectroscopy，XPS)分析和 BET(Brunauer-Emmett-Teller)比表面积及分布检测。

6.5 兖矿干煤泥高效燃烧及低 NO_x 排放试验

6.5.1 兖矿干煤泥燃烧过程中温度分布特性

为了研究 DCS 在循环流化床燃烧过程中的燃烧特性，图 6.2 和图 6.3 展示了表 6.1 中所有工况的温度分布曲线。图 6.2(a)和(b)分别显示了常规循环流化床燃烧工况下炉膛和后燃室温度分布曲线。

高温后燃工况中，炉膛和后燃室温度分布曲线如图 6.3(a)和(b)所示。刺刀管绝热段的位置在图 6.2 和图 6.3 中均进行了标注。总体上来说，不同工况中炉膛温度分布曲线比较相似，炉膛中部的温度最高，炉膛和炉底温度较低。炉膛底部有温度较低的循环灰经过外循环返回炉膛，因此温度较低。而炉膛顶部布置有刺刀管，因此炉膛温度会骤降。

为了表征炉膛温度分布的均匀性，分别计算炉膛温度的极差(R_T)和标准差(σ_T)，计算式分别如式(6.1)和式(6.2)所示。

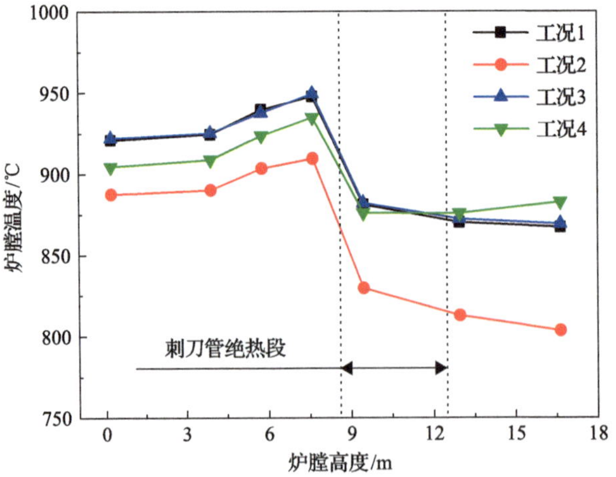

(a) 炉膛

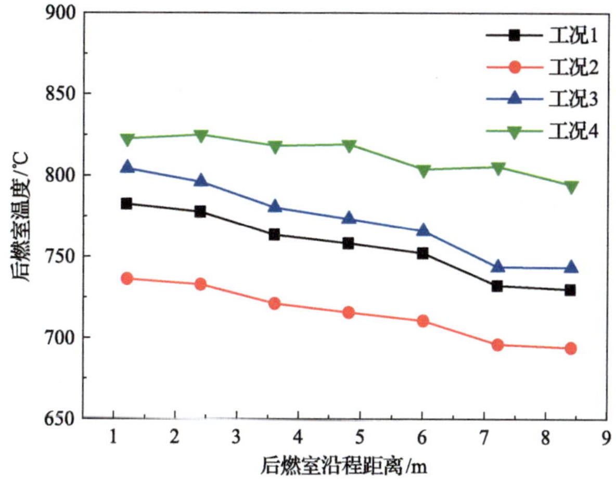

(b) 后燃室

图 6.2　常规循环流化床燃烧时温度分布曲线

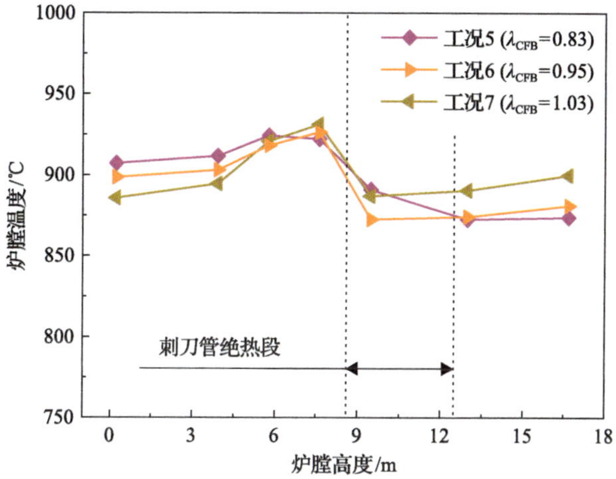

(a) 炉膛

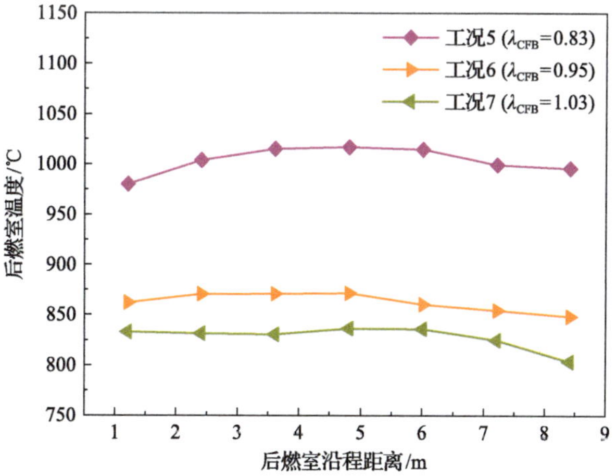

(b) 后燃室

图 6.3　高温后燃时温度分布曲线

$$R_T = T_{max} - T_{min} \tag{6.1}$$

$$\sigma_T = \sqrt{\frac{1}{n}\sum_{i=1}^{n}\left(T_i - \overline{T}\right)^2} \tag{6.2}$$

式中，T_{max} 和 T_{min} 分别为炉膛温度的最高值和最低值；T_i 和 $\overline{T}$ 则分别代表炉膛温度的测量值和平均值。计算结果如图 6.4 所示。可以明显看出，当 λ_{CFB} 越接近 1.0 时，炉膛温度会变得更加均匀。许多研究证明，O_2 浓度对 DCS 的点火和燃尽有显著的影响。当 λ_{CFB} 较高时，较高的氧浓度使燃烧反应时间缩短，燃烧速率升高，燃烧过程更加剧烈，释放的热量更加集中在炉膛中部，因此炉膛温度的均匀性变差。相反，较低的氧浓度会导致 DCS 的着火和燃烧延迟。但是当 λ_{CFB} 小于 1.0 时，炉内呈现还原性气氛，DCS 不能完全燃烧，这就对炉温均匀性产生了不利影响。因此，当 λ_{CFB} 接近 1.0 时，炉膛温度均匀性更好。

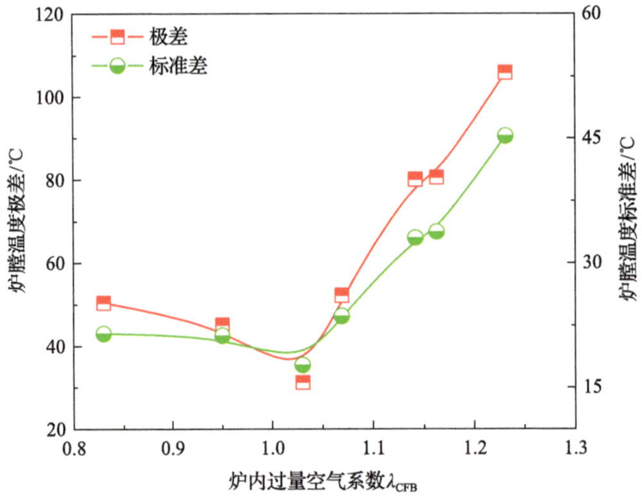

图 6.4　不同 λ_{CFB} 下炉膛温度的极差和标准差

在常规循环流化床燃烧时后燃室温度会由于散热而逐渐降低，在高温后燃工况中后燃室温度会存在峰值。在常规循环流化床燃烧工况中，后燃室温度因散热沿高度呈现逐渐下降的趋势。但在高温后燃工况中，燃料在炉内不能完全燃烧，旋风分离器出口烟气中存在大量可燃物，CO、H_2 和未燃尽的焦炭等。随着后燃风注入，这部分可燃物与氧气发生反应，迅速燃烧的过程中释放大量热量使得后燃室温度升高。换句话说，在高温后燃技术中，一部分燃烧份额自炉内转移到后燃室内，因此后燃室会存在温度升高的现象。此外，后燃室最高温度会随着 λ_{CFB} 的降低而升高。较低的 λ_{CFB} 意味着炉内氧浓度下降，燃烧变得更加不充分。旋风分离器出口处，烟气中可燃成分的浓度相应增加，也有更多的燃烧份额自炉膛内转移到后燃室内，所以后燃室温度的升高幅度更大。

6.5.2　兖矿干煤泥低 NO_x 排放特性

图 6.5 为本节所有试验工况下的 CO 和 NO_x 排放浓度。工况 1 为传统循环流化床燃

烧工况，该工况的原始 NO_x 排放浓度为 170.6mg/m^3。工况 1 和工况 2 之间的 NO_x 排放浓度差异是由燃烧温度引起的，工况 2 中燃烧温度更低，因此 NO_x 排放浓度也更低，即升高燃烧温度会使 DCS 的 NO_x 排放水平提高。

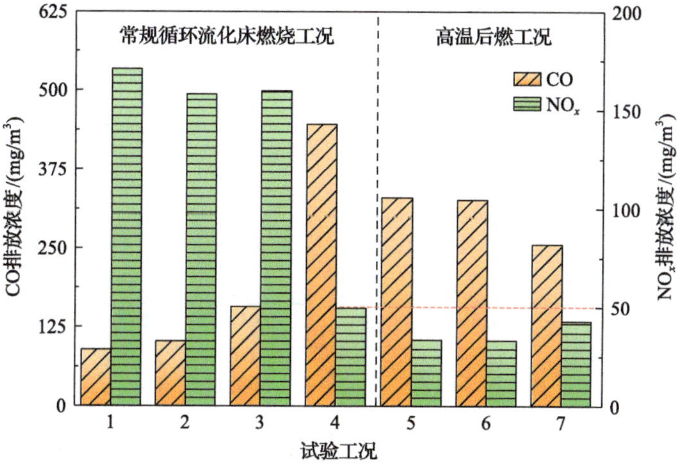

图 6.5 煤泥燃烧时 NO_x 及 CO 排放浓度

工况 1 和工况 3 的运行条件几乎完全相同，但这两个工况采用了不同的给煤位置。根据图 6.5 可以发现，将 DCS 从返料器出口送入试验系统有利于降低 NO_x 排放浓度。在几乎相同的燃烧温度和燃烧气氛下，当使用 S2 代替 S1 时，NO_x 排放浓度自 171mg/m^3 降至 160mg/m^3。如前所述，NO_x 排放量取决于其生成速率和还原速率。而 NO_x 的还原反应包括均相还原反应和异相还原反应。在工况 3 运行过程中，较低的 λ 导致 CO 排放浓度略微升高，因此 NO_x 还原反应速率略高。此外，由于返料立管内呈现强还原性气氛，DCS 在被循环灰加热脱挥发分的过程中，大部分挥发分氮会转化为 N_2，剩余挥发分氮会转化为 NH_3 和 HCN。而由于返料立管内浓度极低，NH_3 不会被氧化成 NO_x 而是参与 NO_x 的还原反应。另外，当 DCS 自返料器送入试验系统时，飞灰碳含量上升，也就意味着更多未燃烧的焦炭颗粒将参与 NO_x 的还原反应，进一步降低 NO_x 排放量。总之，在常规循环流化床燃烧过程中，将 DCS 自返料器投入试验系统将有利于降低 NO_x 的原始排放浓度。

在常规循环流化床燃烧情况下，贫氧燃烧同样能够使 NO_x 排放浓度降低至 50mg/m^3 以下。在贫氧燃烧工况中，炉膛内氧浓度偏低，燃料氮氧化生成 NO_x 的反应速率随之下降。另外，炉膛内 CO 和焦炭浓度迅速增加。在高浓度 CO 和焦炭颗粒的作用下，NO_x 的还原率增加。总之，较低的 O_2 浓度不仅抑制了 NO_x 的产生，还促进了 NO_x 的还原，所以贫氧燃烧时 NO_x 排放浓度能够降至 49.1mg/m^3。但是，贫氧燃烧工况中，烟气中 CO 浓度和飞灰碳含量急剧升高，对燃烧效率产生了不利影响。

为了强化炉内还原气氛并保证燃烧效率，试验过程中进一步降低了 λ_{CFB} 并将开启两级后燃风。高温燃烧工况中，CO 和 NO_x 排放浓度随 λ_{CFB} 的变化趋势分别如图 6.6 所示。当 λ_{CFB} 为 1.03 时，平均 NO_x 排放浓度为 42.7mg/m^3。而当 λ_{CFB} 降至 0.95 时，平均 NO_x 排放浓度为 32.8mg/m^3。但是，当 λ_{CFB} 进一步降低至 0.83 时，平均 NO_x 排放浓度为 33.2mg/m^3，不但没有进一步降低反而略有升高。

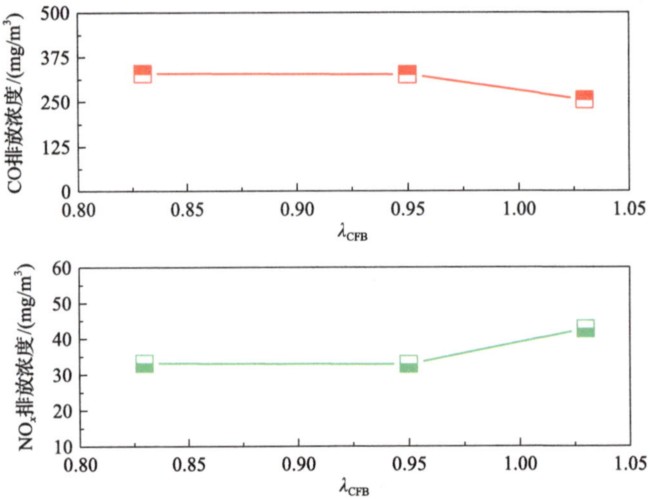

图 6.6　不同 λ_{CFB} 下 CO 及 NO_x 排放浓度

当 λ_{CFB} 过低时，挥发分氮会以 NO_x 前驱物的形式存在而不是转化为 N_2，焦炭氮也会残留在未燃尽的焦炭颗粒中，而不是释放到气相中。也就是说，过分降低 λ_{CFB} 会使得燃料氮在炉内向 N_2 的转化比例下降。而随着后燃风在后燃室注入，NO_x 前驱物和残留在固相中的燃料氮会被氧化生成 NO_x，NO_x 排放浓度也就不降反升。另外，过低的 λ_{CFB} 会降低燃烧效率。此外，实际锅炉运行中，λ_{CFB} 过低会增加炉内酸性气体腐蚀的可能性。而对于 DCS，能够保证燃烧效率且控制 NO_x 排放的最佳 λ_{CFB} 范围为 0.95～1.03。

6.5.3　飞灰碳元素残留及粒径特性分析

在本节试验每个工况的稳定运行过程中，自氧化锆氧气分析仪旁的取样点收集飞灰样品。对飞灰的碳含量进行分析，结果如图 6.7 所示。常规循环流化床燃烧工况和高温后燃工况分列图中虚线的左右两侧。

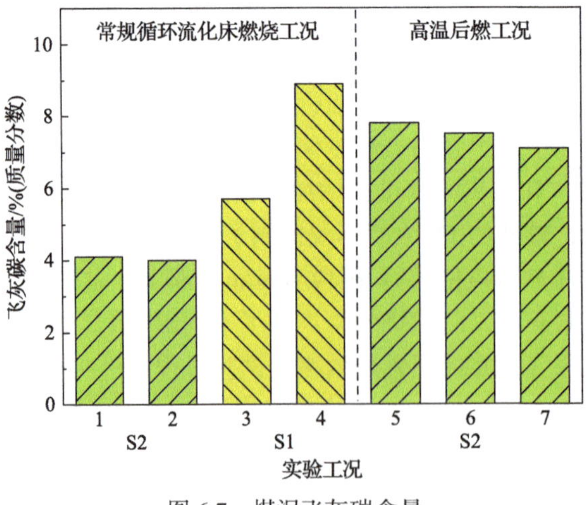

图 6.7　煤泥飞灰碳含量

根据飞灰碳含量结果可以看出，从 S2 投料不利于 DCS 的燃尽，这是因为改变给煤位置使得 DCS 的着火方式发生了变化。DCS 有三种着火方式：挥发物的均相着火、焦炭的异相着火和煤的异相着火。当 DCS 直接自 S1 送入炉膛时，DCS 颗粒的点火分两步进行。首先，DCS 中挥发分释放并燃烧，燃烧火焰包裹着 DCS 颗粒。挥发分燃烧过程中，焦炭被挥发物燃烧过程中释放的热量点燃，然后逐渐燃尽。但是，当 DCS 从 S2 进入返料器后，挥发分会在循环灰的加热下释放。但由于返回立管中的氧浓度极低，释放的挥发分并不会着火燃烧。直到进入炉膛后，挥发物与一次风中的氧气接触后迅速点燃。然而，此时挥发物燃烧释放的热量并没有完全作用于焦炭颗粒的着火。因此，在没有挥发分燃烧释放的热量时，焦炭颗粒的着火推迟。这样，DCS 颗粒中的焦炭就需要更长的时间来燃尽。换句话说，随着给煤位置的改变，DCS 的着火方式发生了改变，从而导致飞灰中碳含量相应增加。

除给煤位置之外，飞灰碳含量对 O_2 浓度同样敏感。如图 6.7 所示，高温后燃工况中飞灰碳含量相对高于常规循环流化床燃烧。此外，随着 λ_{CFB} 的减小，飞灰碳含量也逐渐增加。当 λ_{CFB} 逐渐降低时，炉内还原气氛逐渐增强，氧浓度逐渐下降，较低的氧浓度会导致燃料点火延迟并且需要更长时间燃尽。即便在高温后燃工况中，后燃室通入后燃风，但飞灰的碳含量仍会有所升高。这是因为焦炭和 CO 不同，CO 燃烧为均相反应，可以随着后燃风通入迅速与氧气反应并燃尽，但是未燃尽的焦炭颗粒无法在后燃室内迅速燃尽。所以飞灰碳含量会在高温后燃工况中略微增加。

除分析飞灰碳含量外，本试验还分析飞灰的粒径分布，结果如图 6.8 所示。图 6.8(a)和(b)展示的是工况 1 和工况 3，上述两个工况之间的唯一区别是给煤位置。可以看出，当 DCS 自返料器投入试验系统时，飞灰粒径较粗。此外，可以发现在高温燃烧工况(工况 5)中产生的飞灰粒径通常比常规循环流化床燃烧(工况 1)大。可以发现，飞灰粒径的

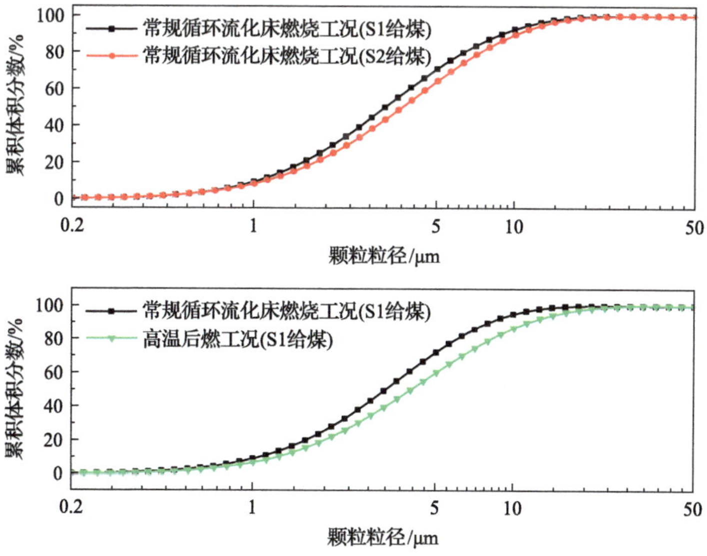

图 6.8　煤泥飞灰粒径分布

变化趋势同其碳含量保持一致。这是因为在 DCS 颗粒燃尽过程中，焦炭中碳骨架的坍塌会导致 DCS 颗粒破裂成更小的颗粒。也就是说，燃烧越充分的飞灰，其碳含量越低，粒径也就越细。总体来说，高温后燃工况中产生的飞灰碳含量略高，颗粒粒径也更大。

6.6 府谷煤及府谷半焦高效燃烧及低 NO_x 排放试验

6.6.1 炉膛及后燃室温度分布特性

温度分布可以反映常规循环流化床燃烧和高温后燃技术中燃烧特性的差异。由试验台介绍可知，炉内布置有一支水冷刺刀管。刺刀管的运行参数会对炉膛的温度分布有明显的影响。为了排除刺刀管吸热对温度分布的影响，将水冷刺刀管的进出口水温及给水流量展示在图 6.9 中。可以看出，刺刀管的参数在试验过程中比较稳定，变化幅度较小，因此水冷管不是影响炉膛温度分布的主要因素。

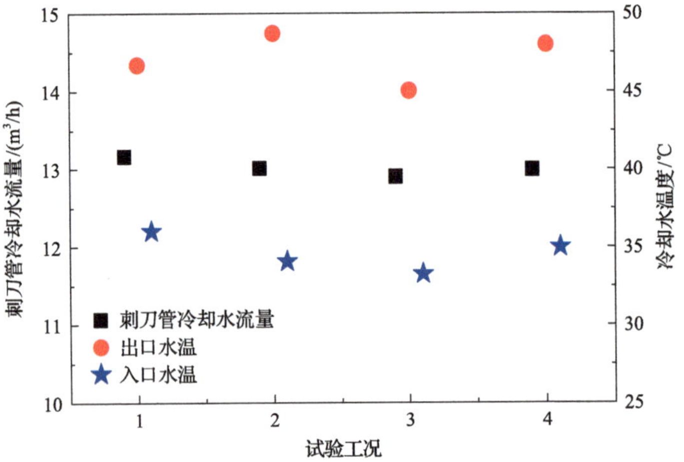

图 6.9　水冷刺刀管运行参数

图 6.10 展示了燃用 FB 工况中，炉膛和后燃室的温度分布曲线。在试验过程中，FB 自炉膛底部送入炉膛。两个工况中，炉内最高温度均出现在二次风喷嘴上方的炉膛中部。炉膛顶部存在水冷刺刀管吸热，炉膛底部有温度较低的燃料和循环灰投入，因此炉膛顶部和底部的温度相对较低。

在上述两个工况中，炉膛底部密相区的温度变化趋势相似，但稀相区的温度变化趋势却不尽相同，这是两个工况中不同的 λ_{CFB} 所导致的。高温燃烧工况中，λ_{CFB} 为 0.98，即炉内维持了弱还原气氛。在这种气氛下，炉内氧浓度较低，因此焦炭需要更长的时间来着火、燃尽。这意味着更多的燃烧份额从密相区转移到稀相区，这使得稀相区的温度升高。而上述两个工况中，后燃室温度分布差异更大。在常规 CFB 燃烧工况中，后燃室温度因散热沿高度呈现逐渐下降的趋势。而在高温后燃工况中，后燃室温度不是沿高度单调下降，而是存在一个明显峰值。当炉内为还原性气氛时，燃料不能完全燃烧，旋风

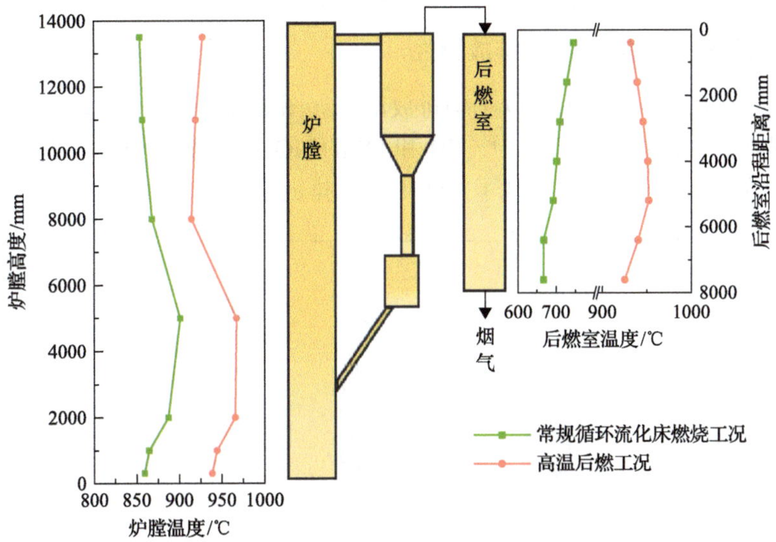

图 6.10　FB 燃烧时温度分布

分离器出口烟气中存在大量可燃物，CO、H_2 和未燃尽的焦炭等。随着后燃风注入，这部分可燃物迅速燃烧释放热量使得后燃室温度升高。

图 6.11 展示了燃用 FS 的常规循环流化床燃烧，以及高温后燃工况下炉膛和后燃室的温度分布曲线。对比图 6.10 和图 6.11 可以发现，在常规循环流化床燃烧工况中，不同燃料对炉膛分布的影响并不明显，燃用 FB 和 FS 时炉膛温度分布曲线相似。燃用不同燃料时，主要区别体现在后燃室温度分布曲线。在 FS 高温燃烧工况中，后燃室温度曲线没有明显的峰值。这是因为 FS 中挥发物含量低，因此旋风分离器出口的烟气中可燃气体的浓度低，因此后燃室内释放的热量更低，后燃室温度分布曲线不会明显升高。也就是说，在相同的运行条件下，高挥发分燃料能够使后燃室温度升高幅度更大。

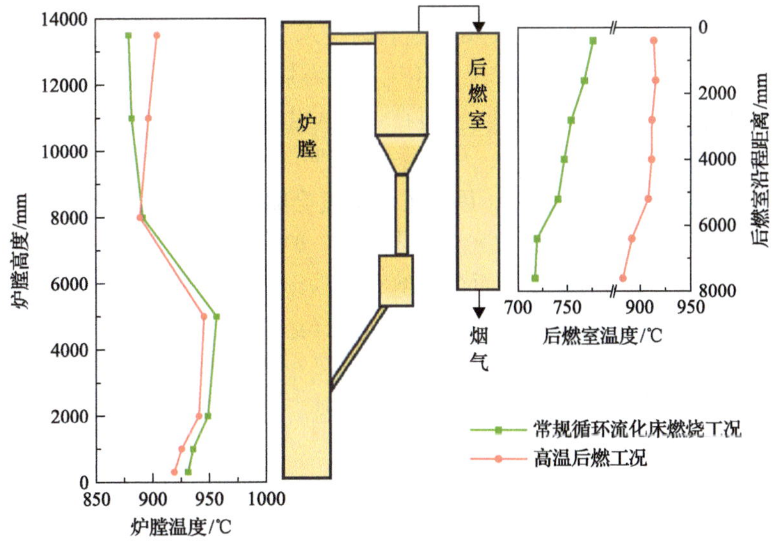

图 6.11　FS 燃烧时温度分布

6.6.2 府谷煤及府谷半焦低 NO_x 排放特性

本试验四个工况中 NO_x 和 CO 平均排放浓度如图 6.12 所示。虚线左右分别为 FB 和 FS 工况。显然，在高温后燃工况中，FB 和 FS 的 NO_x 排放浓度均低于 50mg/m^3；此外，CO 排放浓度约为 125mg/m^3，实现了 NO_x 和 CO 排放浓度的协调控制。

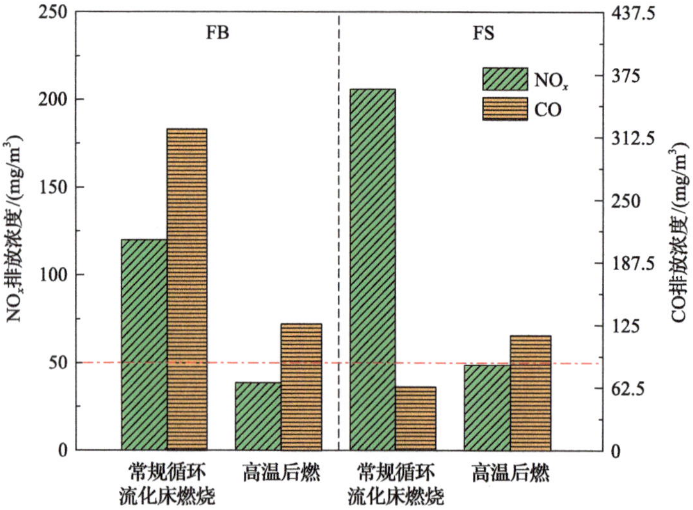

图 6.12　府谷煤和府谷半焦燃烧时 NO_x 及 CO 排放浓度

在 FB 的常规循环流化床燃烧工况中，原始 NO_x 和 CO 排放浓度分别为 119.9mg/m^3 和 320.38mg/m^3。CO 排放浓度较高，是因为此工况的燃烧温度稍低。在使用高温后燃技术后，FB 的 NO_x 排放降低到 38.4mg/m^3，达到超低 NO_x 排放标准（≤50mg/m^3）。同时燃烧温度升至 968℃，CO 浓度也随之降至 126.38mg/m^3。

当燃烧温度为 957℃时，FS 的常规循环流化床燃烧中原始 NO_x 和 CO 排放浓度分别为 206.1mg/m^3 和 63.25mg/m^3。在使用高温后燃技术后，NO_x 排放浓度降至 48.7mg/m^3，但是 CO 浓度升到 114.75mg/m^3。常规循环流化床燃烧中，炉内为氧化性气氛，燃料能够充分燃尽。然而，在高温后燃工况中，燃料在炉内发生不完全燃烧反应而不是完全燃烧。未燃尽的 CO 需要在后燃室内燃尽，尽管采用合理的后燃风布置能够加速 CO 燃尽的过程，但是仍不能保证所有 CO 燃尽，因此 CO 浓度会略微升高。

相比于常规循环流化床燃烧，高温后燃技术中，炉内还原性气氛抑制了 NO_x 的生成，促进燃料氮在炉内向 N_2 定向转化。而合理地布置后燃风也能尽可能抑制燃料氮在后燃室内转化为 NO_x。具体控制机理在前面章节中已经详细介绍过，这里不再赘述。正是因为采用了合适的燃烧温度、合适的以及合理的后燃风布风方式，NO_x 排放大大减少的同时保证了 CO 等可燃物的燃尽效果。因此，通过高温后燃技术完全可以实现 NO_x 和 CO 排放浓度的协同控制。

除此之外，值得注意的是，FB 和 FS 的高温后燃工况几乎有相同的运行条件，但 FB 的 NO_x 排放浓度却更低一些。这就印证了前面章节的结论，高温后燃技术更适合高挥发分和低固定碳的燃料。一方面，大部分挥发分氮能够在炉内还原性气氛下释放并定向转化为 N_2，而只有部分焦炭氮能够在还原性气氛下释放并转化为 N_2。另一方面，正如前面章节中证明的，在还原性气氛的炉内，FB 会释放更多的 NH_3。同时，还有其他研究证明，低阶煤中 NH_3 和 HCN 的比例通常高于高阶煤。在还原性气氛下，NH_3 可以参与 NO_x 还原反应，有助于减少 NO_x 排放。因此，在相同运行条件下，FB 的 NO_x 排放浓度低于 FS。

6.6.3　飞灰中 C/N 元素残留特性分析

在试验过程中，每个工况稳定运行期间会在氧化锆氧气分析仪旁的取样点抽取固体飞灰样品。试验结束后，对飞灰中残留的碳含量和氮含量进行了分析，结果如图 6.13 所示。可以看出，无论是 FB 工况还是 FS 工况，在采用高温燃烧技术时，飞灰碳含量均会高于常规循环流化床燃烧(工况 1)。在高温燃烧工况中，炉内为弱还原气氛，氧浓度低于常规循环流化床燃烧。较低的氧浓度会导致燃料点火延迟并且需要更长时间燃尽。因此，焦炭不能在炉内燃尽。另外，焦炭和 CO 不同，CO 燃烧为均相反应，可以随着后燃风通入迅速着火燃尽。而未燃尽的焦炭颗粒无法在后燃室内迅速燃尽。因此，飞灰碳含量会在高温后燃工况中略微增加。此外，飞灰氮含量和碳含量呈现相同的趋势。这是因为煤中燃料氮以吡咯、吡啶等有机形式存在。换句话说，在煤中氮原子和碳原子结合为有机大分子。只有在焦炭燃烧、有机结构被破坏的情况下，焦炭氮才会逐渐释放。因此，飞灰中残留的碳和氮含量具有相同的变化趋势。

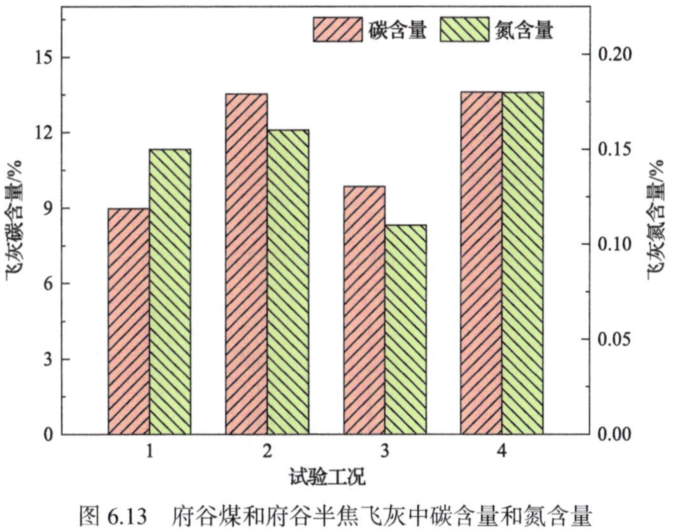

图 6.13　府谷煤和府谷半焦飞灰中碳含量和氮含量

为了进一步确认飞灰中哪种氮的赋存形态更容易富集，对样品进行了 XPS 检测。根据现有研究，可以根据结合能大小，将煤中氮的赋存形态分为四类。检测后利用 XPS Peaks 软件对结果进行分峰拟合，拟合结果如图 6.14 所示。图 6.14(a) 和 (b) 分别为常规循环流化床燃烧和高温后燃时 FB 飞灰的拟合曲线。图 6.14(c) 和 (d) 表示常规循环流化床燃烧和高温后燃时 FS 飞灰的拟合曲线。黑线是扣除基线后的测量信号值，红线为拟合曲线。

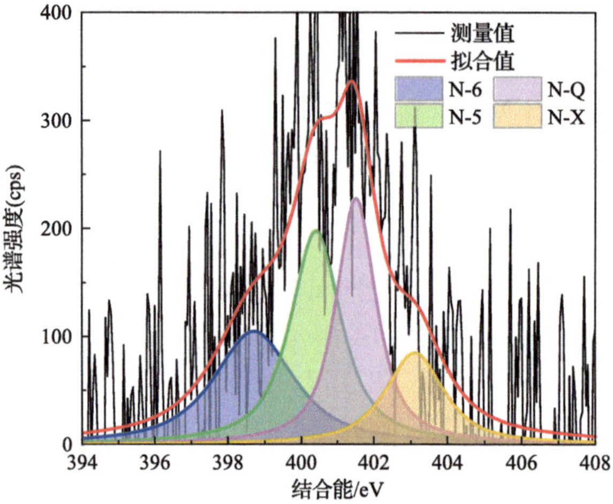

(a) FB常规循环流化床燃烧工况

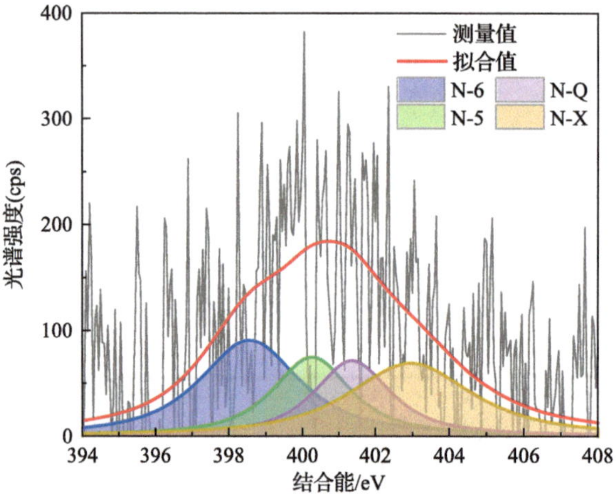

(b) FB高温后燃工况

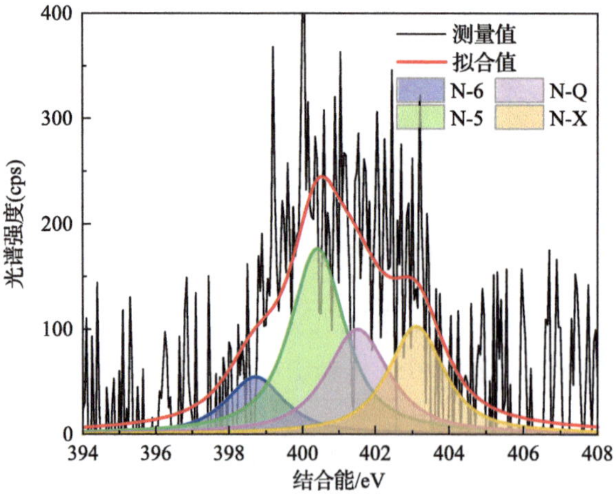

(c) FS常规CFB燃烧工况

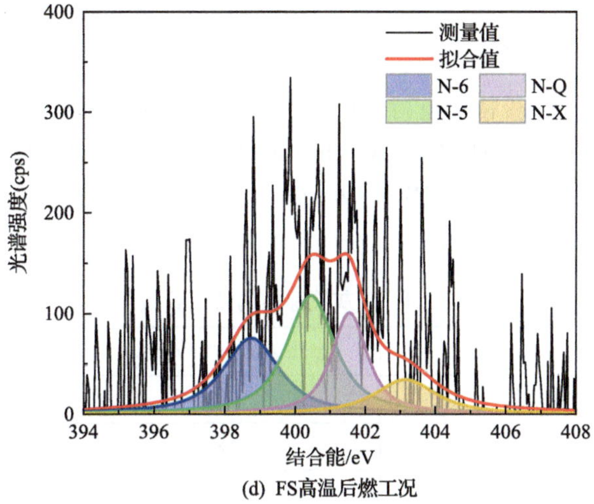

图 6.14　飞灰 N1s 峰拟合结果

N-6.吡啶型氮；N-Q.季氮；N-X.氮氧化物；N-5.吡咯型氮

为了进行定量比较，可以计算不同峰曲线下的面积从而获得不同氮赋存形态的相对含量，结果如图 6.15 所示。

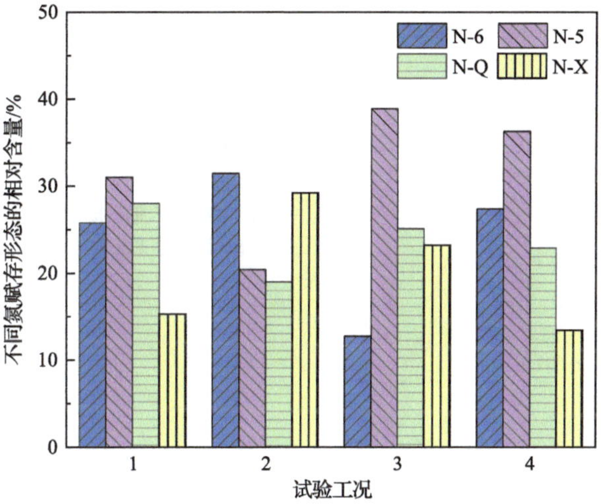

图 6.15　飞灰中不同氮赋存形态的相对含量

飞灰中氮赋存形态的相对含量说明，在高温燃烧时 N-6 会在飞灰中富集，相比之下，常规循环流化床燃烧的飞灰中可检测到更多的 N-5 和 N-Q。但是 N-X 的规律并不明显，在 FB 和 FS 两种燃料的工况中呈现了不同的趋势。在工况 1 和工况 2 中，飞灰中 N-X 的相对含量分别为 15.3%和 29.2%。而对于 FS，当燃烧方式由常规循环流化床燃烧转化为高温后燃时，N-X 的相对含量从 23.2%降低至 13.4%。现有研究对于燃煤过程中氮赋存形态的迁移转化没有很主流的解释，也没有明确的证据表明煤中氮官能度与燃烧过程中生成的 NO_x 之间存在直接联系。因此，上述规律的形成原因仍需进一步探究。

6.6.4 飞灰的形貌特征分析

本节同样对飞灰的形貌特征进行分析，比表面积和孔容积测量结果如表 6.4 所示。测量结果显示，无论是 FB 还是 FS，飞灰的孔隙结构均比原燃料更加发达，此外，FS 飞灰的比表面积比 FB 飞灰的比表面积更加发达，这是由燃料本身特性决定的，即 FS 本身孔隙结构比 FB 更加发达。

表 6.4 飞灰孔隙结构特征参数

燃料	工况	比表面积/(m^2/g)	孔容积/(mm^3/g)
FB	原燃料	3.46	9.76
	常规循环流化床燃烧	12.89	20.89
	高温后燃	6.18	17.05
FS	原燃料	14.03	17.64
	常规循环流化床燃烧	20.22	19.46
	高温后燃	15.37	24.63

结合表 6.4 可以总结出，随着焦炭的不断燃烧，FB 和 FS 飞灰的比表面积和孔容积均呈现增大的趋势。为了探究这种变化的原因，对四种飞灰的孔径分布曲线进行分析，结果如图 6.16 所示。

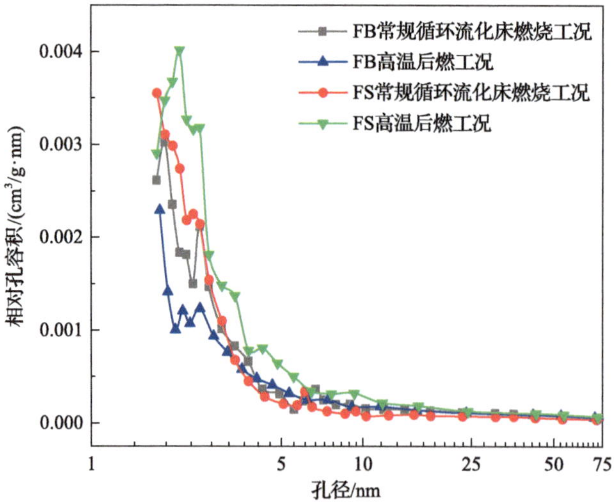

图 6.16 飞灰的孔径分布曲线

根据分形理论，直径小于 2nm 的孔称为微孔，直径为 2～50nm 的孔称为中孔，直径大于 50nm 的孔称为大孔，而比表面积主要取决于微孔的数量。在燃烧过程中，挥发物的释放和燃烧等过程将促进微孔的形成，在此过程中伴随着比表面积和孔容积的增加。另外，焦炭的燃烧会使煤中的碳骨架塌陷，从而导致大孔和中孔塌陷并变成微孔。在此过程中，比表面积增大，但孔容积减小。FB 燃烧过程中，前一种微孔的形成机理占主导地位，是因为 FB 中的挥发物含量相对较高。但是对于挥发性物质含量较少的 FS，后一种微孔形成机理占主导地位。

6.7 神木煤及神木半焦高效燃烧及低 NO_x 排放试验

6.7.1 炉膛及后燃室温度分布特性

SM 燃烧时炉膛及后燃室的温度分布如图 6.17 所示。总体上来说，不同工况中炉膛温度分布曲线比较相似，炉膛中部的温度最高，炉膛和炉底温度较低。炉膛底部由于有温度较低的循环灰经过外循环返回炉膛，温度较低。而炉膛顶部由于布置有刺刀管，炉膛温度会骤降。

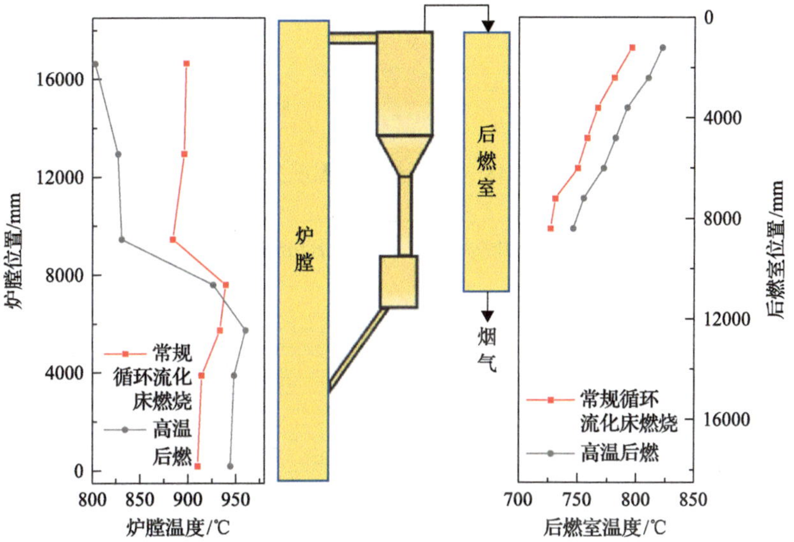

图 6.17 SM 燃烧温度分布情况

在常规循环流化床燃烧时后燃室温度会由于散热而逐渐降低，在高温后燃工况中后燃室温度会存在峰值。

SS 后燃工况的炉膛温度为 930℃，总过量空气系数为 1.06，炉内过量空气系数为 0.86。图 6.18 为 SS 后燃工况中沿程温度分布曲线。左侧为炉膛内温度分布，右侧为后燃室内温度分布。炉膛分布曲线的最高温出现在炉膛中部，这是因为炉膛底部有温度较低的循环物料和燃料进入炉膛，炉膛顶部有水冷刺刀管的存在。在半焦后燃工况中，后燃室沿程最高温度点在后燃室中上部，说明的确有一部分半焦的燃烧份额转移到后燃室中。

6.7.2 神木煤及神木半焦低 NO_x 排放特性

图 6.19 为 SM 常规循环流化床燃烧工况和高温后燃工况原始 NO_x 和 CO 排放情况，在 SM 的常规循环流化床燃烧工况中，原始 NO_x 和 CO 排放浓度分别为 118mg/m^3 和

268.75mg/m³。在使用高温后燃技术后，NO_x 排放降低到 58.6mg/m³，降低 50.34%，CO 浓度基本无变化，为 270mg/m³。

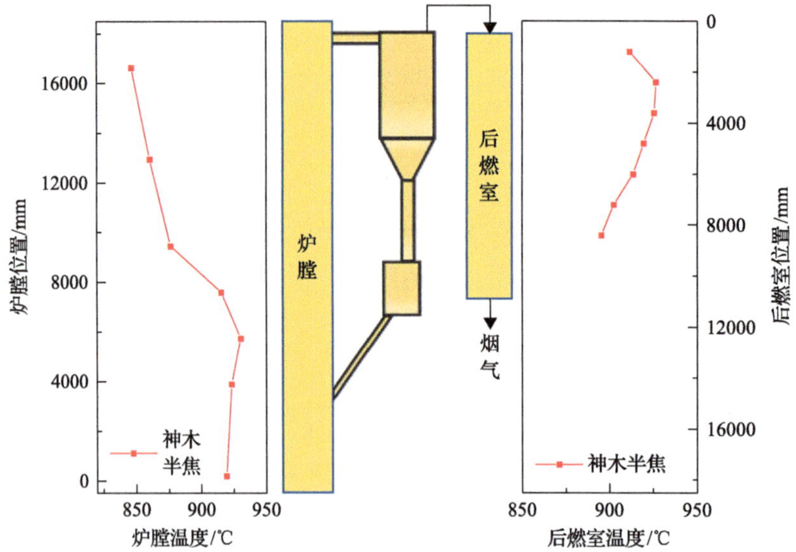

图 6.18　SS 后燃工况温度分布

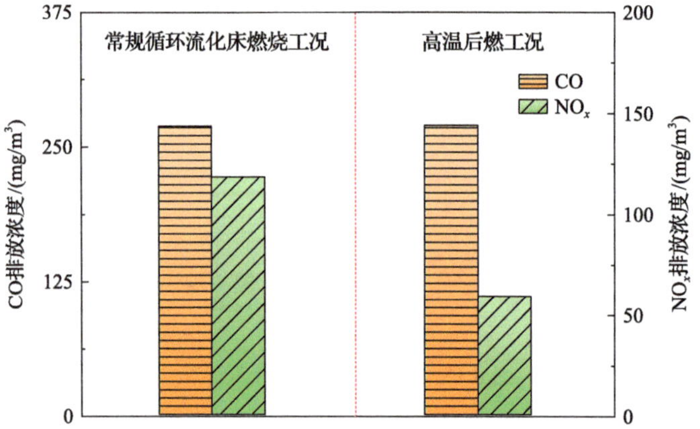

图 6.19　神木煤原始 NO_x 和 CO 排放情况

图 6.20 为 SS 高温后燃工况连续测量的烟气数据。可以看出，整个工况过程中，尾部氧气浓度在 0.2%～2.5%范围内逐步上升，平均氧气浓度为 1.13%。在此工况的绝大部分时间内，NO_x 排放浓度在 60mg/m³ 以下，部分工况在 50mg/m³ 及以下，平均 NO_x 排放浓度为 56.85mg/m³，NO_x 排放最低浓度为 42.71mg/m³，部分时段完全可以实现 SS 燃烧的超低排放。同时，CO 排放平均浓度可以达到 190.46mg/m³ 这一较低的水平。

在连续测试的前半段可以明显看出，随着烟气中氧气浓度的升高，CO 浓度存在逐渐下降的趋势。同时因为燃尽效果的加强，进入后燃室的烟气中 CO 浓度和携带未燃尽的焦炭的含量均下降，因此后燃室中产生的 NO_x 被还原的份额减小，因此 NO_x 排放浓度升高。

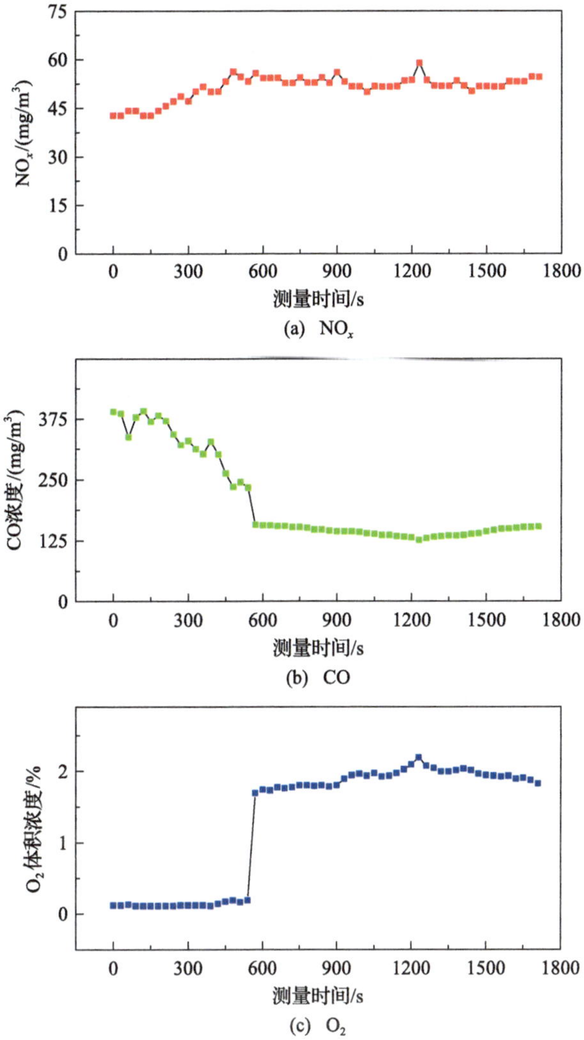

图 6.20　SS 高温后燃工况下的烟气成分

6.8　本 章 小 结

利用 0.5MW_{th}循环流化床中试平台进行了府谷煤、府谷半焦、神木煤、神木半焦以及兖矿干煤泥的 NO_x 低排放试验，最终实现了府谷煤、府谷半焦以及兖矿干煤泥燃料的 NO_x 超低排放，实现了神木煤、神木半焦的低排放，主要结论如下。

(1) 在使用高温后燃技术后，无论是府谷煤、府谷半焦、神木煤、神木半焦，还是兖矿干煤泥，其原始 NO_x 排放浓度能够大幅度降低。在高温后燃工况下，兖矿干煤泥、府谷煤和府谷半焦的原始 NO_x 排放浓度分别自 160mg/m^3、119.9mg/m^3 和 206.1mg/m^3 降至 32.8mg/m^3、38.4mg/m^3 和 48.7mg/m^3。对于神木煤，相较于常规循环流化床燃烧，高温后燃可以有效降低原始 NO_x 排放，降低了 50.34%。

(2) 在常规循环流化床燃烧过程中，炉内气氛会显著影响温度分布特性。炉内过量空气系数越接近 1.0，炉膛温度的极差和标准差越小，炉膛温度的分布也就越均匀。此外，随着炉内过量空气系数的不断降低，更多的燃烧份额会自炉膛内转移到后燃室内，而后燃室的温度也会明显升高。

(3) 在干煤泥的常规循环流化床燃烧过程中，给料位置由炉膛底部改为返料器将有利 s 于降低 NO_x 排放浓度。但是在返料器给煤泥会使其着火方式有所改变，进而使得飞灰碳含量有所升高。燃烧过程中产生飞灰的碳含量和飞灰的粒径呈现相同的变化趋势。

(4) 干煤泥能够在循环流化床中实现稳定流态化燃烧，其 NO_x 排放浓度会随着燃烧温度升高而升高。此外，对比干煤泥的高温后燃工况可以发现，煤泥的 NO_x 排放浓度随炉内过量空气系数的降低而先降低后升高，即存在一个约为 0.95 的最佳 λ_{CFB} 使 NO_x 排放浓度最低。

(5) 相比于常规循环流化床燃烧，在高温后燃工况中，有更多的燃料氮会残留在飞灰中，且更多的燃料氮以 N-6 的赋存形态存在。此外，在高温后燃工况中，FB 飞灰及 FS 飞灰的比表面积和孔容积均较常规循环流化床燃烧时有所减小。总体来说，高温后燃工况中生成的飞灰碳含量、氮含量和粒径略高于常规 CFB 燃烧，微观结构也有所区别，但并不影响后续的资源化利用。

(6) 高温后燃技术可以有效降低原始 NO_x 排放浓度，具有良好的煤种适用性。

第 7 章

循环流化床锅炉高温后燃气固流动数值计算分析

7.1 物理模型

循环流化床锅炉内部涉及气固流动，是一个不均匀的、时空多变的多尺度复杂系统，因此很难对其内部的气固流动特性进行准确的建模[147,148]。近年来，研究学者对气固流动模拟所采用的数值模型进行了大量的总结。例如，Wang 等[149]总结了多尺度数值模拟的进展，除守恒方程外，还引入稳定性标准来表征亚网格中的尺度结构。Sundaresan[150]介绍了循环流化床中观察到的复杂气固流动特性，总结了探索流动特性所采用的不同气固流动模型和方法。Ariyaratne 等[151]比较了传统的数值模拟模型和最近发展的模型在气固多相流系统中应用的适用性和局限性。Wang[152]也对气固流态化模拟采用的纳维-斯托克斯(Navier-Stokes，N-S)连续介质理论进行了综合评述。到目前为止，针对不同时空尺度下的气固流动特性，国内外学者提出了不同的数值模拟方法。图 7.1 概括了气固流动模拟所采用的典型模型，包括多相质点网络(multi-phase particle in cell，MP-PIC)方法、双流体模型(two-fluid model，TFM)、计算流体力学-有限元法耦合(computational fluid dynamics-discrete element method，CFD-DEM)和直接数值模拟(direct numerical simulation，DNS)。由于 DNS 是在无滑移边界条件下求解 N-S 方程，气相采用远小于固体颗粒直径的网格进行解析，因此其对计算的要求极高，目前主要集中在模型开发上，不适用于循

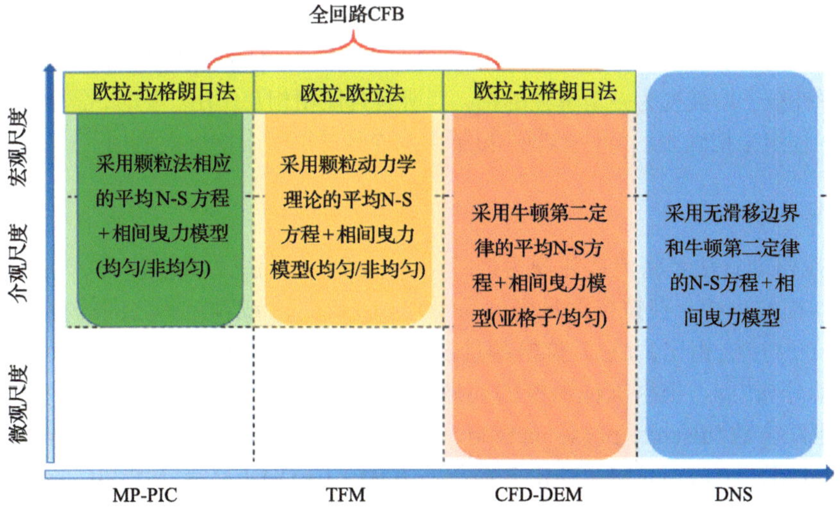

图 7.1　气固两相流动的典型模型

环流化床的直接模拟[152]。CFD-DEM、TFM 和 MP-PIC 模型的共同点是均采用平均 N-S 方程来求解气相，但对颗粒相和相间的作用则采用不同的处理方式。

7.1.1 计算方法分类

1. 欧拉-欧拉法

欧拉-欧拉法将流体相和颗粒相视为共同存在且相互渗透的连续介质，且在欧拉坐标系下进行求解。质量、动量和能量守恒方程采用平均 N-S 方程建模，并通过附加源项考虑气固两相间的作用力。

基于颗粒流体动力学理论的 TFM 是一种典型的欧拉-欧拉法，模型的详细描述及相关表达式见文献[153]。TFM 的计算量与网格数量紧密相关，与系统内颗粒的数量关系不大。因此，TFM 能够缩短计算时间，是一种计算循环流化床气固两相流动最适用的方法，也成为工业尺度循环流化床模拟的首选。近年来，应用双流体模型对气固两相流动的研究已较为成熟，气相湍流的模拟一般采用雷诺平均方法[154,155]和大涡模拟方法[156,157]建立模型。对于颗粒相，通常采用颗粒流体动力学理论进行颗粒相模型的封闭[158-160]。气固相间作用力包括曳力、附加质量力、升力和巴塞特(Basset)力等。气固两相流中，由于气体密度远小于颗粒密度，附加质量力可以忽略，而升力一般在速度边界层中表现明显，巴塞特力则只发生在黏性流体中，在流化床内气固两相流动模拟中可以忽略，而主要考虑气固相间曳力的影响[161]。常用的曳力模型包括 O'Brien-Syamlal 模型，Gidaspow 模型和能量最小多尺度模型(energy-minimization multi-scale model，EMMS 模型)[162]等。

华盛顿州立大学 Crowe 教授[163]曾指出：TFM 的优势在于，可以很容易对针对输送相开发的算法中的颗粒相进行修改。所需的源项和模型可以作为补充项添加到守恒方程中或者进行相应的修改，这为 TFM 提供了更为广泛的应用。但同时，由于固相被视为拟流体，并通过统计方法对两相进行平均，需要气固两相流的本构方程来模拟未闭合项[164-166]。TFM 需要解决诸多封闭问题，如导致颗粒扩散/弥散的颗粒湍流闭合模型等[167]，此外，颗粒特性的变化，如颗粒尺寸分布(particle size distribution，PSD)、颗粒类型和球形度以及颗粒间作用力，对气固流动行为亦有重大影响[168]，但很难包含在 TFM 中。对于包含多个粒径分布的气固流动系统，每种粒子均被视为一个单独的相，与所有其他相相互作用。此时，需要不同的连续性和动量方程组来精确表示每种类型的粒子，将导致计算成本的巨大增加[150,169]。

2. 欧拉-拉格朗日法

欧拉-拉格朗日法是将流体相视为连续介质，将颗粒相视为离散体系，在欧拉坐标系下研究流体相的运动，在拉格朗日坐标系下研究多个颗粒或颗粒团之间的相互作用。

与欧拉-欧拉法相比，欧拉-拉格朗日法可以提供具有广泛颗粒类型、尺寸、形状和速度的流动分析[170]。根据固体颗粒的处理方法，欧拉-拉格朗日法具有不同的形式，如颗粒轨迹跟踪方法(discrete phase method，DPM)、稠密离散相模型(dense discrete phase model，DDPM)、CFD-DEM 和 MP-PIC 等。其中，CFD-DEM 和 MP-PIC 这两种方法在三维循环流化床锅炉模拟中比较典型。

DEM是目前广泛应用的非连续介质数值分析方法之一,最早是由Cundall等[171]提出的一种分析不连续岩体变形的新方法。CFD-DEM是一种传统的欧拉-拉格朗日法，其中颗粒运动分为平动和旋转两类，通过牛顿第二定律求解获得颗粒的速度和位移信息。颗粒-颗粒之间的碰撞力模拟通常采用软球方法和硬球方法。DEM方法通过颗粒与流体之间的动量交换，能够详细描述颗粒-颗粒、颗粒-流体以及颗粒-壁面间的相互作用[172]。

与TFM相比，CFD-DEM的显著优点是可以通过指定单个颗粒的特性，轻松实现颗粒大小和密度分布的设定。近年来，由于计算机性能的飞速提升，CFD-DEM模型在模拟气固两相流动方面得到了很大的发展。但是由于需要跟踪每个粒子，模拟粒子之间的相互作用以及气固相间的动量传递，导致需要大量的计算资源[173]。图7.2总结了DEM计算颗粒数量的变化历史。近年来，CFD-DEM方法因其能够提供颗粒尺度信息和较高的数值精度而被用于循环流化床锅炉的模拟。但是，由于颗粒数量随几何尺寸的增大而增加，它目前仍然被局限于实验室尺度模型的计算[174-176]。

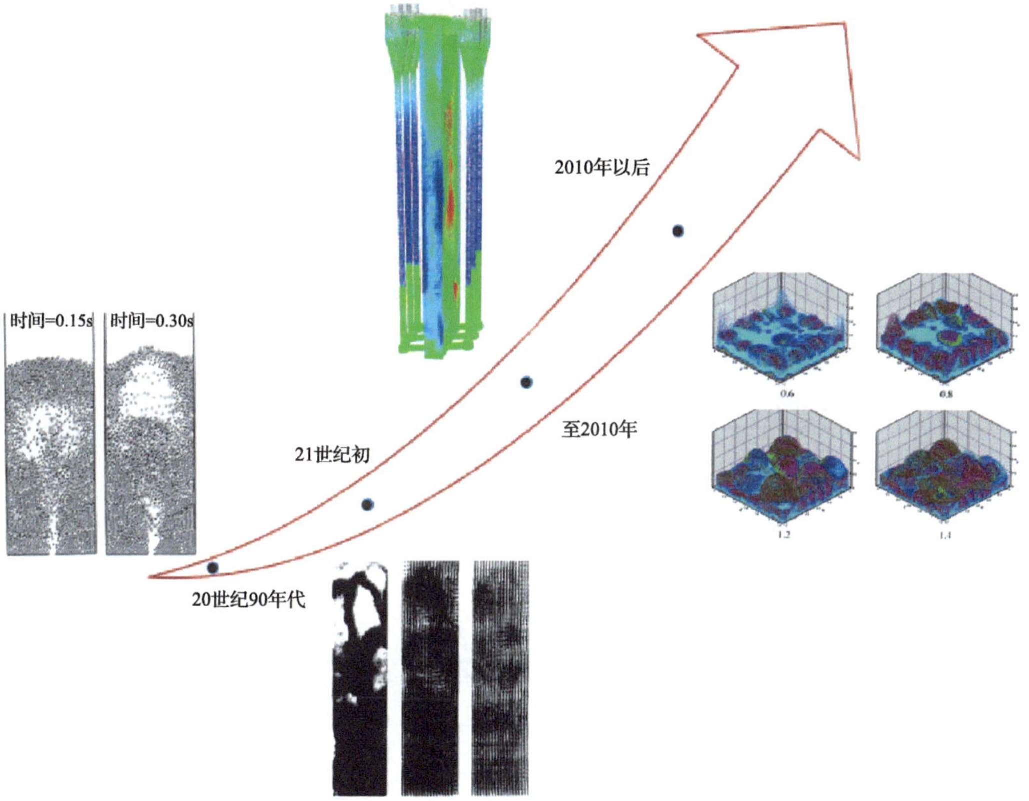

图7.2 DEM计算颗粒数量的发展

近几年发展起来的计算颗粒流体力学(CPFD)，从本质上是一种基于MP-PIC方式的欧拉-拉格朗日数值计算方法，能够有效解决流体和大量颗粒在三维空间内的耦合计算问题。MP-PIC方法由Andrews等[169]和Snider[166]提出，该方法最鲜明的特点是能够在三维空间内耦合求解颗粒和流体的动量方程。在CPFD计算中，所用到的数值计算颗粒并不是物理意义上的颗粒，而是由一定数量具有相同性质的颗粒组成的颗粒团，经过这样的处理，可以将含有数以亿计颗粒的气固系统，如循环流化床，简化为仅含有数以百万计颗粒的系统，同时仍然能够很好地利用 MP-PIC 方法中的颗粒相的处理方式。通过这样的计算方式，能够对任何固体颗粒实现全尺寸分布的模拟；在一次计算中实现颗粒浓度从稀到密的模拟，而无需事先确定颗粒浓度的范围；得到颗粒的质量、动量、传热、磨损等完整拉格朗日坐标系下的信息；可以模拟颗粒数量超过 10^{16} 的气固系统。这样就为快速准确地捕捉循环流化床锅炉中气固流动的动态特点提供了可行的手段。目前，这一方法已经大量应用在锅炉或化工反应器模拟中，获得了合理的预测结果[148]。

7.1.2 气固曳力模型

由于气固两相流动自身的复杂性，尤其是占主导地位的气固两相间的相互作用力更为复杂，而准确计算气固两相间的相互作用对于气固流场特征的准确再现及其中细节特征的描述至关重要。因此，很多学者针对气固两相间曳力的计算进行了大量的研究[177]。

用于循环流化床锅炉数值模拟的曳力模型主要分为均匀曳力模型（也称为传统曳力模型）和非均匀曳力模型。

1. 均匀曳力模型

均匀曳力模型包括：Wen-Yu 模型[178]、Gidaspow 模型[165]、Rong 模型[179]和 Tang 模型[180]等。这些模型假设系统体积内处于均匀流动状况，不考虑运行中出现的“团聚物”形式的颗粒聚集[181]。因此，这些模型普遍高估了气相和颗粒相之间的曳力作用[154,182]，导致大量颗粒被携带出提升管而参与再循环，再循环率同样被高估[183,184]。表 7.1 总结了三维循环流化床模拟中常用到的均匀曳力模型。

表 7.1 三维循环流化床模拟中常用到的均匀曳力模型总结

模型	表达式	
Wen-Yu（1966 年）[178]	$\beta=\frac{3}{4}C_D\frac{\rho_g\alpha_g\alpha_p\left\|v_g-v_p\right\|}{d_p}\alpha_g^{-2.65}$ $C_D=f(x)=\begin{cases}\frac{24}{Re}\left(1+0.15Re^{0.687}\right), & Re<1000\\ 0.44, Re\geqslant 1000\end{cases}$ $Re=\frac{\rho_g\alpha_g d_p\left\|v_g-v_p\right\|}{\mu_g}$	(7.1)
Gidaspow（1994 年）[165]	$\beta=\begin{cases}\frac{3}{4}C_D\frac{\rho_g\alpha_g\alpha_p\left\|v_g-v_p\right\|}{d_p}\alpha_g^{-2.65}, & \alpha_p\leqslant 0.2\\ 150\frac{\alpha_p^2\mu_g}{\alpha_g d_p^2}+1.75\frac{\rho_g\alpha_p\left\|v_g-v_p\right\|}{d_p}, & \alpha_p>0.2\end{cases}$	(7.2)
Rong（2013 年）[179]	$\beta=\frac{3}{4}\left(0.63+\frac{4.8}{\sqrt{Re}}\right)^2\frac{\rho_g\alpha_g\alpha_p\left\|v_g-v_p\right\|}{d_p}\alpha_g^{1-\chi}$, $\chi=2.65\left(1+\alpha_g\right)-\left(5.3-3.5\alpha_g\right)\alpha_g^2\exp\left[-\frac{\left(1.5-\log Re\right)^2}{2}\right]$	(7.3)

续表

模型	表达式
Tang (2016年)[180]	$$\beta=(180+53.64Re_\theta)\frac{\mu_g\alpha_p^2}{d_p^2\alpha_g}+18\frac{\mu_g\alpha_g^3\alpha_p\left(1+1.5\sqrt{\alpha_p}\right)}{d_p^2}+\frac{18\mu_g\alpha_p\alpha_g Re}{d_p^2}\left[0.11\alpha_p\left(1+\alpha_p\right)-\frac{0.00456}{\alpha_g^4}+\left(0.169\alpha_g+\frac{0.0644}{\alpha_g^4}\right)Re^{-0.343}\right],\quad Re_\theta=\frac{\rho_g d_p\sqrt{\theta_p}}{\mu_g} \quad (7.4)$$

注：ρ 为密度；α 为空隙率；v 为速度矢量；μ 为黏度；下标 g 为气体，p 为颗粒。

为了提高精度，人们提出了不同的曳力模型。大致可分为四类：①基于试验和数据处理对传统曳力模型进行修正的经验法；②粒子解析直接数值模拟；③精细网格双流体模拟；④基于 EMMS 的非均匀方法。具体内容见表 7.2。

表 7.2 常规曳力模型的修正方法

方法	原理	特征
经验法	比例因子修正系数法[185-187]	计算简单； 普适性差； 缺乏可靠的理论依据
	将颗粒团尺寸代替单颗粒粒径对曳力修正[188]	难以确定颗粒大小； 方法有争议
	基于试验数据对曳力进行修正： O-S 曳力模型(O'Brien-Syamal drag model)[189]	可以从数据回归中得到； 反映了非均匀流曳力的本质； 缺乏普适性
直接数值模拟[190]	直接计算单颗粒所受的曳力	揭示物理过程和机理； 计算量大
精细网格双流体模拟[191]	通过过滤细网格法描述微元空间内非均匀流动，用以封闭大尺度上的守恒方程	网格细化随机； 缺乏对物理过程的描述
基于 EMMS 的非均匀方法[192-194]	多尺度最小能量理论 基于多尺度的流动分解及系统稳定性条件	深入解释微观尺度和介观尺度； 明确的物理意义； 介观尺度结构参数难以确定

2. 非均匀曳力模型

非均匀曳力模型主要分为两类：Filter 曳力模型和 EMMS 曳力模型，两者均能分辨气固流动中的介观尺度结构。但是 Filter 曳力模型目前只适用于提升管的计算，还无法适用于全回路的模拟。EMMS 曳力模型是基于气固两相流悬浮和输送的能量最小化推导而来的。气固流动的非均匀性结构可分解为团聚物相、稀相或泡状相和密相[195]。因此，EMMS 曳力模型有两种主要的形式，即 EMMS/matrix 曳力模型[192]和 bubble-based EMMS 曳力模型[196,197]。到目前为止，EMMS 曳力模型已被证明不太依赖于网格，已成功地预测了提升管中的轴向颗粒分布和流型转变[149]。

EMMS/matrix 模型和 bubble-based EMMS 模型两者主要基于相同的思想，但是也有区别。例如，bubble-based EMMS 模型使用气泡来代替颗粒团聚物；使用经验关联公式预测气泡尺寸，而不是颗粒团聚物的大小等[198]。EMMS 曳力模型将流场划分为三个区域，即底部密相区、顶部稀相区和中间过渡区，每个区域都是均匀分布的[195,199,200]。由于过渡区域的存在，相间曳力值小于均匀模型的曳力值。为了对其进行表征，采用 H_d 来定义 EMMS 曳力模型预测的阻力系数与均匀模型阻力系数的比值：

$$H_{\mathrm{d}}=\frac{\alpha_{\mathrm{g}}F_{\mathrm{EMMS}}}{\beta\left(\dfrac{v_{\mathrm{g}}}{\alpha_{\mathrm{g}}}-\dfrac{v_{\mathrm{p}}}{\alpha_{\mathrm{p}}}\right)} \tag{7.5}$$

式中，β 为相间曳力系数；v_g 为气相速度；α_g 为气相体积分数；v_p 为液相速度；α_p 为液相体积分数；F_{EMMS} 为采用 EMMS 方法施加在单位体积上的曳力；$(v_g/\alpha_g)-(v_p/\alpha_p)$ 为相间滑移速度，H_d 小于 1。

与传统的曳力模型相比，EMMS 曳力模型可以提高循环流化床锅炉内气固流动的模拟精度，尤其是在工业尺度的循环流化床锅炉中[201,202]。但是，在全回路循环流化床锅炉中存在不同的流型，如提升管中的湍流、立管中的塞状流和返料器中的泡状流。EMMS 曳力模型以及其他的曳力模型均不能涵盖所有的流型。为了避免将复杂系统预分离为不同的反应区，使得每个反应区具有单一且简单的流型，最初提出的用于气固快速流化的 EMMS 曳力模型被扩展为基于 EMMS 的通用模型。这种通用模型包含用于鼓泡流化以及轴向和径向两个方向的 EMMS 模型，因而能够对整个气固流化区域进行统一建模，并对气固流动中的轴向和径向不均匀性进行理论计算。但是，其对工业过程中的复杂流体动力学的应用灵活性方面仍需进一步提高[203]。因此，需要充分理解气固相间的相互作用机制，开发合适的曳力模型来描述循环流化床锅炉系统中的各种流动形态。

7.1.3 湍流模型

除相间曳力模型外，开发有效的循环流化床模拟框架的另一个重要方面是对流体湍流的适当预测。众所周知，由于主要设备部件(如旋风分离器)的复杂性，以及整个系统中同时存在丰富的流态化状态，三维全回路循环流化床中的湍流效应比循环流化床某部件中的湍流效应要复杂得多[204]。

在循环流化床系统中，气相和固相共存。颗粒的存在改变了气体湍流能量传递机制的性质和结构[205]，这意味着与单一气相湍流相比，固相可以增强或减弱气体湍流强度/色散[206]。根据 Crowe 等[206]的观点，影响颗粒引起的湍流修正的关键因素有五个：表面效应、载荷效应、惯性效应、响应效应和相互作用效应，但湍流修正的机制或颗粒对气相湍流的影响尚不清楚。因此，不存在通用模型，湍流修正的数值模型仍在开发中。

数值模拟循环流化床气固两相流动的大多数方法中，气相通常由平均 N-S 方程来求解。基于雷诺平均的湍流模型是数值建模中用于替代时间平均 N-S 方程的另一种方法。这种方法采用空间平均理论(体积平均理论)，意味着小于网格尺度的湍流结构将被忽略[207]。最近，关于循环流化床锅炉中有限流型的湍流模型改进的报道很少[208,209]。在公开的报道中，对各种气固流态的湍流模型进行综合评估的报道也很少。Li 等[210]探索了全循环中尺度气粒流化粗网格模拟中流体湍流模型的最佳选择，并发现 RNG k-ε 和剪切应力传输(shear stress transport，SST) k-ω(湍流动能-比耗散率)模型在各种流型下表现出总体上优越的预测性能。

Berrouk[205]提到，在流态化系统的大多数数值模拟研究中，均未考虑湍流对平均气流和颗粒输运的影响。这种忽视是合理的，因为流态化系统中使用的颗粒大小和密度通常会导致颗粒悬浮，对湍流不敏感。Berrouk[205]还得出结论，“对于稠密区域，四向耦合很强(高碰撞频率)，因此气体惯性对粒子运动的影响可以忽略不计。对于稀薄区域，需要湍流模型，可以使用单向湍流模型”。而对于中等密度区域，应发展双向湍流，因为在这种区域，双向耦合很强，但碰撞频率较低。类似地，Sundaresan[150]讨论道，在提升管中，气流处于湍流或快速流化状态，气体湍流对气流只有次要影响。因为提升管中颗粒的质量负载通常比气体的质量负载大一个或多个数量级。在旋风分离器中，颗粒体积分数较低，气固相之间的相互作用强烈，颗粒的湍流分散导致分离效率损失。因此，可能需要额外的修正模型来更好地预测复杂的流动行为。然而，很少有文献关注这个基本问题，需要在未来研究中进行解决。

7.1.4 高温后燃气固流动计算模型假设

1. 质量和动量守恒方程

为了简化分析，针对循环流化床锅炉后燃气固流动的数值模拟，做了一些假设如下：

(1)流动介质为不可压缩的牛顿流体，遵循 N-S 守恒方程。

(2)假设在炉膛出口下部炉膛某高度的横截面上提供的是均匀的流场，该横截面与炉膛出口之间要有足够的距离使流场达到充分发展。

(3)能量守恒计算中，壁面边界为绝热边界。

(4)后燃风与烟气掺混过程中不发生燃烧化学反应。

(5)为了便于区分和表达，后燃风在进入烟气中并与之掺混后，仍称为“后燃风”。

2. 湍流模型

考虑到模型中旋风分离器内部流场属于三维强旋转湍流，同时存在流体旋转和流线弯曲，且有回流现象，具有强烈的非均匀性和各向异性。realizable k-ε 双方程模型能合理地模拟出旋风分离器入口和内部的流场状况[211]，且在工业中已有较多成功应用的例子，在计算的准确性和稳定性方面经受住了实践的考验，具有较高的可行度[212]。因此，模拟计算中湍流模型采用 realizable k-ε 双方程模型。方程的具体表达形式和意义见参考文献[213]。

7.1.5 后燃风喷口设置评判准则

在统计学中，皮尔逊相关系数(Pearson correlation coefficient)又称皮尔逊积矩相关系数(Pearson product-moment correlation coefficient，简称 PPMCC 或 PCC)，用于度量两个变量 x 和 y 之间的相关性(线性相关)，其值介于–1～1。在自然科学领域中，该系数广泛应用于度量两个变量之间的相关程度[214]。

相关系数越接近 1，代表两个变量之间的相关性越强，匹配越好。

在旋风分离器出口烟道内，为了使烟气中的可燃成分得到充分燃烧，需要烟气与通过后燃风喷口喷入的气体中的氧气进行均匀掺混，但是由于烟道内烟气速度高，停留时间短，为了提高效率，需要使烟气的分布与氧气浓度的分布尽量一致，即烟气量多的地方氧气浓度高，烟气量少的地方氧气浓度低。线性相关系数可以得到烟气速度和氧气浓度两者之间的匹配度，以此来评判后燃风喷口设置的合理性和优劣性。

7.1.6 计算环境及收敛判断准则

计算环境为 HP Z820 工作站，32 核 CPU，内存 196GB，计算软件 FLUENT。所有守恒方程采用一阶或二阶迎风格式，用压力耦合方程组的半隐式方法(semi-implicit method for pressure linked equations，SIMPLE)处理压力-速度的耦合。几何模型的建立和网格划分采用 Workbench Meshing 完成，计算结果后处理采用 Workbench Results、Tecplot 软件和 MATLAB 完成。计算几何结构的均匀处采用结构化六面体网格，非均匀处采用非结构化四面体网格。网格质量采用网格纵横比、偏斜系数、正交质量系数进行评价。为了保证收敛速度，要确保所有网格的纵横比小于 100，偏斜系数小于 0.9，正交质量系数大于 0.1。另外，计算中所有守恒方程残差控制在 1×10^{-4} 范围内。经过网格无关性检测后，1∶1 全尺度结构下网格数为 300 万～400 万，一个计算工况时间为 5～7 天。

7.2 75t/h 煤泥循环流化床锅炉后燃优化配风数值计算

7.2.1 几何结构

75t/h 高温燃烧工业循环流化床锅炉具有两个旋风分离器，计算结构如图 7.3 所示。图中包括炉膛、旋风分离器、出口烟道和尾部烟道。系统坐标系原点位于炉膛底部烟气入口中心，X 轴和 Y 轴分别沿炉膛横向和纵向，Z 轴沿炉膛高度方向。为了使尾气的 NO_x 含量小于 $50mg/Nm^3$，需要后燃风与烟气能够尽可能大程度地接触和混合，增加停留时间，因此将后燃风喷口的位置设定在旋风分离器中心筒上。

7.2.2 网格划分

图 7.4 为计算模型的网格结构，对整个计算区域网格进行划分并采用分块划分的方法以提高局部网格质量。网格整体包括以四面体为主的非结构化网格和六面体的结构化网格，整个模型网格数约为 410 万。

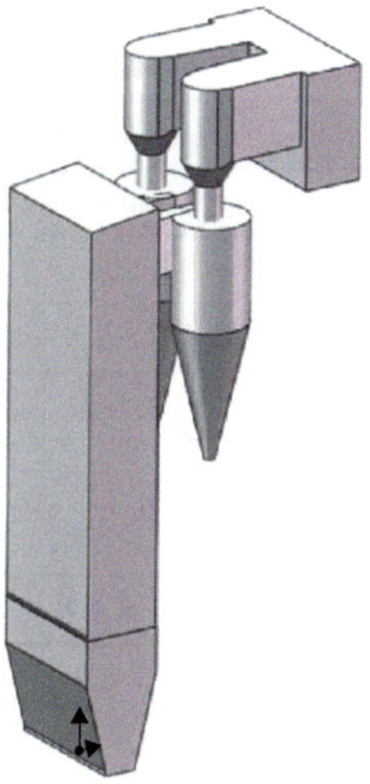

图 7.3　75t/h 循环流化床锅炉

图 7.4　75t/h 循环流化床锅炉计算网格结构

7.2.3　满负荷情况下物理模型和边界条件

计算物理模型采用湍流 realizable k-ε 双方程模型完成。

计算的边界条件如表 7.3 所示，设置如表 7.4 所示。

表 7.3　计算边界条件

条件参数		数值
当地大气压力/Pa		101325
炉膛边界条件	烟气温度/K	1193
	烟气入口流速/(m/s)	4.22
	二次风流速/(m/s)	50
	二次风口数量	两侧各 6 个
	烟气成分及含量(体积分数)	CO_2(16.3%)，N_2(72.6%)，O_2(1.1%)，H_2O(10%)
旋风分离器后燃风边界条件	后燃风总量/(m^3/s)	2.78
	后燃风温度/K	423
	分离器数量	2
	后燃风喷口数量	6/8/10
	后燃风喷口直径	根据后燃风喷口数量变化
	后燃风成分及含量(体积分数)	N_2(79%)，O_2(21%)

表 7.4　计算设置

项目名称	选取依据
温度	能量方程
湍流方程	realizable k-ε
气体成分	组分传输

续表

项目名称	选取依据
入口	速度入口
出口	outflow
压强-速度耦合	SIMPLE
梯度空间离散化	基于单元最小平方
压强空间离散化	标准型
动量空间离散化	二阶迎风
湍动能空间离散化	一阶迎风
耗散率空间离散化	一阶迎风

7.2.4 后燃优化配风数值计算结果分析

进入各旋风分离器的烟气量是均匀一致的，颗粒量有一定的偏差，但是旋风分离器中心筒出口处的灰量很小，基本可以忽略不计，而后燃风的总量一定，因此补入每个烟道内的气量相同，后燃风喷口的数量也相同，位置分布则根据不同的流线方向进行调整。

鉴于进入旋风分离器出口烟道内的灰量很少，且灰的粒径很小，基本随着烟气流动，对计算结果不会产生大的影响，因此模拟计算将不考虑颗粒相，只考虑气相。

初始后燃风喷口方案的设置见表 7.5，设定每个分离器上设置的喷口数量相同，均为 4 个。在此基础上，考虑了喷口速度、喷口角度(与水平方向的夹角)、喷口直径三个因素的影响。后燃风喷口均设置在中心筒中间位置，靠近炉膛一侧，示例见图 7.5。

表 7.5 初始后燃风喷口方案设置

参数	单位	方案 1	方案 2	方案 3	方案 4	方案 5
喷口速度	m/s	69	44	28	44	69
喷口角度(与水平方向的夹角)	(°)	30	30	30	45	45
喷口内径	mm	80	100	125	100	80
单个分离器喷口数量	个	4	4	4	4	4

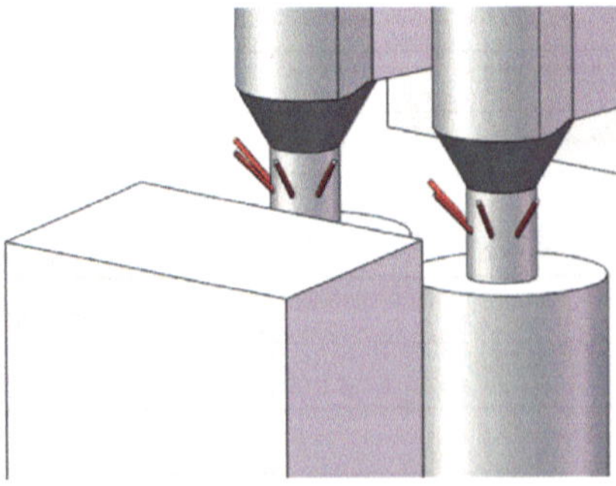

图 7.5 后燃风喷口设置位置示例(方案 5)

为了便于观测分析后燃风喷口设置的合理性，在烟道内垂直截取 5 个平面，分别为 1: X=5m, 2: X=5.8m, 3: X=6.6m, 4: X=7.2m, 5: X= 8m，位置如图 7.6 所示，然后分析中间烟道上 5 个平面的烟气速度分布云图、氧气浓度分布云图和温度分布云图。计算中没有涉及化学反应，导致氧气浓度分布和温度分布趋势相反，因此分析中温度分布将不进入后燃风喷口设置引起的效果考虑范围，相关系数只取决于烟气速度分布和氧气浓度分布两者之间的匹配程度。

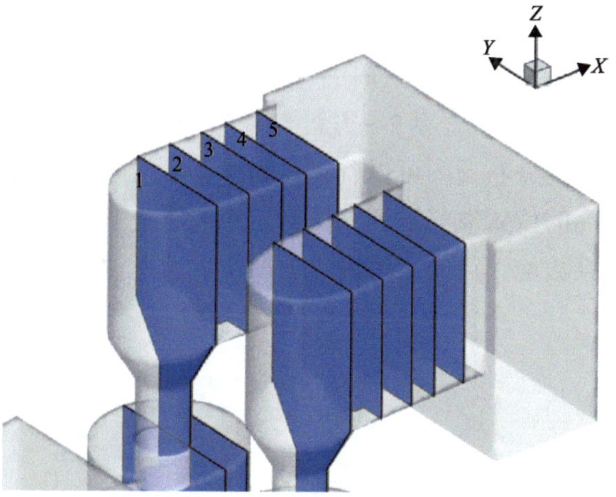

1: X=5m, 2: X=5.8m, 3: X=6.6m, 4: X=7.2m, 5: X=8m

图 7.6 烟道内平面位置

图 7.7 显示了方案 1 中 5 个平面上的烟气速度分布云图和氧气浓度分布云图。除平面 X=5m 外，其余 4 个平面上的烟气速度分布云图显示靠近左侧壁面的烟气速度高，即

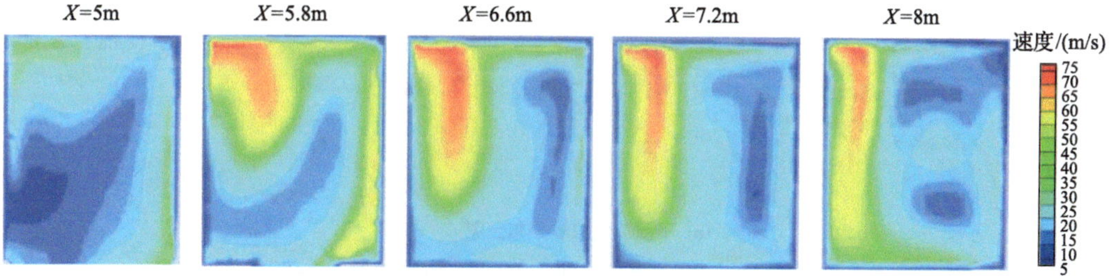

(a) 平面烟气速度分布云图

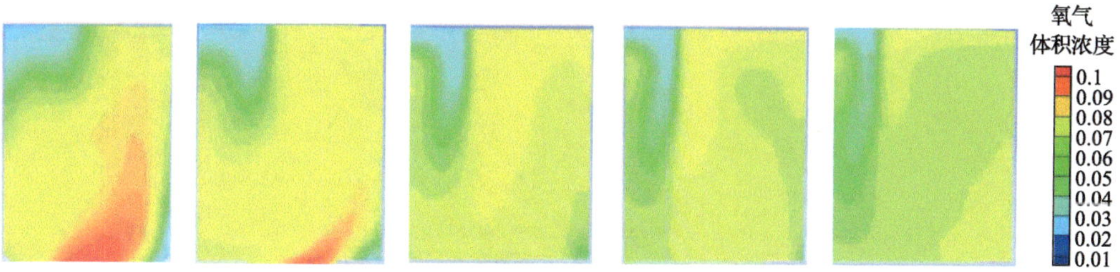

(b) 平面氧气浓度分布云图

图 7.7 方案 1 烟道内平面上的烟气速度和氧气浓度分布云图

此处单位时间内的烟气量较大。为了使后燃效果达到最佳，理想的情况是将通入的后燃风的分布与烟道内烟气速度的分布保持一致。但是此方案中氧气浓度分布云图和烟气速度分布云图显示的情况正好相反，即后燃风的分布避开了烟气速度高的位置。由此导致两者相对应的相关系数均呈现出负值，如表 7.6 所示。说明方案 1 的设置不可行。

表 7.6　方案 1 平面上烟气速度和氧气浓度的相关系数

平面	X=5m	X=5.8m	X=6.6m	X=7.2m	X=8m
r	−0.4409	−0.1971	−0.4574	−0.5034	−0.5538

图 7.8～图 7.11 分别显示了方案 2～方案 5 中 5 个平面上烟气速度分布云图和氧气浓度分布云图。由平面上的分布云图可以看出，烟气速度的分布与氧气浓度的分布有很大的偏差，即烟气速度高的位置氧气浓度偏低，而烟气速度低的位置氧气浓度偏高，由此导致两者之间的相关系数均为负值，如表 7.7 所示。由此说明初始的方案设置有偏差，需要重新进行调整。

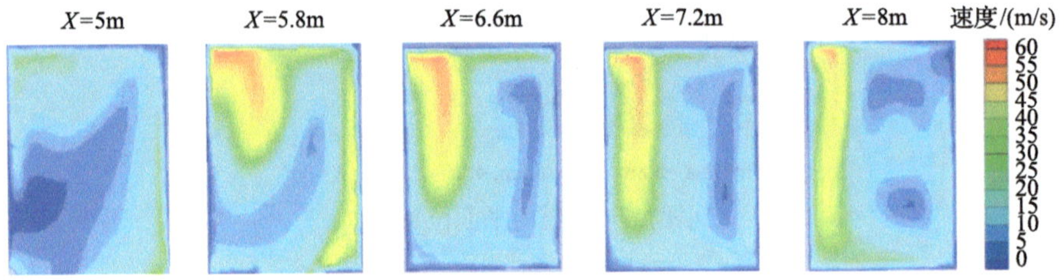

(a) 平面烟气速度分布云图

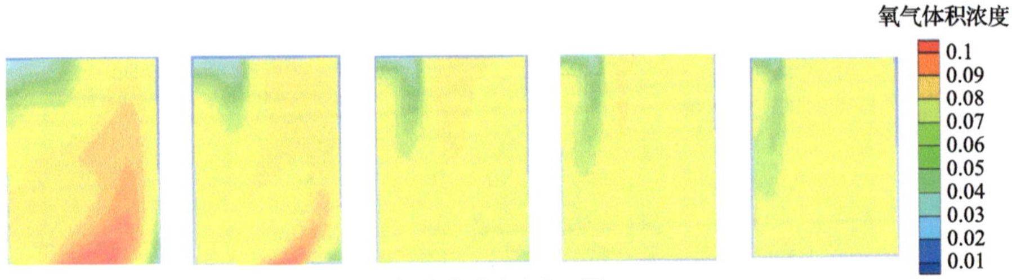

(b) 平面氧气浓度分布云图

图 7.8　方案 2 烟道内平面上的烟气速度和氧气浓度分布云图

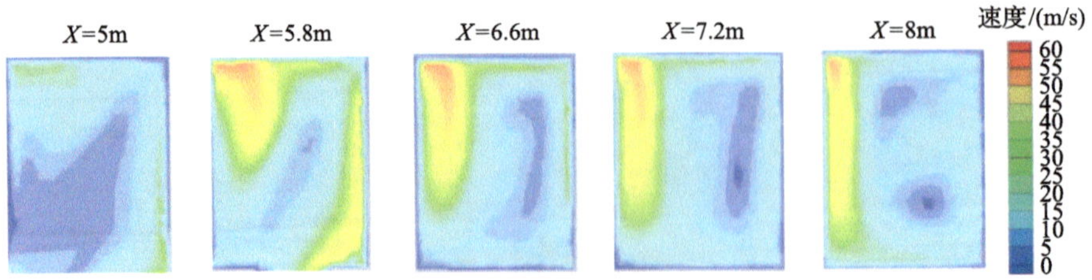

(a) 平面烟气速度分布云图

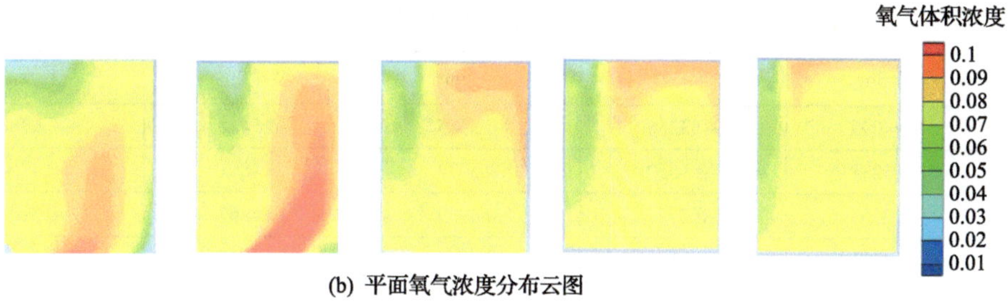

(b) 平面氧气浓度分布云图

图 7.9　方案 3 烟道内平面上的烟气速度和氧气浓度分布云图

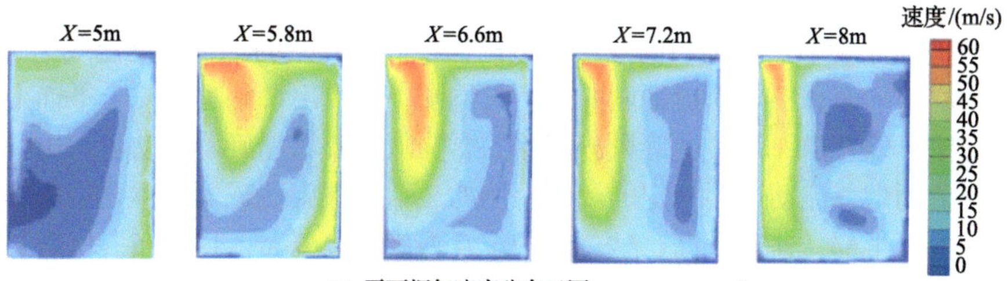

(a) 平面烟气速度分布云图

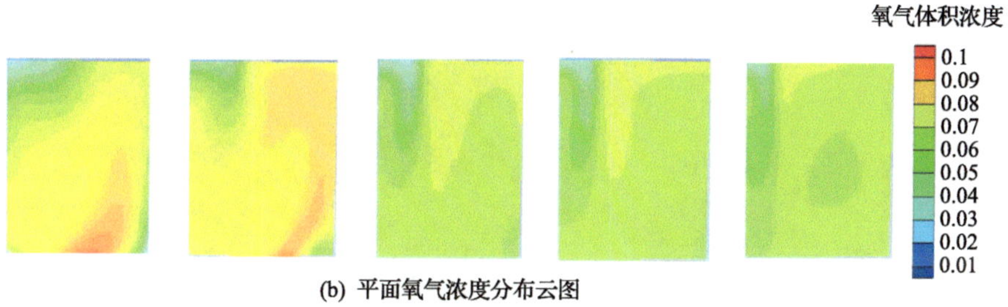

(b) 平面氧气浓度分布云图

图 7.10　方案 4 烟道内平面上的烟气速度和氧气浓度分布云图

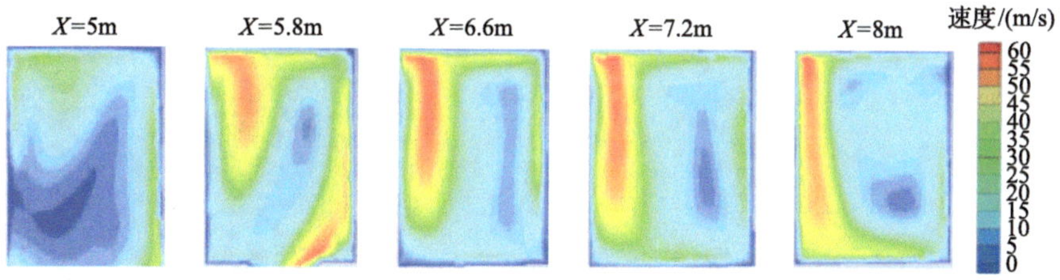

(a) 平面烟气速度分布云图

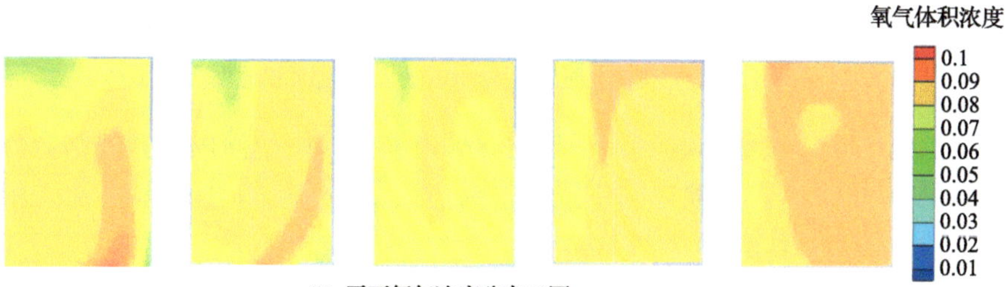

(b) 平面氧气浓度分布云图

图 7.11　方案 5 烟道内平面上的烟气速度和氧气浓度分布云图

表 7.7　方案 2～方案 5 中平面上烟气速度和氧气浓度的相关系数

方案	X=5m	X=5.8m	X=6.6m	X=7.2m	X=8m
2	−0.4095	−0.3256	−0.5545	−0.5448	−0.6368
3	−0.5238	−0.1650	−0.5077	−0.4801	−0.4964
4	−0.3553	−0.2957	−0.4999	−0.4467	−0.5148
5	−0.4521	−0.2178	−0.4755	−0.4827	−0.5648

因此，需要重新判定烟气在旋风分离器中心筒和尾部烟道内的运动规律，以此为依据调整后燃风喷口的位置。

图 7.12 显示了无后燃风喷口时从旋风分离器中心筒开始的烟气速度流线图、经过旋风分离器中心筒平面和出口烟道平面的速度矢量图，以及出口烟道内几个平面上的速度云图。从图中可以看出，烟气受旋风分离器的影响从中心筒螺旋着运动进入出口烟道，而进入烟道内的烟气流动遵循一定的规律。例如，烟气螺旋性减弱，主要集中在烟道的一侧且集中在上半部，速度较高，这一侧的位置跟旋风分离器入口的布置位置一致。因此为了使此烟道内的烟气充分燃烧，补入的后燃风中氧气浓度分布应该尽可能遵循一致的分布规律。

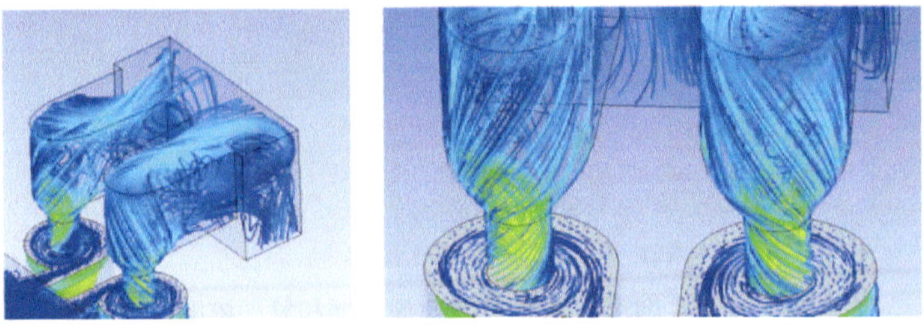

(a) 烟气速度流线图

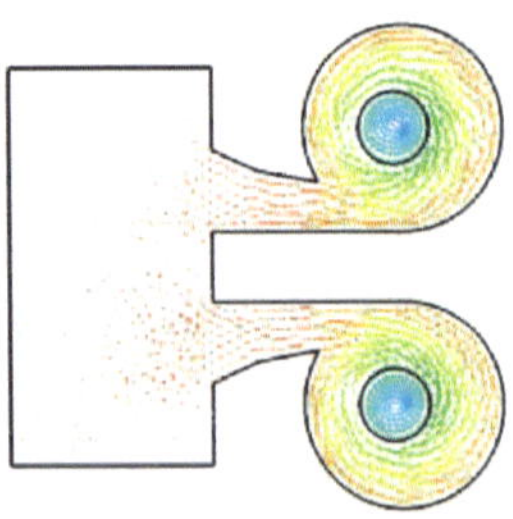

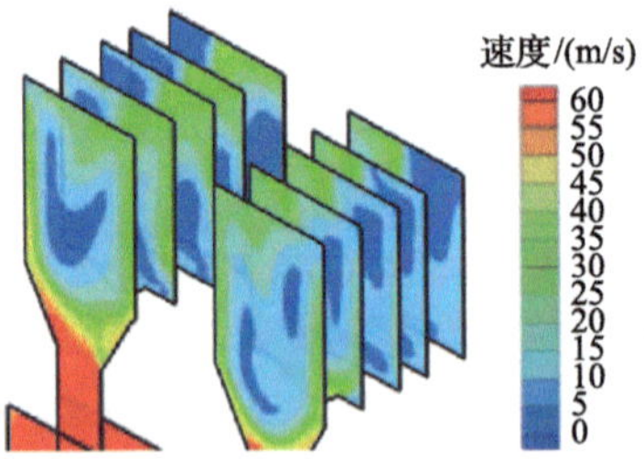

(b) 旋风分离器中心筒平面和出口烟道平面速度矢量图　　(c) 出口烟道内几个平面的速度分布云图

图 7.12　分离器出口的烟气速度流线图、速度矢量图和速度分布云图

进入尾部烟道内的大部分烟气位于与尾部烟道同侧的中心筒内，并且结合方案 1～方案 5 的结果，可以将后燃风喷口的位置调整到初始设置位置的对面，即远离炉膛一侧。布置如图 7.13 所示（方案 6）。

方案 6 中后燃风喷口的位置是方案 5 中后燃风喷口位置的对侧。通过观测中心筒内的烟气速度云图（图 7.14），发现在后燃风通入之前，两中心筒内的烟气速度呈对称分布（图 7.14(a)），而每个中心筒内的烟气速度呈“太极图”分布，因此设定将后燃风通入“太

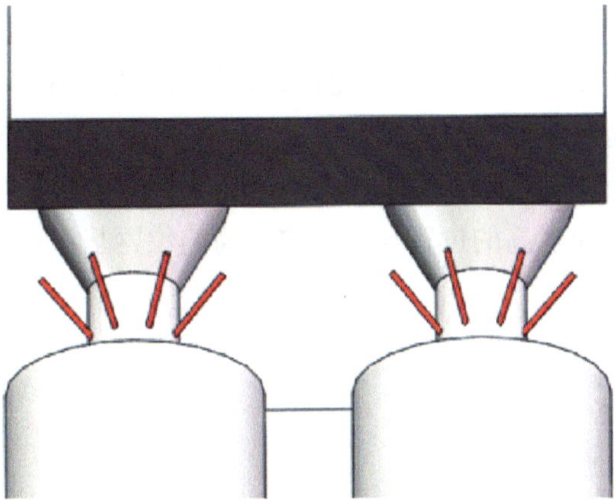

图 7.13　中心筒位置调整示例(方案 6)

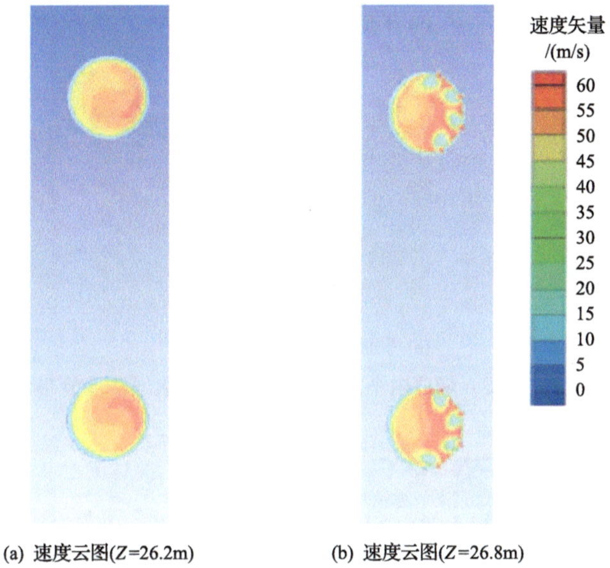

图 7.14　中心筒内速度云图

极图”中深红色的位置则增加烟气和后燃风的接触，有助于烟气和后燃风的掺混。图 7.14(b)显示了后燃风喷入速度高位置处(Z=26.8m)的速度云图。

同时，考虑到后燃风喷口与水平面夹角对后燃风分布的影响，调整后燃风喷口的夹角，见表 7.8。

表 7.8　后燃风喷口方案第一次调整(位置和夹角)设置

参数	单位	方案 6	方案 7	方案 8	方案 9
喷口速度	m/s	69	69	69	69
喷口角度(与水平方向的夹角)	(°)	45	5	0	–15
喷口内径	mm	80	80	80	80
单个分离器喷口数量	个	4	4	4	4

图 7.15～图 7.18 分别显示了方案 6～方案 9 中通入后燃风后的平面上的烟气速度和氧气浓度分布云图。表 7.9 显示了相对应的相关系数值。方案 6～方案 9 中只调整了喷口与水平方向的夹角，其余设置参数均保持不变。当夹角由 45°调整为 5°时，平面上的烟气速度云图和氧气浓度分布云图发生了较大的改变，相应的相关系数也得到了提升。继续调整角度至 0°，烟气速度高的位置与氧气浓度高的位置基本一致，得到的相关系数有

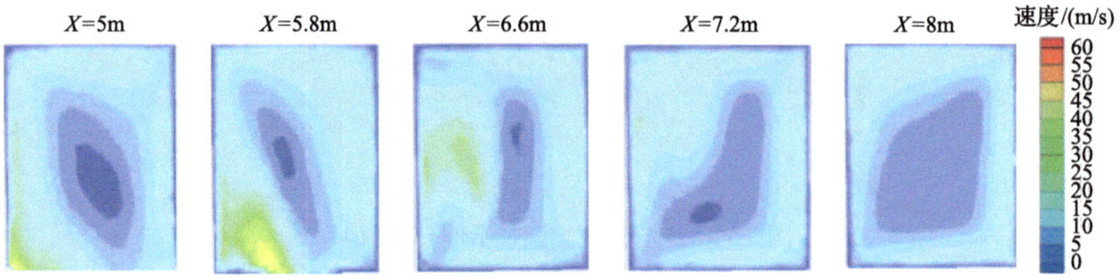

(a) 平面烟气速度分布云图

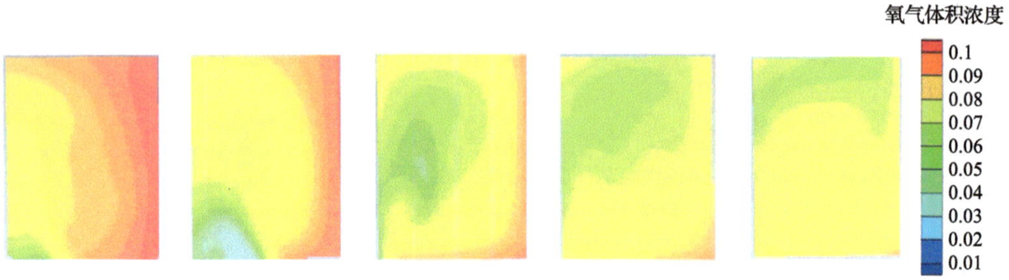

(b) 平面氧气浓度分布云图

图 7.15　方案 6 烟道内平面上的烟气速度和氧气浓度分布云图

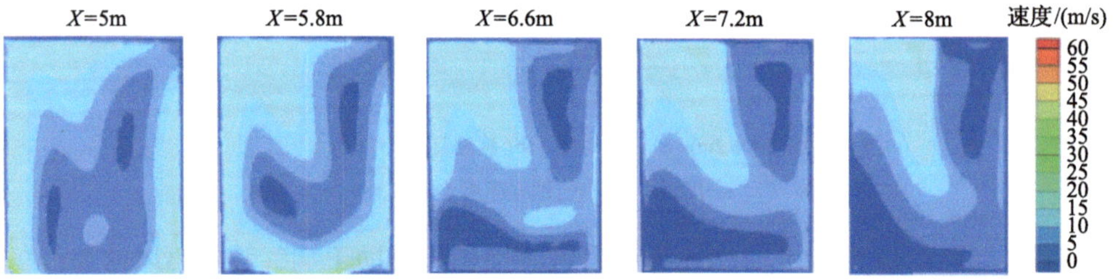

(a) 平面烟气速度分布云图

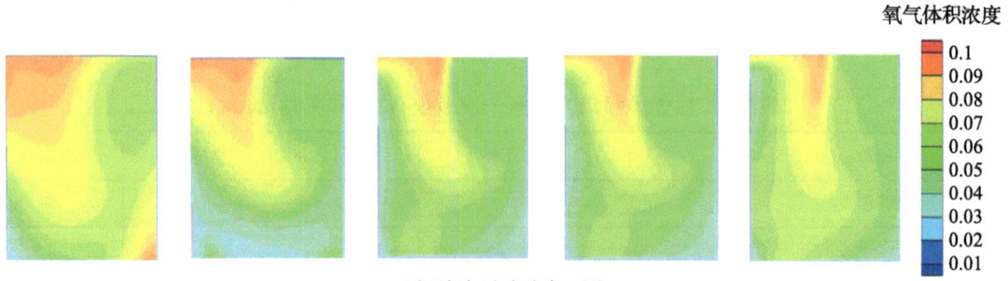

(b) 平面氧气浓度分布云图

图 7.16　方案 7 烟道内平面上的烟气速度和氧气浓度分布云图

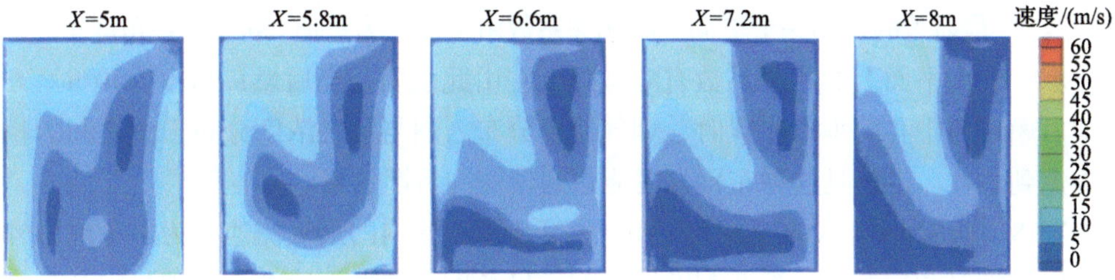

(a) 平面烟气速度分布云图

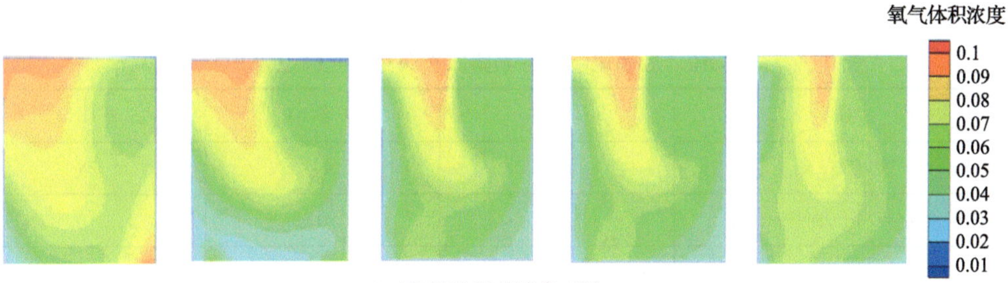

(b) 平面氧气浓度分布云图

图 7.17 方案 8 烟道内平面上的烟气速度和氧气浓度分布云图

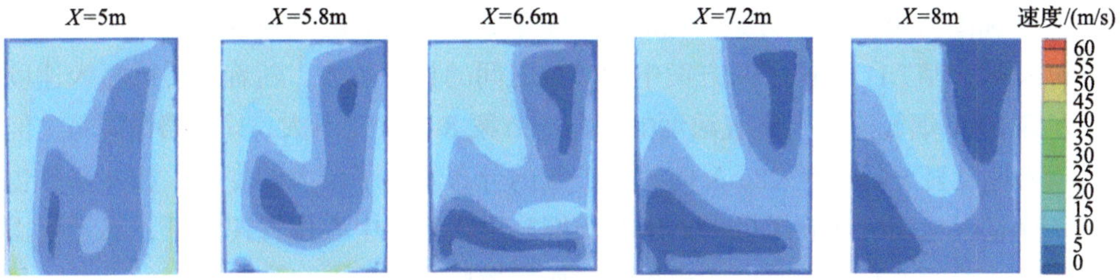

(a) 平面烟气速度分布云图

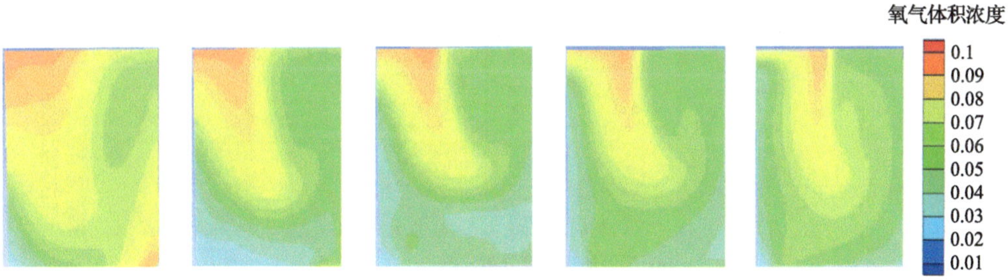

(b) 平面氧气浓度分布云图

图 7.18 方案 9 烟道内平面上的烟气速度和氧气浓度分布云图

表 7.9 方案 6～方案 9 平面上烟气速度和氧气浓度的相关系数

方案	X=5m	X=5.8m	X=6.6m	X=7.2m	X=8m
6	−0.2572	0.0593	0.5974	0.6832	0.6726
7	−0.0511	0.1373	0.6553	0.7387	0.7145
8	0.0039	0.1759	0.6632	0.7603	0.7717
9	0.000834	0.0928	0.6107	0.7098	0.6526

少量的增大，最显著的是第一个平面上的相关系数由负值变为正值。继续调整角度至–15°，结果显示，5 个平面上的相关系数有略微降低。由此说明，当后燃口角度为 0°时（方案 8），即后燃口与中心筒垂直布置时，烟气速度分布云图与氧气浓度分布云图之间的相关系数能达到最佳。也就是这种布置方案能达到较佳的后燃效果。

方案 8 中后燃风喷入的速度为 69m/s，高于中心筒内的烟气流速，为了考虑后燃风喷入速度对烟气和后燃风两者匹配度的影响，另考虑两种喷入速度：一种与中心筒内烟气速度一致（44m/s），另一种小于中心筒内烟气速度（28m/s），设置参数见表 7.10。

表 7.10　后燃风喷口方案第二次调整（速度）设置

参数	单位	方案 10	方案 11
喷口速度	m/s	44	28
喷口角度（与水平方向的夹角）	(°)	0	0
喷口内径	mm	80	80
单个分离器喷口数量	个	4	4

图 7.19 和图 7.20 显示了方案 10 和方案 11 中 5 个平面上烟气速度和后燃风中氧气浓度的分布云图。表 7.11 对比了两方案中两参数之间的相关系数。随着后燃风喷入速度的降低，方案 10 中烟气速度与氧气浓度的分布与方案 8 中改变不大，只有略微降低。但当后燃风喷入速度显著降低至 28m/s 时，两参数的分布发生了较大的变化，相关系数也变得较差。这是因为烟气从旋风分离器中心筒螺旋出来后，中心位置速度低，靠近壁面的速度高，紧挨壁面处有一定厚度的边界层，而后燃风通入后，自身有一定的动量，尽管

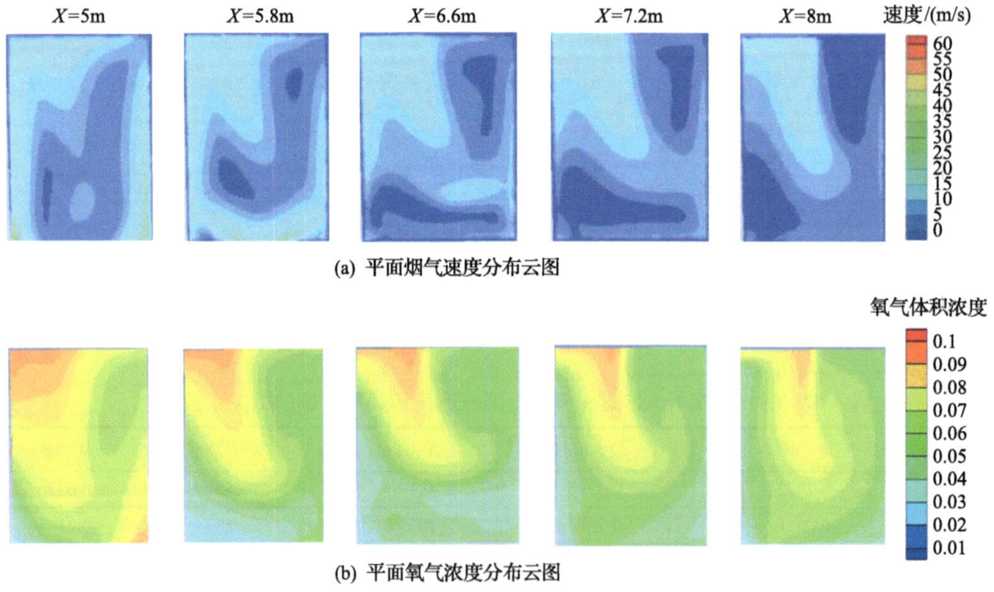

图 7.19　方案 10 烟道内平面上的烟气速度和氧气浓度分布云图

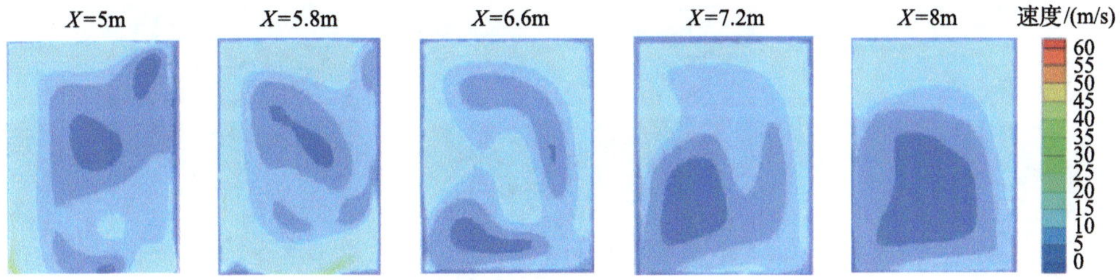

(a) 平面烟气速度分布云图

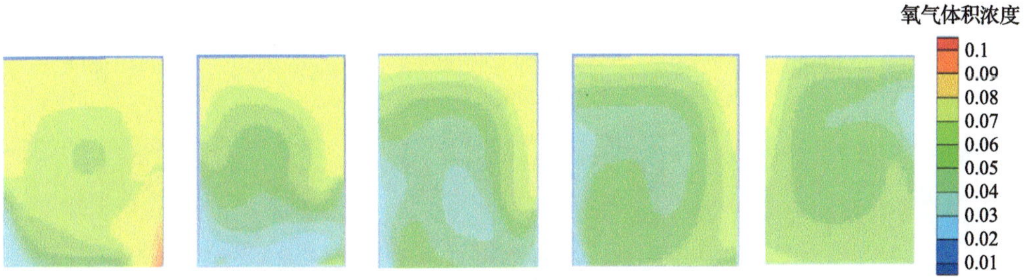

(b) 平面氧气浓度分布云图

图 7.20　方案 11 烟道内平面上的烟气速度和氧气浓度分布云图

表 7.11　方案 10 和方案 11 平面上烟气速度和氧气浓度的相关系数对比

方案	X=5m	X=5.8m	X=6.6m	X=7.2m	X=8m
10	–0.082	0.1062	0.6498	0.6944	0.6836
11	–0.3248	–0.2384	0.1515	0.2241	0.108

与烟气相比此动量很小，但是其使烟气在通入后不会立刻改变方向随着烟气运动。而后燃风方向改变的位置与喷入速度有很大的关系，如图 7.21 所示。方案 8 中，后燃风进入中心筒后继续前行的长度大于 0.05m；方案 10 中，后燃风进入中心筒后继续前行的长度介于 0.03～0.05m；而方案 11 中，后燃风进入中心筒后继续前行的长度趋于 0.025m。图 7.21 中中心筒内速度云图显示中心筒内具有一定厚度的边界层，因此后燃风通入后，需要前行一定距离穿透边界层厚度，然后改变方向随烟气轨迹运动。因此，后燃风需要足够的动量通过边界层，这就要求后燃风的速度达到一定的数值以便到达烟气的高速度区域。

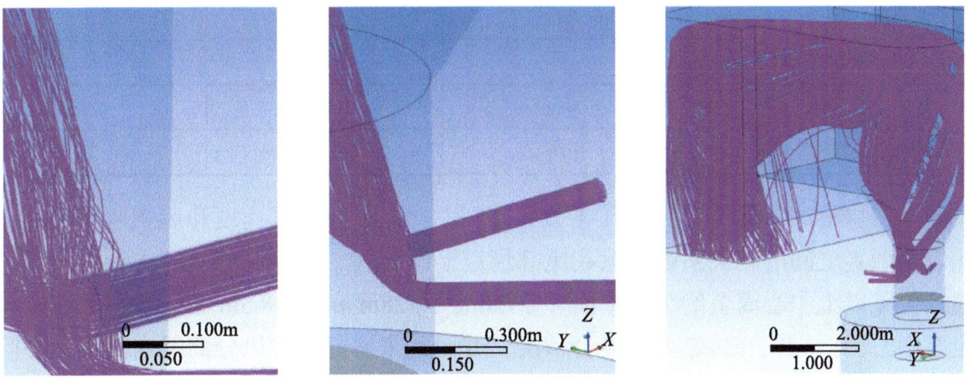

(a) 方案8

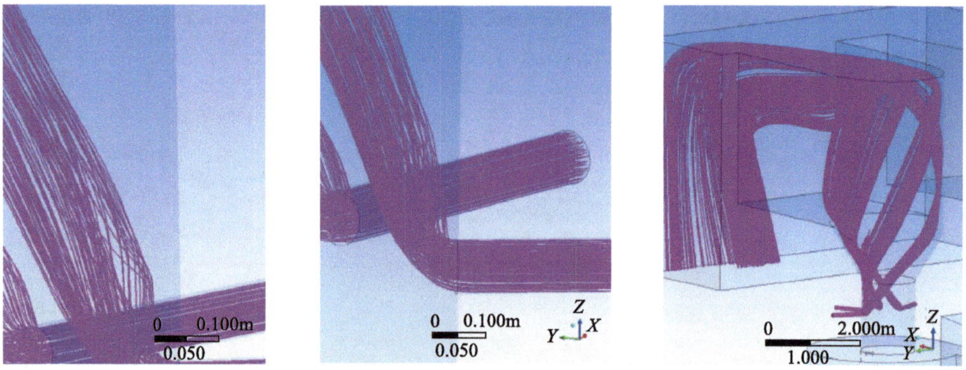

(b) 方案10

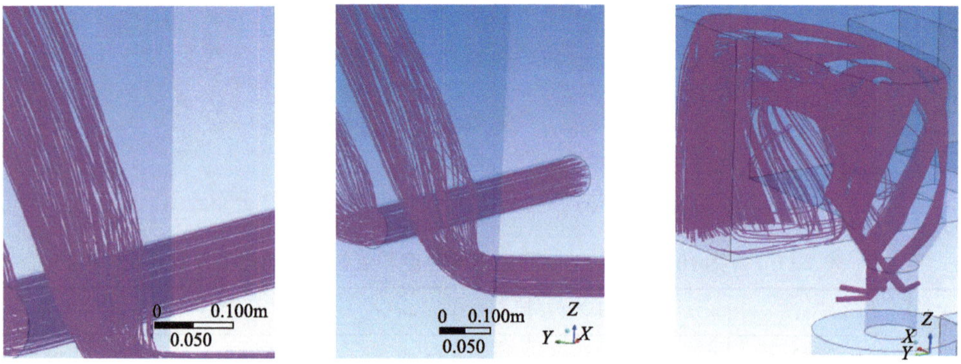

(c) 方案11

图 7.21　方案 8、方案 10、方案 11 后燃风喷入中心筒后前行的轨迹

通过后燃风喷口角度和速度的两次调整，已经基本明确了后燃风喷口的一些参数设置条件，但是上述都是基于每个中心筒上布置 4 个后燃风喷口的设置，因此需要调整后燃风喷口数量来确定其影响。

表 7.12 列出了两种不同喷口数量的设置。

表 7.12　后燃风喷口方案第三次调整(喷口数量)设置

参数	单位	方案 12	方案 13
喷口速度	m/s	69	69
喷口角度(与水平方向的夹角)	(°)	0	0
喷口内径	mm	130.8	101.3
单个分离器喷口数量	个	3	5

图 7.22、图 7.23 及表 7.13 对比了方案 12 和方案 13 中烟气速度和后燃风氧气含量的云图以及两者之间的相关系数。除在尾部烟道上设置的 5 个平面外，表中还列出了后燃风喷入位置以上中心筒上的 3 个平面 Z=27.3m、Z=28m 和 Z=28.5m 的相关参数，以此来确定在中心筒内烟气和后燃风的混合情况，并由此来研究在旋风分离器内部的中心筒上通入后燃风的合理性和可能性。

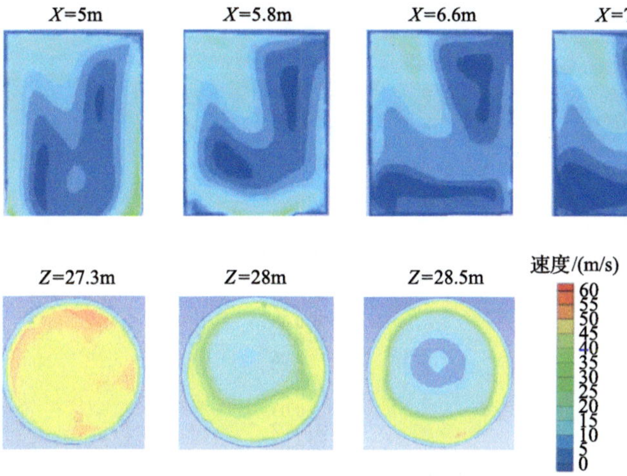

(a) 平面烟气速度分布云图

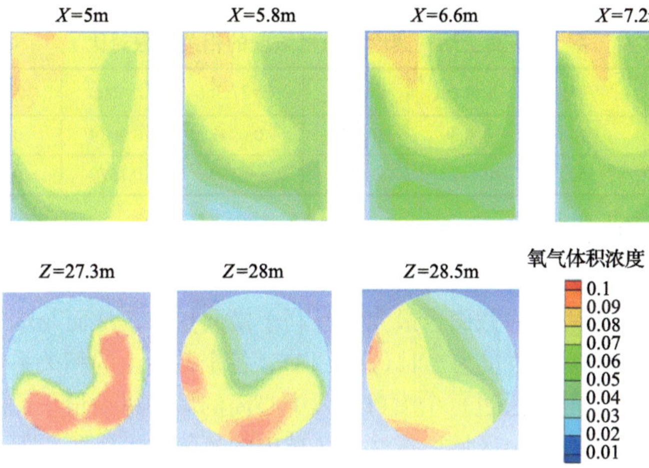

(b) 平面氧气浓度分布云图

图 7.22　方案 12 烟气速度和氧气浓度分布云图

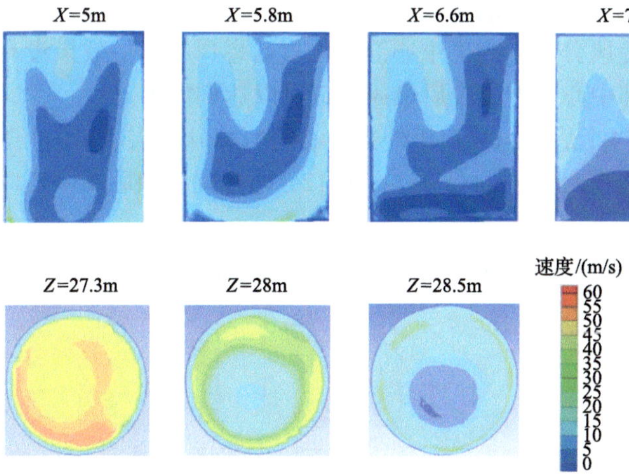

(a) 平面烟气速度分布云图

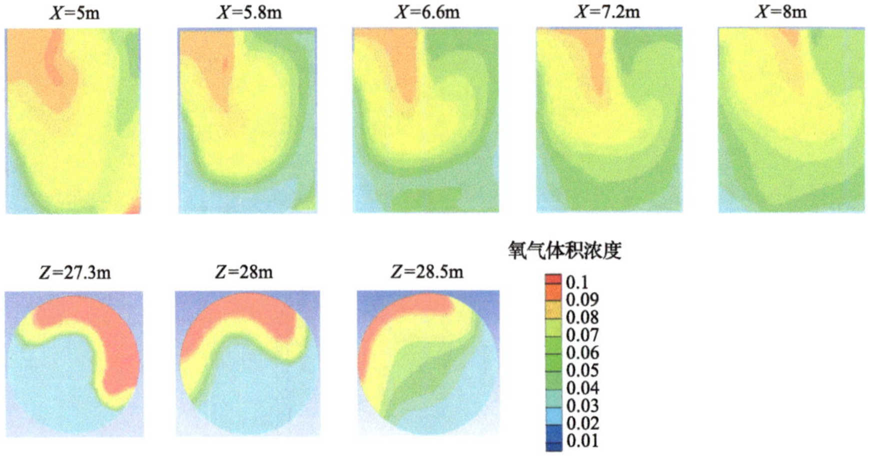

(b) 平面氧气浓度分布云图

图 7.23 方案 13 烟道内和中心筒平面上的烟气速度和氧气浓度分布

表 7.13 方案 12 和方案 13 平面上烟气速度和氧气浓度的相关系数对比

方案	X=5m	X=5.8m	X=6.6m	X=7.2m	X=8m	Z=27.3m	Z=28m	Z=28.5m
12	0.0129	0.219	0.7148	0.8039	0.8071	0.0947	0.3039	0.2357
13	–0.1682	–0.0484	0.5522	0.6477	0.6341	–0.194	0.1579	0.1852

结果显示，当每个中心筒上后燃风喷口数量为 3 时(方案 12)，各个截面上的相关系数达到最大。可能是由于当喷口数量为 3 时，通过每个喷口进入中心筒的后燃风动量最大，同时由于喷口内径最大，喷入的横截面也最大，有利于横向扩散，从而与烟气的接触更多。当每个中心筒上后燃风喷口数量为 5 时(方案 13)，各个截面上的相关系数相对较小。这是由于当喷口数量为 5 时，通过每个喷口进入中心筒的后燃风动量小，同时喷口截面减小，喷入后燃风都集中在一个区域，虽然此区域内的氧气浓度较高，但是范围小，导致烟气速度和氧气浓度之间的相关系数较小。

相较于别的方案，方案 12 和方案 13 中后燃风喷口上部中心筒截面上的相关系数相对比较小，是因为中心筒内部风速高，动量大，后燃风进入后不利于扩散，主要集中在某一特定区域内。因此，在旋风分离器内部中心筒上设置后燃风喷口的效果没有特别明显，且考虑施工原因，在外部中心筒上设置后燃风喷口可以达到需求。

综合考虑，方案 8，即布置 4 个后燃风喷口于外部中心筒 1/2 高度处，喷口内径 80mm，每个喷口之间夹角 45°(具体设置见图 7.24(a))；方案 12，即布置 3 个后燃风喷口于外部

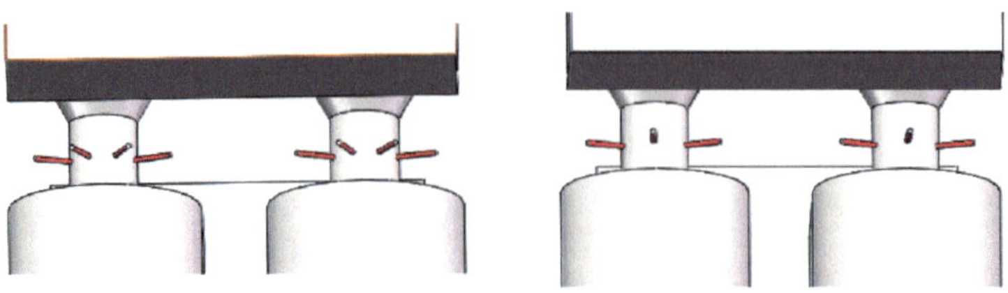

(a) 方案8后燃风喷口设置　　(b) 方案12后燃风喷口设置

图 7.24 优化的两种后燃风喷口设置

中心筒 1/2 高度处，喷口内径 131mm，每个喷口之间夹角 45°(具体设置见图 7.24(b))。两者的后燃风喷口设置能够提供较好的后燃效果。

7.2.5 小结

运用 FLUENT 软件对全尺度、包含炉膛、旋风分离器、旋风分离器出口烟道、尾部烟道的 75t/h 循环流化床锅炉进行气固流动的冷态数值模拟仿真，设计优化出口烟道后燃风喷口的布置方案，可以得出以下结论。

(1) 1∶1 尺度结构不同位置的旋风分离器入口段气相流量分配均匀。

(2) 旋风分离器出口烟道内颗粒灰量很小，可以忽略不计，数值计算只考虑气相。

(3) 烟道内烟气速度分布和后燃风的氧气浓度分布应该尽量保持一致，混合燃烧的概率较大；并且应该保证烟道前段的烟气速度和氧气浓度分布的相关系数尽量大，可使前段燃烧释放的热量有助于后段燃烧的发生。

(4) 后燃风喷口的设置需要综合考虑实际的工程环境、工艺等因素。

(5) 在满负荷情况下，后燃风喷口数量为 4，之间夹角为 45°，布置于外部中心筒 1/2 高度处，喷口内径 80mm 的方案 8 和后燃风喷口数量为 3，之间夹角 45°，布置于外部中心筒 1/2 高度处，喷口内径 131mm 的方案 12 均能够提供较好的烟气和后燃风的掺混效果。

7.3 450t/h 循环流化床锅炉后燃优化配风数值计算

7.3.1 几何结构

450t/h 高温燃烧工业循环流化床锅炉，具有两个旋风分离器。计算结构如图 7.25 所示，包括炉膛、旋风分离器、出口烟道和尾部烟道。坐标系原点位于炉膛底部烟气入口中心，X 轴和 Y 轴沿炉膛横向，Z 轴沿炉膛高度方向。

7.3.2 网格划分

图 7.26 为计算模型的网格结构，对于整个计算区域网格划分采用分块划分的方法以提高局部网格质量。网格整体包括以四面体为主的非结构化网格以及六面体的结构化网格，整个模型网格数约为 520 万。

7.3.3 满负荷情况下物理模型和边界条件

计算物理模型采用湍流 realizable k-ε 双方程模型完成。

计算的边界条件如表 7.14 所示，计算设置如表 7.4 所示。

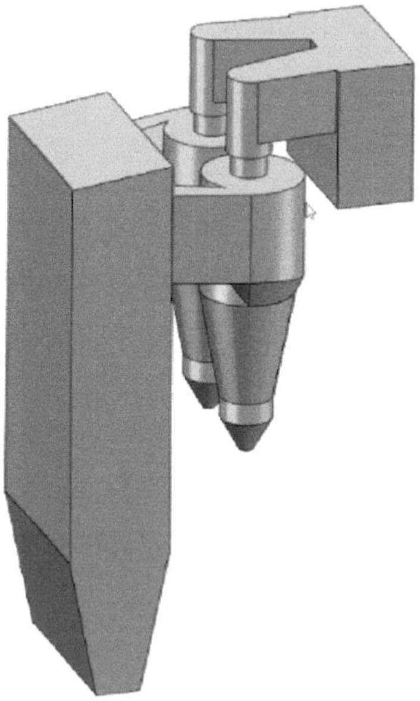

图 7.25　450t/h 循环流化床锅炉

图 7.26　网格结构

表 7.14　计算边界条件

条件参数		数值
当地大气压力/Pa		101325
炉膛边界条件	烟气温度/K	1158
	烟气入口流速/(m/s)	4.38
	二次风流速/(m/s)	50
	二次风口数量	两侧各 11 个(每侧两层，上 6 下 5)
	烟气成分及含量(体积分数)	CO_2(24.6%)，N_2(63.3%)，O_2(2.8%)，H_2O(10%)
旋风分离器后燃风边界条件	后燃风总量/(m^3/s)	13.94
	后燃风温度/K	463
	分离器数量	2
	后燃风喷口数量	4/6
	后燃风喷口直径	根据后燃风喷口数量变化
	后燃风成分及含量(体积分数)	N_2(79%)，O_2(21%)

7.3.4　后燃优化配风数值计算结果分析

1. 无后燃风喷口的烟气轨迹

图 7.27 显示了无后燃风喷口时在计算工况下的烟气轨迹线。可以看出，烟气受旋风分离器的影响从中心筒螺旋着运动进入出口烟道，进入烟道内的烟气螺旋性减弱，主要集中在烟道的一侧且集中在上半部，速度较高。图 7.28 显示了锅炉中心筒和出口烟道内

的速度平面，比较直观地表达了速度的不均匀性。中心筒内气体流速较高，平面呈现中心低边壁高的特点。出口烟道内高速度烟气偏向于旋风分离器入口的一侧。因此，为了使烟道内的烟气充分燃烧，后燃风中氧气浓度应该尽可能遵循一致的分布，即烟气速度高的地方氧气浓度高，烟气速度低的地方氧气浓度低。另外，为了提供充足的反应时间，建议将后燃风喷口设置在越前端越好。

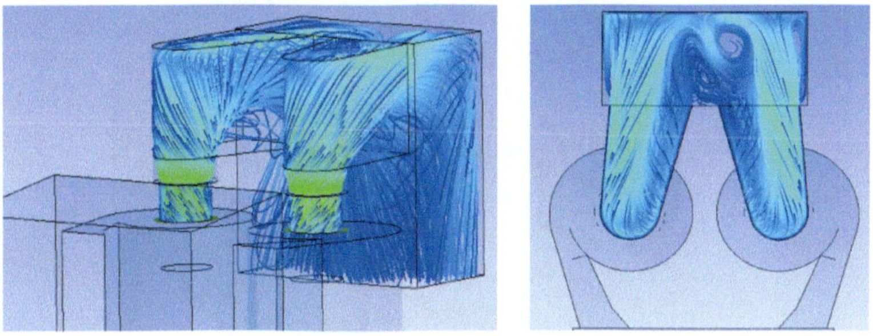

图 7.27 无后燃风喷口锅炉烟气轨迹线

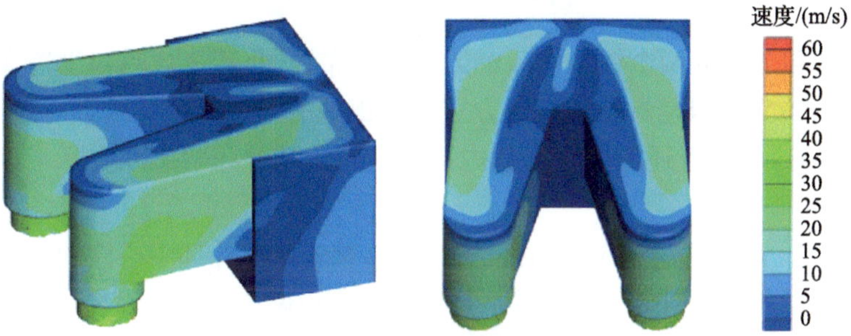

(a) 中心筒和尾部烟道内速度分布

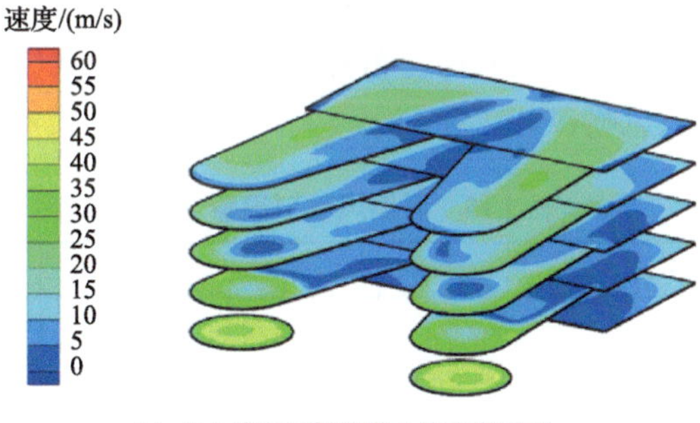

(b) 中心筒和尾部烟道内的速度平面

图 7.28 无后燃风喷口锅炉中心筒和出口烟道内的烟气速度

2. 后燃风喷口的位置设置

为了使尾气的 NO_x 含量小于 $50mg/Nm^3$，需要后燃风与烟气能够尽可能大程度地接触和混合。根据上述的结论，将后燃风喷口的位置设定在旋风分离器中心筒的中间位置或者中心筒顶部的扩径位置处。

为了便于观测分析后燃风喷口设置的合理性，在烟道内垂直截取 5 个平面，分别为

1: Y=10.5m, 2: Y=12m, 3: Y=13.5m, 4: Y=15m, 5: Y= 16.3m，如图 7.29 所示。通过分析中间烟道上 5 个平面的烟气速度分布云图和氧气浓度分布云图，计算两者之间的相关系数。

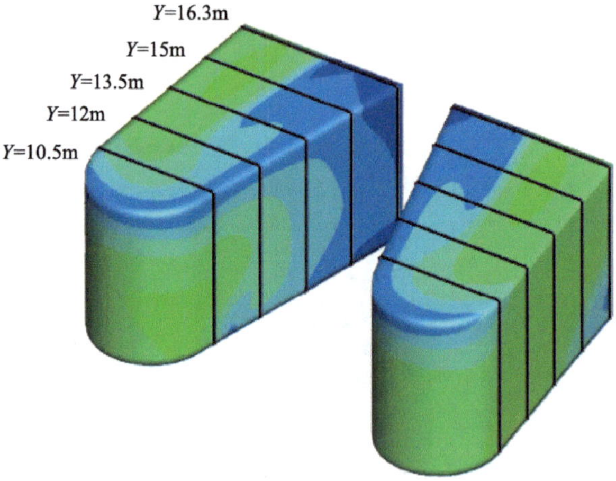

图 7.29　烟道内平面位置

根据 75t/h 和 160t/h 两个锅炉上后燃风喷口的布置，将后燃风喷口设置在中心筒上能获得较佳的后燃效果，但是具体的布置方式还与锅炉的结构尺度等因素有关。因此 450t/h 锅炉上后燃风喷口的布置还需要根据其内部的气固流动分布状态和实际工程条件进行具体的分析。

表 7.15 汇总了所有后燃风喷口的设置情况。首先，在外部中心筒的底部沿圆周分别均匀布置 6 个（方案 1）或 4 个（方案 2）后燃风喷口，后燃风喷口的直径、速度和喷口之间的夹角根据后燃风喷口的数量做相应的调整。另外，根据中心筒中烟气的分布在烟气速度高的半圆上设置 6 个后燃风喷口（方案 3 和方案 4）。最后，经过对上述结果的分析，在中心筒扩径段的底部沿圆周区域均匀布置 6 个后燃风喷口（方案 5），沿烟气速度高的半圆区域布置 6 个后燃风喷口（方案 6）。

表 7.15　后燃风喷口设置情况汇总

方案	后燃风喷口数量	后燃风速度/(m/s)	后燃风喷口之间角度/(°)	示意图
1	6	30.55	60	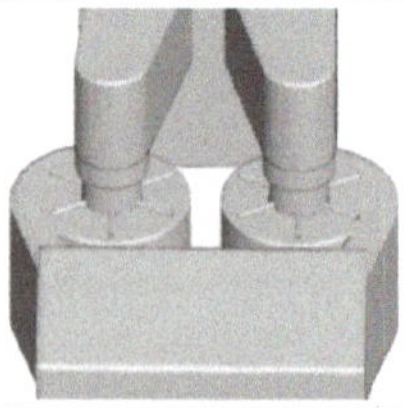
2	4	45.83	90	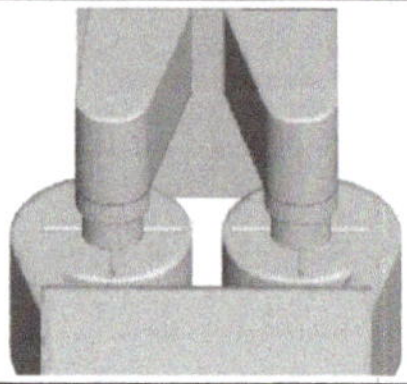

续表

方案	后燃风喷口数量	后燃风速度/(m/s)	后燃风喷口之间角度/(°)	示意图
3	6	30.55	36	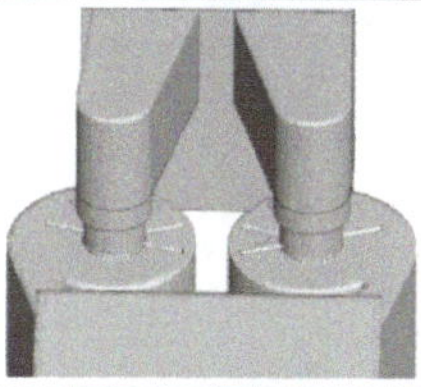
4	6	45.88	36	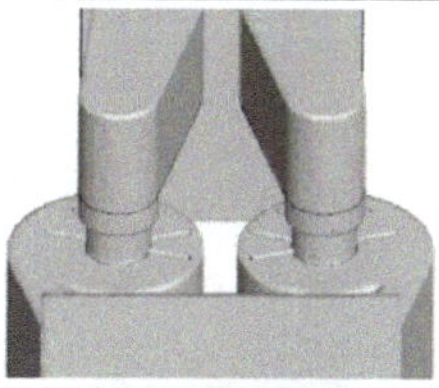
5	6	30.55	60	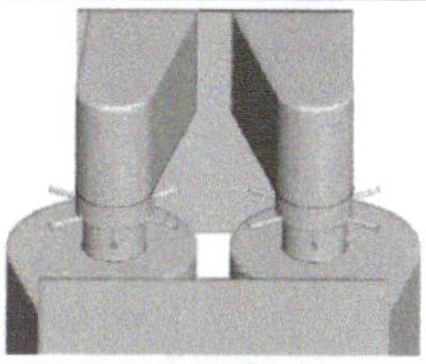
6	6	30.55	36	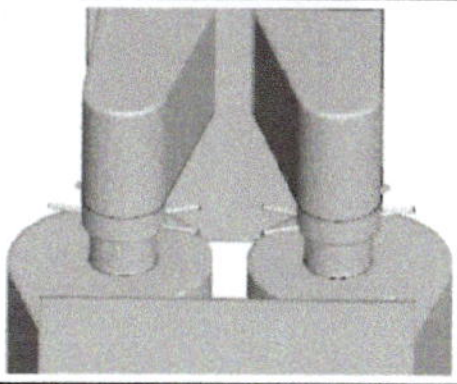

图7.30和图7.31对比了方案1和方案2中烟道内各平面上的烟气速度和氧气浓度的分布云图以及对应的相关系数。两种不同的布置方式导致平面上的氧气浓度分布有较大

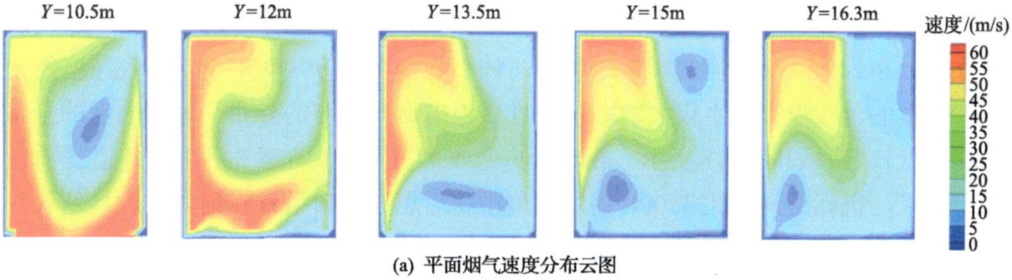

(a) 平面烟气速度分布云图

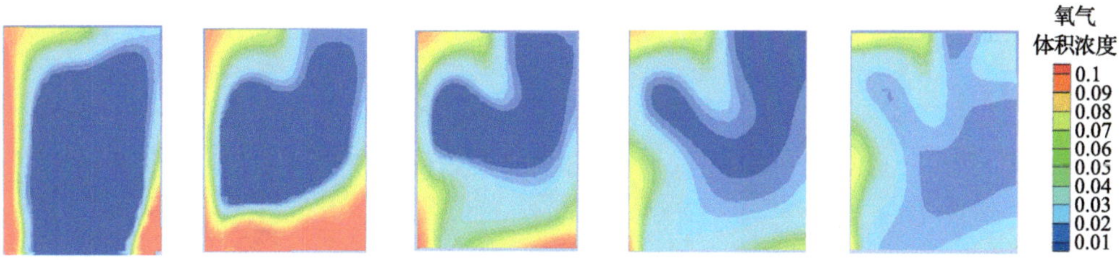

(b) 平面氧气浓度分布云图

图7.30　方案1烟道内平面上的烟气速度和氧气浓度分布云图

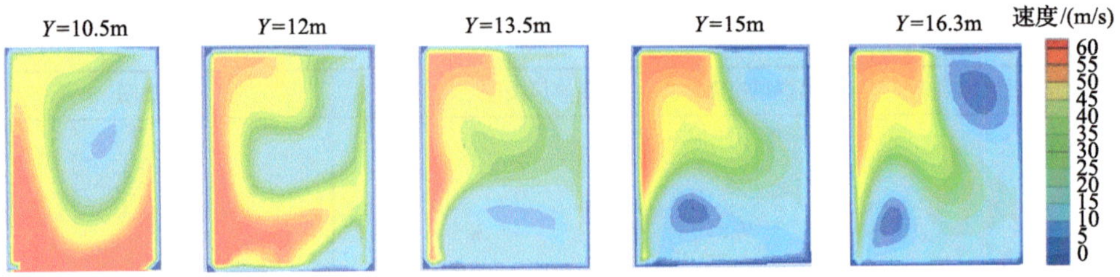

(a) 平面烟气速度分布云图

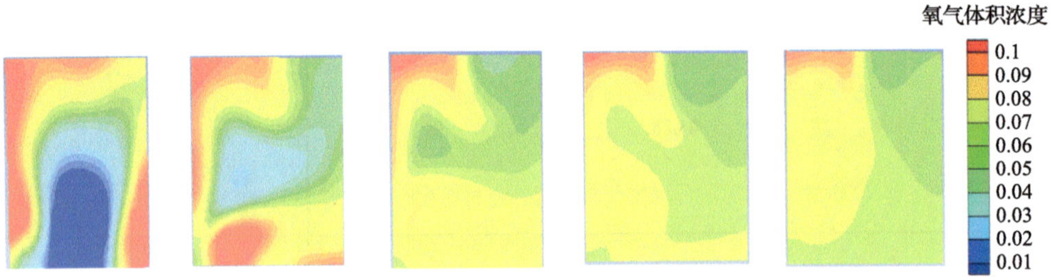

(b) 平面氧气浓度分布云图

图 7.31　方案 2 烟道内平面上的烟气速度和氧气浓度分布云图

的差异。方案 1 中氧气浓度主要集中在平面的边壁区域且浓度较高。方案 2 中氧气浓度分布扩散得均匀一些，与烟气速度的匹配度稍微提高一些，即相关系数高一些，如表 7.16 所示。这两种方案中，4 个后燃风喷口的设置提供了较优的后燃效果。

表 7.16　方案 1 和 2 中平面上烟气速度和氧气浓度的相关系数对比

方案	Y=10.5m	Y=12m	Y=13.5m	Y=15m	Y=16.3m
1	−0.0323	−0.0124	−0.1953	0.0261	0.1231
2	−0.1747	0.2129	0.1219	0.3426	0.4851

图 7.32、图 7.33 和表 7.17 对比了方案 3 和方案 4 中烟道内各平面上的烟气速度和氧气浓度的分布云图以及对应的相关系数。两种不同的布置方式对烟道内烟气速度的分布和氧气浓度的分布没有产生较大的影响，且烟道内烟气速度的分布与氧气浓度的分布之间的匹配度较好，如表 7.17 所示。相较于方案 1 和方案 2，方案 3 和方案 4 能提供较佳的后燃效果。也就是说，此 450t/h 锅炉结构中将后燃风喷口设置在远离炉膛且烟气速度较高的中心筒一侧，能达到较好的后燃效果。

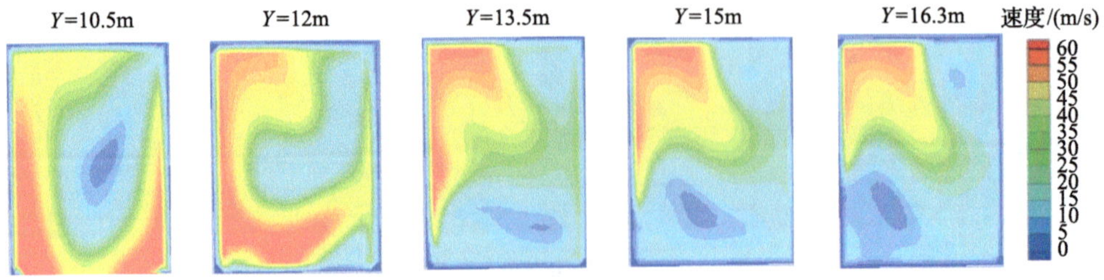

(a) 平面烟气速度分布云图

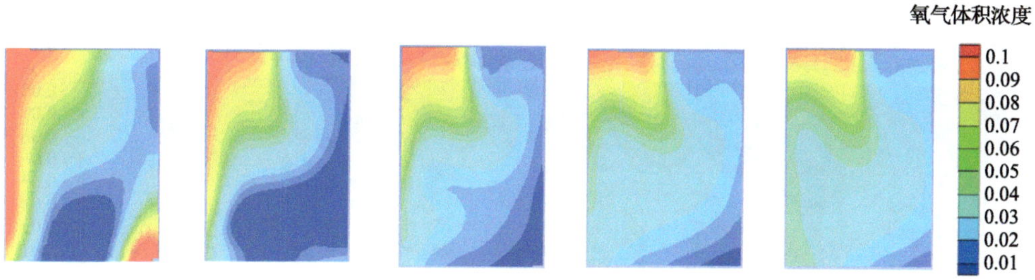

(b) 平面氧气浓度分布云图

图 7.32 方案 3 烟道内平面上的烟气速度和氧气浓度分布云图

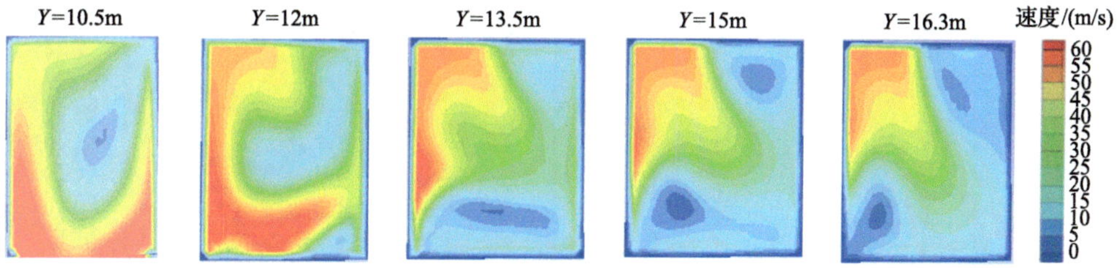

(a) 平面烟气速度分布云图

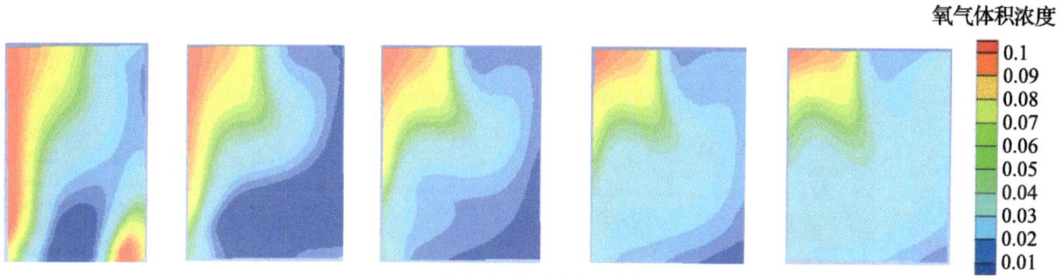

(b) 平面氧气浓度分布云图

图 7.33 方案 4 烟道内平面上的烟气速度和氧气浓度分布云图

表 7.17 方案 3 和方案 4 中平面上烟气速度和氧气浓度的相关系数对比

方案	Y=10.5m	Y=12m	Y=13.5m	Y=15m	Y=16.3m
3	0.1677	0.0737	0.5098	0.5672	0.5642
4	0.0975	0.0656	0.4977	0.5930	0.5932

图 7.34、图 7.35 和表 7.18 对比了方案 5 和方案 6 中烟道内各平面上的烟气速度和氧

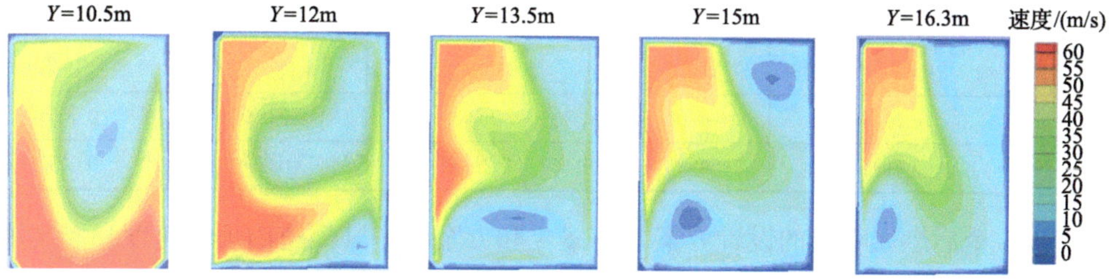

(a) 平面烟气速度分布云图

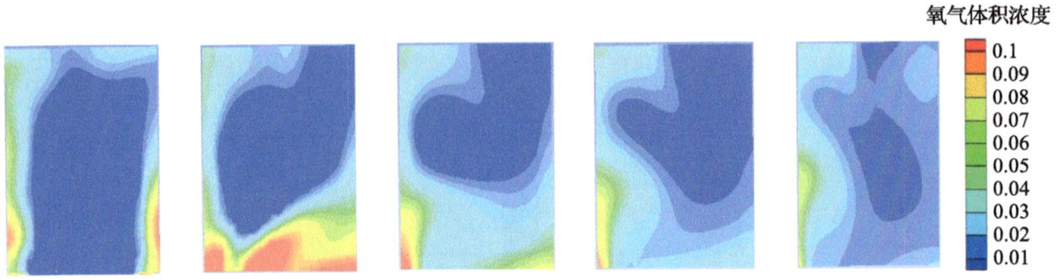

(b) 平面氧气浓度分布云图

图 7.34　方案 5 烟道内平面上的烟气速度和氧气浓度分布云图

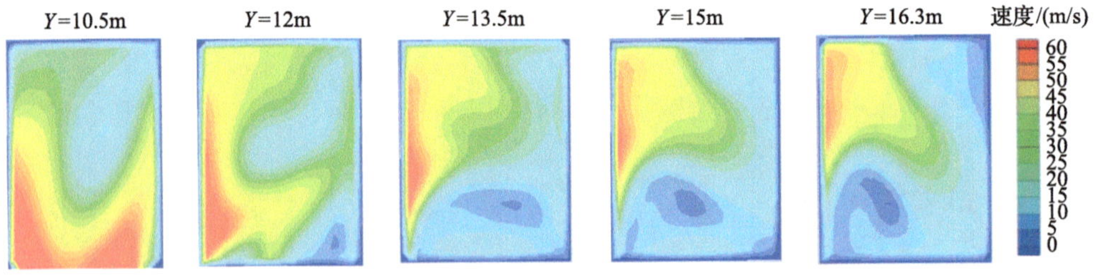

(a) 平面烟气速度分布云图

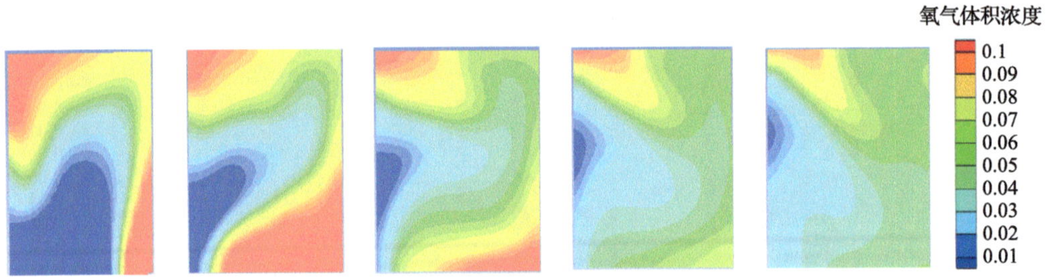

(b) 平面氧气浓度分布云图

图 7.35　方案 6 烟道内平面上的烟气速度和氧气浓度分布云图

气浓度的分布云图以及对应的相关系数。两种不同的布置方式导致平面上的氧气浓度分布有较大的差异。方案 5 中烟气速度分布与氧气浓度分布不一致。方案 6 中氧气浓度不再集中在一个区域内，而是被划分为两个部分，一部分集中在烟道顶部区域，另一部分集中在烟道底部区域。这样的结果就是这两种布置方案产生的相关系数均为负值或者接近 0，如表 7.18 所示。因此，方案 5 和方案 6 无法提供较优的后燃效果。

表 7.18　方案 5 和方案 6 中平面上烟气速度和氧气浓度的相关系数对比

方案	Y=10.5m	Y=12m	Y=13.5m	Y=15m	Y=16.3m
5	−0.2068	−0.0825	−0.2632	−0.0695	0.0061
6	−0.4190	−0.3816	−0.3342	−0.0606	0.0133

综合 6 个后燃风喷口的设置方案，方案 3 和方案 4 中其烟道内烟气速度和氧气浓度的相关系数在烟道中后段最优且接近，代表在此位置范围内两者的吻合匹配度较好。但为了有助于后段燃烧的发生，同时需要烟道前段位置的相关系数也较大。因此，方案 3

和方案 4 中，方案 3 的设置最优。

此结构中得到的后燃风喷口最佳布置方案与上述两个锅炉结构得到的后燃风喷口最佳布置方案不一致，可能是锅炉结构尺度不同造成的。此结构中，锅炉尺度较大，其内部气固流动特性会发生较大的变化，同时其旋风分离器中心筒内的气固流动特性亦会发生较大的变化，因此导致了不同的布置方案。

7.3.5 小结

运用 FLUENT 软件对全尺度、包含炉膛、旋风分离器、旋风分离器出口烟道、尾部烟道的 450t/h 循环流化床锅炉进行气固流动的冷态数值模拟仿真，设计优化出口烟道后燃风喷口的布置方案。通过上述结果可以得出以下结论。

(1) 1∶1 尺度结构不同位置的旋风分离器入口段气相流量分配均匀。

(2) 旋风分离器出口烟道内颗粒灰量很小，可以忽略不计，数值计算只考虑气相。

(3) 烟道内烟气速度分布和后燃风的氧气浓度分布应该尽量保持一致，混合燃烧的概率较大；并且应该保证烟道前段的烟气速度和氧气浓度分布的相关系数尽量大，可使前段燃烧释放的热量有助于后段燃烧的发生。

(4) 后燃风喷口布置在中心筒中间位置产生的烟气速度和氧气浓度匹配度高于布置在中心筒顶部扩径处。

(5) 在外部中心筒底部位置处，在烟气速度高的一侧均匀布置 6 个后燃风喷口能达到较佳的烟气速度和氧气浓度匹配度。

7.4 300MW 循环流化床锅炉后燃优化配风数值计算

7.4.1 几何结构

300MW 亚临界循环流化床锅炉是单炉膛锅炉，具有三个旋风分离器。图 7.36 为锅炉的计算结构，包括炉膛、旋风分离器、出口烟道和尾部烟道。坐标系原点位于炉膛底部烟气入口的中心，X 轴和 Y 轴分别沿炉膛横向和纵向，Z 轴沿炉膛高度方向。由于实际现场限制，后燃口位置被限定在旋风分离器中心筒上部的出口烟道上。

7.4.2 网格划分

图 7.37 为计算模型的网格结构，对于整个计算区域网格划分，采用分块划分的方法以提高局部网格质量。网格整体包括以四面体为主的非结构化网格以及六面体的结构化网格，整个模型网格数约为 440 万。

7.4.3 满负荷情况下物理模型和边界条件

计算物理模型采用湍流 realizable k-ε 双方程模型完成。

计算的边界条件如表 7.19 所示，设置如表 7.4 所示。

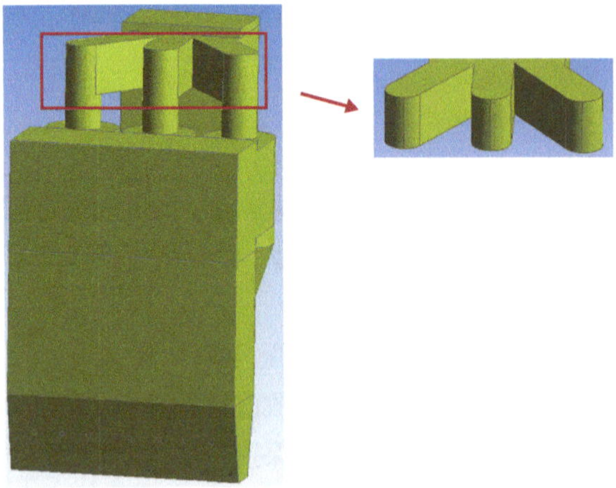

图 7.36　300MW 亚临界循环流化床锅炉

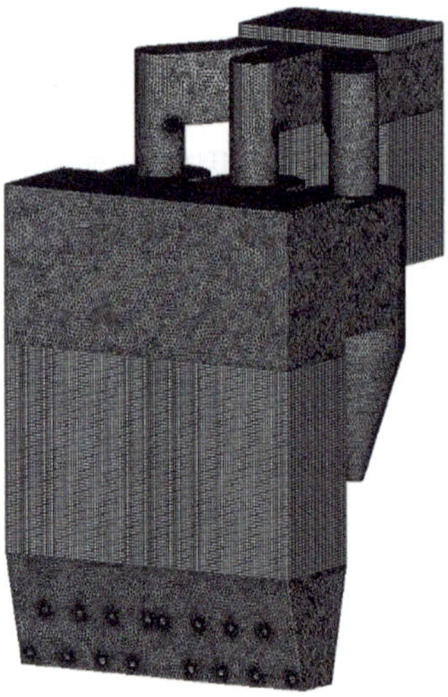

图 7.37　网格结构

表 7.19　计算边界条件

条件参数		数值
当地大气压力/Pa		88259.85
炉膛边界条件	烟气温度/K	1223
	烟气入口流速/(m/s)	5.058
	二次风流速/(m/s)	70
	二次风口数量	两侧各 16 个
	烟气成分及含量(体积分数)	CO_2(16.3%)，N_2(72.6%)，O_2(1.1%)，H_2O(10%)
旋风分离器后燃风边界条件	后燃风总量/(m^3/s)	50.7
	后燃风温度/K	473
	分离器数量	3
	后燃风喷口数量	18/12/24
	后燃风喷口直径	根据后燃风喷口数量变化
	后燃风成分及含量(体积分数)	N_2(79%)，O_2(21%)

7.4.4　满负荷情况下后燃优化配风数值计算结果分析

1. 无后燃风喷口的烟气轨迹

鉴于进入旋风分离器出口烟道内的灰量很少，灰的粒径很小，基本随着烟气流动，对计算结果不会产生大的影响，因此计算将不考虑颗粒相，只考虑气相。图 7.38 显示了没有后燃口时在计算工况下的模型压强和速度分布。由图可见，炉膛内部压强分布和速度分布均匀，锅炉中最主要的压强和速度变化发生在旋风分离器处。旋风分离器出口高速气流进入分离器出口烟道形成回流区，导致此区域压力降低，湍动能和耗散率增强，特别是旋风分离器入口和出口，脉动增强。

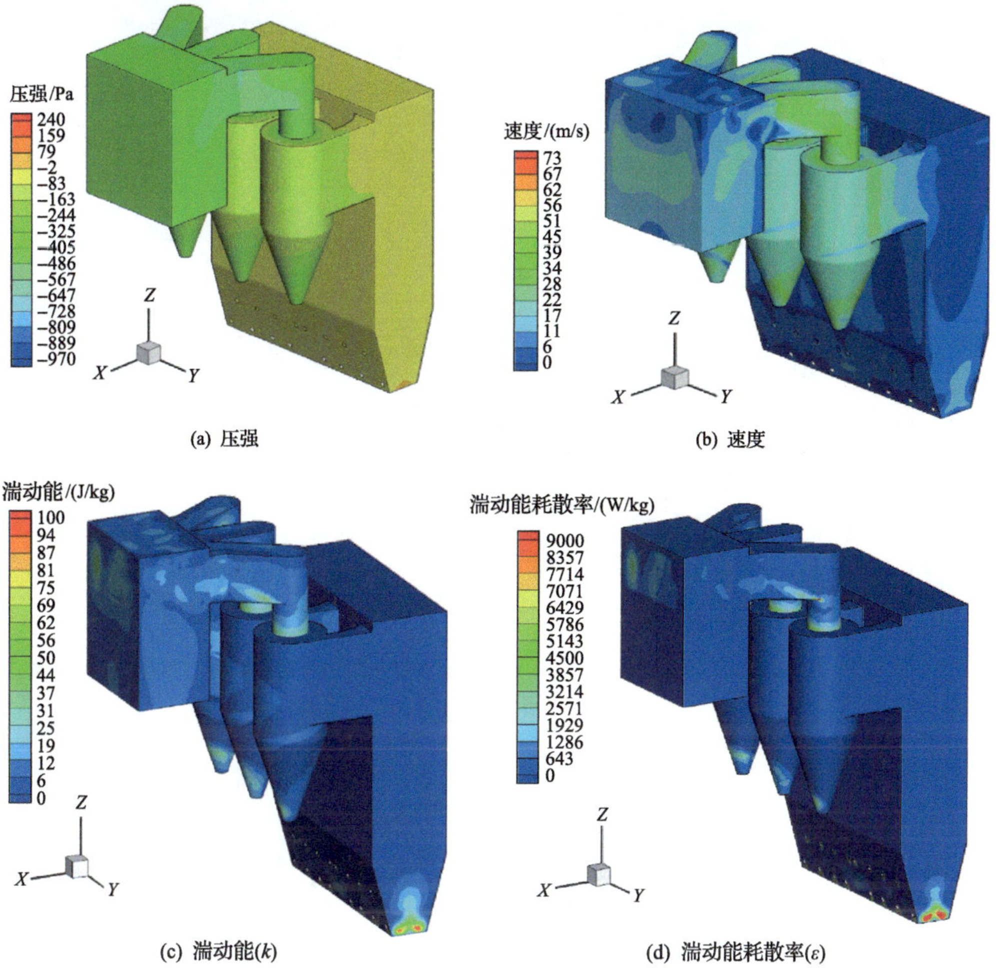

图 7.38　无后燃锅炉关键参数分布(入口 5.058m/s，二次风 70m/s)

后燃风充入锅炉的位置被限定在旋风分离器中心筒出口上方的烟道处，因此图 7.39 显示了从旋风分离器中心筒开始的烟气速度流线图和沿中心筒以及出口烟道几个平面上的压强云图、速度矢量图和速度云图。可以看出，烟气受旋风分离器的影响从中心筒螺旋着运动进入出口烟道，而进入烟道内的烟气流动遵循一定的规律。例如，烟气螺旋性减弱，主要集中在烟道的一侧且集中在上半部，速度较高，这一侧的位置跟旋风分离器入口的布置位置一致。因此，为了使此烟道内的烟气充分燃烧，通入的后燃风中氧气浓度分布应该尽可能遵循一致的分布。

2. 后燃口的位置设置

根据无后燃口旋风分离器出口烟道内烟气流线分布，且遵循着使烟气和后燃风尽量接触时间长且接触面积大的原则，可以把后燃口的位置限定在旋风分离器中心筒出口的上方，且从烟道与中心筒相切的一侧到另一侧 180°范围内，如图 7.40 所示(绿色面)。

(a) 速度流线图

(b) 旋风分离器和出口烟道平面压强云图

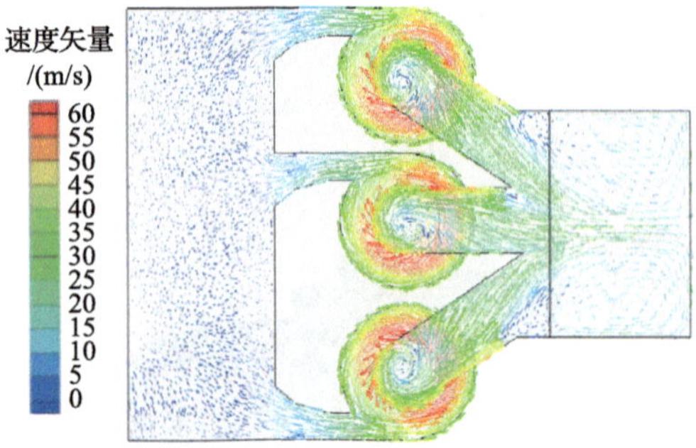

(c) 旋风分离器中心筒平面和出口烟道平面速度矢量图

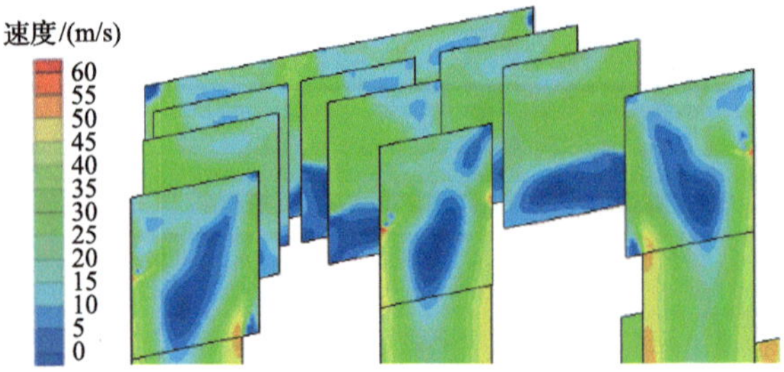

(d) 出口烟道内平面速度云图

图 7.39　烟气速度流线图、压强云图、速度矢量图和速度分布

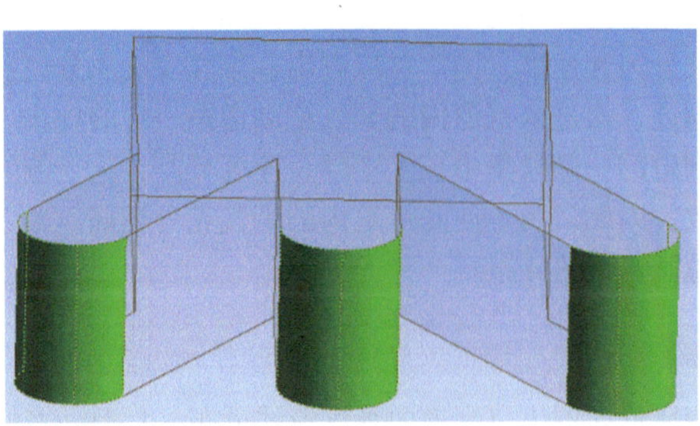

图 7.40　后燃口位置范围

根据中国科学院战略性先导科技专项“低阶煤清洁高效梯级利用关键技术与示范”中的项目三“半焦/煤清洁高效燃烧技术示范”课题一“超临界循环流化床燃烧技术及示范(XDA07030100)”研究任务 2“超临界循环流化床锅炉炉型数值计算分析”中得到的结论，进入各旋风分离器的烟气量是均匀一致的，颗粒量有一定的偏差，但是旋风分离器中心筒出口处的灰量很小，基本可以忽略不计，而后燃风的总量一定，因此对于 3 个烟道，每个烟道内补入的气量相同，后燃口的数量也相同，位置分布则根据不同的流线方向进行调整。

根据气泵的功率，初步设定每个烟道安装 6 个后燃口，即满负荷时每个后燃口的气速为 74.1m/s，首先将后燃口安置在烟道入口高度的 1/2 处，称为方案 1，得到如图 7.41 所示的宏观参数计算结果。为了便于观测分析后燃口设置的合理性，在烟道内垂直截取 5 个平面，分别为 1: X=14m, 2: X=16m, 3: X=18m, 4: X=20m, 5: X= 22m，如图 7.42 所示，分析中间烟道上 5 个平面的烟气速度分布云图，氧气浓度分布云图和温度分布云图(图 7.43)。本计算没有涉及化学反应，导致氧气浓度分布和温度分布趋势相反，因此计算中温度分布将不进入后燃口设置引起的效果考虑范围，相关系数(表 7.20)只取决于烟气速度分布和氧气浓度分布。

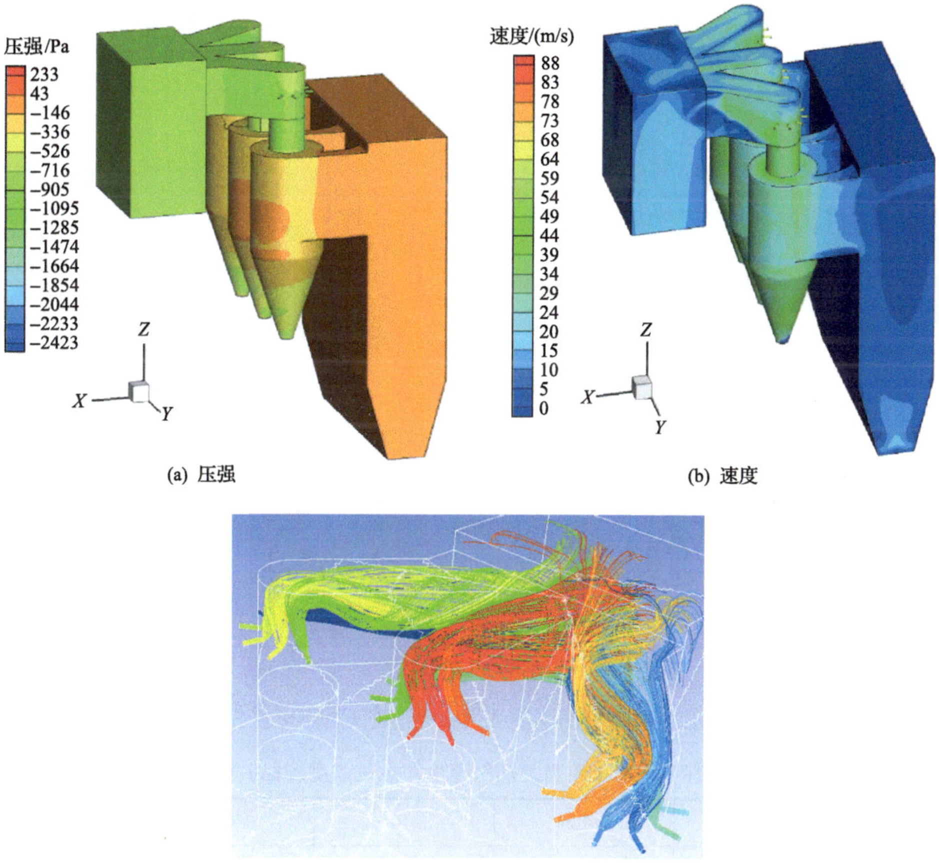

(a) 压强

(b) 速度

(c) 后燃风流线

图 7.41 模型 1 的计算结果

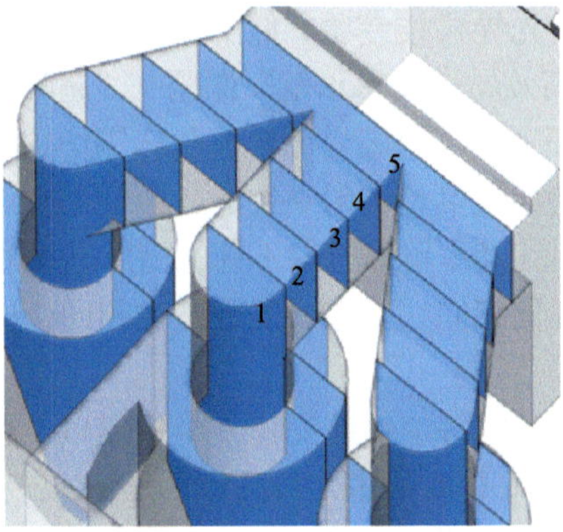

1: X=14m, 2: X=16m, 3: X=18m, 4: X=20m, 5: X=22m

图 7.42 烟道内平面位置

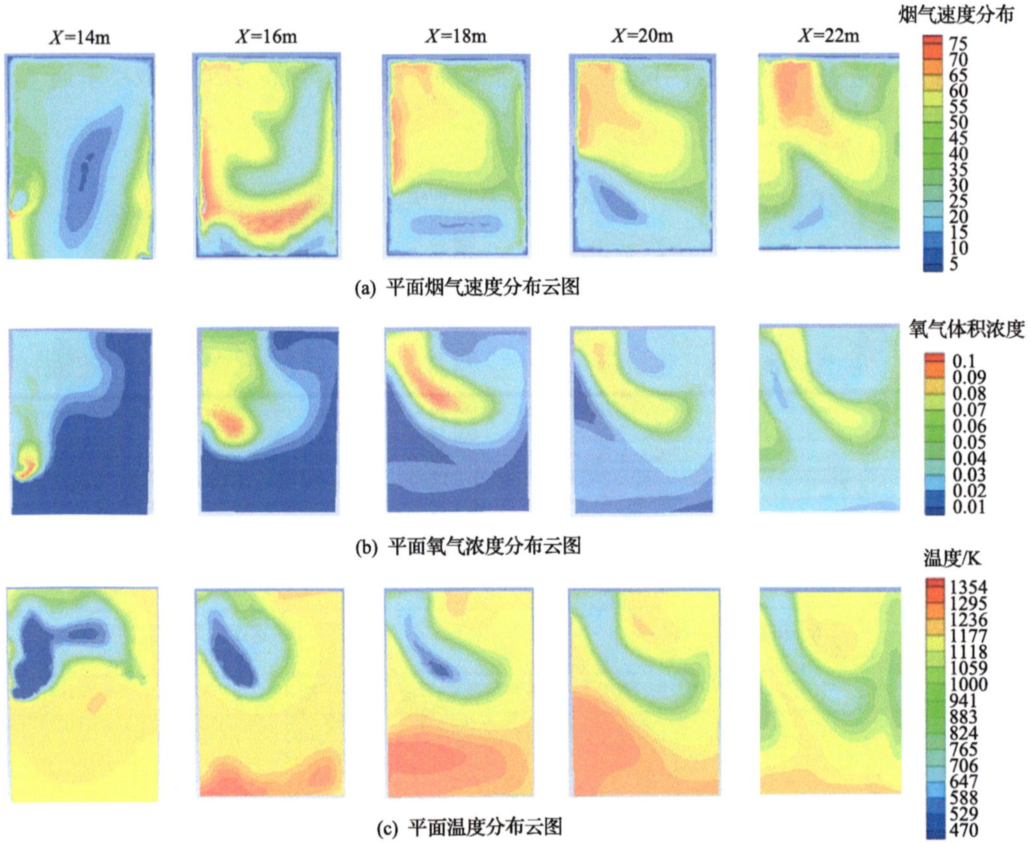

图 7.43 烟道内平面上的速度、氧气浓度和温度分布云图

表 7.20 方案 1 平面上烟气速度和氧气浓度的相关系数

平面	X=14m	X=16m	X=18m	X=20m	X=22m
r	0.0829	0.2932	0.6095	0.6652	0.6230

方案 1 中位于平面 X=14m 的相关系数比较小，说明此处烟气速度和后燃风的接触不

好。从图 7.43 的分布云图可以看出，在烟道入口处，烟气从旋风分离器中心筒螺旋出来后，中心位置速度低，靠近壁面的速度高，而后燃风由于动量小，在此处通入后，立刻随着烟气运动，扩散的范围有限。因此，对于后燃口的位置仍然需要调整。

表 7.21 列出了所有仿真模拟的后燃口设置方案，包括后燃风速的改变，后燃口角度的调整，后燃口位置的改变以及后燃口数量的选择。

表 7.21　所有后燃口设置情况汇总

方案	后燃口位置(从烟道底部算起)与烟道高度之比	后燃风速/(m/s)	后燃口之间的角度/(°)	示意图
1	1/2	74.1	36	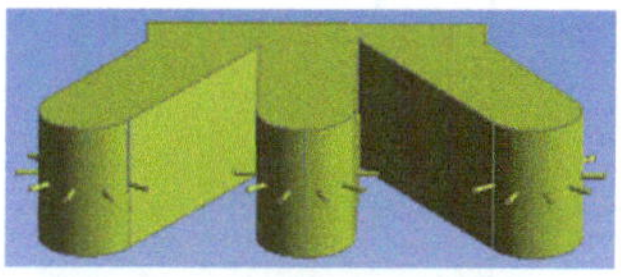
2	1/4	74.1	36	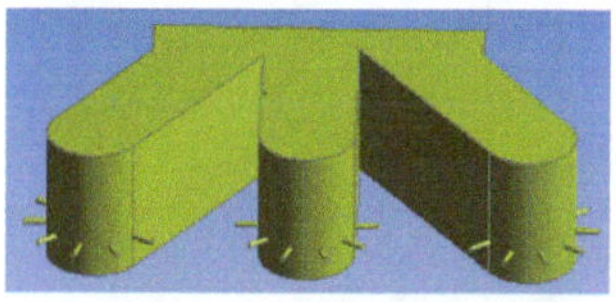
3	1/3 2/3	74.1	36	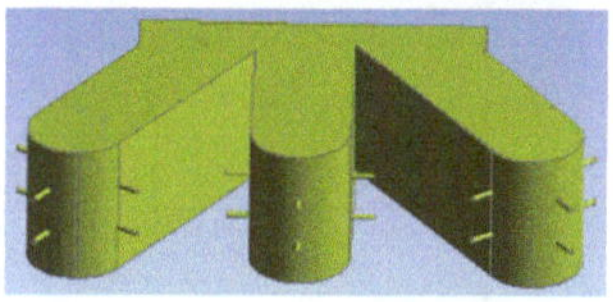
4	3/4	148.2	36	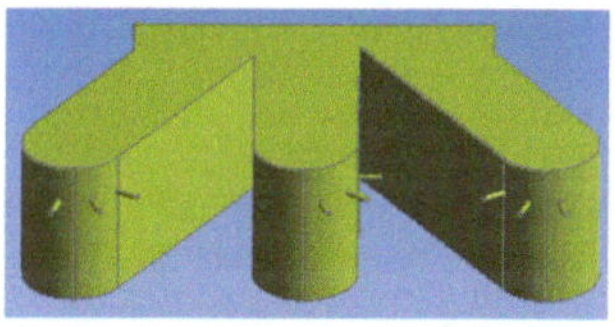
5	0	74.1	18	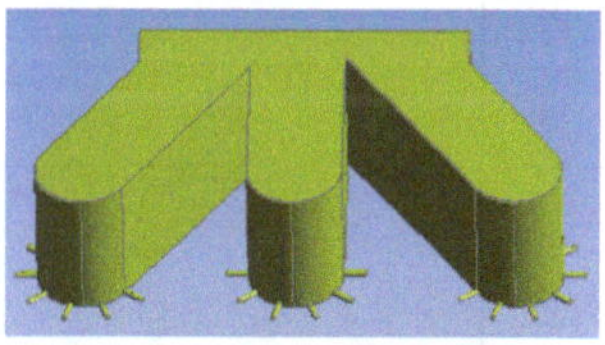
6	0 1/2	74.1	36	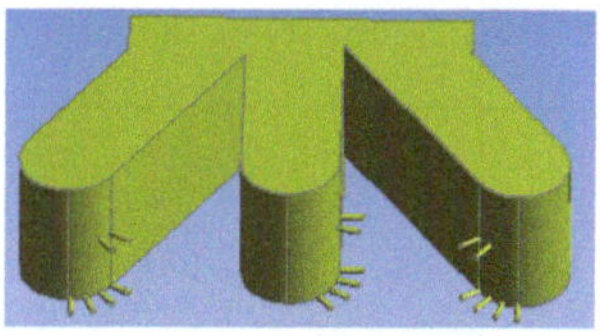
7	0	74.1	36	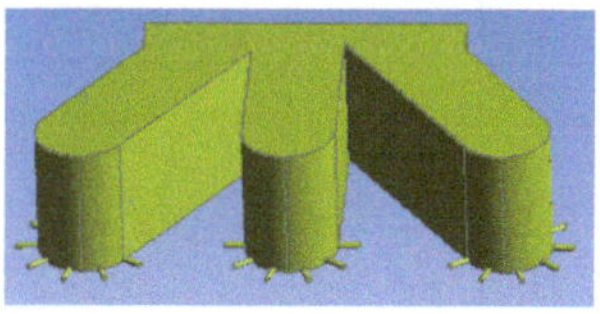

续表

方案	后燃口位置(从烟道底部算起)与烟道高度之比	后燃风速/(m/s)	后燃口之间的角度/(°)	示意图
8	0	74.1	60	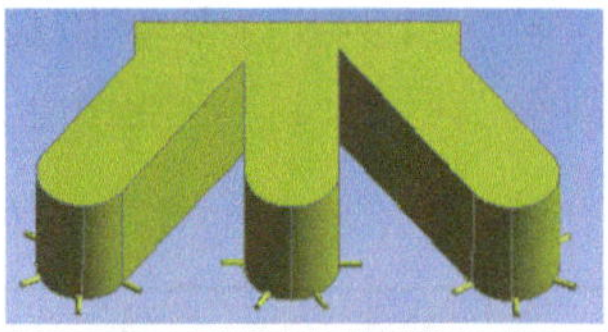
9	0	74.1	25.7	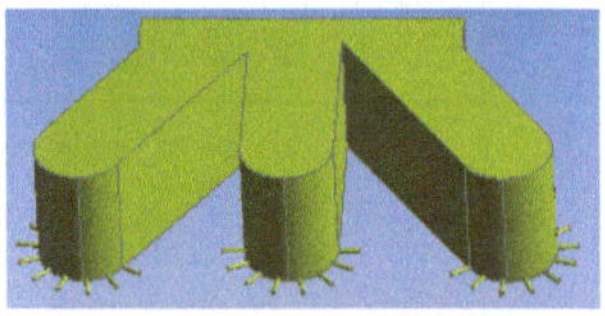
10	1/4	148.2	36	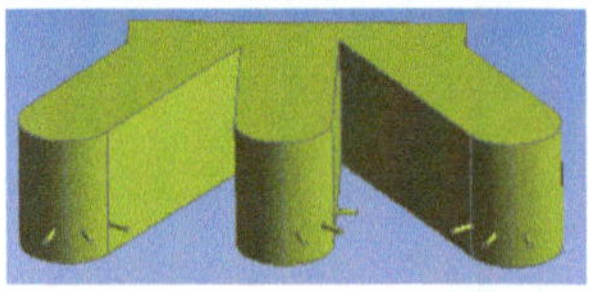
11	0	148.2	36	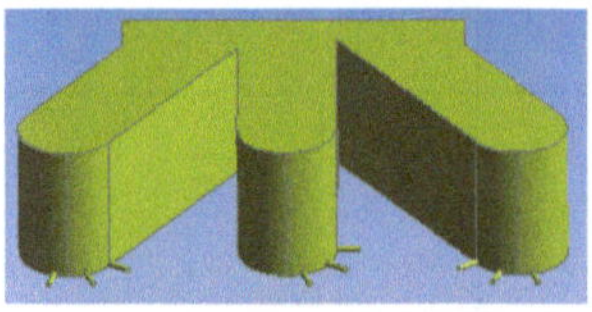
12	1/4	74.1	36	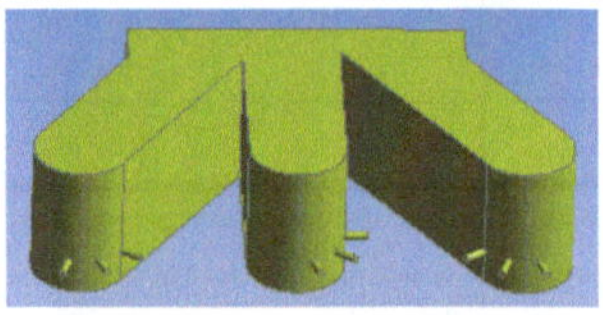
13	1/4	74.1	45	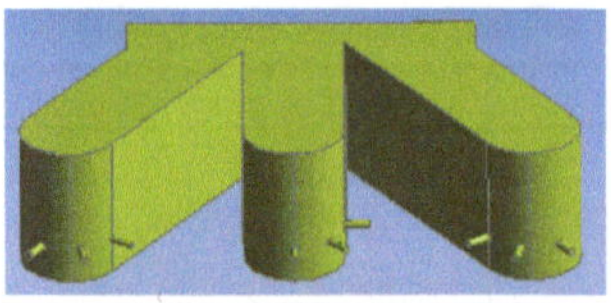
14	1/4	74.1	90	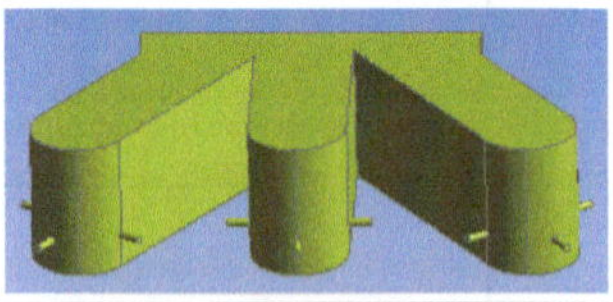
15	1/4	74.1	30	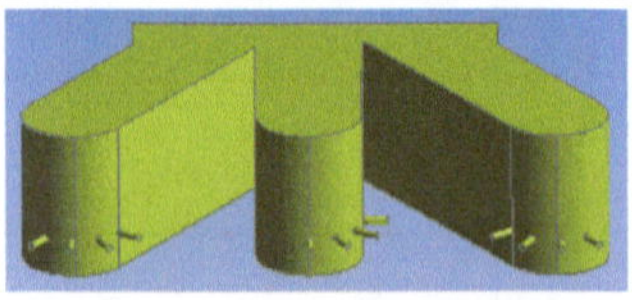
16	1/4	74.1	60	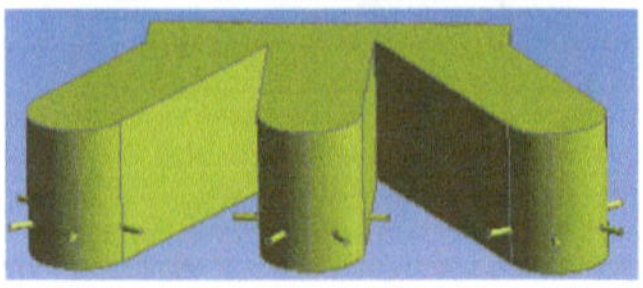

续表

方案	后燃口位置(从烟道底部算起)与烟道高度之比	后燃风速/(m/s)	后燃口之间的角度/(°)	示意图
17	1/4	74.1	18	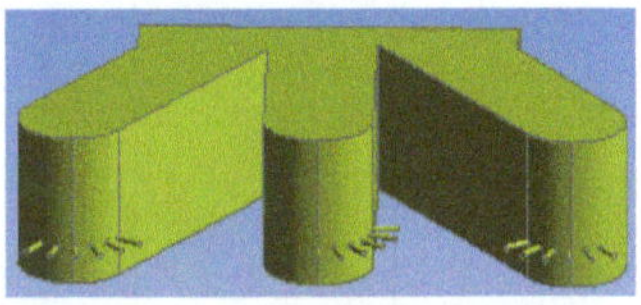
18	0	74.1	90	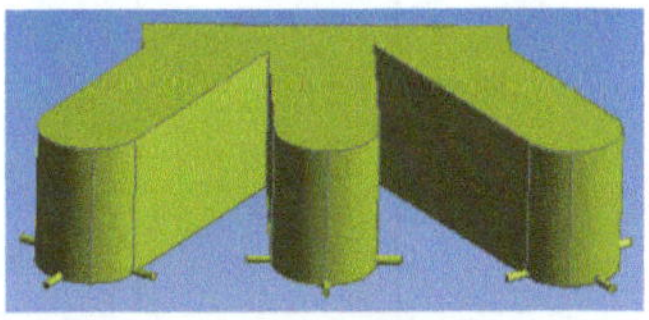
19	0	74.1	30	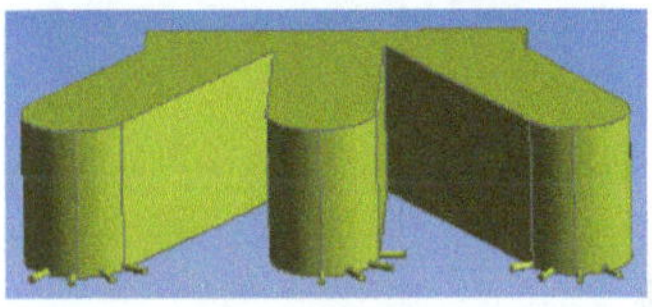
20	0	74.1	45	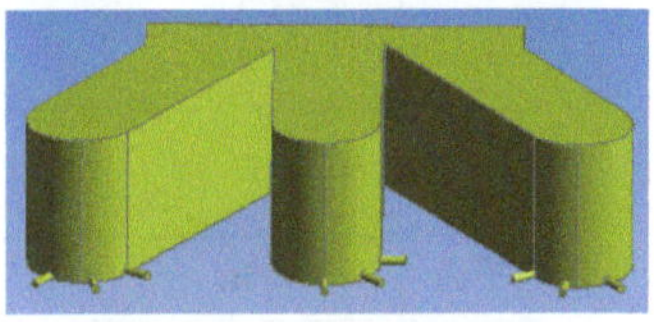
21	1/4 0	74.1	36	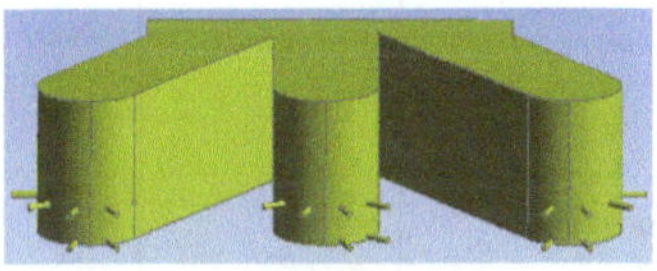
22	1/4 0	74.1	36	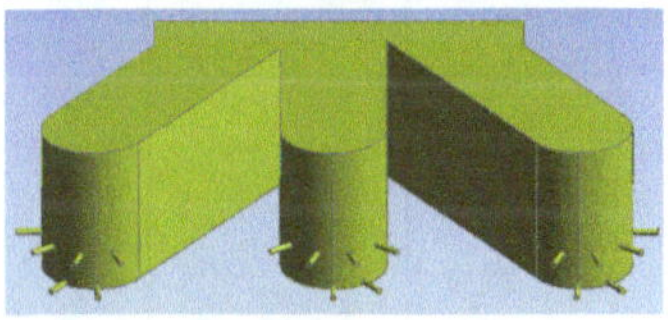
23	1/4 0	74.1	36 18	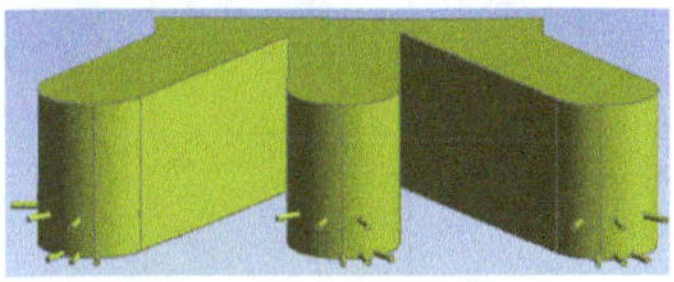
24	1/4 0	74.1	36	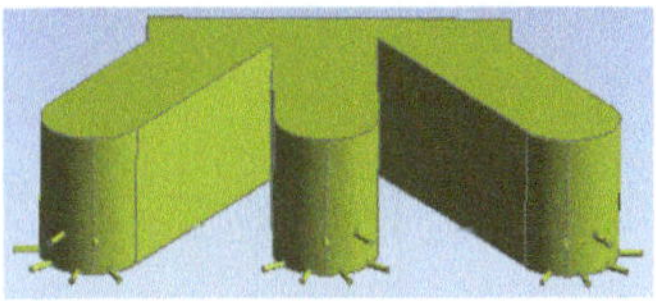

图 7.44 显示了每个方案相对应 5 个平面的烟气速度云图、氧气浓度云图和后燃风流线，表 7.22 总结了所有方案对应的每个平面烟气速度和氧气浓度之间的相关系数。

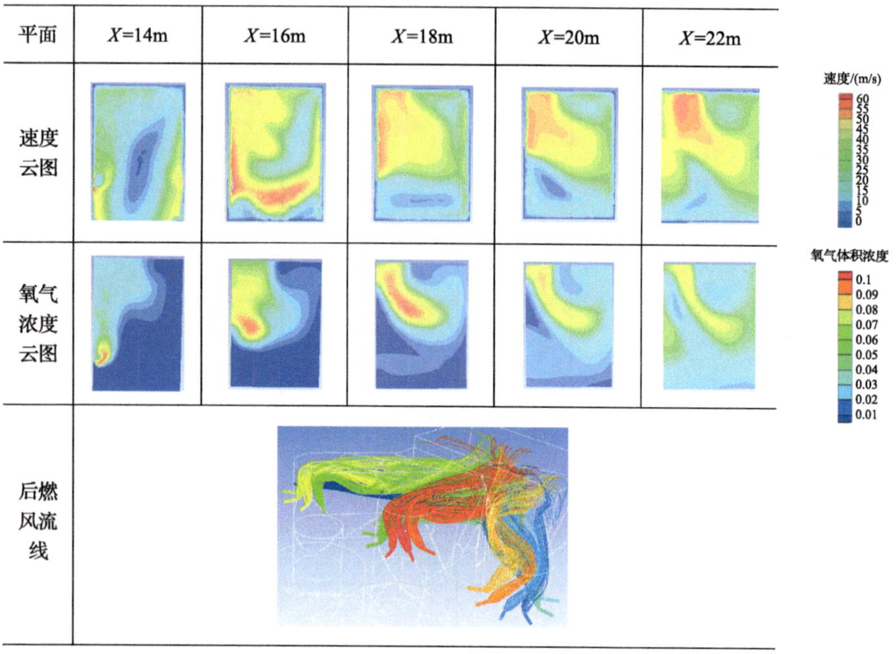
平面
X=14m
X=16m
X=18m
X=20m
X=22m
速度云图
氧气浓度云图
后燃风流线
速度/(m/s)
60
55
50
45
40
35
30
25
20
15
10
5
0
氧气体积浓度
0.1
0.09
0.08
0.07
0.06
0.05
0.04
0.03
0.02
0.01

(a) 方案1

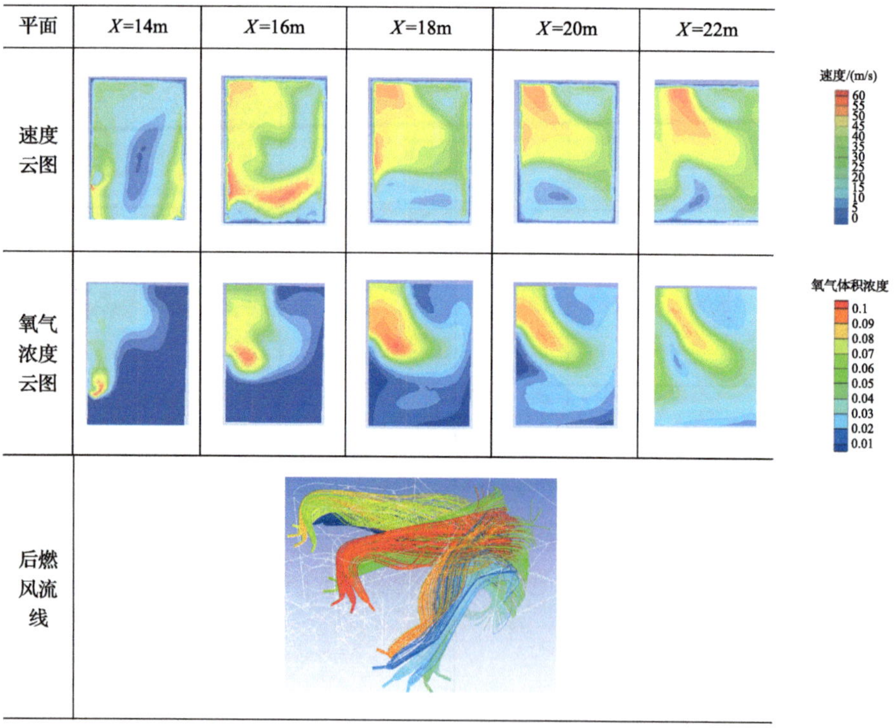
平面
X=14m
X=16m
X=18m
X=20m
X=22m
速度云图
氧气浓度云图
后燃风流线
速度/(m/s)
60
55
50
45
40
35
30
25
20
15
10
5
0
氧气体积浓度
0.1
0.09
0.08
0.07
0.06
0.05
0.04
0.03
0.02
0.01

(b) 方案2

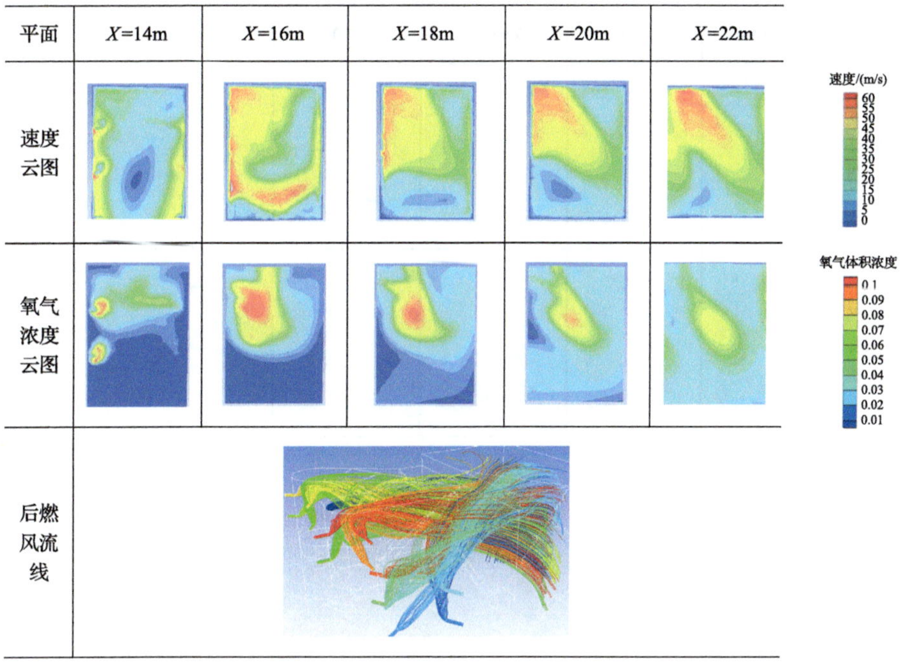
平面
X=14m
X=16m
X=18m
X=20m
X=22m
速度云图
氧气浓度云图
后燃风流线
速度/(m/s)
60 55 50 45 40 35 30 25 20 15 10 5 0
氧气体积浓度
0.1 0.09 0.08 0.07 0.06 0.05 0.04 0.03 0.02 0.01

(c) 方案3

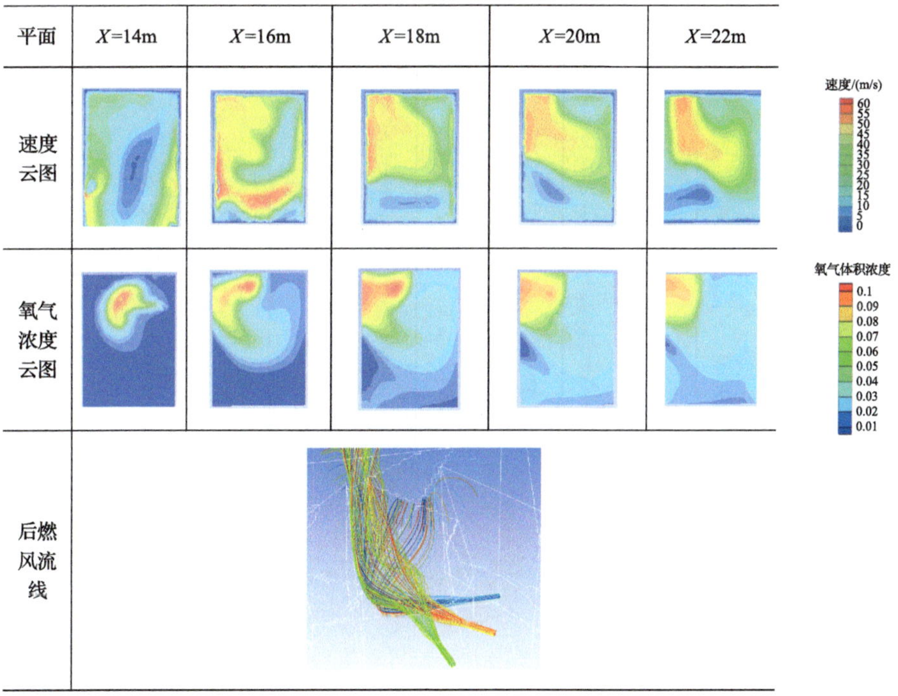
平面
X=14m
X=16m
X=18m
X=20m
X=22m
速度云图
氧气浓度云图
后燃风流线
速度/(m/s)
60 55 50 45 40 35 30 25 20 15 10 5 0
氧气体积浓度
0.1 0.09 0.08 0.07 0.06 0.05 0.04 0.03 0.02 0.01

(d) 方案4

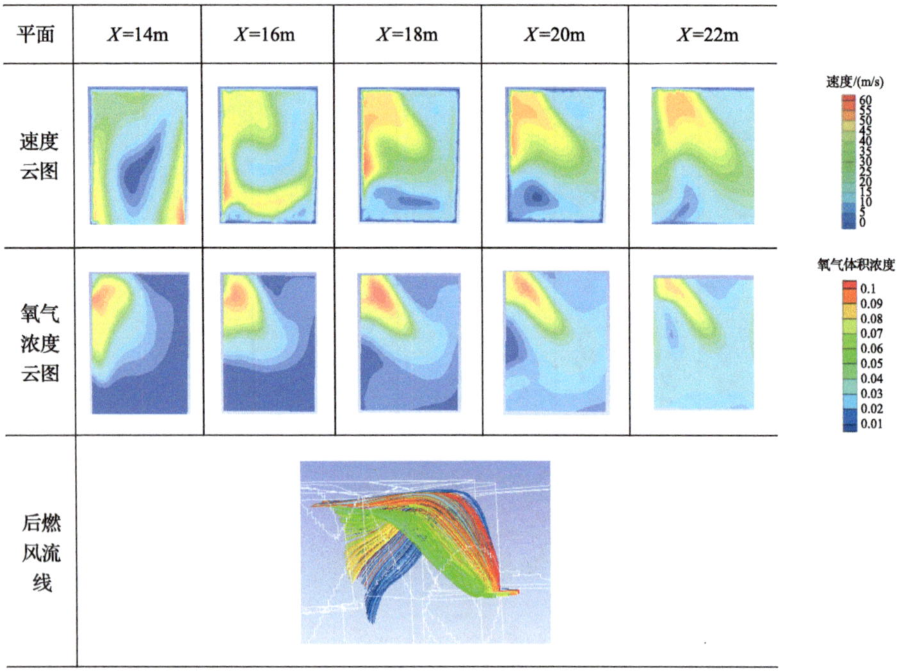
平面
X=14m
X=16m
X=18m
X=20m
X=22m
速度云图
氧气浓度云图
后燃风流线
速度/(m/s)
60
55
50
45
40
35
30
25
20
15
10
5
0
氧气体积浓度
0.1
0.09
0.08
0.07
0.06
0.05
0.04
0.03
0.02
0.01

(e) 方案5

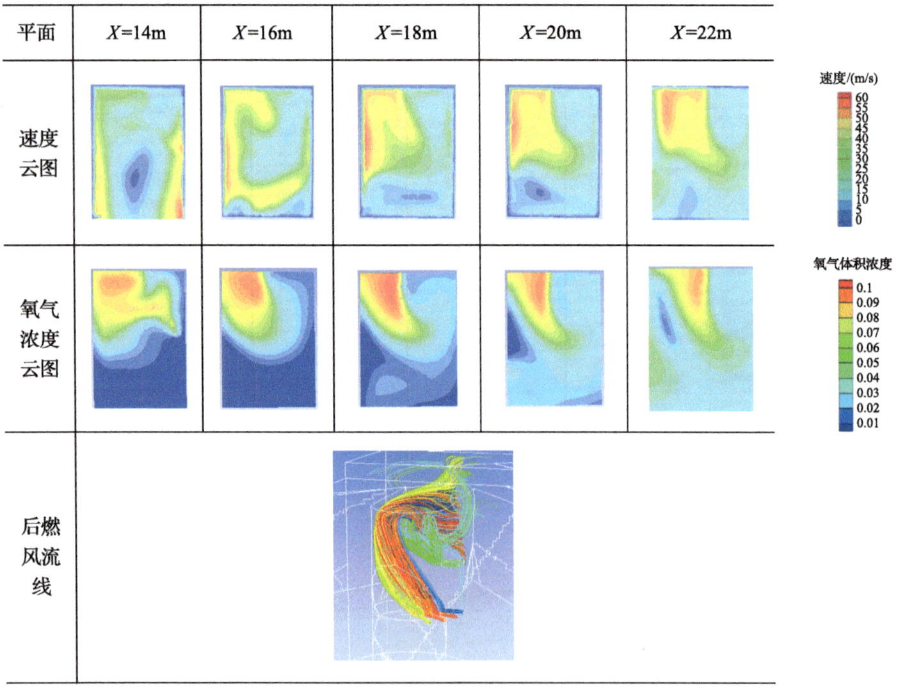
平面
X=14m
X=16m
X=18m
X=20m
X=22m
速度云图
氧气浓度云图
后燃风流线
速度/(m/s)
60
55
50
45
40
35
30
25
20
15
10
5
0
氧气体积浓度
0.1
0.09
0.08
0.07
0.06
0.05
0.04
0.03
0.02
0.01

(f) 方案6

平面	X=14m	X=16m	X=18m	X=20m	X=22m
速度云图	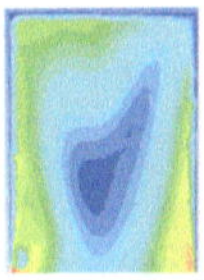	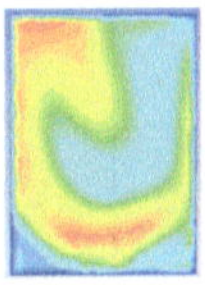			
氧气浓度云图		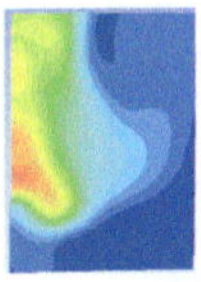	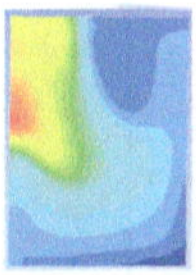		
后燃风流线					

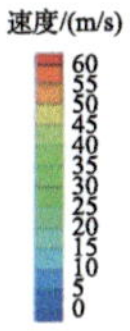

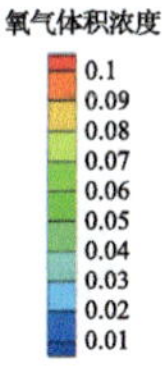

(g) 方案7

平面	X=14m	X=16m	X=18m	X=20m	X=22m
速度云图	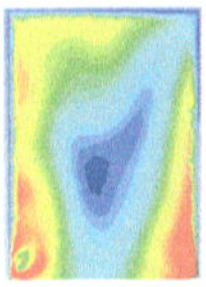	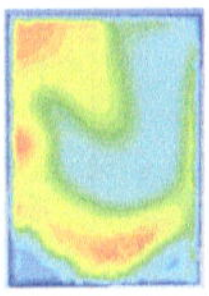			
氧气浓度云图		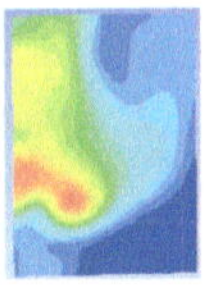			
后燃风流线	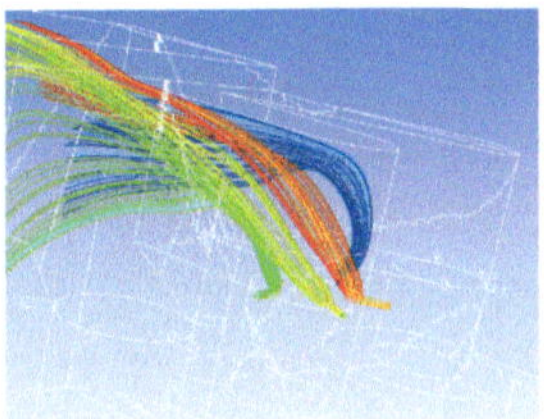				

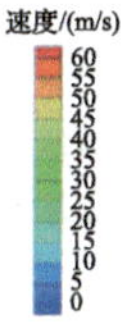

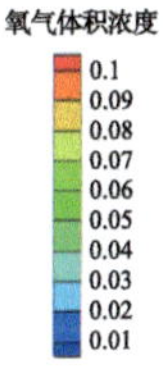

(h) 方案8

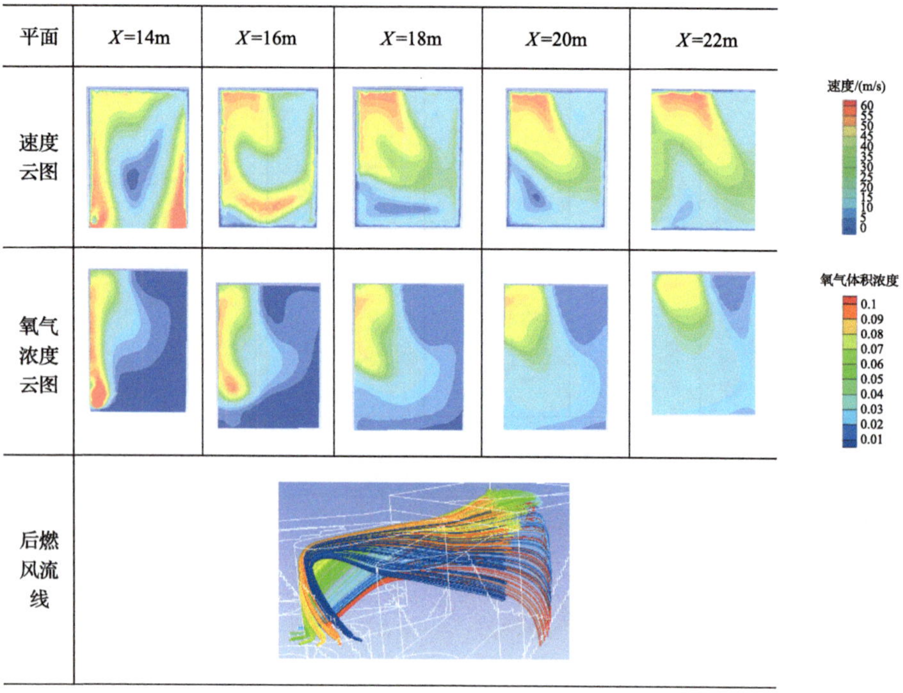
平面
X=14m
X=16m
X=18m
X=20m
X=22m
速度云图
氧气浓度云图
后燃风流线
速度/(m/s)
60
55
50
45
40
35
30
25
20
15
10
5
0
氧气体积浓度
0.1
0.09
0.08
0.07
0.06
0.05
0.04
0.03
0.02
0.01

(i) 方案9

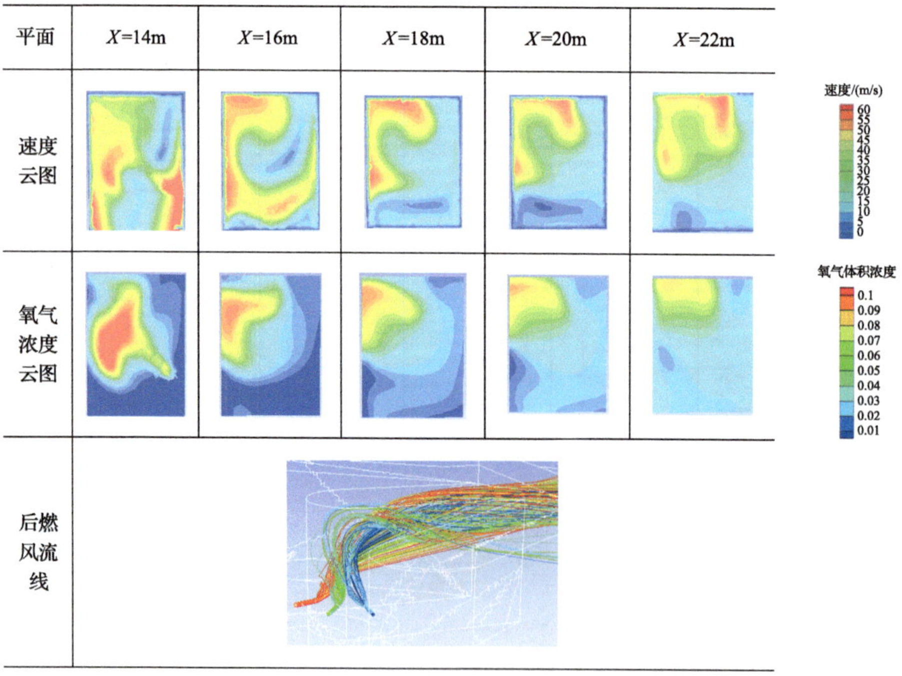
平面
X=14m
X=16m
X=18m
X=20m
X=22m
速度云图
氧气浓度云图
后燃风流线
速度/(m/s)
60
55
50
45
40
35
30
25
20
15
10
5
0
氧气体积浓度
0.1
0.09
0.08
0.07
0.06
0.05
0.04
0.03
0.02
0.01

(j) 方案10

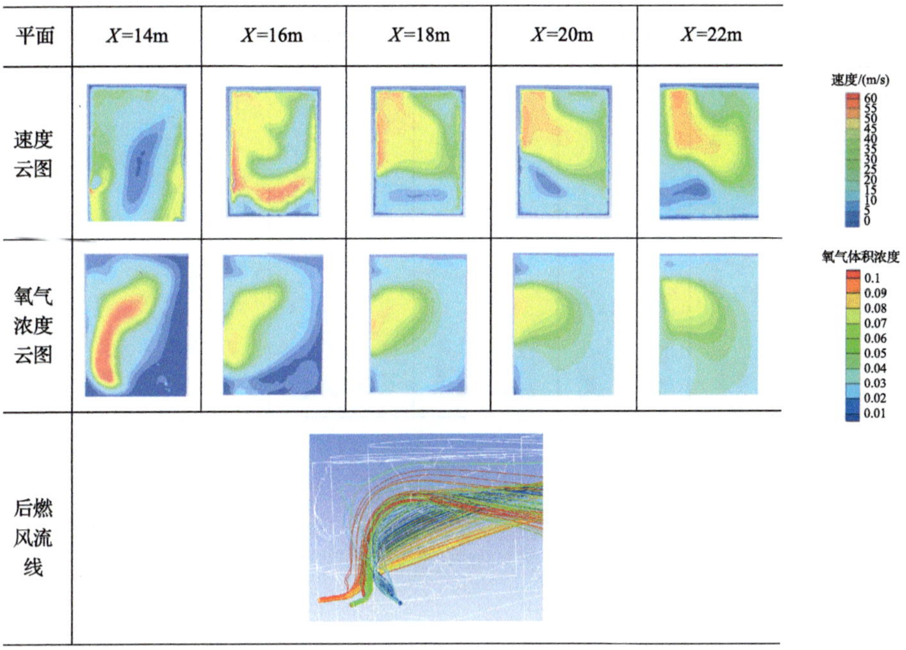
平面
X=14m
X=16m
X=18m
X=20m
X=22m
速度云图
氧气浓度云图
后燃风流线
速度/(m/s)
60
55
50
45
40
35
30
25
20
15
10
5
0
氧气体积浓度
0.1
0.09
0.08
0.07
0.06
0.05
0.04
0.03
0.02
0.01

(k) 方案11

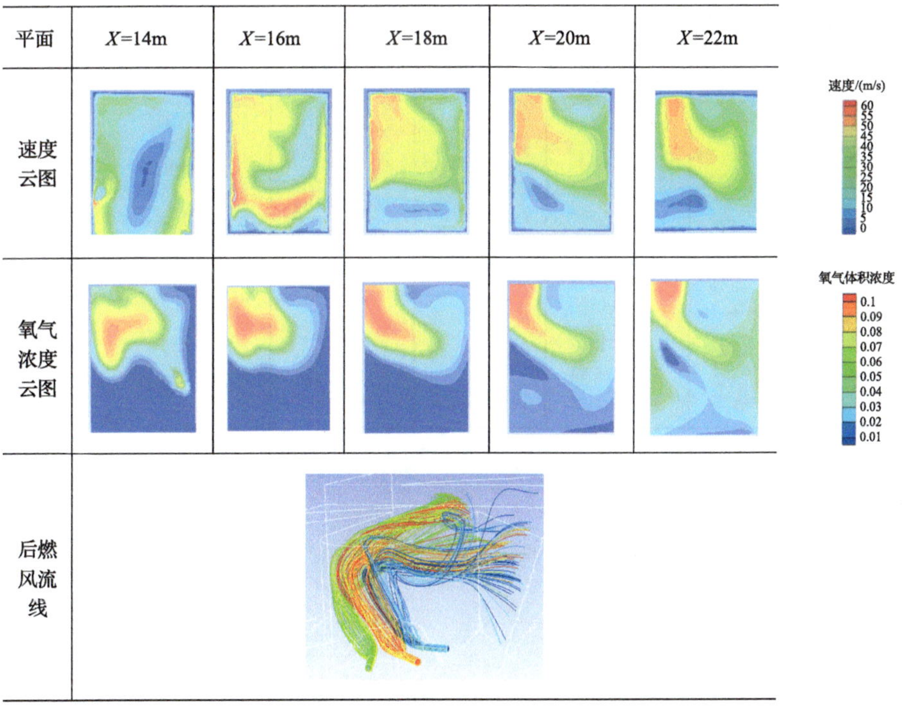
平面
X=14m
X=16m
X=18m
X=20m
X=22m
速度云图
氧气浓度云图
后燃风流线
速度/(m/s)
60
55
50
45
40
35
30
25
20
15
10
5
0
氧气体积浓度
0.1
0.09
0.08
0.07
0.06
0.05
0.04
0.03
0.02
0.01

(l) 方案12

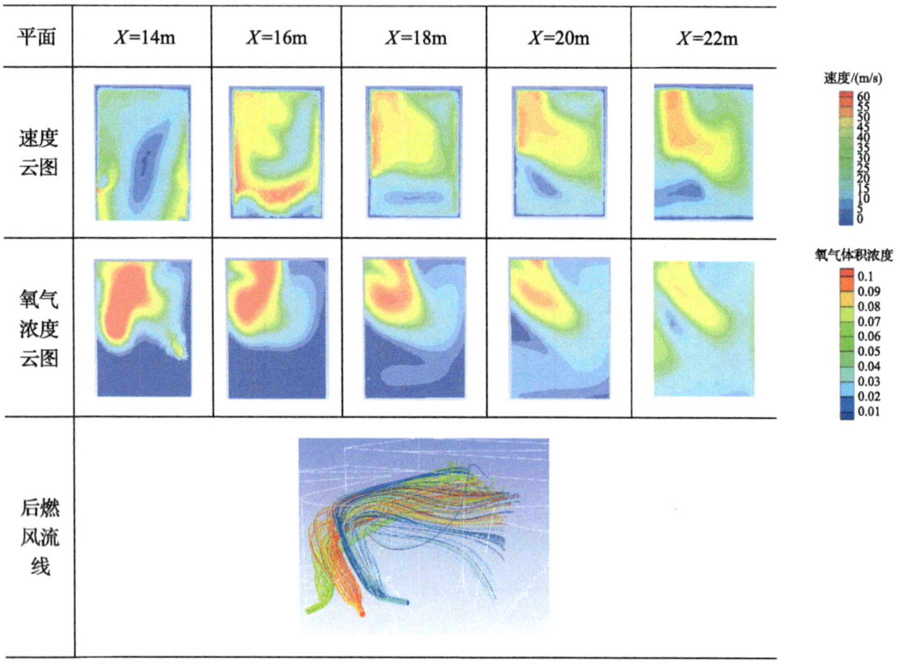
平面
X=14m
X=16m
X=18m
X=20m
X=22m
速度云图
氧气浓度云图
后燃风流线
速度/(m/s)
60
55
50
45
40
35
30
25
20
15
10
5
0
氧气体积浓度
0.1
0.09
0.08
0.07
0.06
0.05
0.04
0.03
0.02
0.01

(m) 方案13

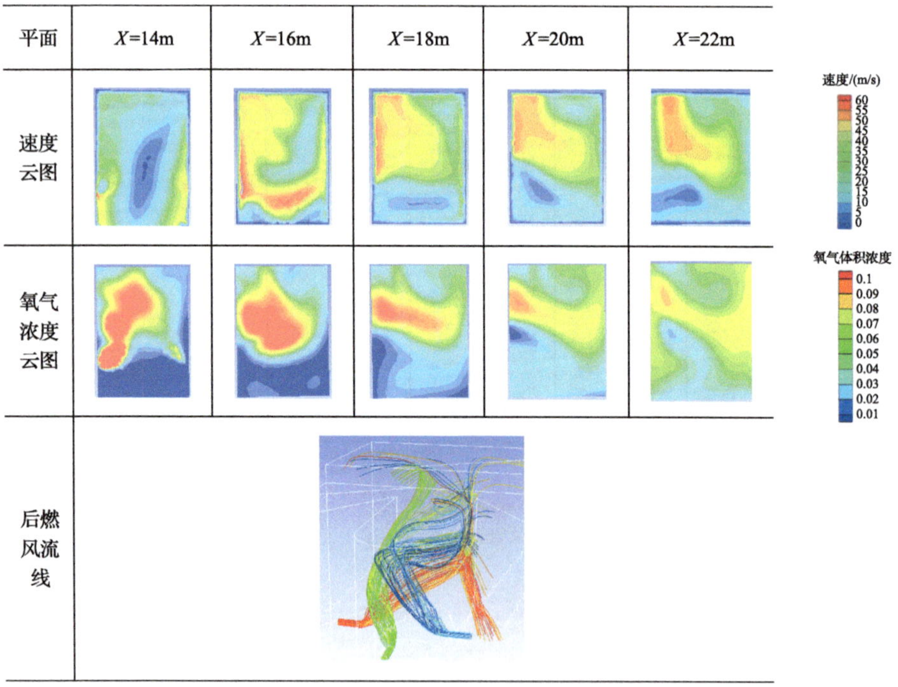
平面
X=14m
X=16m
X=18m
X=20m
X=22m
速度云图
氧气浓度云图
后燃风流线
速度/(m/s)
60
55
50
45
40
35
30
25
20
15
10
5
0
氧气体积浓度
0.1
0.09
0.08
0.07
0.06
0.05
0.04
0.03
0.02
0.01

(n) 方案14

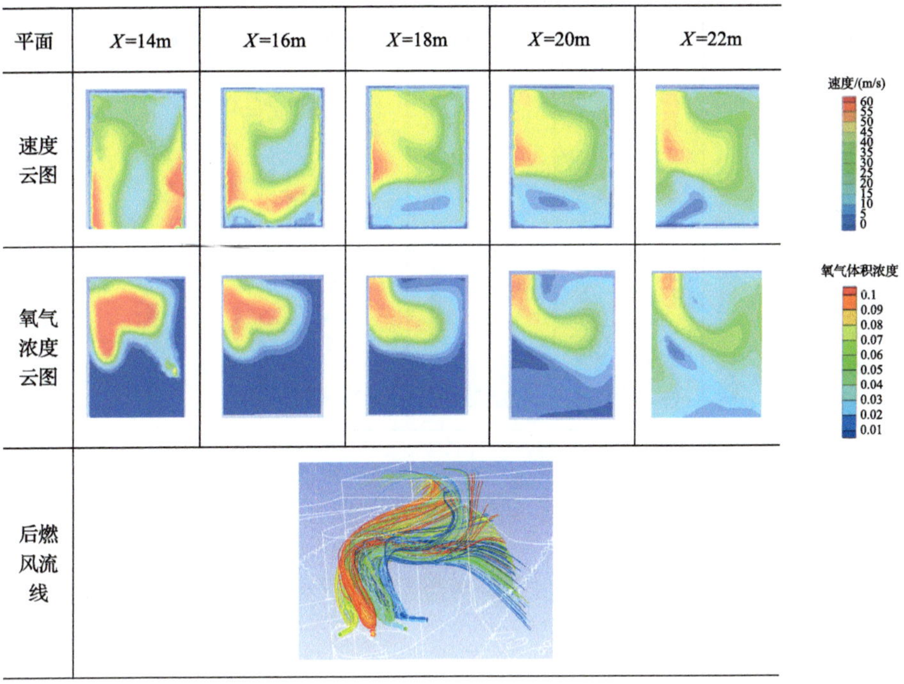
平面
X=14m
X=16m
X=18m
X=20m
X=22m
速度云图
氧气浓度云图
后燃风流线
速度/(m/s)
60
55
50
45
40
35
30
25
20
15
10
5
0
氧气体积浓度
0.1
0.09
0.08
0.07
0.06
0.05
0.04
0.03
0.02
0.01

(o) 方案15

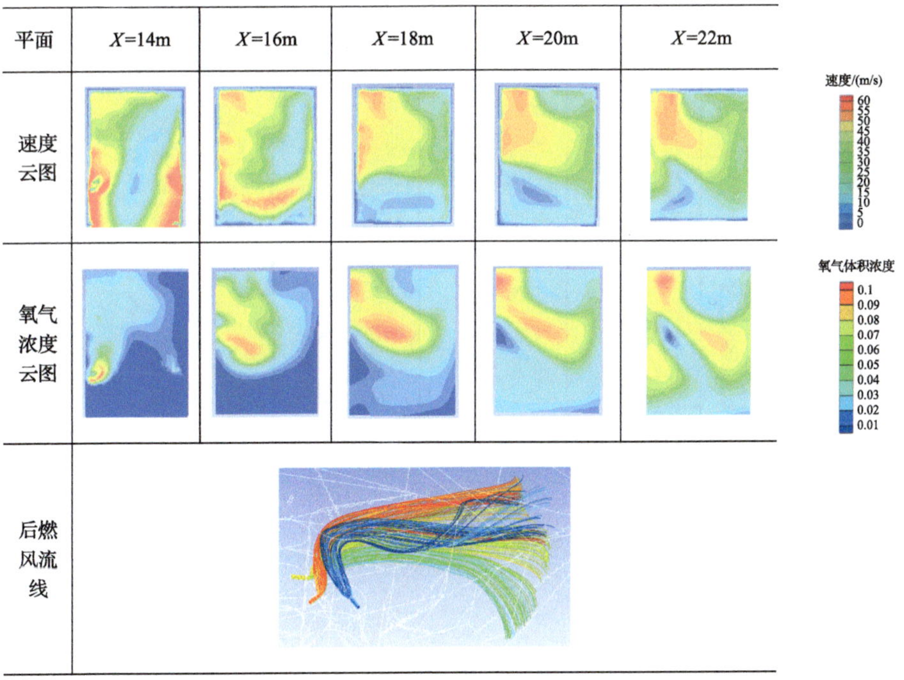
平面
X=14m
X=16m
X=18m
X=20m
X=22m
速度云图
氧气浓度云图
后燃风流线
速度/(m/s)
60
55
50
45
40
35
30
25
20
15
10
5
0
氧气体积浓度
0.1
0.09
0.08
0.07
0.06
0.05
0.04
0.03
0.02
0.01

(p) 方案16

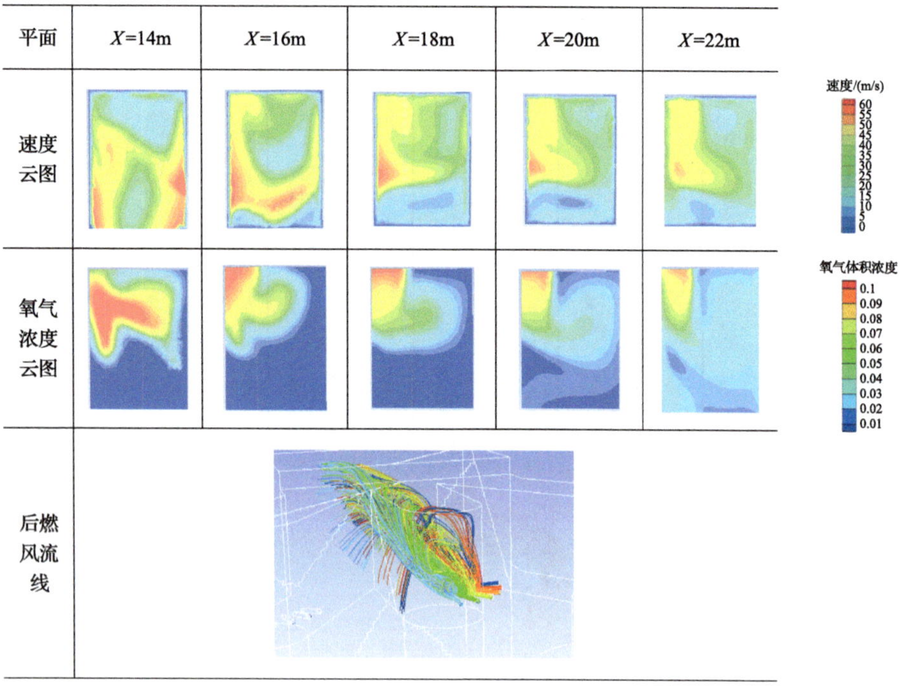
平面
X=14m
X=16m
X=18m
X=20m
X=22m
速度云图
氧气浓度云图
后燃风流线
速度/(m/s)
60 55 50 45 40 35 30 25 20 15 10 5 0
氧气体积浓度
0.1 0.09 0.08 0.07 0.06 0.05 0.04 0.03 0.02 0.01

(q) 方案17

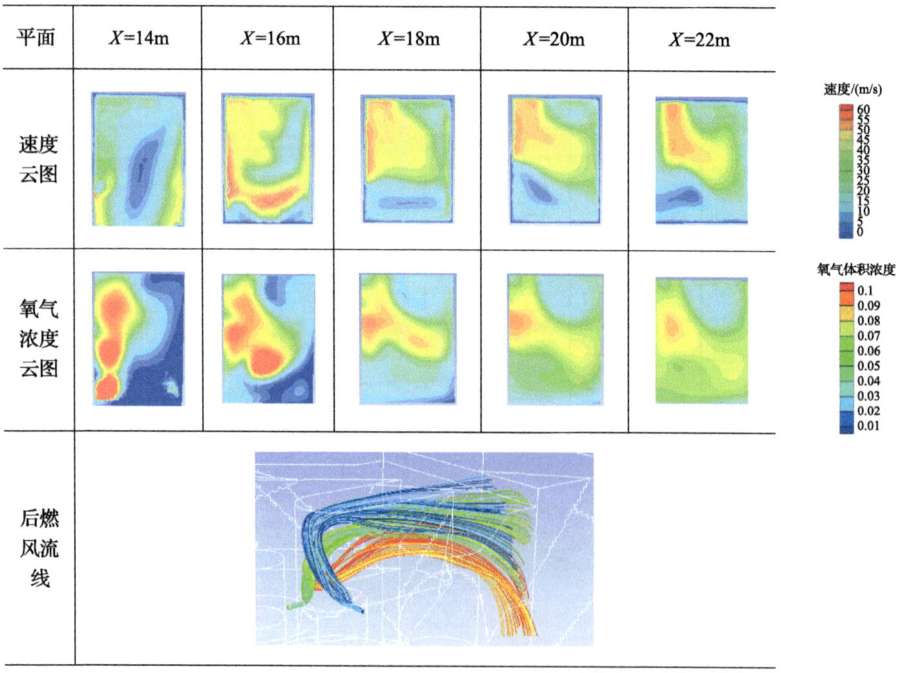
平面
X=14m
X=16m
X=18m
X=20m
X=22m
速度云图
氧气浓度云图
后燃风流线
速度/(m/s)
60 55 50 45 40 35 30 25 20 15 10 5 0
氧气体积浓度
0.1 0.09 0.08 0.07 0.06 0.05 0.04 0.03 0.02 0.01

(r) 方案18

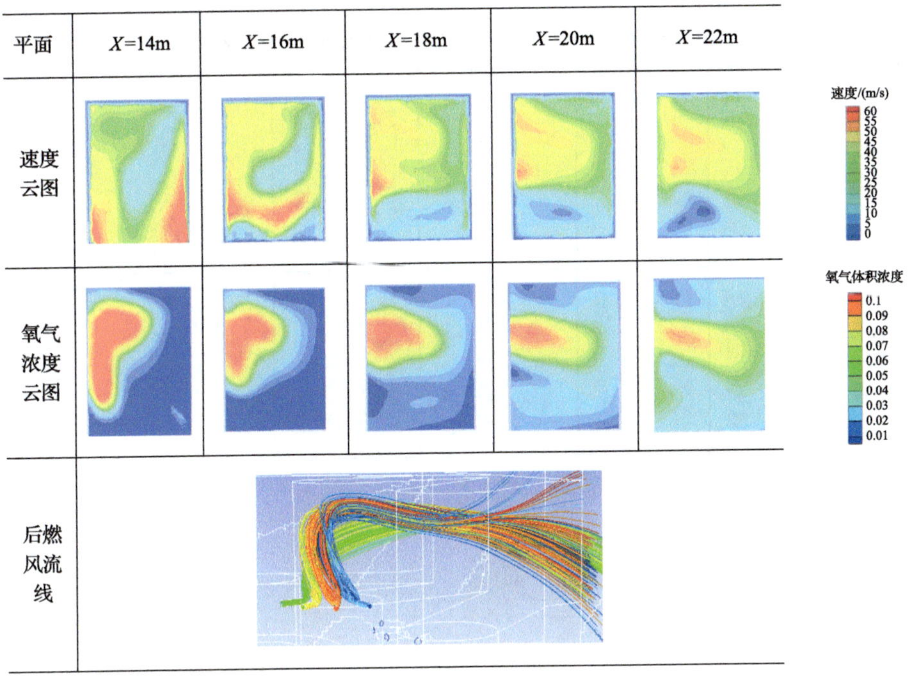
平面
X=14m
X=16m
X=18m
X=20m
X=22m
速度云图
氧气浓度云图
后燃风流线
速度/(m/s)
60
55
50
45
40
35
30
25
20
15
10
5
0
氧气体积浓度
0.1
0.09
0.08
0.07
0.06
0.05
0.04
0.03
0.02
0.01

(s) 方案19

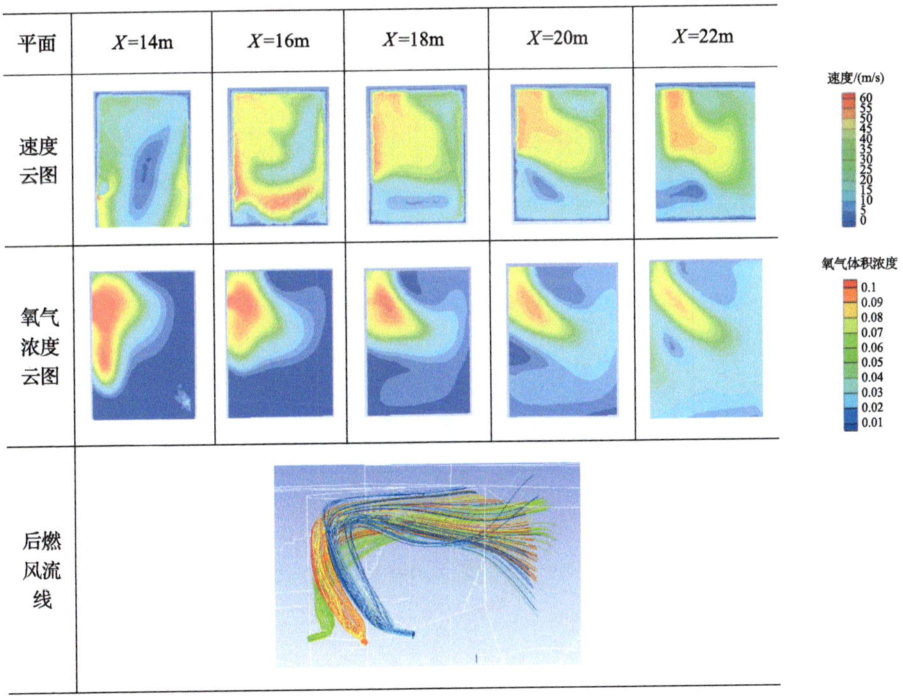
平面
X=14m
X=16m
X=18m
X=20m
X=22m
速度云图
氧气浓度云图
后燃风流线
速度/(m/s)
60
55
50
45
40
35
30
25
20
15
10
5
0
氧气体积浓度
0.1
0.09
0.08
0.07
0.06
0.05
0.04
0.03
0.02
0.01

(t) 方案20

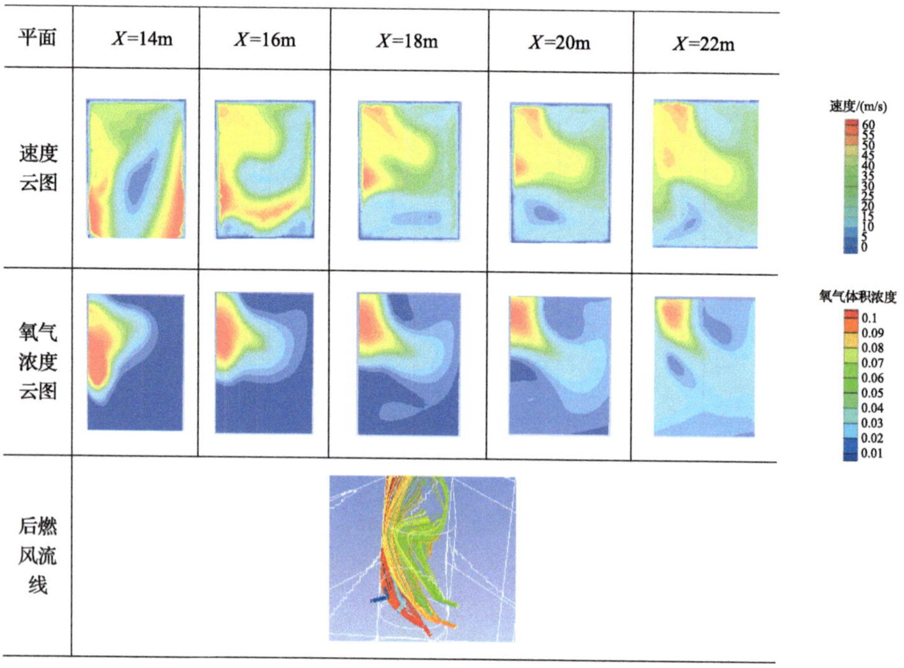
平面
X=14m
X=16m
X=18m
X=20m
X=22m
速度云图
氧气浓度云图
后燃风流线
速度/(m/s)
60 55 50 45 40 35 30 25 20 15 10 5 0
氧气体积浓度
0.1 0.09 0.08 0.07 0.06 0.05 0.04 0.03 0.02 0.01

(u) 方案21

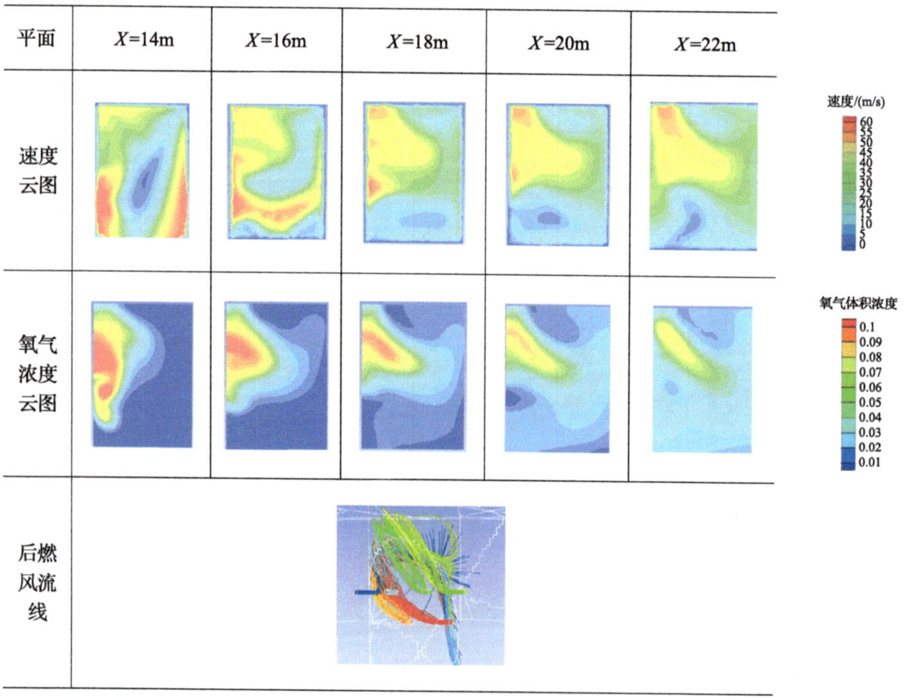
平面
X=14m
X=16m
X=18m
X=20m
X=22m
速度云图
氧气浓度云图
后燃风流线
速度/(m/s)
60 55 50 45 40 35 30 25 20 15 10 5 0
氧气体积浓度
0.1 0.09 0.08 0.07 0.06 0.05 0.04 0.03 0.02 0.01

(v) 方案22

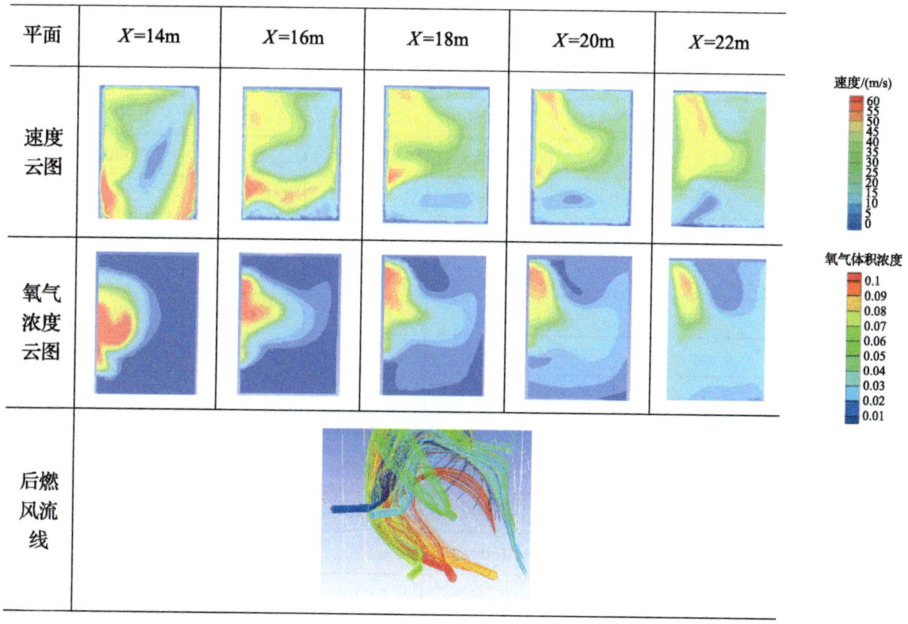

(w) 方案23

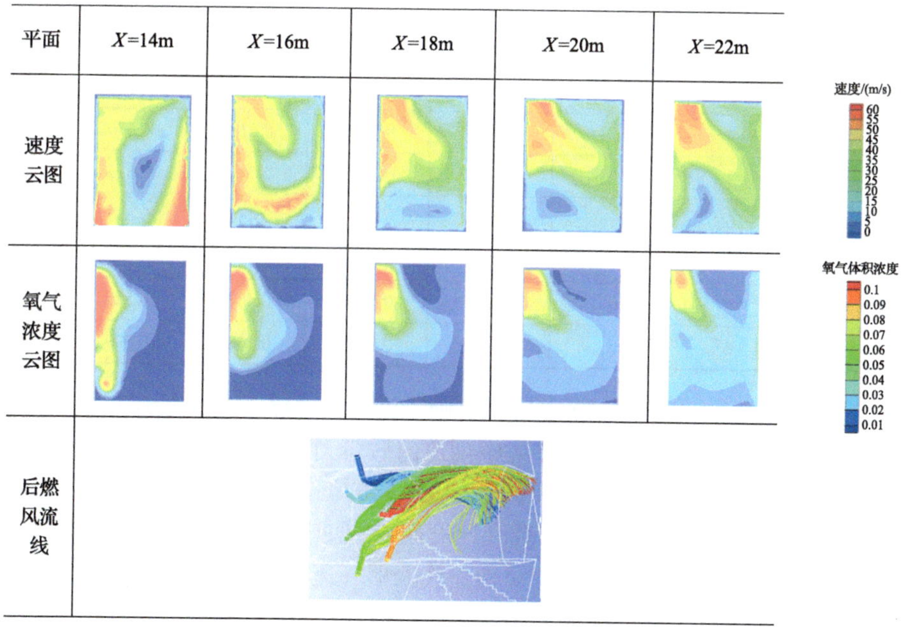

(x) 方案24

图 7.44　24 个方案满负荷下相应 5 个平面的烟气速度云图、氧气浓度云图和后燃风流线

表 7.22 满负荷下后燃口设置方案每个平面烟气速度和氧气浓度之间的相关系数

方案	一个旋风分离器上的后燃口数量	r@X=14m	r@X=16m	r@X=18m	r@X=20m	r@X=22m
1	6	0.0829	0.2932	0.6095	0.6652	0.6230
2	6	0.0950	0.2557	0.6693	0.7091	0.7422
3	6	0.0855	0.2486	0.6061	0.6506	0.5177
4	3	−0.0312	0.3397	0.7354	0.7928	0.8037
5	6	0.0130	0.2822	0.6256	0.6805	0.6944
6	6	−0.1415	0.2267	0.5708	0.5814	0.5327
7	6	0.2364	0.3729	0.6297	0.5962	0.6847
8	4	0.2565	0.3172	0.6391	0.5636	0.6318
9	8	0.2209	0.3811	0.6253	0.6588	0.7441
10	3	0.0954	0.2999	0.5611	0.6101	0.6021
11	3	0.0561	0.3177	0.5469	0.4306	0.4453
12	3	−0.0893	0.1651	0.5340	0.5903	0.5795
13	3	−0.0643	0.1765	0.5799	0.6670	0.6895
14	3	0.1292	0.0460	0.5406	0.5182	0.4541
15	4	−0.1293	0.2236	0.5355	0.5944	0.5568
16	4	0.1305	0.2198	0.6603	0.6572	0.5854
17	6	−0.2447	0.0607	0.4043	0.5106	0.5612
18	3	0.3115	0.2660	0.5875	0.5170	0.4636
19	4	−0.0916	0.2396	0.6185	0.6509	0.5838
20	3	−0.0177	0.2299	0.5938	0.6754	0.7149
21	6	0.0920	0.2587	0.4889	0.5337	0.6282
22	6	0.2261	0.2067	0.5925	0.6554	0.7089
23	6	0.2675	0.1958	0.4625	0.5294	0.6401
24	6	0.1042	0.3166	0.5683	0.5963	0.6889

图 7.44 中，方案 4 和方案 10 中后燃风喷入速度为 148.2m/s，后燃口位置分别处于烟道高度的 3/4 和 1/4 处，这两种方案中烟道内后 4 个平面的相关系数比较高(速度为 148.2m/s 的方案相关系数的计算是用未通入后燃风的烟气速度分布和通入后燃风后的氧气浓度分布，因为后燃风速度远高于烟气速度而导致烟气速度分布不能真实反映实际的烟气分布)，但是第一个平面上的值为负值，代表烟气速度和氧气浓度分布没有重合，并且从烟气流线可以看出，速度为 148.2m/s 的烟气动量比较大，烟气通入烟道后没有立即发生扩散，而是往前运行一小段距离后才开始扩散，这样就浪费了烟气的通入段，并且 148.2m/s 对于后燃气泵也是一个挑战。因此，速度为 148.2m/s 的状况不适合。为了增大烟气和后燃风的接触时间及接触面积，从图 7.40 中分析，后燃口的位置应该处于旋风分离器中心筒出口处的一小段距离内。图 7.44 中列出了后燃口位于烟道高度 1/2、2/3、1/3、1/4 处的各种设置状况，考虑后燃口数量(3 个、4 个、6 个)、后燃口之间角度(18°、36°)、

后燃口安排范围(90°、180°)和后燃口设置形式(均匀分布一条线，上下错落分布)等影响因素。考虑到工程环境、加工工艺等因素，后燃口数量不宜过多。为了使烟气在烟道内充分燃烧而不发生在尾部烟道内，要求各平面相关系数相对较大，尤其要求第一个平面即后燃风充入段的值比较大，因为前段气体燃烧释放的热量有助于后段的燃烧。综合考虑，方案 7(即 6 个后燃口均匀分布在烟道入口处，具体设置见图 7.45(a))、方案 8(即 4 个后燃口均匀分布在烟道入口处，具体设置见图 7.45(b))和方案 22(即 4 个后燃口位于烟道高度 1/4 处，之间夹角为 36°，集中在中心两侧，另两个后燃口位于烟道入口处，夹角也是 36°，且交错位于上面烟道的中间位置，具体设置见图 7.45(c))，后燃口设置能够提供较好的后燃效果。

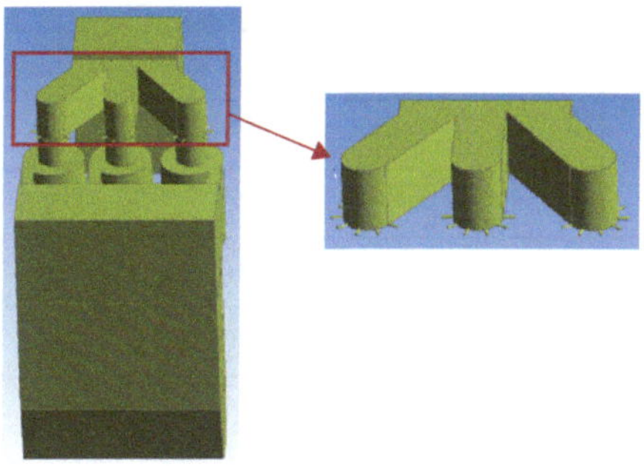

(a) 方案7的后燃口设置

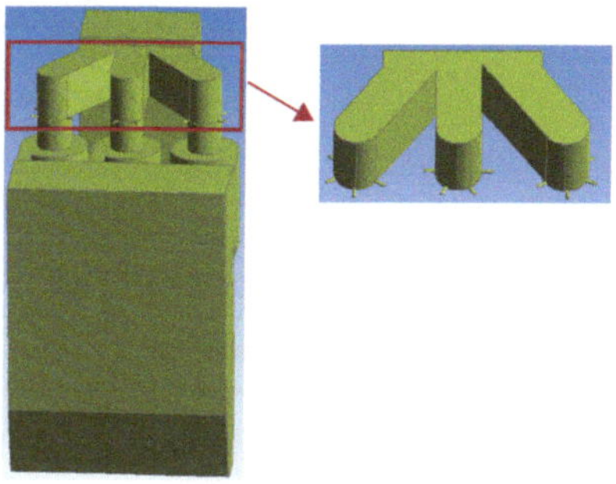

(b) 方案8的后燃口设置

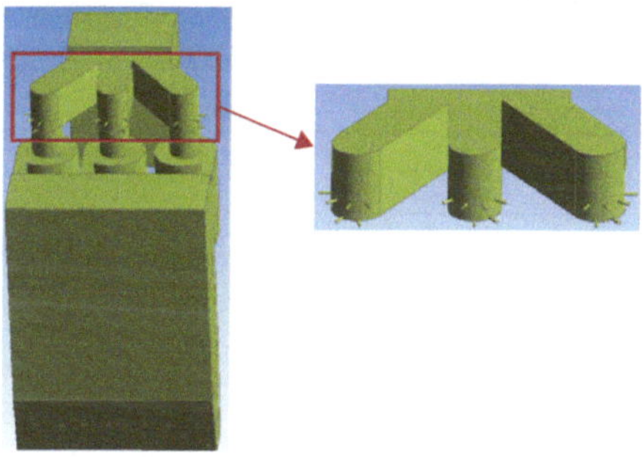

(c) 方案22的后燃口设置

图 7.45　满负荷下优化的三种后燃口设置

7.4.5　70%负荷情况下后燃优化配风数值计算结果分析

70%负荷情况下，锅炉的烟气量为满负荷的 70%，同时后燃风量也为满负荷的 70%，计算的边界条件如表 7.23 所示。

满负荷情况下，方案 7、方案 8 和方案 22 具有比较好的烟气速度和后燃风氧气浓度相关系数，降负荷为 70%，意味着烟气量降为满负荷时的 70%，同时后燃风也降为 70%。对于后燃风的降低有两种方法：①降低所有后燃口的后燃气量 30%；②保持后燃风的速度，但是关闭某一个(一个分离器具有 4 个后燃口的方案)或者某两个后燃口(一个分离器具有 6 个后燃口的方案)，具体关闭哪一个或者哪两个后燃口需要重新进行考虑。

表 7.23　70%负荷情况下计算边界条件

条件参数		数值
当地大气压力/Pa		88259.85
炉膛边界条件	烟气温度/K	1143
	烟气入口流速/(m/s)	3.31
	二次风流速/(m/s)	49
	二次风口数量	两侧各 16 个
	烟气成分及含量(体积分数)	CO_2(16.3%)，N_2(72.6%)，O_2(1.1%)，H_2O(10%)
旋风分离器后燃风边界条件	后燃风总量/(m^3/s)	35.5
	后燃风温度/K	473
	分离器数量	3
	后燃风喷口数量	18/12
	后燃风喷口直径	根据后燃风喷口数量变化
	后燃风成分及含量(体积分数)	N_2(79%)，O_2(21%)

保持后燃口的数量与满负荷时相同，将每个后燃口的后燃风量降低为原来的 70%，中间烟道内平面上的烟气速度分布云图和氧气浓度分布云图见图 7.46。由于烟气量同时降为 70%，这种状况下，烟气的运动轨迹、运动模式和后燃风的运动轨迹与满负荷下相应情况基本一致。相应的烟气速度和氧气浓度相关系数列在表 7.24 中，与对应的满负荷

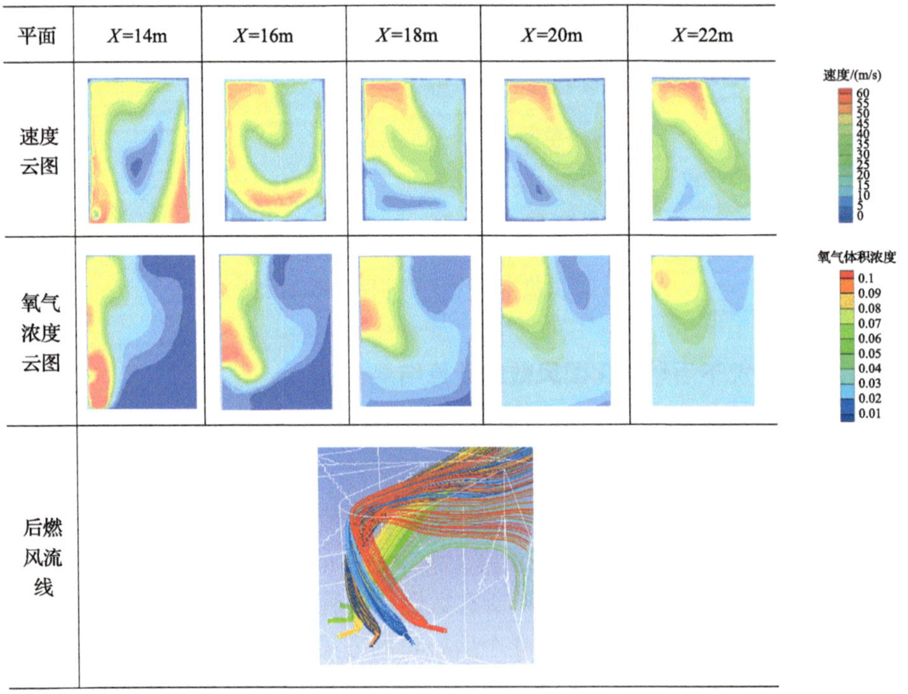

(a) 方案7(后燃风喷入速度70m/s)

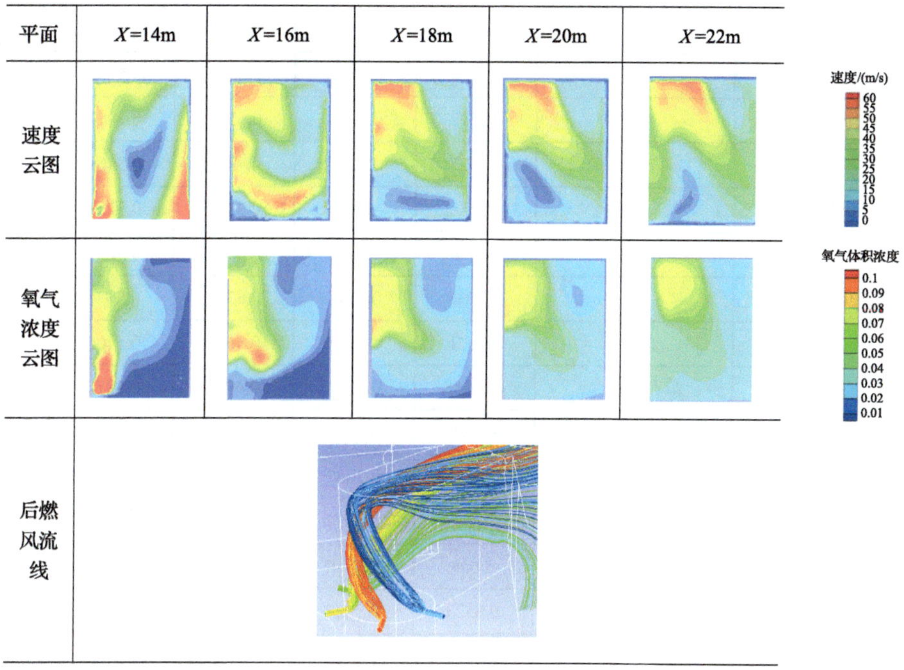

(b) 方案8 (后燃风喷入速度70m/s)

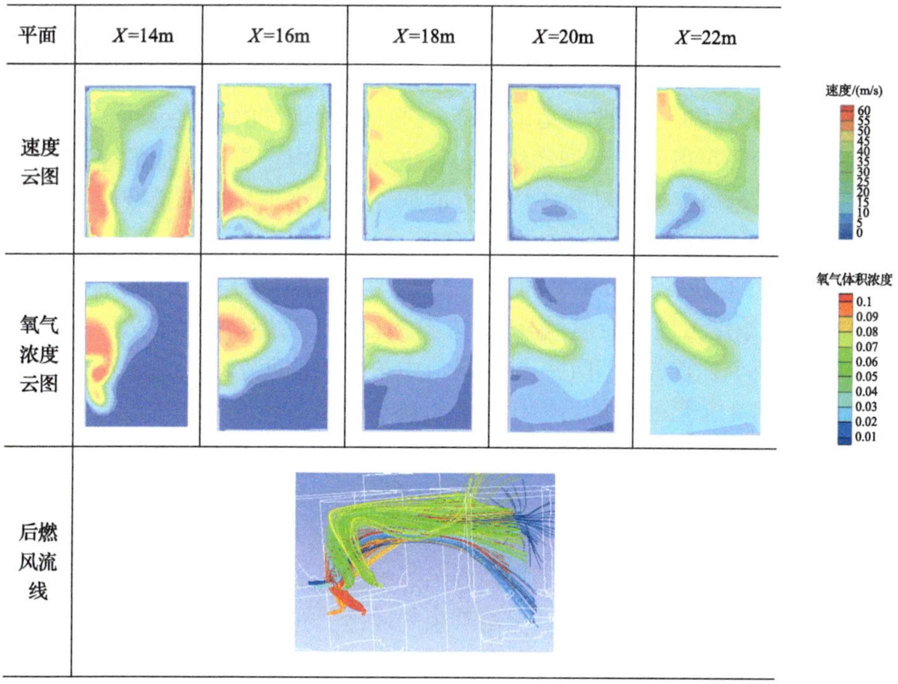

(c) 方案24 (后燃风喷入速度70m/s)

图 7.46　70%负荷时的烟气速度云图、氧气浓度云图和后燃风流线

表 7.24　70%负荷三种方案中间烟道平面对应的相关系数

方案	后燃口数量	关闭后燃口位置	r@X=14m	r@X=16m	r@X=18m	r@X=20m	r@X=22m
7	6	无	0.2364	0.3729	0.6297	0.5962	0.6847
7_70	6	无	0.2517	0.3876	0.6242	0.5967	0.6747
7_70_1	4	最外侧两个	0.1327	0.2195	0.4967	0.3469	–0.1629
7_70_2	4	最右侧两个	–0.1906	–0.0129	0.3717	0.3253	–0.1339
7_70_3	4	最左侧两个	–0.1846	0.2886	0.6206	0.5207	0.0819
8	4	无	0.2565	0.3172	0.6391	0.5636	0.6318
8_70	4	无	0.2671	0.3215	0.6533	0.5960	0.6599
8_70_1	3	最左侧一个	–0.1988	0.3534	0.4952	0.4972	0.4498
8_70_2	3	最右侧一个	–0.0676	0.0996	0.3478	0.2824	0.0485
22	6	无	0.2261	0.2067	0.5925	0.6554	0.7089
22_70	6	无	0.2576	0.2457	0.6146	0.6589	0.7093
22_70_1	4	最右侧两个	0.069	0.1119	0.5248	0.4722	0.2813
22_70_2	4	1/4 处最左侧两个	0.3323	0.3827	0.6497	0.6224	0.6810

方案的值也基本一致。

实际中有可能需要通过关闭某些后燃口来实现 70%的负荷，此时烟气的速度随烟气总量的降低而降低，而后燃风的速度则保持为满负荷下的值，导致后燃风进入烟道内的动量与烟气的动量之比要大于满负荷情况下的两者之比，后燃风进入烟道内会沿着喷入方向运行一小段距离后扩散、改变运动轨迹，进而沿着烟气的轨迹运动。从无后燃口模型平面 1 的速度云图可以看出，烟气从中心管进入烟道内，靠近壁面的速度高于位于中心的速度，那么后燃风改变运动轨迹位置处的烟气速度小于靠近烟道壁面处的速度，后燃风的运动轨迹将与满负荷下的运动轨迹不同。

图 7.47 中列出了方案 7、方案 8 和方案 22 关闭某后燃口方案的中间烟道内平面上烟气速度云图、氧气浓度云图和后燃风流线。方案 7 有 6 个后燃口，为了达到 70%的负荷，需要关闭其中的两个，首先关闭了一排后燃口中最外侧的两个后燃口，从云图和运动轨迹可以看出，中间 4 个后燃口的后燃风运动轨迹与满负荷状况下相比没有很大的改变，后燃风主要集中在烟道的中间区域，远离烟道的壁面，与烟气的速度云图分布不一致，这就导致烟气速度和氧气浓度两者的相关系数降低，不利于混合、燃烧。但同时也可以得出中间位置后燃口的后燃风运动轨迹改变相对较小。为了使后燃风的分布与烟气的速度分布相吻合，尤其是高速度处，需要调整后燃风的运动方向。第二种调整方案是关闭烟气速度小一侧紧邻的两个后燃口，保留其余的 4 个，但是由于后燃风动量与烟气动量之比增大，后燃风的运动轨迹改变，尤其是最左侧后燃口的后燃风方向，完全与满负荷下的运动方向相反，这样烟气速度和后燃风氧气浓度的相关系数就远低于满负荷下的值。第三种调整方案是关闭烟气速度大的一侧紧邻的两个后燃口，将第二种方案中关闭的口开放，利用后燃风的动量使其运动到对侧，与高烟气速度处吻合，尽管这种调整能使后

燃风的高氧气浓度集中在烟气速度高的一侧，但是后燃风的方向改变并沿着烟气运行方向速度降低，其运动轨迹不能到达烟道的顶部。

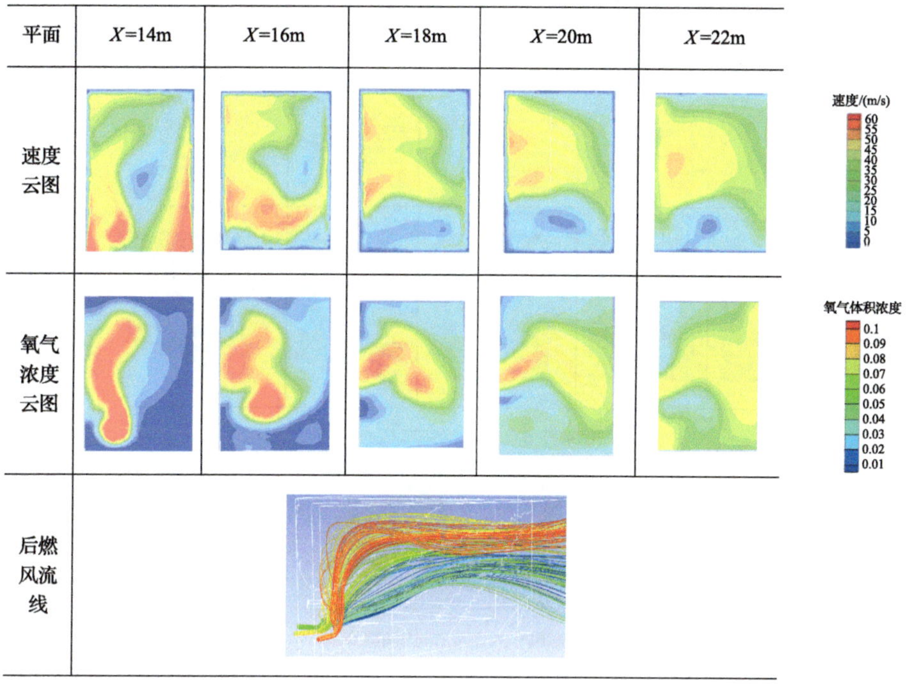

(a) 方案7(后燃风喷入速度70m/s调整1)

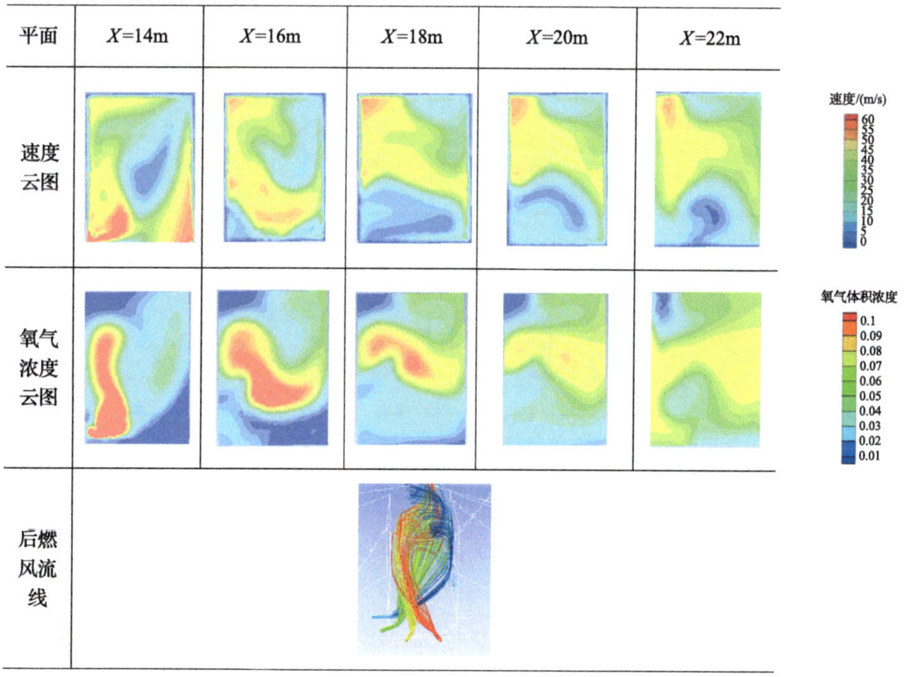

(b) 方案7(后燃风喷入速度70m/s调整2)

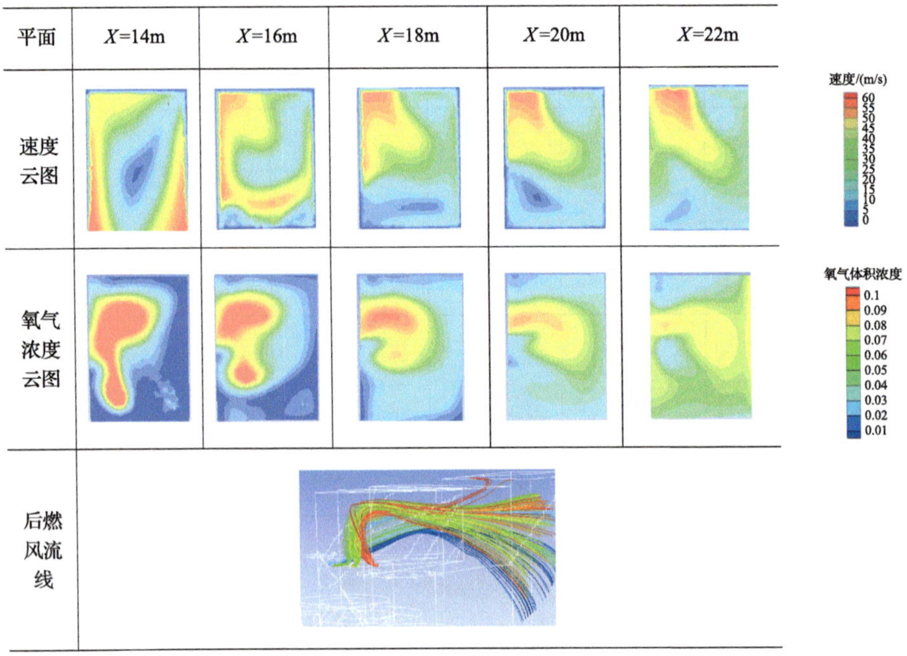

(c) 方案7(后燃风喷入速度70m/s调整3)

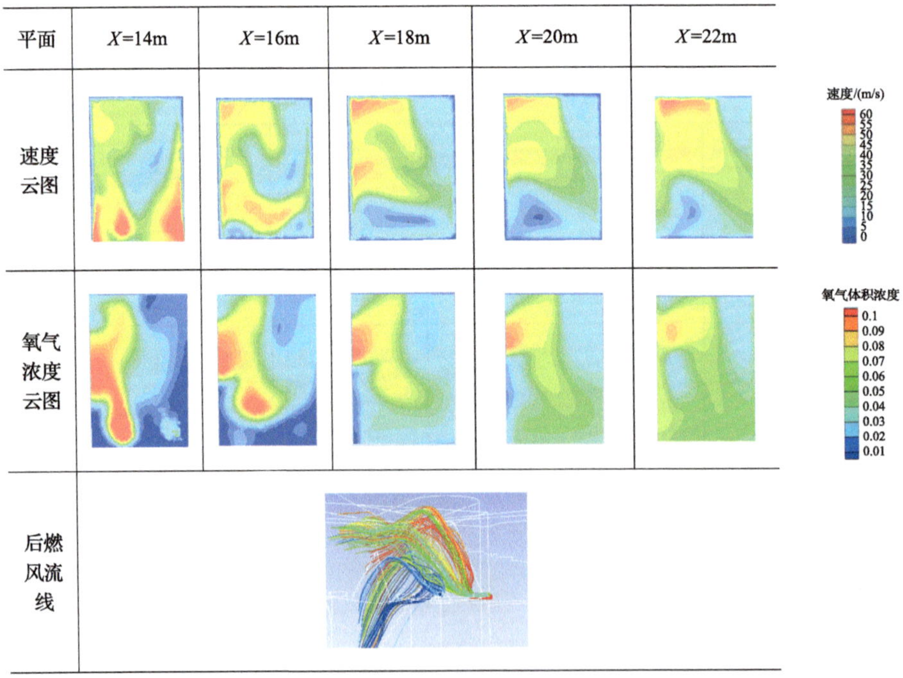

(d) 方案8(后燃风喷入速度70m/s调整1)

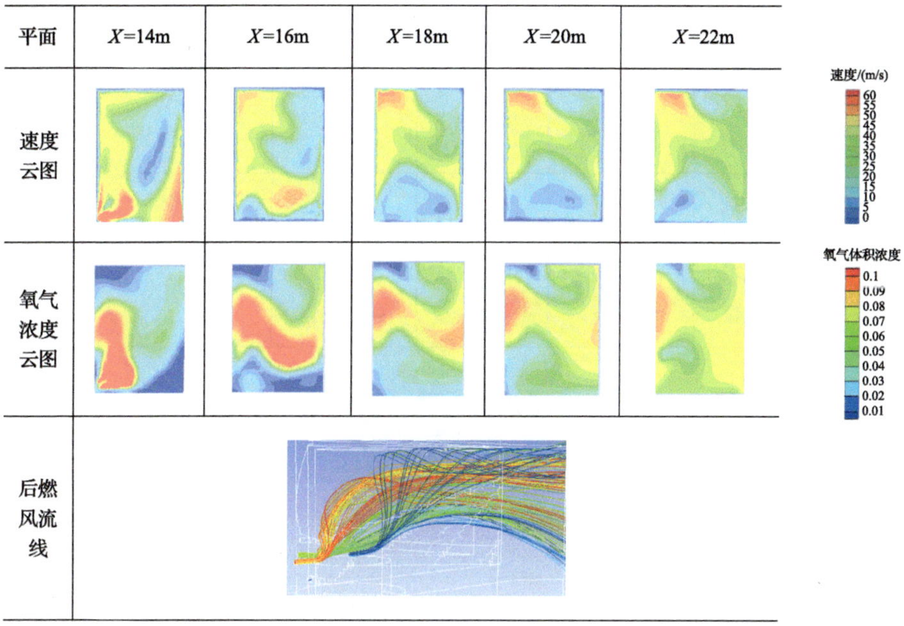

(e) 方案8(后燃风喷入速度70m/s调整2)

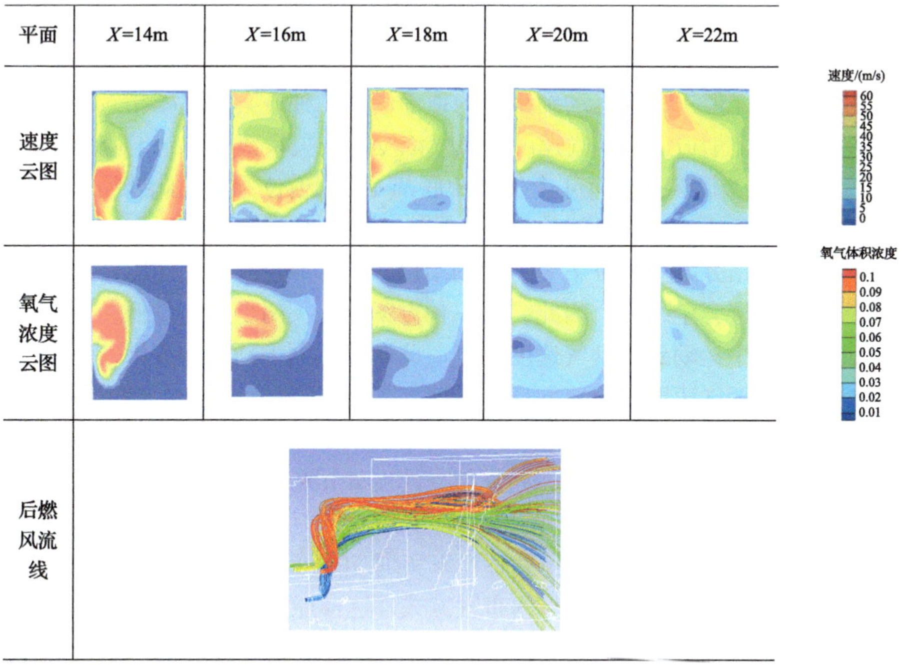

(f) 方案22(后燃风喷入速度70m/s调整1)

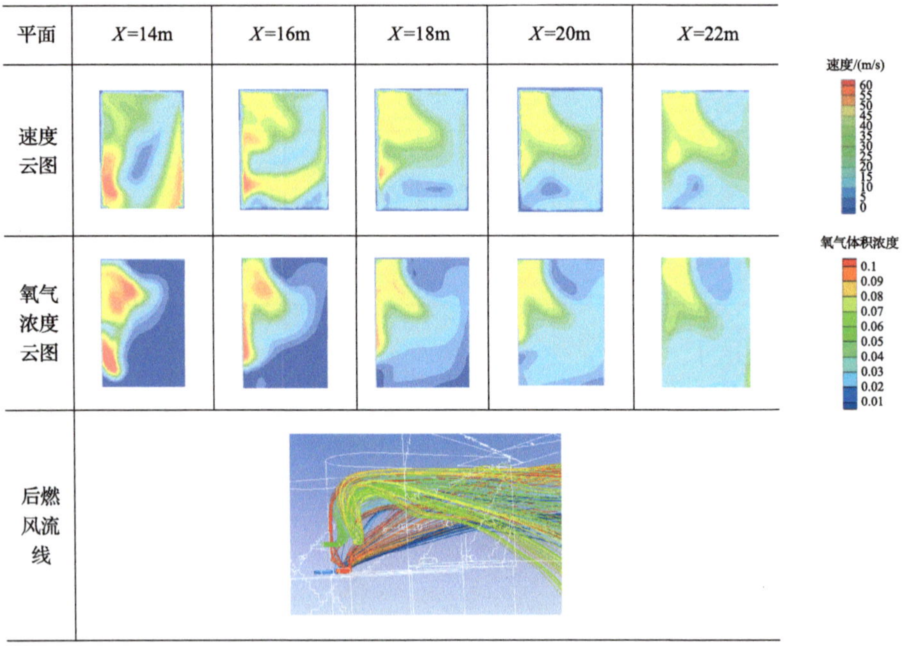

(g) 方案22(后燃风喷入速度70m/s调整2)

图 7.47　方案 7、方案 8 和方案 22 速度云图、氧气浓度云图、后燃风流线

方案 8 中有 4 个后燃口，只需关闭其中的一个即可达到烟气量的 70%左右，根据方案 7 中得出的规律，首先关闭烟气速度高一侧的后燃口，得到相似的结果，后燃风集中在高烟气速度一侧，但是无法运动到烟道的顶部。第二种方案是关闭相对的后燃口，导致后燃风扩散到整个烟道内，烟气速度和氧气浓度的相关系数也降到了最低。

方案 22 中，6 个后燃口中有 4 个位于距底部 1/4 烟道位置处，此处喷入的后燃风运动轨迹与位于底部喷入的后燃风运动轨迹有所不同，而位于底部的后燃口的位置不在高烟气速度一侧。根据方案 7 和方案 8 得到的结论，只有靠近高烟气速度一侧的后燃口充入的后燃风运动轨迹完全改变。因此，第一种方案就是关闭烟气速度低一侧的上下两个后燃口，使烟气集中运动到高烟气速度一侧，此调整达到了预期的效果，但是烟气仍然不能到达烟道顶部烟气速度高的地方。第二种方案是关闭距底部 1/4 烟道处高烟气速度一侧的两个后燃口，保持其余的后燃口开放。此方案中所有后燃口中后燃风的运动方向都沿着烟气轨迹运动到高速度一侧，并且与高速度处相吻合，得到的相关系数与满负荷下的相一致。

因此，3 种方案中如果通过关闭后燃口来实现 70%负荷而同时保持高的混合和燃烧效果，建议采用方案 22(图 7.45(c))的布置方式，这样能保证满负荷和 70%负荷两种情况下都能达到比较好的效果。

7.4.6　55%负荷情况下后燃优化配风数值计算结果分析

55%负荷情况下，锅炉的烟气量为满负荷的 55%，同时后燃风量也为满负荷的 55%，计算的边界条件如表 7.25 所示。

表 7.25 55%负荷情况下计算边界条件

条件参数		数值
当地大气压力/Pa		88259.85
炉膛边界条件	烟气温度/K	1113
	烟气入口流速/(m/s)	2.78
	二次风流速/(m/s)	38.5
	二次风口数量	两侧各 16 个
	烟气成分及含量(体积分数)	CO_2(16.3%), N_2(72.6%), O_2(1.1%), H_2O(10%)
旋风分离器后燃风边界条件	后燃风总量/(m^3/s)	27.885
	后燃风温度/K	473
	分离器数量	3
	后燃风喷口数量	18
	后燃风喷口直径/mm	200
	后燃风成分及含量(体积分数)	N_2(79%), O_2(21%)

70%负荷情况下，方案 22 在同时降低每个后燃口通入的后燃风或者关闭 6 个后燃口中的某特定两个，均能够达到良好的后燃效果。因此，55%负荷的情况就在此方案的基础上进行优化。

负荷降为 55%，意味着烟气量降为满负荷时的 55%，同时后燃风也相应地降为原来的 55%。与 70%负荷情况类似，55%负荷时，后燃风的降低有两种方法：①所有后燃口的后燃风量同时降低 45%；②保持后燃风的速度，关闭其中三个后燃口。

保持后燃口的数量不变，将每个后燃口的后燃风量同时降为满负荷时的 55%，烟道内平面上的烟气速度云图和氧气浓度云图见图 7.48。由于烟气量同时降为 55%，

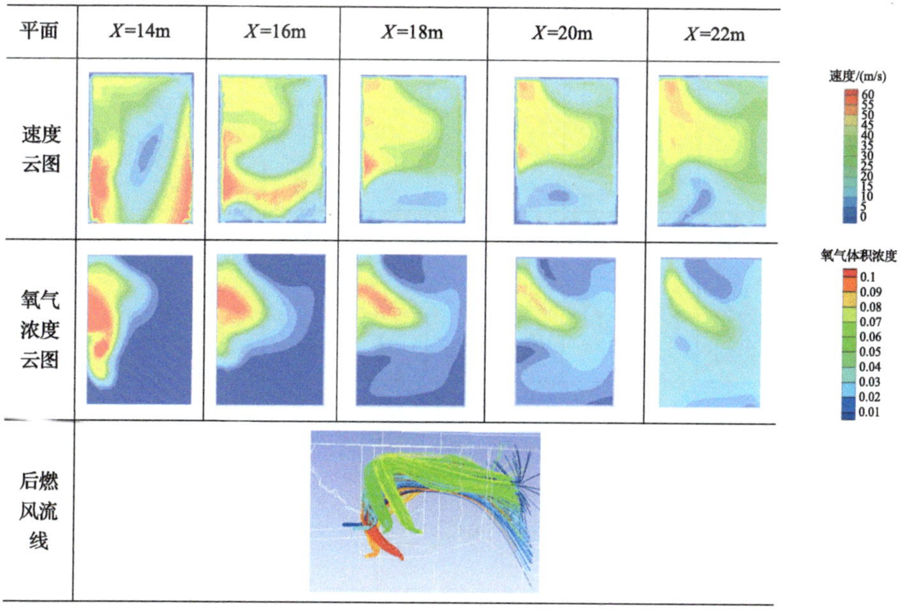

图 7.48 55%负荷时速度云图、氧气浓度云图和后燃风流线

这种状况下，烟气的运动轨迹、运动模式和后燃风的运动轨迹与满负荷下相应情况基本一致。相应的烟气速度和氧气浓度相关系数列在表 7.26 中，与对应的满负荷方案的值基本一致。

表 7.26　55%负荷后燃三种方案中间烟道平面对应的相关系数

方案	后燃口数量	关闭后燃口位置	$r@X$=14m	$r@X$=16m	$r@X$=18m	$r@X$=20m	$r@X$=22m
22	6	无	0.2261	0.2067	0.5925	0.6554	0.7089
22_55	6	无	0.2389	0.2372	0.5836	0.6451	0.6986
22_55_1	6	距底部 1/4 高度处最左侧三个	–0.1203	0.1509	0.1755	–0.0215	0.0142
22_55_2	6	距底部 1/4 高度处最左侧两个和底部最左侧一个	0.0994	0.3017	0.5141	0.4296	0.5963

实际中也可能需要通过关闭某些后燃口来实现 55%的负荷。此时，烟气的速度随烟气总量的降低而降低，而后燃风的速度保持为满负荷下的值，导致后燃风进入烟道内的动量与烟气的动量之比要大于满负荷情况下的两者之比。后燃风进入烟道内会沿着喷入方向运行一段距离然后扩散、改变运动轨迹，进而沿着烟气的轨迹运动，这样导致后燃风的运动轨迹与满负荷下的运动轨迹不同。

根据 70%负荷情况下得到的结论，为了使后燃风的运动方向沿着烟气轨迹运动到高速度一侧，并且与高速度所处位置相吻合，可以关闭高烟气速度一侧距底部 1/4 烟道高度处的 3 个后燃口或者关闭高烟气速度一侧距底部 1/4 烟道高度处的 2 个后燃口和底部的 1 个后燃口。图 7.49 列出了这两种方案中间烟道内平面上烟气速度云图、氧气浓度分

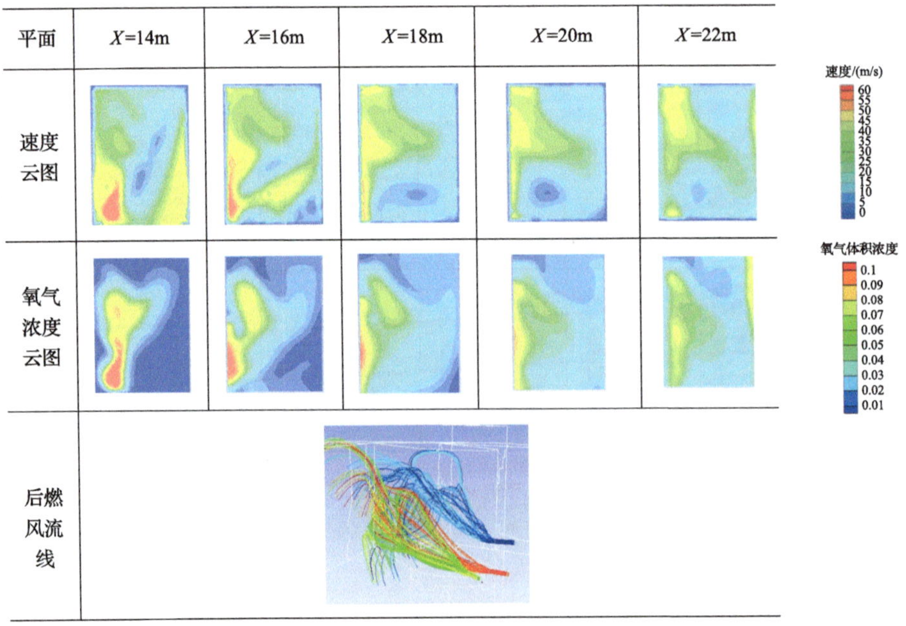

(a) 方案22(55%负荷调整1)

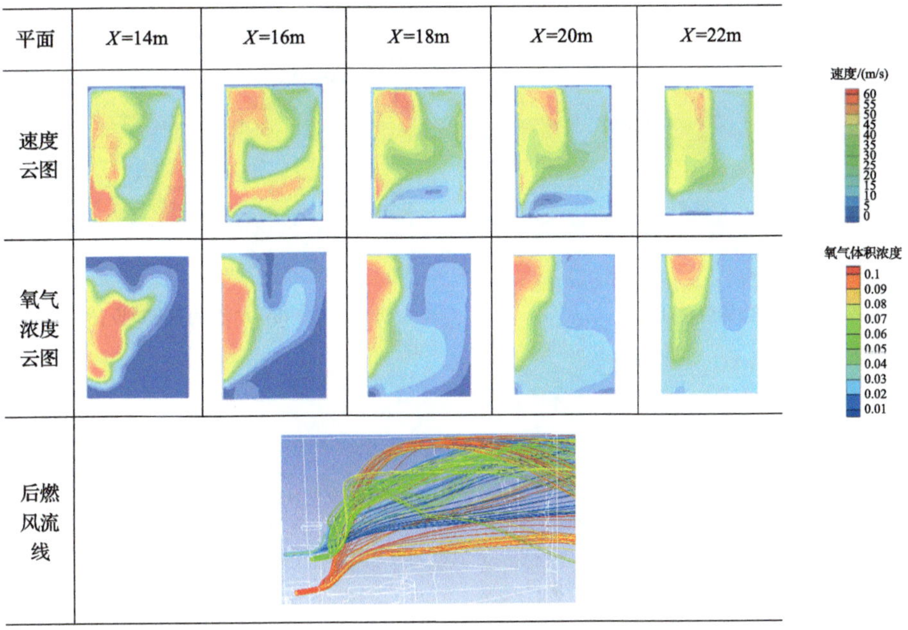

(b) 方案22(55%负荷调整2)

图 7.49 方案 22 速度云图、氧气浓度云图、后燃风流线

布云图和后燃风流线，表 7.26 列出了相对应的烟气速度和氧气浓度相关系数。

方案一中后燃风运动轨迹达不到高烟气速度所处的位置，导致烟气速度和氧气浓度的相关系数小；方案二中后燃风运动轨迹与烟气速度匹配相对比较好，但还是不能达到满负荷时的状态。比较两种方案，相对于方案一中距底部 1/4 烟道高度位置处被关闭的 3 个后燃口中靠近低烟气速度处的后燃口位置，方案二中底部被关闭的后燃口更靠近高烟气速度一侧，因此结论与 70%负荷情况的结论相同，关闭高烟气速度一侧的后燃口可以相对有效地实现后燃效果。

因此，为了保持与满负荷时的后燃效果一致，方案 22 可以通过同时降低每个后燃风喷口的后燃风速度为满负荷的 55%来有效实现 55%负荷下的后燃。

因此，根据上述三种情况，在满负荷情况下，方案 7、方案 8 和方案 22 均能够提供较好的烟气和后燃风的掺混效果。方案 7 中后燃口数量为 6，之间夹角为 36°，布置于出口烟道底部，具体的布置见图 7.50(a)；方案 8 中后燃口数量为 4，之间夹角为 60°，布置于出口烟道底部，具体的布置见图 7.50(b)；方案 22 中后燃口数量为 6，分两行布置，第一行位于烟道高度 1/4 处，之间夹角为 36°，集中在半圆形壁面中心两侧，第二行两个后燃口位于烟道入口处，之间夹角为 36°，远离旋风分离器入口位置且交错位于第一行后燃口之间，具体的布置见图 7.50(c)。在非满负荷情况下，开放所有后燃口，同时降低后燃风量，方案 7、方案 8 和方案 22 在 50%负荷或 70%负荷时均能够达到与满负荷时相同的掺混效果。若仅开放部分后燃口，在 70%负荷情况下，只有方案 22 能够达到与满负荷时相同的掺混效果，方案 5 和方案 8 无法达到相应的掺混效果；而在 55%负荷下，这三个方案均无法达到相应的掺混效果。

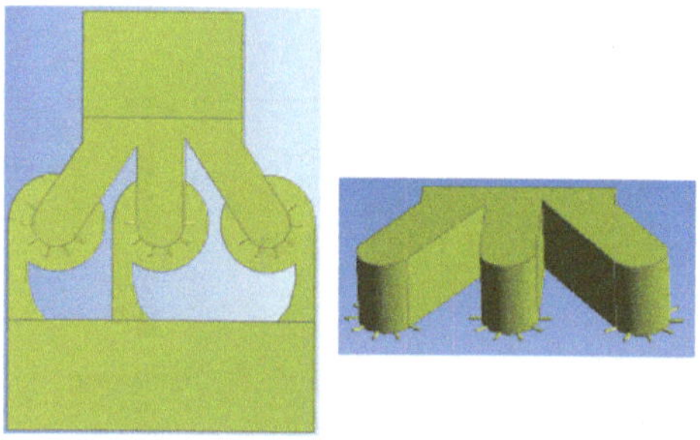

(a) 方案7的后燃口设置

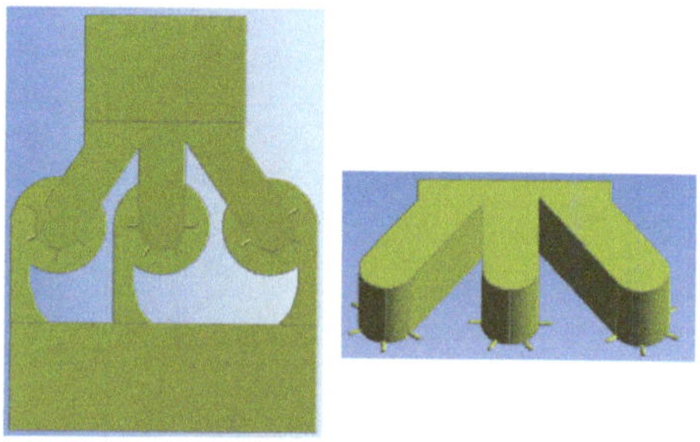

(b) 方案8的后燃口设置

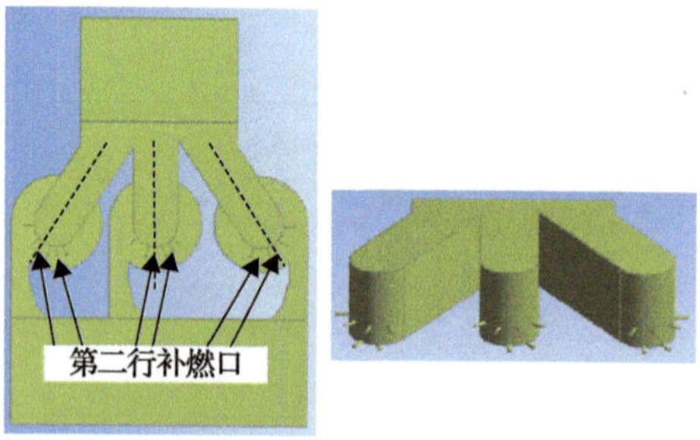

(c) 方案22的后燃口布置

图 7.50　不同负荷均能达到较好掺混效果的后燃口布置

7.4.7　小结

运用 FLUENT 软件对全尺度、包含炉膛、旋风分离器、旋风分离器出口烟道、尾部烟道的 300MW 亚临界循环流化床锅炉进行冷态数值模拟仿真，设计优化出口烟道后燃口的布置方案，得出以下结论：

(1) 1∶1 尺度结构不同位置的旋风分离器入口段气相流量分配均匀。

(2) 旋风分离器出口烟道内颗粒灰量很小，可以忽略不计，数值计算只考虑气相。

(3) 烟道内烟气速度分布和后燃风的氧气浓度分布应该尽量保持一致，并且应该保证烟道前段的烟气速度和氧气浓度分布的相关系数尽量大，可使前段燃烧释放的热量有助于后段燃烧的发生。

(4) 后燃口的设置需要综合考虑实际的工程环境和工艺等因素，本锅炉中的后燃口设置被限定在靠近旋风分离器的出口烟道的半圆形壁面上。

7.5　本 章 小 结

通过数值模拟对不同尺度循环流化床锅炉（75t/h，450t/h，300MW）进行气固流动的数值模拟仿真，设计优化出口烟道上后燃风喷口的布置方案，得出以下结论：

(1) 1∶1 尺度结构不同位置的旋风分离器入口段气相流量分配均匀。

(2) 旋风分离器出口烟道内颗粒灰量很小，可以忽略不计，数值计算只考虑气相。

(3) 为了使此烟道内烟气中的可燃成分充分燃烧，通入的后燃风中氧气浓度应该尽可能遵循一致的分布。

(4) 烟道内烟气速度分布和后燃风的氧气浓度分布应该尽量保持一致，并且应该保证烟道前段的烟气速度和氧气浓度分布的相关系数尽量大，可使前段燃烧释放的热量有助于后段燃烧的发生。

(5) 后燃风喷口的设置需要综合考虑实际工程环境和工艺等因素的影响。

(6) 后燃风垂直通入中心筒内能达到良好的后燃效果，且后燃风需要足够的动量通过边界层，到达烟气的高速度区域。

(7) 为了达到最佳的后燃效果，后燃风喷口的布置应该具体情况具体分析。

第 8 章

循环流化床高温后燃超低NO_x燃烧技术工程应用

8.1　75t/h 煤泥循环流化床高温后燃超低NO_x燃烧技术

8.1.1　锅炉基本设计条件

1. 锅炉型式

锅炉型式：中温中压蒸汽参数、单汽包自然循环、高温绝热旋风分离器型式的循环流化床锅炉。

2. 锅炉主要参数

75t/h 煤泥循环流化床锅炉主要性能参数见表 8.1。

表 8.1　75t/h 煤泥循环流化床锅炉主要性能参数

项目	单位	数值
锅炉额定蒸发量	t/h	75
额定蒸汽压力	MPa(g)	3.82
额定蒸汽温度	℃	450
给水温度	℃	120

3. 锅炉主要性能指标

75t/h 煤泥循环流化床锅炉主要性能指标见表 8.2。

表 8.2　75t/h 煤泥循环流化床锅炉主要性能指标

项目	单位	数值
锅炉设计效率(按设计煤种低位发热量)	%	89.4
锅炉设计效率(按校核煤种低位发热量)	%	90.54
NO_x原始排放	mg/Nm^3	≤100

4. 锅炉煤质分析

锅炉燃用煤泥液体燃料，设计燃料的元素分析与工业分析见表 8.3。

表 8.3　75t/h 煤泥循环流化床锅炉设计燃料的元素分析与工业分析

名称	符号	单位	设计
收到基碳	C_{ar}	%	32.95
收到基氢	H_{ar}	%	2.32
收到基氧	O_{ar}	%	5.44
收到基氮	N_{ar}	%	0.57
收到基硫	S_{ar}	%	0.38
收到基灰分	A_{ar}	%	26.34
收到基水分	$M_{t,ar}$	%	32.00
可燃基挥发分	V_{daf}	%	39.23
收到基低位发热量	$Q_{net,ar}$	kcal/kg①	2880

①1kcal=1000cal=4.1868×10^3J。

校核燃料的元素分析与工业分析结果见表 8.4。

表 8.4　75t/h 煤泥循环流化床锅炉校核燃料的元素分析与工业分析

名称	符号	单位	设计
收到基碳	C_{ar}	%	44.10
收到基氢	H_{ar}	%	3.06
收到基氧	O_{ar}	%	6.34
收到基氮	N_{ar}	%	0.81
收到基硫	S_{ar}	%	0.60
收到基灰分	A_{ar}	%	25.00
收到基水分	$M_{t,ar}$	%	20.09
可燃基挥发分	V_{daf}	%	39.10
收到基低位发热量	$Q_{net,ar}$	kcal/kg	4009

8.1.2　锅炉总体布置

1. 整体概述

本方案为中温中压蒸汽参数、单汽包自然循环、全钢架支吊结合的循环流化床锅炉。锅炉采用高温绝热旋风分离器进行气固分离，运转层标高为 7000mm。锅炉正视图见图 8.1，俯视图见图 8.2，总貌见图 8.3。

锅炉本体钢架由三跨组成：第一跨布置炉膛，第二跨布置高温绝热旋风分离器和返料器，第三跨布置尾部烟道受热面。

锅炉采用全膜式水冷壁结构，炉膛底部为水冷布风板和水冷风室；在与床下水冷风室相连的一次风道上布置两台点火油燃烧器。

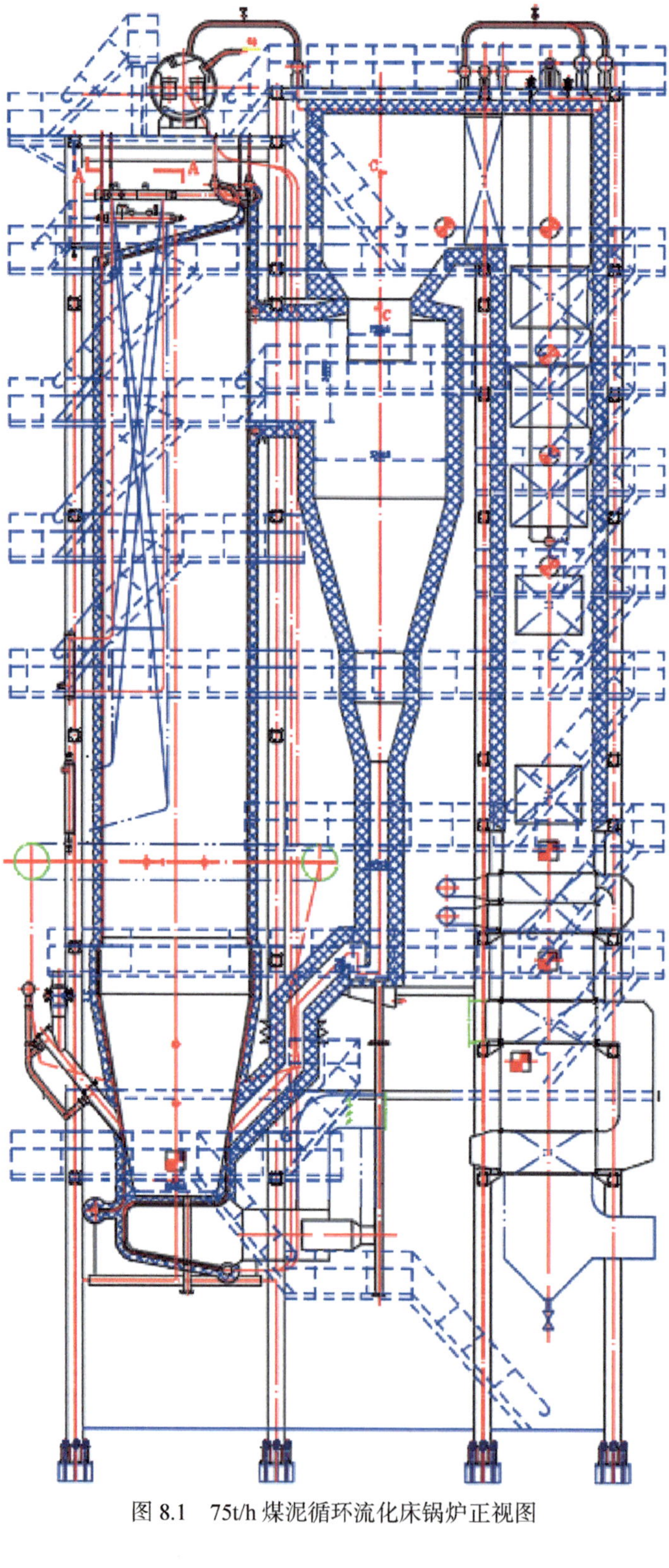

图 8.1　75t/h 煤泥循环流化床锅炉正视图

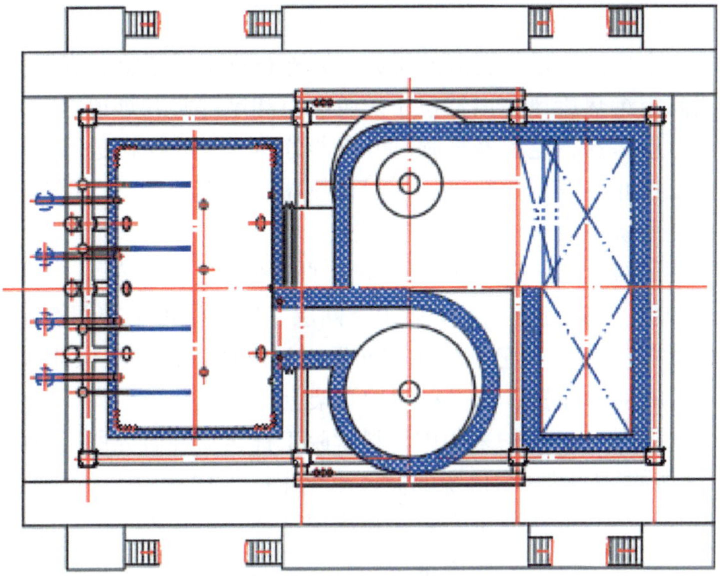

图 8.2　75t/h 煤泥循环流化床锅炉俯视图

图 8.3　75t/h 煤泥循环流化床锅炉总貌

锅炉采用炉膛前墙水冷壁中下部的 3 个煤泥口将煤泥均匀给入炉膛，采用位于炉膛底部布风板上的 2 个排渣口进行底渣的排放，另外布置 1 根紧急放渣管。

两台蜗壳式高温绝热旋风分离器位于炉膛出口和尾部竖井烟道之间，每个旋风分离器的下方布置一台返料器，返料器将旋风分离器分离下来的物料送回炉膛。

尾部竖井中依次布置高温过热器、低温过热器、省煤器和空气预热器。水平烟道采用绝热结构，过热系统中设有一级喷水减温器。

锅炉炉膛采用两级配风：一次风从炉膛底部布风板进入炉膛，二次风从炉膛前后墙下部分两层进入炉膛。通过独立控制炉膛上下两层二次风量可精准调整锅炉的燃烧工况，保证较低的 NO_x 排放。在旋风分离器出口布置有后燃风，进一步保证锅炉的燃烧效率。

锅炉整体呈左右对称布置，支吊在锅炉钢架上。

为实现低 NO_x 排放，该锅炉采用中国科学院工程热物理研究所开发的新一代低氮燃烧技术，即“高温后燃技术”。与传统的循环流化床锅炉技术相比，高温后燃技术将锅炉炉膛出口的过量空气系数维持在 1 左右，从而保证整个炉膛处于弱还原性气氛，使得炉膛内少生成甚至不生成 NO_x，炉膛内维持相对较高的温度，促进燃料在炉膛内能够充分地燃烧。对于未燃尽的焦炭颗粒和烟气中的 CO 等可燃成分，在旋风分离器出口通入一股后燃风，促进其充分燃尽。

2. 锅炉汽水系统

锅炉给水首先进入省煤器进口集箱，经过水平布置的二级错排布置的光管省煤器，汇集到省煤器的出口集箱，由引出管接入汽包。在启动阶段，省煤器再循环系统可将汽包内的水直接引至省煤器进口集箱，从而保护省煤器。

锅炉采用自然循环，汽包内的锅水由分散下降管分配到炉膛的膜式水冷壁下集箱，经炉膛膜式水冷壁加热后成为汽水混合物，随后经上集箱、汽水引出管引入汽包进行汽水分离。被分离出来的水进入汽包水空间，进行再循环。

分离出来的饱和蒸汽从汽包顶部的蒸汽连接管引至过热器悬吊管的上集箱，经过热器悬吊管后汇集到过热器悬吊管下集箱，随后进入低温过热器、喷水减温器、高温过热器，最后将合格的过热蒸汽引向汽机。

过热器系统采用调节灵活的喷水减温作为汽温调节和保护受热面管子的方法，过热器系统设一级喷水减温器，布置在低温过热器出口和高温过热器进口的管道上。

3. 锅炉烟风系统

锅炉采用平衡通风，炉膛出口处烟气压力为–100Pa。

锅炉燃烧用空气采用三级配风。

第一级配风为炉膛底部一次风，一次风经空气预热器升温至 150℃后，由风道引入炉膛下部的水冷风室，经过布风板上的风帽进入炉膛。

第二级配风为炉膛下部二次风，二次风经空气预热器预热至 150℃后分为两路：第一路引出 9 个支管，经从炉膛前后墙上层二次风喷口进入炉膛；第二路引出 7 个支管，经炉膛前后墙下层二次风喷口进入炉膛。

第三级配风为旋风分离器出口后燃风：空气预热器出口二次风道引出后燃风母管，并引至两个旋风分离器出口，再分 8 个支管分别引入 8 个后燃风喷口进入旋风分离器出口烟道。

一次风量由一次风机提供，炉膛前后墙上下两层二次风喷口风量及后燃风量由二次风机提供，两个返料器所需的高压流化风由高压流化风机提供。布风板下的一次风室风压为 7～9kPa，二次风箱内的风压为 4～6kPa。运行中可以通过调节一、二次风与后燃风的风量配比来控制炉膛出口的 NO_x 排放。

煤泥在炉膛内燃烧后产生的高温烟气和飞灰离开旋风分离器，流经尾部竖井内的对流受热面，然后经除尘系统、引风机，进入烟囱，排向大气。

8.1.3 锅炉主要技术特点

1. 新型内嵌逆流柱型风帽技术

针对煤泥细颗粒难以均匀流化的特点，采用优化设计的新型内嵌逆流柱形风帽，由于其独特的结构设计，既解决了传统风帽漏渣磨损的问题，同时又具有布风均匀、耐磨性好、检修维护方便等优点，还具有很强的防漏渣功能。

2. 炉膛均匀进风与布风技术

为了改善炉膛轴向与径向的温度分布均匀性，采用后墙两点均匀进风、水冷布风板等压风室与炉膛布风板分区布风技术，保证了炉膛一次风进风与布风的均匀性，解决了因炉膛温度分布不均匀而带来的污染物超标问题。

3. 高效气固分离技术

采用专门针对煤泥细颗粒的两个蜗壳式绝热旋风分离器，可高效捕捉烟气中未燃尽的煤泥细小颗粒，分离效率高，使循环物料量得到可靠保证。绝热旋风分离器合理的内部设计使其具有磨损轻、阻力低、可靠性好、效率高的特点。

4. U 型自平衡返料技术

采用非机械式的 U 型自平衡返料器，针对煤泥细颗粒，料位具有自平衡能力，同时又可防止烟气反窜；返料风由专门的高压流化风机提供，使物料顺利返回炉膛，保证物料稳定输送。采用返料器二区控制技术，解决了返料不畅的问题。

5. 预知防磨专利技术

为了保证锅炉长周期可靠运行，采用水冷壁垂直让管专利技术，解决了炉膛水冷壁的磨损问题。针对极易发生磨损的部位，采用预知防磨部位、主动设防的原则，在一些极易发生磨损的部位采用带销钉的耐磨可塑料，特殊部位采用超声速喷涂等防磨措施。

6. 煤泥燃料适应性强

循环流化床可以满足宽泛入炉燃料粒径要求，可以大幅度降低煤泥燃料制备成本，燃料适应性强，系统简单可靠。

7. 煤泥高效稳定运行技术

通过循环流化床高温低氧后燃技术，解决煤泥燃烧的高效与超低 NO_x 排放的协同控制问题；通过均匀给料、进风与布风技术、高效气固分离与返料技术，实现锅炉的高效稳定运行；通过尾部受热面结构的优化设计，解决煤泥燃烧带来的尾部受热面积灰问题。通过以上技术措施，实现煤泥锅炉的整体性能最优。

8.1.4 锅炉关键部件设计和参数选取

1. 燃烧过程组织

本锅炉采用循环流化床燃烧方式。煤泥和空气在炉膛流化状态下掺混燃烧，并与受热面进行热交换，离开炉膛并夹带大量物料的烟气经过高温旋风分离器之后，绝大部分固体物料被分离器分离下来，经返料器返回炉膛，烟气则进入尾部的烟道。

2. 炉膛下部结构

本锅炉炉膛上部横断面为 6340mm×3480mm，炉膛下部的前后墙向中间收缩，形成上大下小的结构。炉膛下部的后墙水冷壁弯制成水冷布风板，布风板为 6290mm×1460mm，其上布置 381 只风帽，风帽采用耐磨高温合金精密铸造，风帽的横向节距为 105mm、纵向节距为 160mm。

由于床面较宽，制造和安装过程中必须保证床面的水平度，防止料层厚薄不均影响流化质量。布风板上部的两侧炉墙分别设有人孔门，供清理维修使用。

3. 气固分离与返料

本锅炉采用蜗壳绝热旋风分离器作为烟气与物料的分离器，它具有分离效率高和强化燃烧的优点。

旋风分离器的筒体内壁面及烟道进口通道内壁面均敷设防磨浇注料。内壁面耐高温、耐磨、光滑，使旋风分离器既有较高的分离性能，又有较长的使用寿命。

旋风分离器的中心筒采用高强耐热合金材料制造，以保证有效的耐高温、抗变形能力。

旋风分离器将被烟气夹带离开炉膛的物料分离下来，通过返料器返回炉膛，烟气则流向尾部对流受热面。

4. 锅炉给料

本锅炉煤泥给料系统采用炉膛顶部两个煤泥给料口（图 8.4）与炉膛中下部三点给煤

泥(图 8.5)。在锅炉运行过程中，对炉膛中下部与炉膛顶部两种煤泥给料系统的运行可靠性及对锅炉性能的影响进行试验研究，以获得最佳的煤泥给料方式。

在炉膛底部密相区同时预留三个给煤口，在锅炉启动调试及煤泥给料系统出现故障时启用，给煤粒径范围为 0～10mm。

图 8.4 炉顶煤泥给料系统

图 8.5 炉膛前墙煤泥给料系统

5. 锅炉排渣

煤泥燃烧后的灰渣以底渣形式从炉膛底部排出和以飞灰形式从尾部排出。

底渣从布风板上的两根放渣管排出炉膛，放渣管接冷渣器，将高温底渣冷却到许可温度，另外还有一根紧急放渣管用于事故排渣。

底渣通过冷却输送装置，可实现连续排渣，出渣量以维持合适的料层差压为准。

6. 锅炉点火启动

锅炉设置有两台床下风道点火燃烧器，点火燃烧器由点火油枪、高能点火器及火焰检测装置组成。点火油枪均为压缩空气雾化，燃料为 0 号轻柴油，每支油枪的出力为 300kg/h，油压为 3.0MPa，油枪所需助燃空气为一次风。两台床下风道点火燃烧器布置在炉膛水冷风室后侧，同时设置有高能点火器及火焰检测装置，以保证锅炉的安全启动。空气和燃油燃烧后形成 900℃左右的热烟气，从炉底均匀送入，可将床内物料温度均匀加热到 500℃以上。

在一次风道靠近点火燃烧器处布置有防爆门。为便于了解油枪的点火情况，风道内适当位置设有观火孔。

锅炉冷态启动顺序如下：首先在炉膛内加装启动床料，并且使床料保持在充分流化状态，启动高能点火器，点燃油枪，在点火风道中将空气加热至 900℃以上，热烟气通过水冷布风板进入流化床，加热启动床料，床料在流化状态下将温度升至 500℃以上，维持稳定后开始投入煤泥。可先断续少量加入浆体燃料，当床料温度持续上升后，加大煤泥量并连续给料直到锅炉启动完毕。

7. 锅炉过程监控

本锅炉燃烧系统调控的基本原则是：按负荷要求调整给煤泥量；调浆的原则是加浆前先加风，减浆后再减风。按负荷、浆量和氧量调整一次风和二次风总风量；一次风保证物料流化和维持一定的物料循环量。通过调整一次风和二次风比例控制炉膛温度。根据炉膛出口的负压值来调整引风机挡板开度。

除常规煤粉锅炉的自动或联锁保护装置外，根据循环流化床锅炉的特点，增加以下要求。

(1) 料层差压：将布风板下一次风室压力和密相区顶部压力接入差压计，作为燃烧控制和排渣的一项参数。

(2) 悬浮段差压：将密相区上部压力和炉膛出口压力接入差压计，作为锅炉循环物料量控制的一项参数。

(3) 密相区内安装带有防磨套管的热电偶来监测温度，热电偶露出炉墙的长度为 150～200mm。

(4) 每个旋风分离器出口后燃风母管上安装单独的热空气流量计与热空气电动调节阀。

(5) 二次风空气预热器出口上下两层二次风母管上安装单独的热空气流量计与热空气电动调节阀。

8. 锅炉的防磨

循环流化床锅炉燃烧系统的循环回路内由于灰浓度较高，受热面的防磨要慎重处理。为了保证锅炉长期工作可靠，本设计中特别考虑了防磨问题。在一些极易发生磨损的部位采用带销钉的耐磨浇注料；特殊的部位采用金属喷涂、加防磨罩、防止烟气走廊的防磨措施。

8.1.5 锅炉的受热面布置

1. 炉膛受热面

炉膛水冷壁采用膜式壁结构，水冷壁管的规格为 Φ60×5mm，节距为 105mm，材料为 20G，并且悬吊于钢架的顶部横梁上，整体向下膨胀。

炉膛水冷壁分为前、后、左、右四个水循环回路，水冷壁由集中下降管供水，由连接管与前墙、后墙和侧墙下集箱连接，水冷壁上集箱经汽水引出管与锅筒连接。

炉膛上部横断面为 6340mm×3480mm，炉膛下部的前后墙向中间收缩，在炉膛底部达到 6290mm×1460mm，水冷布风板的管规格是 Φ60×5mm，形成水冷风室，管节距为 105mm，在水冷管上焊有销钉，用以固定防磨耐火浇注料。

为防止水冷壁磨损，密相区四周水冷壁上均敷设厚度为 70mm 的耐磨浇注料，炉膛烟气出口附近的后墙水冷壁亦敷设厚度为 70mm 的耐磨浇注料。布风板下一次风室为适应床下点火的需要，采用了水冷风室，内侧均敷以耐火浇注料。

水冷壁四周外侧在不同高度装设刚性梁，以增加水冷壁刚度。

为监视炉膛运行工况，沿高度方向分几层布置温度和压力测点，如一次风室的温度和压力测点、布风板上的温度测点、密相区顶部的温度和压力测点、炉膛上部的温度和压力测点等。

2. 过热器及蒸汽调温

饱和蒸汽从锅筒由导管引入尾部烟道的过热器悬吊管上集箱，向下流经过热器悬吊管之后汇集到下集箱(同时也是低温过热器进口集箱)，然后依次通过低温过热器、喷水减温器、高温过热器。

高温过热器布置在尾部烟道内，为逆流顺列布置，采用双管圈，由 Φ38×3.5mm 管弯制，材料为 12Cr1MoV。

低温过热器布置在尾部烟道内，为逆流顺列布置，采用双管圈，由 Φ42×3.5mm 管弯制，上级材料为 15CrMo，下级材质为 20G。

过热蒸汽调温采用一级喷水减温，减温器位于低温过热器出口位置，燃用设计煤泥时一级减温器设计喷水量为 2.5t/h。

高温过热器、低温过热器采用过热器悬吊管进行悬吊。

3. 省煤器

省煤器采用螺旋鳍片式省煤器，省煤器布置在低温过热器下部区域，由空心梁进行支撑。整个省煤器分成上级省煤器与下级省煤器两级，均采用错列逆流布置，上级省煤器管子规格为 Φ32×3mm，下级省煤器管子规格为 Φ32×3mm，材料均为 20G。

4. 空气预热器

空气预热器采用卧式结构，三级行程，错列布置。烟气在管间流动，空气在管内流动。一次风和二次风的冷风风道分别从炉后方向引入，热风风道从炉后方向引出。

空气预热器的各段管箱的管规格均为 $\Phi40\times1.5$mm，空气预热器上部材质采用Q215-A，最后一组采用搪瓷管，以防止烟气硫腐蚀。

5. 锅炉的吹灰

锅炉尾部对流受热面需装设蒸汽吹灰器，并在合适的位置铺设安装平台，在省煤器、空气预热器处安装固定式吹灰器。

6. 锅炉设计煤种烟、风流量及阻力计算

(1)锅炉出口烟气量。

烟气量：93049Nm^3/h；本体阻力：5.0kPa。

(2)锅炉一次风机。

一次风量：35880Nm^3/h；一次风压力：12.0kPa。

(3)锅炉二次风机。

二次风量：38100Nm^3/h；二次风压力：8.0kPa。

(4)高压流化风机(1 用 1 备)。

高压风量：420Nm^3/h；流化风压力：40.0kPa。

7. 锅炉设计煤种给煤泥量

设计煤种给煤泥量：19778kg/h。

8.1.6 锅炉高温后燃低氮系统

为了大幅降低炉内 NO_x 的原始排放浓度，通过高温、低氧、后燃的先进燃烧技术，实现炉内煤泥高效燃烧与超低 NO_x 排放的协同控制，在保证煤泥燃烧效率的前提下，实现炉内 NO_x 原始排放浓度大幅度降低。

旋风分离器出口后燃风喷口布置如图 8.6 所示，单个旋风分离器出口均布 8 个后燃风喷口，两个旋风分离器共布置 16 个后燃风喷口。

在后燃风进风母管上均布置有后燃风流量测量流量计与调节阀门(图 8.7 和图 8.8)，对后燃进风流量进行流量计量与调节。

8.1.7 锅炉测点布置方案

为研究锅炉的运行特性，在锅炉上布置了大量的温度、压力测点，如图 8.9 和图 8.10 所示。图 8.9 中的数字表示炉膛标高，黑色圆点代表温度测点，黄色圆点代表压力测点，红色圆点代表氧量测点，绿色圆点代表吹灰器。温度、压力、氧量测点关于锅炉两侧对称布置。由图 8.10 可知，沿炉膛高度方向共布置了四层温度测点；第一层和第二层温度

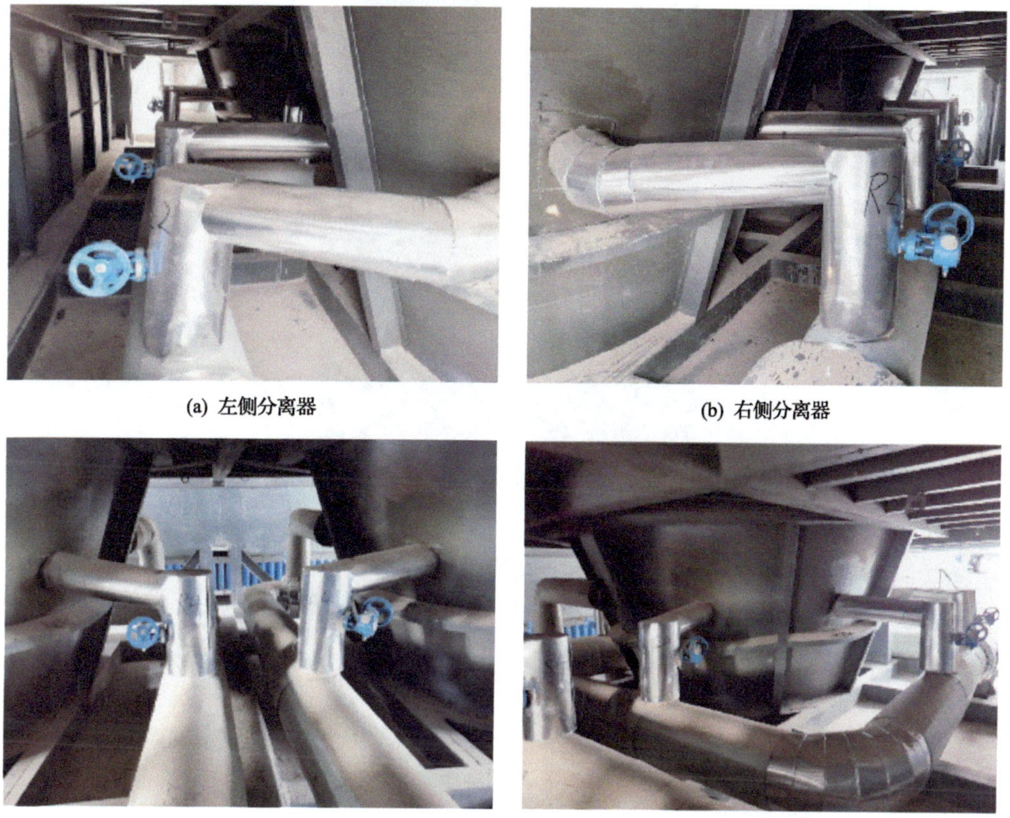

(a) 左侧分离器　(b) 右侧分离器

(c) 炉膛中间　(d) 单个分离器

图 8.6　分离器出口后燃风喷口布置实物图

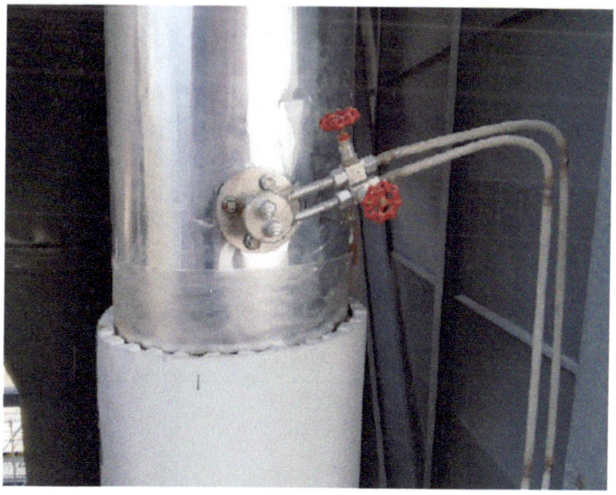

图 8.7　75t/h 煤泥循环流化床锅炉后燃风流量测量流量计

图 8.8　75t/h 煤泥循环流化床锅炉后燃风流量调节阀门

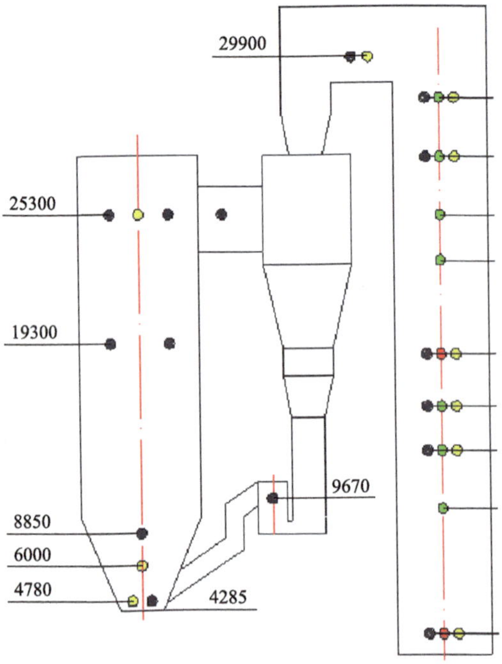

图 8.9　锅炉测点布置(单位：mm)

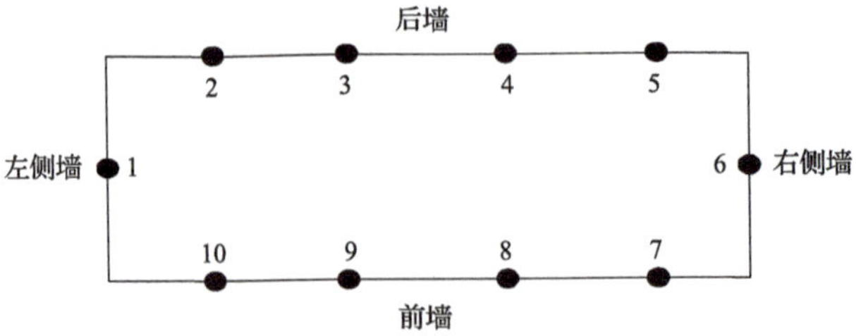

图 8.10　炉膛密相区第一层和第二层温度测点布置

测点与布风板距离分别为 495mm 和 4565mm，每一层布置 10 个温度测点，其中左侧墙和右侧墙各布置一个测点，前墙和后墙各布置 4 个测点。第三层和第四层温度测点与布风板距离分别为 15015mm 和 21015mm，每层布置 4 个测点，左侧墙和右侧墙各两个测点。每一个旋风分离器入口和出口均布置了 1 个温度测点。每一个返料器的上升段布置 1 个温度测点。锅炉尾部烟道布置 6 层温度测点，共 12 个测点，关于尾部烟道左右两侧对称布置。

沿炉膛高度方向布置了三层压力测点，每层两个，分别布置在炉膛的左侧墙和右侧墙。第一层压力测点距离布风板 495mm，第二层压力测点距离布风板 2315mm，第三层压力测点距离布风板 21015mm。两个旋风分离器出口各布置 1 个压力测点。锅炉尾部烟道布置 6 层压力测点，共 12 个测点，关于尾部烟道左右两侧对称布置。

尾部烟道布置了两层氧量测点，共 4 个测点。第一层氧量测点布置在省煤器入口，尾部烟道左右两侧各布置一个；第二层氧量测点布置在一级空预器出口，尾部烟道左右两侧各布置一个。

8.1.8 调试试验结果及分析

1. 流化均匀性

锅炉在料层厚度为 600mm 的床料下进行炉膛流化均匀性试验，试验用的床料为锅炉底渣，试验完成后打开炉门对料层平整度进行检查。检查发现，料面包括炉膛四角均非常平整，说明流化质量非常好。流化试验结束后炉膛的床面如图 8.11 所示。

图 8.11 流化试验结束后炉膛的床面

2. 锅炉整体启动运行情况

2019 年 11 月 26 日 0：00 至 12 月 2 日 24：00 顺利通过 168h 试运行考核。试运行期间，床温与汽温稳定，锅炉整体运行性能优良(图 8.12)。

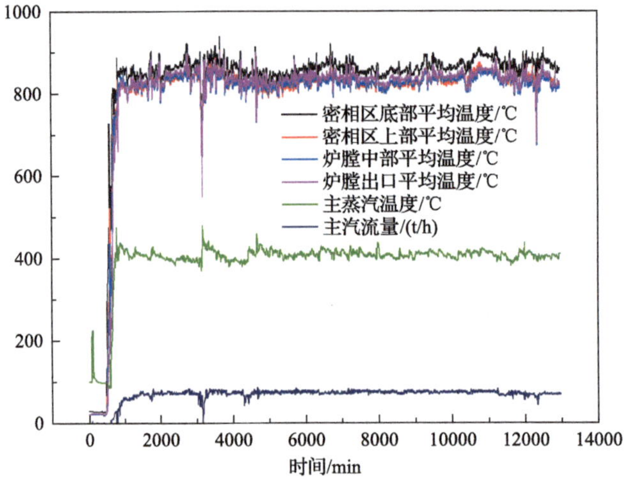

图 8.12　75t/h 煤泥 CFB 锅炉 168h 试运行启动运行曲线

3. 纯煤泥锅炉炉膛床温和床压分布特性

炉膛密相区下部床温分布特征，即第一层温度测点测量的床温如图 8.13 所示。由图可知，随着锅炉负荷升高，炉膛密相区下部相应测点测得的床温均升高，三种负荷下，炉膛密相区下部的床温分布特征相同，均表现为前墙和后墙的床温高，左侧墙的床温次之，右侧墙的床温最低。

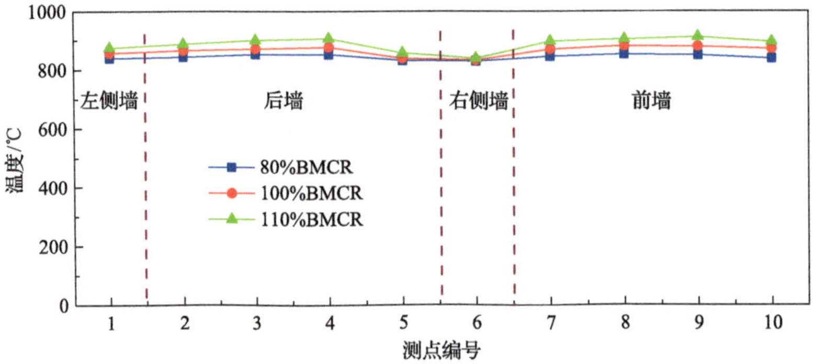

图 8.13　密相区下部床温分布

BMCR 表示锅炉最大连续蒸发量(boiler maximum continuous rating)

图 8.14 比较了密相区下部左侧和右侧的床温。左侧床温是编号 1～3、编号 9 和 10 这 5 个测点测量的床温平均值，右侧床温是编号 4～8 这 5 个测点测量的床温平均值。由图 8.14 可知，不同负荷下，密相区下部左侧的平均床温高于密相区下部右侧的平均床温。随着负荷升高，左右两侧的平均床温的偏差增大。左侧的一次风温度和右侧的一次风温度接近。然而，左侧的一次风量大于右侧的一次风量，造成左侧的燃烧更加剧烈，从而使得左侧的床温高于炉膛右侧的床温。

图 8.15 比较了炉膛左侧、右侧以及整个炉膛截面的床温偏差。炉膛左侧的床温偏差等于炉膛左侧 5 个测点测量得到的最大床温减去最小床温。炉膛截面的床温偏差等于炉

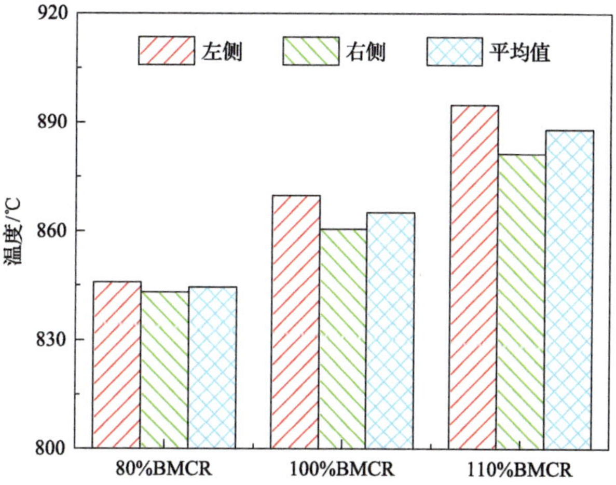

图 8.14　炉膛密相区下部左侧和右侧床温比较

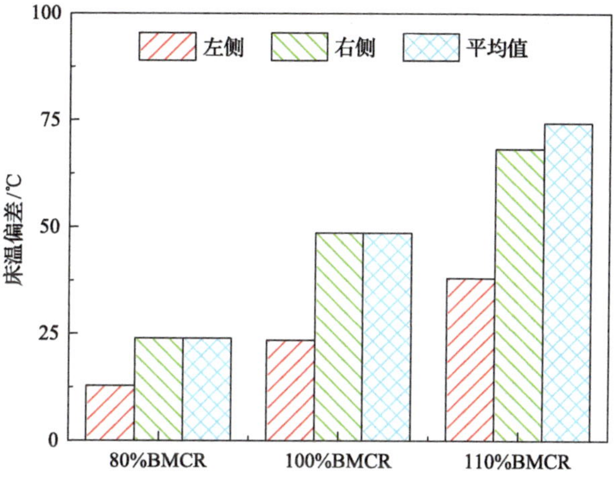

图 8.15　炉膛密相区下部床温偏差

膛截面 10 个测点测量得到的最大床温减去最小床温。由图 8.15 可知，随着锅炉负荷从 80%升高至 110%，炉膛左侧的床温偏差从 13℃升高至 38℃，炉膛右侧的床温偏差从 24℃升高至 68℃，整个炉膛截面的床温偏差从 24℃升高至 74℃。

炉膛密相区上部床温分布，即炉膛第二层床温测点测量得到的床温分布如图 8.16 所示。由图 8.16 可知，随着锅炉负荷升高，密相区上部床温升高。密相区上部床温的分布特征与密相区下部的床温分布特征相似，即前墙和后墙的床温高，左侧墙的床温次之，右侧墙的床温最低。

图 8.17 比较了炉膛密相区上部左侧平均床温和右侧平均床温。由图 8.17 可知，随着锅炉负荷升高，左侧和右侧的平均床温均升高。左侧平均床温与右侧平均床温的偏差受负荷影响很小，随着锅炉负荷增加，左侧平均床温和右侧平均床温的偏差从 13.3℃升高至 13.9℃。

图 8.18 比较了炉膛密相区上部左侧床温偏差、右侧床温偏差以及整个炉膛截面的床温偏差。由图 8.18 可知，随着负荷升高，炉膛左侧床温偏差从 23℃升高至 51℃，右侧

床温偏差从 56℃升高至 85℃，整个截面的床温偏差从 56℃升高至 86℃。

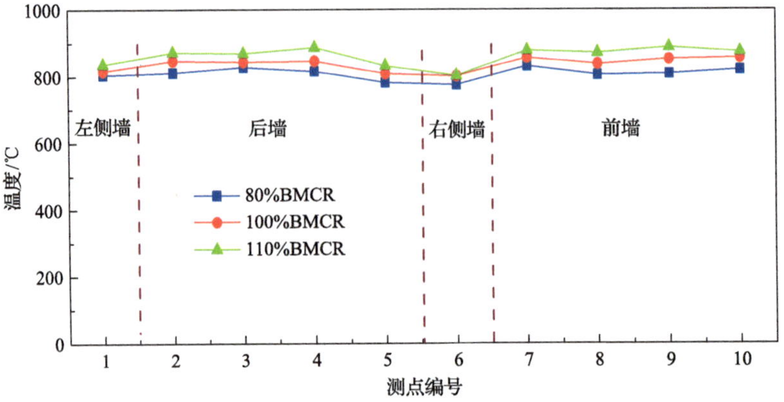

图 8.16　炉膛密相区上部床温分布

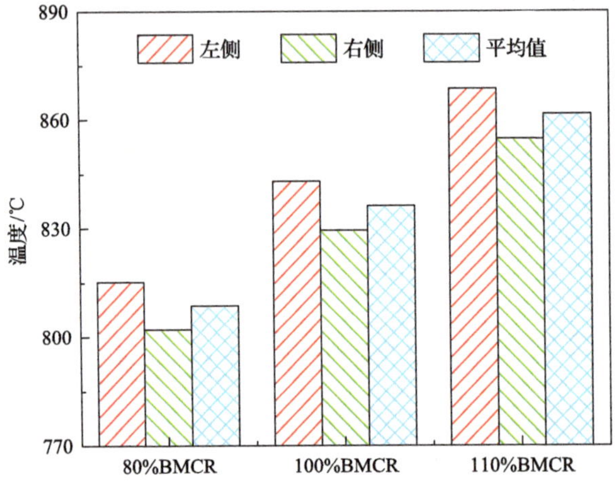

图 8.17　炉膛密相区上部左侧和右侧床温比较

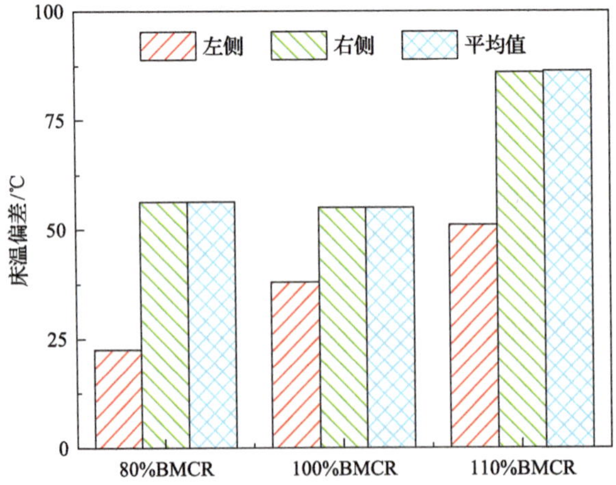

图 8.18　炉膛密相区上部床温偏差

图 8.19 比较了三种负荷下沿炉膛高度方向的床温分布。由图 8.19(a)～(c)可知，沿

炉膛高度方向，左侧和右侧的床温均呈现出先降低后升高的分布趋势，其中左侧第一层和第二层温度测点测量的床温高于右侧第一层和第二层温度测点测量的床温，左侧第三层和第四层温度测点测量的床温低于右侧第三层和第四层温度测点测量的床温。沿炉膛高度方向，右侧墙的床温偏差大于左侧墙的床温偏差。

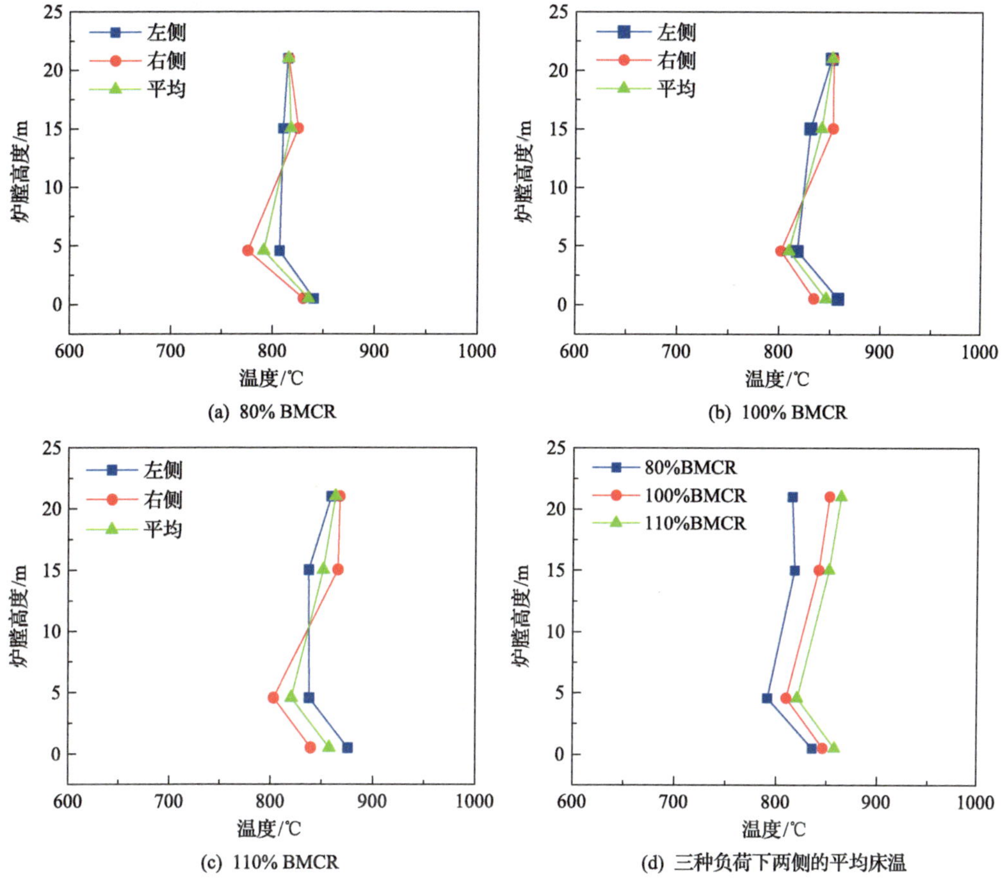

(a) 80% BMCR　(b) 100% BMCR　(c) 110% BMCR　(d) 三种负荷下两侧的平均床温

图 8.19　沿炉膛高度方向的床温分布

为了获得75t/h煤泥循环流化床锅炉的运行特性，沿炉膛高度方向布置4层温度测点，第一层～第四层温度分别为 T_1～T_4。图 8.20 截取了 168h 试运行过程中 50h 连续稳定运行时的主要运行参数。图 8.20(a)和(b)分别是主蒸汽温度和流量。炉膛差压(ΔP)和炉膛床温分别如图 8.20(c)和(d)所示。图 8.20(e)和(f)则分别显示运行过程中的辅助给煤量和煤泥泵开度。

从图 8.20 可以看出，75t/h 煤泥循环流化床锅炉能够实现纯燃煤泥的稳定运行。在50h 连续稳定运行过程中，平均主蒸汽流量为 75.27t/h，能够实现满负荷运行。此外，75t/h 煤泥循环流化床锅炉不仅能够实现煤泥纯燃，还可以实现煤和煤泥的掺混燃烧。在运行时间自 1500min 至 1650min 时，煤泥泵的开度降低并提高给煤量至 4t/h。改变燃烧方式的过程中，主蒸汽参数波动很小，锅炉仍保持稳定运行。

此外，从图 8.20(d)中不难发现，炉膛的温度分布具有特殊的规律，即炉膛底部和炉

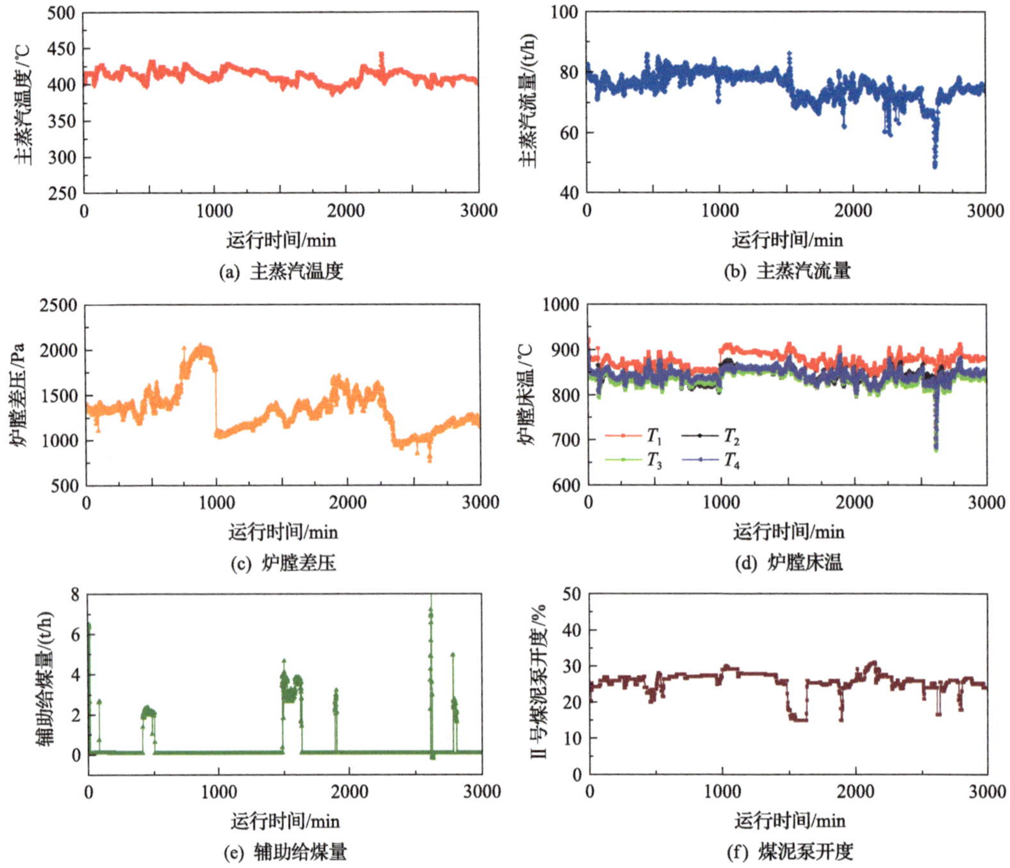

图 8.20 稳定运行期间循环流化床锅炉主要运行参数

膛顶部温度高于炉膛中部。为了更清楚地看出温度分布，图 8.21 中单独画出了温度分布，可以更清楚地看出 T_1 和 T_4 高于 T_2 和 T_3，这种温度分布是由煤泥燃烧时吸热过程和放热过程的热平衡导致的[215]。因为煤泥水分含量极高，又是以柱塞泵打进炉膛，所以煤泥是

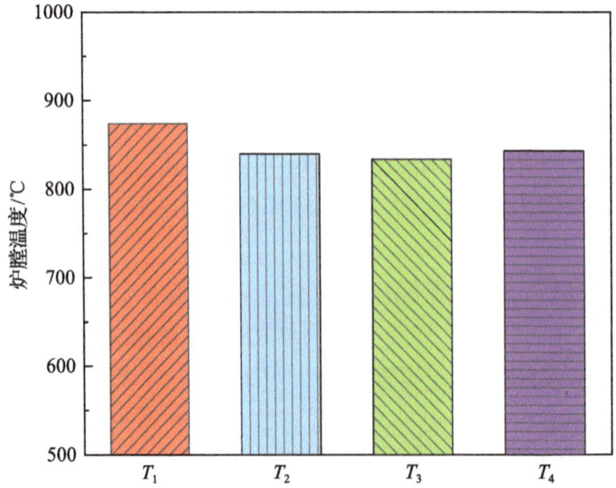

图 8.21 煤泥循环流化床锅炉炉膛温度分布特性

以煤泥团的形式进入炉膛的。煤泥团进入炉膛之后，表面会在烟气的加热下逐渐干燥并形成一个外壳。随后煤泥团内部的水分开始蒸发，外壳会在热应力和内部水分蒸发带来的应力作用下破碎。煤泥团破碎后形成较小的煤泥团和干燥的煤泥颗粒。较小的煤泥团在重力的作用下进入密相区并进一步干燥、燃烧、破碎直至消失。较小煤泥颗粒会在烟气的作用下进入稀相区参与燃烧。而炉膛中部的燃烧份额较小，吸热率和干燥速率却最高，所以炉膛中部温度偏低。大多数煤泥都在密相区内干燥和燃烧，因此整个炉膛内底部温度最高。

4. 一次风和二次风比例对运行特性的影响

炉膛差压为 P3 与 P2 的压力差，这个参数可以反映炉膛稀相区中的颗粒浓度。图 8.22 展示了主蒸汽温度、主蒸汽流量以及炉膛温度与炉膛差压之间的关系。在启炉膛过程中，炉膛差压小于 1000Pa，这个阶段炉膛温度以及主蒸汽参数均随着炉膛差压的增加而逐渐增大。

而在锅炉正常运行阶段，炉膛温度和主要蒸汽温度随炉膛差压的增加而不同程度地降低，但主蒸汽流量则随着炉膛差压增加而增大。当炉膛差压较高时，意味着炉膛稀相区颗粒浓度较大，这也就意味着水冷壁和烟气之间的换热效果增强，因此炉膛温度略有下降的同时主蒸汽流量略有增加。而炉膛出口的烟气温度下降也意味着过热器换热效果下降，因此主蒸汽温度略有下降。

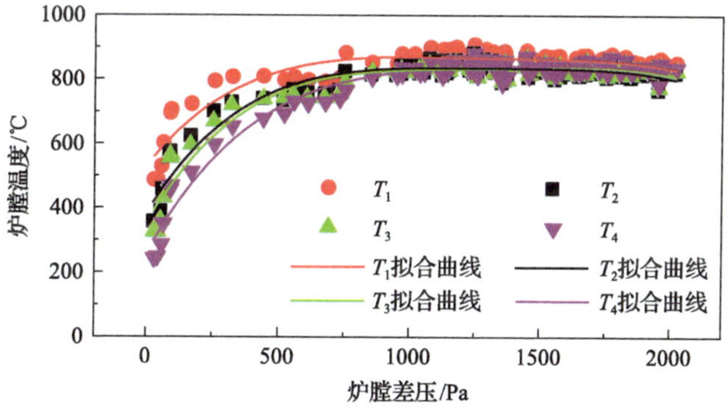

(a) 炉膛温度

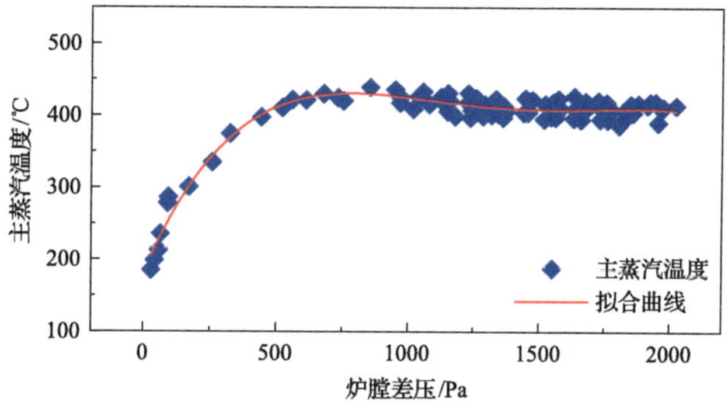

(b) 主蒸汽温度

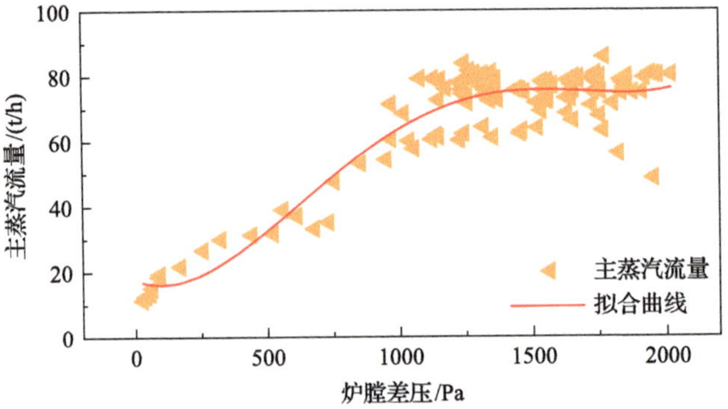

(c) 主蒸汽流量

图 8.22　炉膛差压对炉膛温度及主蒸汽参数的影响

在试验过程中，通过改变一次风和二次风比例来调整炉膛差压。如图 8.23 所示，在一次风减少，二次风增加的过程中，更少的颗粒能够被一次风携带至炉膛稀相区，因此炉膛差压会逐渐下降。而炉膛稀相区颗粒浓度下降，水冷壁换热效果被削弱，炉膛温度和主蒸汽温度会不同程度地升高。

在不同一次风比例(α)下，在炉膛左侧出口(取样点 S1)收集了炉内飞灰。并对炉内飞灰进行了粒径分析和碳含量分析。粒径分布曲线及粒径参数分别示于图 8.24 中。

可以看出，炉内飞灰粒径随着一次风比例的下降而逐渐增大。在煤泥给料量和 λ_{CFB} 保持一致时，意味着一次风和二次风总风量不变，而当一次风量逐渐降低时，二次风量会逐渐增加。在此过程中，较大的焦炭颗粒有机会被二次风携带至炉膛出口。试验之后，

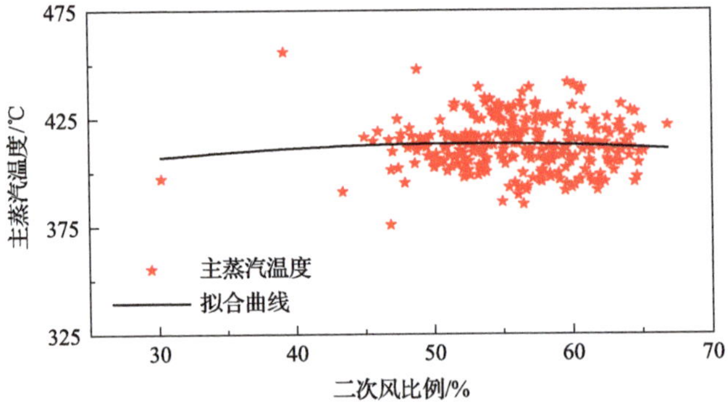

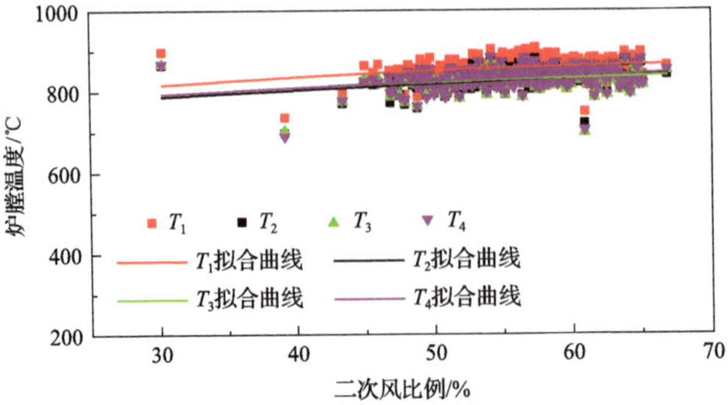

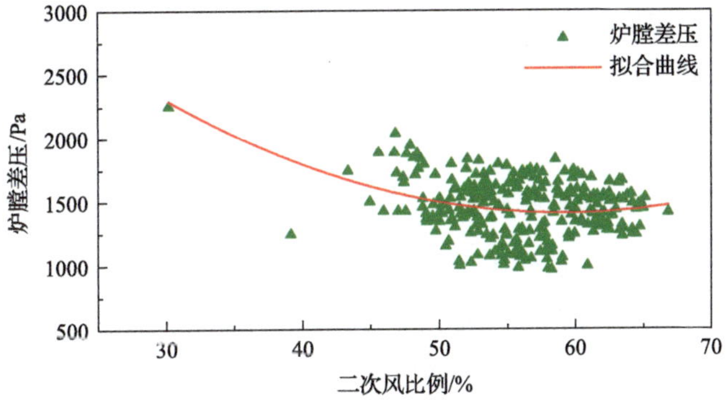

图 8.23　二次风比例对运行参数的影响

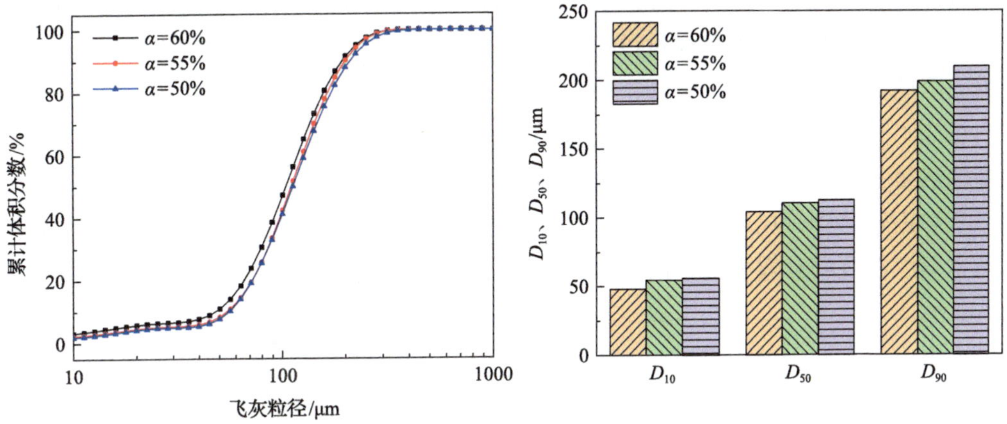

图 8.24　一次风比例对炉内飞灰粒径的影响

利用马弗炉对飞灰碳含量进行测量，结果如图 8.25 所示。由图可知，进入旋风分离器的飞灰碳含量随着一次风的减少和二次风的增加而逐渐增加。一方面，一次风量减少使得密相区氧浓度降低，导致焦炭在密相区燃烧不充分。另一方面，二次风量增加，较大的

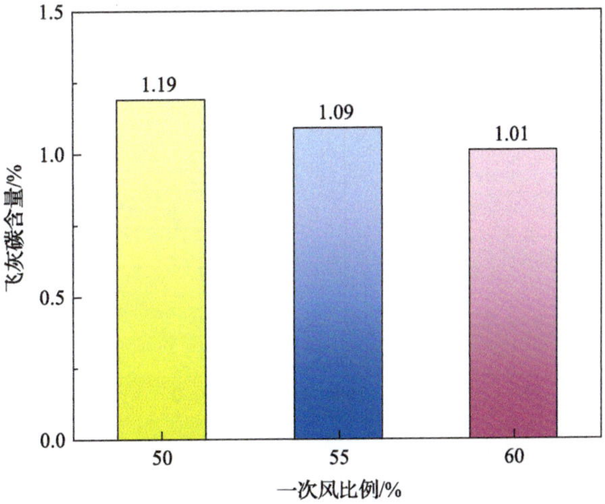

图 8.25　一次风比例对炉内飞灰碳含量的影响

飞灰颗粒将有机会被二次风携带至炉膛出口。而正如前面章节中证明的，飞灰粒径越大，碳含量也越高。因此，当一次风增加，二次风减少时，被烟气携带进入旋风分离器的飞灰碳含量将升高。

5. 后燃风对高温受热面换热特性的影响

75t/h 煤泥循环流化床锅炉使用了高温后燃技术。为了确定高温后燃技术对运行特性的影响，图 8.26 展示了在调整后燃风量过程中炉膛差压和炉膛平均温度以及主蒸汽参数的变化。图 8.26(b) 中的 T_5、T_6 和 T_7 分别为旋风分离器出口、返料器和高温过热器入口温度。如图所示，后燃风量对炉膛顶部温度(T_4)、返料器温度(T_6)和主蒸汽流量影响不大。但是当后燃风量增大时，T_5 和 T_7 将有不同程度的升高。此外，主蒸汽温度会随着后燃风流量增加而升高。当总风量恒定，后燃风量增加时，一次风和二次风风量均会相应减少，因此稀相区颗粒浓度下降，炉膛差压降低。而后燃风量增加时，λ_{CFB} 相应降低，炉内燃烧不充分的现象加剧。更多的燃烧份额转移到旋风分离器之后，T_5 和 T_7 随之升高，更多的热量传递给主蒸汽，因此主蒸汽温度升高。总而言之，增加后燃风量意味着燃烧份额从炉内转移到旋风分离器之后，自然使主蒸汽温度升高。因此，可以认为后燃风是调节主蒸汽温度的有效手段，但是同时也要警惕 T_7 的升高可能造成的排烟损失增加。

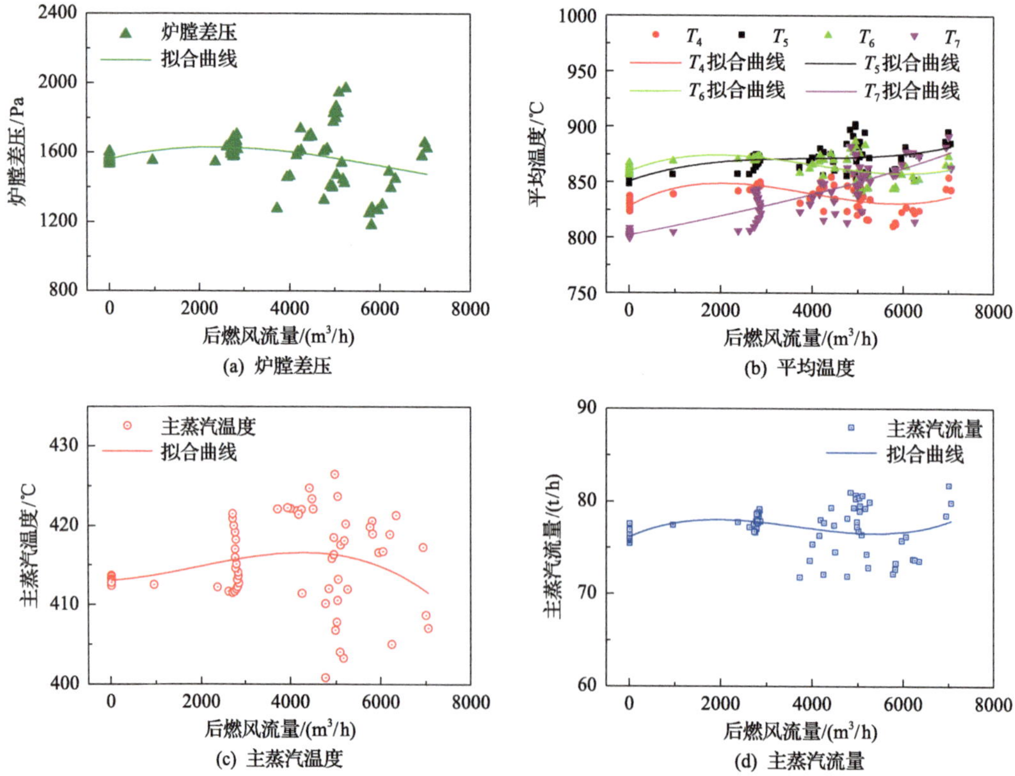

(a) 炉膛差压 (b) 平均温度

(c) 主蒸汽温度 (d) 主蒸汽流量

图 8.26 后燃风量对运行特性的影响

6. 蒸汽参数

给水温度、压力、流量随锅炉负荷的变化如图 8.27 所示。由图 8.27 可知，三种负荷下，给水温度为 80～124℃，给水压力为 5.15～5.41MPa，给水流量为 68.5～85.6t/h。

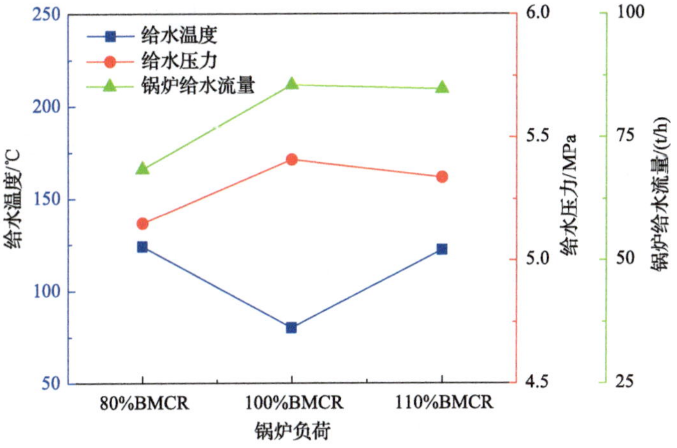

图 8.27　给水参数随锅炉负荷的变化

主蒸汽温度、压力、流量随锅炉负荷的变化如图 8.28 所示。随着锅炉负荷升高，主蒸汽流量从 59.9t/h 升高至 80.4t/h，主蒸汽压力从 3.25MPa 升高至 3.48MPa，主蒸汽温度从 406℃降低至 400℃。

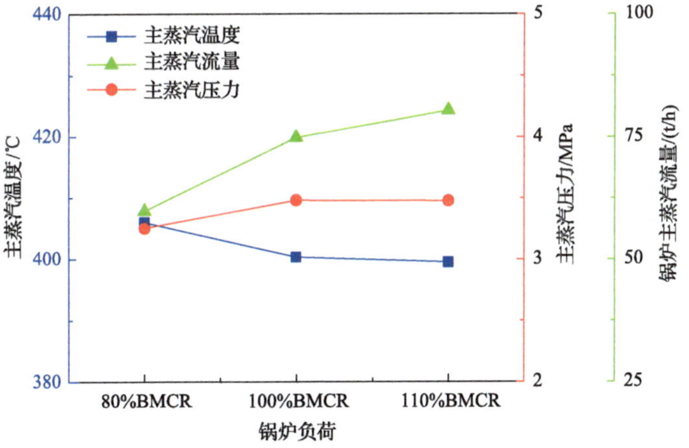

图 8.28　主蒸汽参数

7. 纯煤泥燃烧时超低 NO_x 排放特性

在不同的炉内过量空气系数工况下，利用 Testo350 在一次风预热器出口烟道处(S3)测得烟气中 CO 和 NO_x 排放浓度如图 8.29 所示。在纯煤泥常规循环流化床燃烧时($\lambda=\lambda_{CFB}=1.20$)，CO 排放量为 152.86mg/m^3，$NO_x$ 排放量为 92.9mg/m^3。随着后燃风量逐渐增加，炉内过量空气系数(λ_{CFB})减少，NO_x 排放逐渐减少，但 CO 浓度增加。当 λ_{CFB} 降至 1.10

时，烟气中 CO 和 NO_x 排放浓度分别为 307.8mg/m^3 和 65.4mg/m^3。

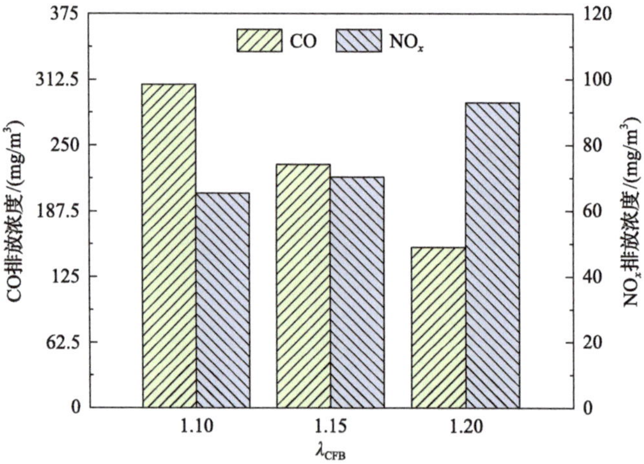

图 8.29　CO 和 NO_x 排放浓度随 λ_{CFB} 的变化规律

随着 λ_{CFB} 的减小，炉内的 O_2 浓度降低，炉膛内的氧化气氛相应变弱。正如前面章节中证明的，煤泥的 NO_x 排放水平随着 λ_{CFB} 的减小而显著降低。一方面，较低的 O_2 浓度限制了 NO_x 生成速率；另一方面，O_2 浓度降低使炉膛内焦炭和 CO 浓度升高，NO_x 还原速率随之增加。因此，随着 λ_{CFB} 的减小，烟气中 NO_x 和 CO 的含量分别降低和升高。鉴于在实际锅炉的运行过程中，炉内还原性气氛过强会增加炉内腐蚀的可能性，危害锅炉运行安全性，不能过分降低 λ_{CFB}，因此为了达到 NO_x 超低排放，需要尝试进一步调整一次风和二次风比例。

在不同的一次风比例下，使用 Testo 350 测量了旋风分离器入口烟道处(S1)和一次风预热器出口烟道处(S3)烟气中的 NO_x 浓度。在图 8.30 中给出了不同一次风比例下烟气中 NO_x 浓度的变化规律。随着一次风比例的减小，炉内 NO_x 生成量逐渐减少。一方面，密相区的过量空气系数降低，抑制了密相区的 NO_x 生成速率。另一方面，一次风量减少意味着

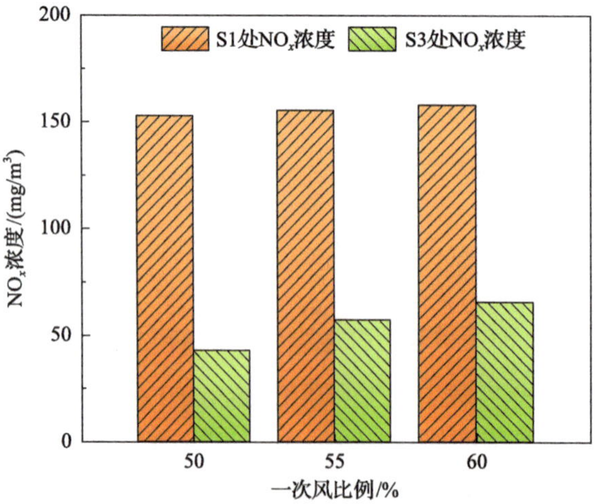

图 8.30　NO_x 排放浓度随一次风比例的变化规律

烟气在密相区停留时间延长，因而生成的 NO_x 更可能与高浓度的 CO 和焦炭颗粒发生还原反应。因此，一次风减少、二次风增加的过程中，S1 处烟气中 NO_x 浓度会逐渐降低。

与 S1 处烟气中的 NO_x 浓度相似，S3 处烟气中的 NO_x 浓度同样随着一次风比例的降低而逐渐降低。当一次风比例为 60%时，S3 处 NO_x 浓度为 65.4mg/m^3。随着一次风比例降至 55%和 50%，S3 处的 NO_x 浓度分别降至 57.1mg/m^3 和 42.6mg/m^3。此外，值得注意的是，当一次风比例减小时，S1 和 S3 处烟气中 NO_x 浓度的差值同样会逐渐增加。为了找出原因，在达到超低排放的工况（工况 5）试验过程中，测量了省煤器入口烟道处（S2）烟气中的 NO_x 浓度。工况 5 中，S1、S2 和 S3 处烟气组分浓度的变化趋势如图 8.31 所示。烟气中的 O_2 浓度从炉膛出口到省煤器入口，然后再到环保岛入口，沿着烟道不断升高。在旋风分离器出口处注入后燃风会使烟气中的 O_2 浓度升高，而 S2 和 S3 之间烟气中 O_2 浓度的升高则是由尾部烟道密封较差且负压较大引起的。S1 和 S2 之间，烟气中 NO_x 和 CO 浓度急剧下降，这说明旋风分离器中发生的强烈气固混合不但促进了 CO 的燃尽，还对 NO_x 的还原产生了积极的影响。此外，从 S2 到 S3 的尾部烟道中，烟气中 NO_x 浓度会略微下降，这一点在前面章节中同样已经证明。

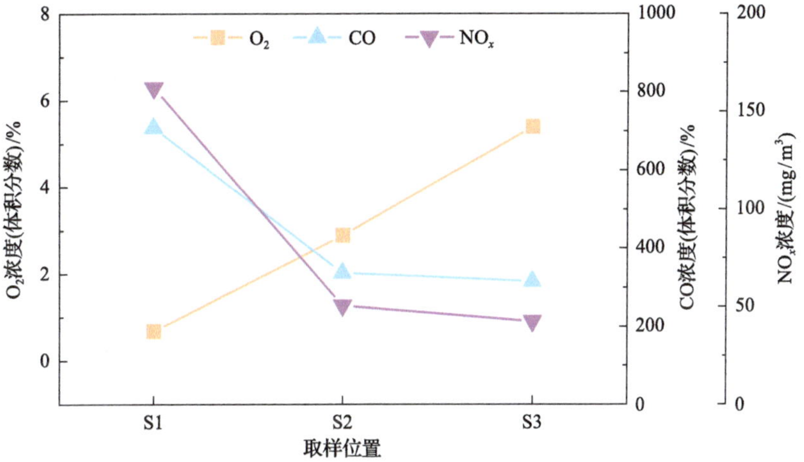

图 8.31　超低 NO_x 工况烟气主要成分变化趋势

如图 8.30 所示，当一次风比例分别为 50%、55%和 60%时，S1 和 S3 处烟气中的 NO_x 浓度差值分别为 110.2mg/m^3、98.4mg/m^3 和 92.6mg/m^3。而在前面章节中，已经证明，在后燃风通入的位置，烟气中 NO_x 排放浓度会急剧上升。因此 S1 与 S3 处烟气中 NO_x 的差值主要是由旋风分离器中发生的 NO_x 还原反应引起的。如前面验证的，在一次风比例降低、二次风比例增加过程中，进入旋风分离器的飞灰碳含量逐渐增加（图 8.25），旋风分离器中发生的 NO_x 异相还原反应速率会随之增加。因此，当一次风比例减小时，S1 和 S3 处烟气中的 NO_x 浓度差值逐渐增加，且最终的原始 NO_x 排放浓度逐渐减小。

8. 高温后燃技术下的超低 SO_2 排放

在整个调试过程中，SNCR 技术和炉内干法脱硫均未投用。在工况 5 中，通过调整 λ_{CFB}

和一次风比例实现了超低 NO_x 排放。同时，在此工况下进行了 SO_2 排放浓度和锅炉燃烧效率的分析，工况运行参数见图 8.32。工况进行过程中，对环保岛入口和出口处烟气中的 SO_2 浓度进行了测量。在半干法脱硫前后，烟气中 SO_2 浓度分别为 772.2mg/m^3 和 23.2mg/m^3。也就是说，75t/h 煤泥纯燃循环流化床锅炉可通过高温后燃技术、半干法烟气脱硫和布袋除尘的环保技术路线实现大气污染物的超低排放。而高温后燃技术代替了 SNCR 后，锅炉运行时的环保成本实现大幅度的降低。

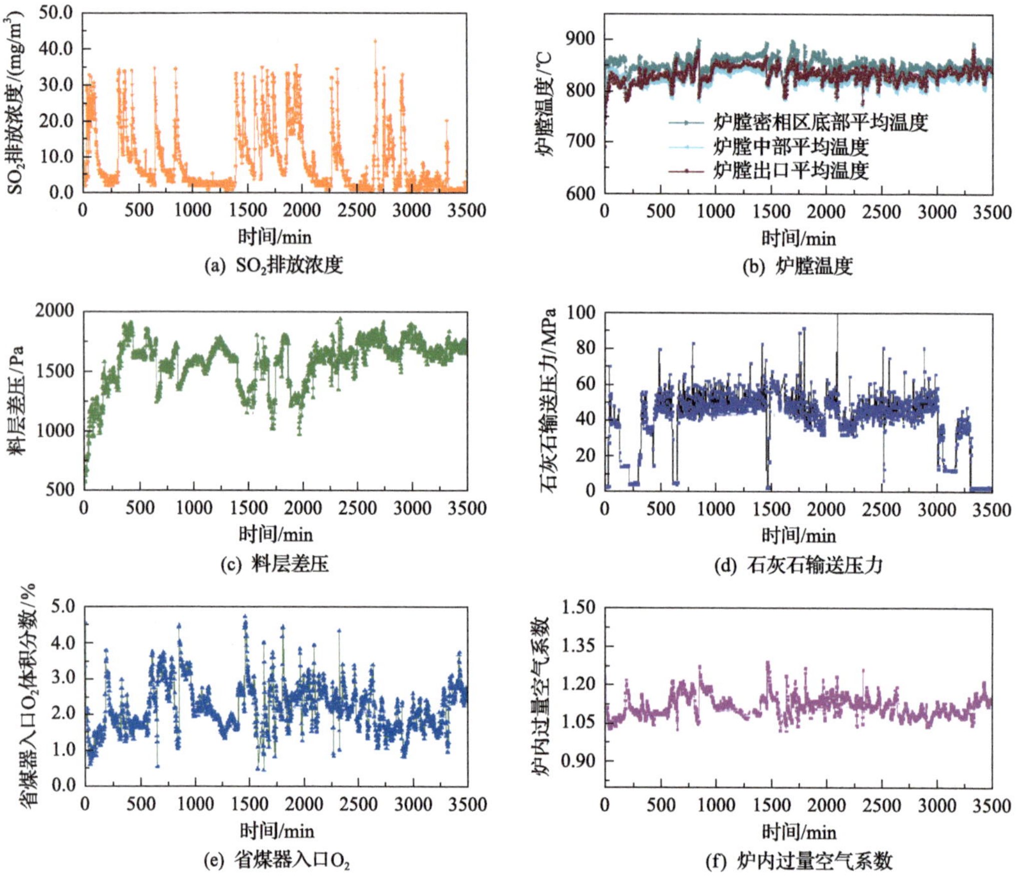

图 8.32 炉内投石灰石 SO_2 超低排放工况运行参数

另外，通过差值计算法对锅炉效率进行计算。75t/h 煤泥纯燃循环流化床锅炉运行期间未排出底渣。对袋式除尘器中的飞灰进行碳含量测定，飞灰碳含量为 3.9%。另外，锅炉的排烟温度为 124.6℃，CO 排放浓度为 394.1mg/m^3。根据 GB/T 10180—2017《工业锅炉热工性能试验规程》，75t/h 纯煤泥循环流化床锅炉在超低排放工况下的燃烧效率为 98.28%[216]。高温后燃技术在工业验证中实现了煤泥高效燃烧和大气污染物的低成本协同控制。

炉内通过添加石灰石，在炉膛平均差压为 1570Pa、炉膛底部温度为 852℃、炉膛中部平均温度为 825℃、炉膛出口平均温度为 833℃时，SO_2 平均排放浓度为 8.4mg/m^3，达到超低排放要求。

8.1.9 小结

本节采用高温后燃技术的 75t/h 纯煤泥循环流化床锅炉通过 168h 试运行，对纯燃煤泥的循环流化床锅炉运行特性进行了总结，并探究了后燃风对锅炉运行参数的影响。此外，通过 5 个典型工况的调试，实现了 75t/h 纯煤泥循环流化床锅炉的 NO_x 超低排放，主要结论如下。

(1) 75t/h 循环流化床锅炉能够在仅燃用煤泥的情况下安全稳定运行。运行过程中，由于煤泥高水分的特性，炉膛温度呈现两端高中间低的分布特性。增加二次风比例能够降低炉膛差压，进而影响主蒸汽参数。此外，增加二次风比例会使炉膛出口飞灰的颗粒增大，碳含量增加。

(2) 后燃风是调整主蒸汽参数的有效手段之一。随着后燃风比例的增加，炉内燃烧份额降低，有更多的燃烧份额自炉膛内转移至旋风分离器后，也就导致主蒸汽温度会有所升高。

(3) 在高温后燃技术中，旋风分离器发挥了重要的降氮作用。当 λ_{CFB} 降低时，炉内燃烧不充分，炉膛出口烟气中有大量未燃尽的 CO 和焦炭颗粒。在旋风分离器内发生的剧烈气固掺混有利于 CO 和焦炭颗粒参与 NO_x 的还原反应，进而降低 NO_x 排放浓度。

(4) 在总过量空气系数保持 1.20 不变的情况下，将炉内过量空气系数降低至 1.10 能够将煤泥原始 NO_x 排放自 92.9mg/m^3 降低至 65.4mg/m^3。在此基础上，逐渐降低一次风量，增加二次风量，将一次风比例自 60%降低至 50%，能够进一步发挥旋风分离器的降氮作用，通过高温后燃将煤泥 NO_x 排放浓度降低至 42.6mg/m^3，满足 NO_x 超低排放标准。

(5) 在采用高温后燃技术和半干法脱硫配合的技术路线时，煤泥循环流化床燃烧过程中的 NO_x 和 SO_2 排放均能达到超低排放标准。同时，锅炉的燃烧效率可以达到 98.28%，真正意义上实现了煤泥的高效热处理和低成本大气污染物超低排放的协同控制。

8.2 450t/h 循环流化床高温后燃超低 NO_x 燃烧技术

8.2.1 锅炉基本设计条件

1. 锅炉型式

锅炉型式：高温高压参数、单锅筒自然循环、高温绝热旋风分离器的循环流化床锅炉。

2. 锅炉主要参数

锅炉主要参数见表 8.5。

表 8.5　450t/h 循环流化床锅炉主要参数

项目	单位	数值
锅炉额定蒸发量	t/h	450
额定蒸汽压力	MPa(g)	9.81
额定蒸汽温度	℃	540
给水温度	℃	215

3. 锅炉主要性能指标

锅炉主要性能指标见表 8.6。

表 8.6　450t/h 循环流化床锅炉主要性能指标

项目	单位	数值
锅炉计算效率(按低位发热量)	%	92.59
锅炉保证效率	%	92.00

4. 锅炉燃料、石灰石及床料

煤的入炉粒度要求：粒度范围 0～10mm，50%切割粒径 d_{50}=1.5mm。煤质成分见表 8.7。

表 8.7　煤质成分

名称	符号	单位	设计煤种
收到基碳	C_{ar}	%	59.90
收到基氢	H_{ar}	%	2.46
收到基氧	O_{ar}	%	4.83
收到基氮	N_{ar}	%	0.92
收到基硫	S_{ar}	%	1.20
收到基水分	$M_{t,ar}$	%	23.69
收到基灰分	A_{ar}	%	7.00
干燥无灰基挥发分	V_{daf}	%	27.27
收到基低位发热量	$Q_{net,ar}$	kJ/kg	21852

石灰石的粒度要求：粒度范围 0～1mm，50 %切割粒径 d_{50}=0.15mm。

由于设计燃料的含灰量很低，为了保证循环流化床锅炉安全、可靠地连续运行，在锅炉启动之前及运行过程中需要补充沙子或灰渣作为循环物料，选用沙子时，粒度范围为 0～1mm，d_{50}=0.15mm，沙子中 Na_2O 和 K_2O 的总含量小于 0.2%；选用灰渣时，粒度范围为 0～6mm，d_{50}=1mm，灰渣碳含量小于 3%。

8.2.2　锅炉总体布置

1. 整体概况

本锅炉为高温高压参数、单锅筒自然循环、全钢架支吊结构的循环流化床锅炉，采用高温绝热旋风分离器进行气固分离。锅炉总图见图 8.33，总貌见图 8.34。

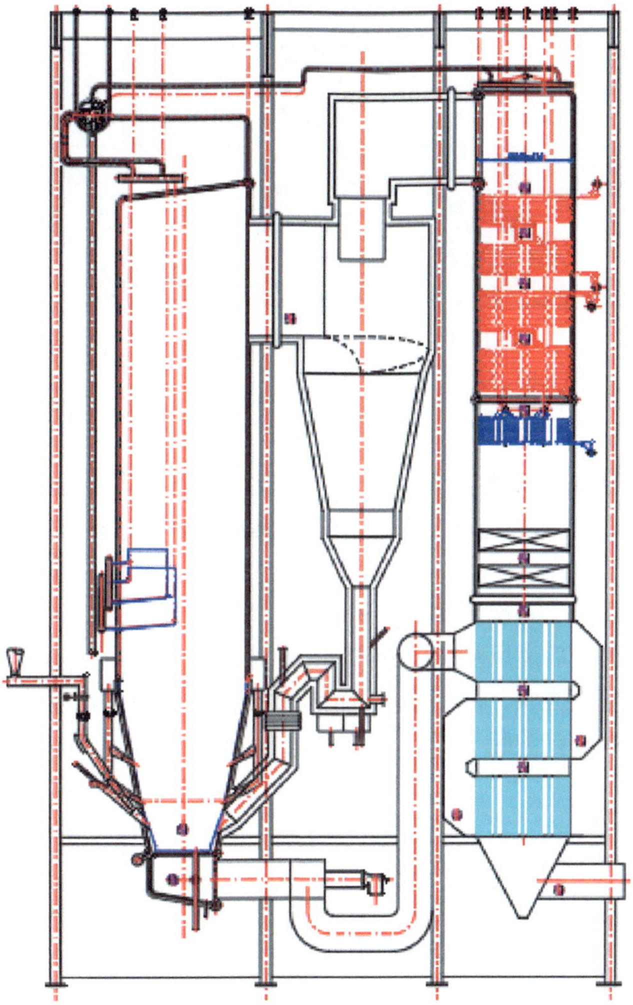

图 8.33　450t/h 循环流化床锅炉总图

锅炉本体钢架由三跨组成：第一跨布置炉膛，第二跨布置高温绝热旋风分离器和返料器，第三跨布置尾部烟道。

炉膛采用全膜式水冷壁结构，在炉膛上部沿宽度方向分别布置有六片过热蒸汽屏和六片水冷蒸发屏。炉膛底部为水冷布风板和水冷风室，床下布置有四台油点火燃烧器，床上布置两台油点火燃烧器。

两个高温绝热旋风分离器位于炉膛出口和尾部竖井烟道之间，外壳由钢板制成，内

图 8.34 450t/h 循环流化床锅炉总貌图

衬绝热材料及耐磨耐火材料，旋风分离器下的返料器将旋风分离器分离下来的物料送回炉膛。

尾部竖井烟道中依次布置高温过热器、低温过热器、省煤器和空气预热器，从转向室至低温过热器的尾部烟道部分采用膜式过热器包墙。过热器系统中设有两级喷水减温器。

锅炉采用三级配风，一次风从炉膛底部布风板进入炉膛，二次风从炉膛下部前后墙分上下两层进入炉膛。后燃风从旋风分离器出口进入后燃室。

锅炉采用前墙给煤方式，四个给煤口沿宽度方向均匀布置在前墙水冷壁下部。两台水冷滚筒式冷渣器布置在炉膛下方。

2. 锅炉汽水系统

锅炉给水首先进入省煤器进口集箱，经过水平布置的省煤器，汇集到省煤器的出口集箱，经悬吊管、悬吊管出口集箱引入锅筒水空间。锅炉采用自然循环，锅筒内的锅水通过集中下降管进入炉膛膜式水冷壁、水冷蒸发屏的下集箱，经炉膛膜式水冷壁、水冷蒸发屏加热后成为汽水混合物，经水冷壁上集箱和水冷蒸发屏上集箱汇集，由汽水引出管引入锅筒进行汽水分离。被分离出来的水进入锅筒水空间，进行再循环。

分离出来的饱和蒸汽从锅筒顶部的蒸汽连接管引至尾部烟道包墙过热器，然后依次经过低温过热器、一级喷水减温器、屏式过热器、二级喷水减温器、高温过热器，最后将合格的过热蒸汽引向汽轮机。

过热器系统采用调节灵活的喷水减温作为汽温调节和保护受热面管子的手段。过热器系统布置有两级喷水减温器，第一级减温器布置在低温过热器蒸汽出口的连接管道上作为粗调，第二级减温器布置在屏式过热器蒸汽出口的连接管道上作为细调。

3. 锅炉烟风系统

锅炉采用平衡通风，炉膛出口处烟气压力约为–100Pa。空气采用三级送风，一次风经空气预热器升温后分为两路：第一路由风道引入炉底水冷风室，经由布风板上的风帽进入炉膛；第二路由风道引至炉前加煤管，随给煤一起进入炉膛。二次风经空气预热器升温后分两路：第一路由二次风风道引到炉前的二次风箱，再从二次风箱引出若干个支管，经两层二次风喷口进入炉膛。第二路由后燃风母管引至旋风分离器出口的后燃室。

燃煤在炉膛内燃烧后产生的高温烟气和飞灰离开旋风分离器并流经尾部竖井内的对流受热面，然后经除尘系统、引风机，进入烟囱，排向大气。

锅炉脱硝采用燃烧调整、高温后燃和 SNCR 相结合的技术路线。通过合理地调整炉内的燃烧状态降低 NO_x 的生成量，再在炉膛出口辅以 SNCR 脱硝技术，可以保证炉膛排烟中的 NO_x 排放量达到当地环保标准的要求。

返料器所需的高压流化风由高压流化风机提供，输送石灰石所用的风由专用风机提供。

8.2.3　锅炉关键部件设计和参数选取

1. 燃烧过程组织

本锅炉采用循环流化床燃烧方式。燃煤和空气在炉膛内流态化状态下掺混燃烧，并与受热面进行热交换，离开炉膛并夹带有大量物料的烟气经过高温旋风分离器之后，绝大部分固体物料被分离器分离下来，经返料器返回炉膛，烟气则进入尾部烟道。循环流化床燃烧系统由炉膛、旋风分离器和返料器等核心部分组成。

2. 炉膛结构

本锅炉炉膛高度为 37733mm，上部横断面为 14220mm×7362mm，炉膛下部的前后墙向中间收缩，形成上大下小的结构。炉膛下部的后墙水冷壁弯制成水冷布风板，布风板的横断面为 13770mm×3200mm，其上布置风帽，风帽的横向和纵向节距皆为 160mm。在布风板上部的两侧墙分别设有人孔门，供清理维修使用。

3. 气固分离与返料

本锅炉采用旋风分离器作为烟气与物料的分离装置，它具有分离效率高和强化燃烧的优点。

旋风分离器的外壳由钢板制成，进口采用蜗壳形式，内衬采用绝热材料及耐磨耐火材料。内壁面耐磨、光滑，使旋风分离器既有较高的分离性能，又有较长的使用寿命。

旋风分离器将被烟气夹带离开炉膛的物料分离下来，通过返料器返回炉膛，烟气则流向尾部对流受热面。

旋风分离器的中心筒采用高强耐热合金 1Cr25Ni20Si2 制造，以保证有效的耐高温和抗变形能力。

4. 锅炉配风

本锅炉燃烧系统采用两级配风，一次风经空气预热器升温至 190℃后，进入水冷风室，经过布风板上的风帽进入炉膛。二次风经空气预热器也升温至 190℃，进入二次风箱，经若干根支管引入炉膛。布风板下的一次风室风压大约为 10000Pa，二次风箱内的风压大约为 8000Pa。运行中可以适当调节一次风和二次风风量的配比。

从空气预热器的一次风出口风道上引出一支风管，风量为 7200Nm^3/h，作为给煤的播煤风，在炉前分成 4 个支管，分别接到炉前 4 根落煤管的特定部位，在进煤口的下部形成气垫使煤能够顺利地进入炉膛。从一次风机出口引出一支风管，风量为 3600Nm^3/h，在炉前分成 4 个支管，接到炉前 4 个给煤机的特定部位，作为给煤机的密封风。锅炉的播煤风和给煤机密封风量占锅炉总风量的 3.0%。从二次风机出口引出一支风管，作为后燃风，在分离器上部分成 2 个支管，分别接到两个分离器出口管的特定部位，由若干喷口进入分离器。

两个返料器用的流化风由高压风机提供，总风量为 3600Nm^3/h，约占锅炉总风量的 1.0%。

石灰石输送风也由专用高压风机提供，总风量为 4000Nm^3/h，约占锅炉总风量的 1.1%。

5. 锅炉排渣

煤燃烧后的灰渣以底渣形式从炉膛底部和以飞灰形式从尾部排出。就本设计煤种和要求粒度而言，底渣的粒度范围为 0.1～10mm，占总灰量的 10%；飞灰的粒度范围为 0～0.1mm，占总灰量的 90%。

底渣从布风板上的两个排渣管排到两台冷渣器。位于中间的一个排渣管作为事故排渣用。排渣量以维持合适的料层差压为准，以保证锅炉良好的运行状态。

6. 锅炉点火启动

锅炉设置有两台床上点火燃烧器和四台床下点火燃烧器，点火燃烧器由点火油枪、高能点火器及火焰检测装置组成。床下点火燃烧器为主启动燃烧器，床上点火燃烧器起后燃作用。点火油枪为机械雾化，床上油枪每支出力为 1600kg/h，油压为 3.0MPa，床下油枪每支出力为 1200kg/h，油压为 3.0MPa，床下油枪、床上油枪所需助燃空气均为一次风。高能点火器布置在油枪旁边，同时设置火焰监视器，以保证锅炉的安全启动。

每次点火前，采用蒸汽或空气吹扫，由高能点火器点燃油枪。油枪和高能点火器布置于点火器的风管或风道内，设置的火焰监视器便于观察油枪的着火情况。

锅炉首次冷态启动时，向炉膛内加装床料并进行平整，先启动床下点火燃烧器，床料在流化状态下加热并升至一定温度并保持稳定，然后启动床上点火燃烧器，床料温度升至 600℃后，开始投煤。可先断续少量给煤，当床料温度持续上升后，加大给煤量并连续给煤直到锅炉启动完毕。

7. 锅炉给煤

一定粒度的燃煤经给煤机进入布置在前墙的四个 Φ420×10mm 给煤管，借助自身重力和引入的播煤风，在布风板上方 1900mm 处进入炉膛。为防止给煤管内堵煤，在给煤管的下部出口处均引入一次风热风。输煤量按仅用两条管路给煤时锅炉亦能满负荷运行考虑。由于给煤管内为正压，给煤机必须有很好的密封性，用一次风机出口冷风来维持给煤机内部的密封，密封压力为 5000Pa。

8. 锅炉 NO_x 减排措施

锅炉采用炉内低氧燃烧、合理配置二次风、炉外设置后燃风的方式控制燃烧产生的氮氧化物。在两个旋风分离器出口管的适当位置设置后燃风喷口，后燃风由布置在两个分离器出口管处的多个喷口进入分离器。后燃风与携带未燃尽物料的烟气充分混合，使未燃尽物料再次燃烧，降低飞灰中的碳含量及烟气中 CO 的含量，从而达到在保证锅炉燃烧效率不降低的情况下降低烟气中 NO_x 排放量的目的。

9. 锅炉监控

锅炉燃烧系统调控的基本原则是：按负荷要求调整给煤量；调煤的原则是加煤前先加风，减煤后再减风。按负荷、煤和氧量调整一次风和二次风风量；一次风保证物料流化和维持一定的物料循环量。通过调整一次风和二次风比例控制炉膛温度，调整引风机开度控制炉膛出口的负压值。

除常规锅炉的自动或联锁保护装置外，根据循环流化床锅炉的特点，增加以下监控点。

(1) 料层差压：布风板下一次风室与密相区顶部的压差值，是控制燃烧和排渣的一项参数。

(2) 悬浮段差压：密相区顶部与炉膛出口的压差值，它是监视锅炉物料循环量的一项参数。

(3) 床温：布风板上方约 600mm 高度处的物料温度，它是控制燃烧的一项参数。

10. 锅炉防磨

循环流化床锅炉燃烧系统的循环回路内，由于灰浓度较高，受热面的防磨要慎重处理。为了保证锅炉长期可靠运行，本方案采用预知防磨部位和主动设防的原则。在一些极易发生磨损的部位采用带销钉的耐磨可塑料；特殊的部位采用喷涂或加防磨罩等措施。

8.2.4　高温后燃低氮系统

为了大幅降低炉内 NO_x 的原始排放浓度，通过高温低氧后燃的先进燃烧技术，实现炉内高效燃烧与超低 NO_x 排放的协同控制，在保证高效燃烧的前提下，实现炉内 NO_x 原始排放浓度大幅度降低。

旋风分离器出口后燃风喷口布置如图 8.35 和图 8.36 所示，单个旋风分离器出口布置有 6 个后燃风喷口，两个旋风分离器共布置 12 个后燃风喷口。

图 8.35　450t/h 循环流化床锅炉左侧后燃风喷口布置

图 8.36　450t/h 循环流化床锅炉右侧后燃风喷口布置

在后燃风进风母管上均布置有后燃风流量计与调节阀门(图 8.37 和图 8.38)，对后燃进风流量进行流量计量与调节。

图 8.37　450t/h 循环流化床锅炉后燃风流量测量流量计

图 8.38　450t/h 循环流化床锅炉后燃风流量调节阀门

8.2.5　锅炉受热面布置

1. 炉膛水冷壁

炉膛水冷壁采用膜式壁结构，水冷壁管规格为 $\Phi 60\times 5$mm，节距为 80.5mm，并且悬吊于钢架的顶部横梁上，整体向下膨胀，最大膨胀量约为 170mm。

水冷壁由集中下降管供水，由连接管与前墙、后墙和侧墙下集箱连接，水冷壁上集箱经汽水引出管与锅筒连接。

炉膛上部横断面为 14220mm×7362mm，炉膛下部的前后墙向中间收缩，在炉膛底部达到 13770mm×3200mm，水冷布风板的管子规格为 $\Phi 76\times 10$mm，管节距为 160mm，布风板下的一次风室采用水冷风室。

为防止水冷壁磨损，密相区四周水冷壁上均敷设耐火耐磨可塑料，炉膛出口附近的后墙水冷壁、侧墙水冷壁和炉顶水冷壁亦敷设耐火耐磨可塑料，水冷风室的内侧敷设耐火材料，以满足床下点火的要求。

炉膛内布置有六片水冷蒸发屏和六片过热蒸汽屏，在屏的下部，为防止磨损，也进行了防磨处理，防磨措施为密焊销钉并敷设耐火耐磨可塑料。

水冷壁四周外侧在不同高度装设刚性梁，以增加水冷壁刚度。

为监视炉膛运行工况，沿高度方向分几层布置了温度和压力测点，如一次风室的温度和压力测点、布风板上的温度测点、密相区顶部的温度和压力测点、炉膛上部的温度和压力测点等，同时在指定位置设有看火孔、人孔门等。上述各类门孔及测点处的水冷壁均采用特殊的非向内凸出的防磨措施。

2. 过热器及蒸汽调温

过热器分三级布置，高温过热器和低温过热器布置在尾部烟道内，屏式过热器布置在炉膛上部。饱和蒸汽从锅筒由导管引入尾部烟道左右侧包墙上集箱，依次流经侧包墙、前包墙、转向室顶包墙、后包墙，进入后包墙下集箱，然后再依次通过低温过热器、第一级喷水减温器、屏式过热器、第二级喷水减温器和高温过热器。其中，要有两次过热蒸汽连接管道的左右交叉，以保证蒸汽温度的均匀性。

屏式过热器采用 $\Phi42\times6$mm 的管子，管节距为 60mm，材料为 12Cr1MoV，其下部敷设耐火耐磨可塑料。屏式过热器共有六片，蒸汽一次通过屏式过热器。

高温过热器和低温过热器两组蛇形管为纯对流型，顺列布置。高温过热器采用双管圈，由 $\Phi42\times5$mm 管弯制，低温过热器采用三管圈，由 $\Phi42\times5$mm 管弯制。为防止磨损，除选用合理的烟速外，高温过热器和低温过热器每一管组的前两排管子均加装防磨盖板，并在过热器弯头及穿墙管部位加装防磨罩。

过热蒸汽调温采用两级喷水减温，两级减温器分别位于低温过热器出口和高温过热器进口位置，第一级减温器（低温过热器后）设计喷水量为 28.0t/h，第二级减温器（高温过热器前）设计喷水量为 7.4t/h。

高温过热器和低温过热器采用省煤器悬吊管进行悬吊，屏式过热器则悬吊在炉顶的屏式过热器集箱上。

3. 省煤器

省煤器布置在低温过热器下部区域，分为高温省煤器和低温省煤器。高温省煤器为光管、错列布置，后墙进水，由省煤器悬吊管进行悬吊。低温省煤器为 H 型鳍片管式，双管圈布置，侧墙进水，双进双出。两级省煤器管规格均为 $\Phi38\times4$mm。高温省煤器的前两排管子加装防磨盖板，并在省煤器弯头及穿墙管部位加装防磨罩。

4. 空气预热器

空气预热器采用卧式结构，三行程、顺排布置。烟气在管间纵向流动，空气在管内流动。一次风和二次风的冷风风道分别从炉后方向引入，热风风道从炉前方向引出。空气预热器的各段管箱的管规格均为 $\Phi51\times2$mm。空气预热器低温段采用耐腐蚀的 CORTAN 钢材。

8.2.6 试验结果及分析

试验煤质分析结果见表 8.8，锅炉满负荷工况下的运行画面如图 8.39 所示，在 SNCR 脱硝设备停运时，空预器出口氧量为 2.6%～3.0%，在四种不同后燃风配风方式下，在空预器出口位置处对烟气成分进行了测试，测试结果如表 8.9 与图 8.40 所示。

表 8.8　试验煤质分析结果

燃料	工业分析				
	M_{ar}/%	A_{ar}/%	V_{ar}/%	FC_{ar}/%	$Q_{ar,net}$/(MJ/kg)
烟煤	11.20	6.65	30.08	52.07	25.81
燃料	元素分析/%				
	C_{ar}	H_{ar}	O_{ar}	N_{ar}	S_{ar}
烟煤	66.05	4.24	10.29	1.02	0.55

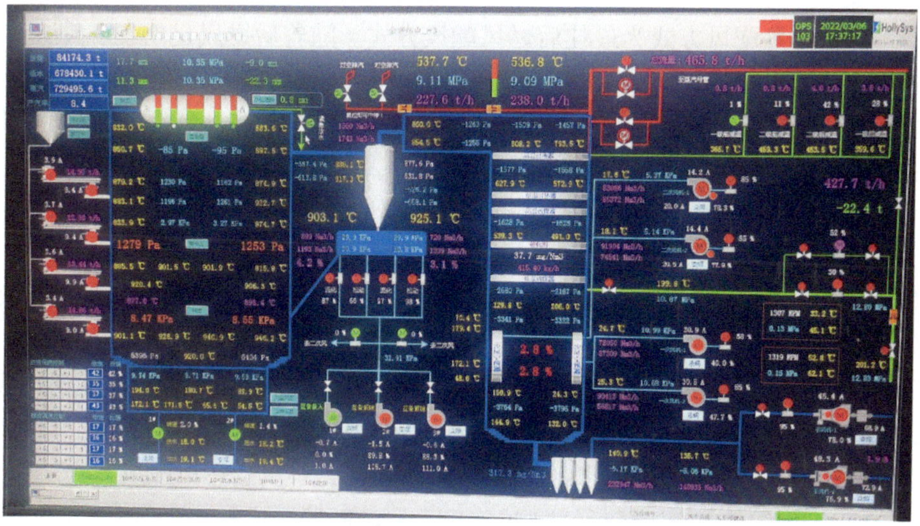

图 8.39　450t/dCFB 锅炉满负荷工况下的运行画面

表 8.9　450t/h 循环流化床锅炉不同配风下的 NO_x 原始排放浓度

工况	后燃风配风方式	负荷/(t/h)	空预器出口氧量/%	NO_x/(mg/m^3)
1	阀门 1～6	460.9	3.0	37.6
2	阀门 1～5	464.7	2.8	47.5
3	阀门 1，3，5	463.9	2.6	38.3
4	阀门 2，4，6	466.7	2.8	34.3

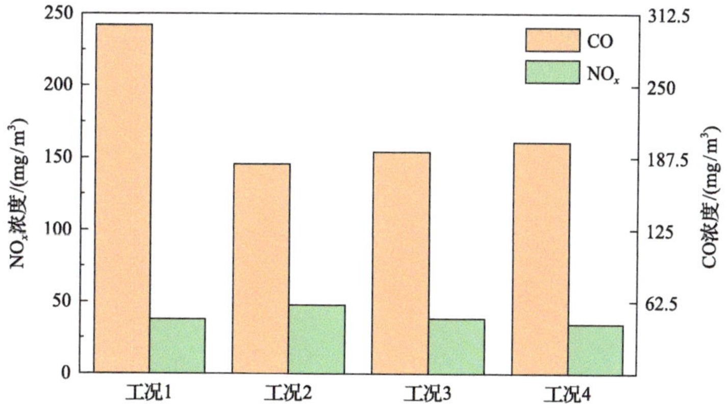

图 8.40　不同后燃风配风方式下的排放对比

在四种不同后燃风配风方式下，NO_x 原始排放浓度为 34.3～47.5mg/m^3，当采用阀门 2、4、6 后全开时，NO_x 原始排放浓度最低，为 34.3mg/m^3，当用阀门 1～5 全开时，NO_x 原始排放浓度最高，为 47.5mg/m^3，可见采用不同的后燃风配风方式，对 NO_x 原始排放浓度有一定的影响。

从试验结果来看，不同的后燃风配风方式对烟气中的 CO 也有一定的影响，在阀门 1～6 全开的情况下，CO 的排放浓度最高，其他三种后燃风配风方式下的 CO 排放浓度基本接近。由此可见，阀门 2、4、6 全开时，烟气中的 NO_x 排放量最低，同时燃烧效率最高，故该配风方式为最佳后燃风配风方式。随着后燃风量增加，NO_x 排放呈上升趋势。

在满负荷工况下，第三方测试结果表明，锅炉热效率为 94.48%，NO_x 原始排放为 40.65mg/m^3（6%O_2（体积分数））。

8.2.7 小结

(1) 450t/h 高温后燃循环流化床锅炉实现长周期稳定运行，各项性能指标与排放指标优良。

(2) 通过高温后燃技术，实现 NO_x 原始排放浓度为 34.3～47.5mg/m^3，达到超低排放要求，相对于现有常规燃烧技术，NO_x 原始排放浓度降低 75%以上。

(3) 通过四种不同的后燃风配风方式试验，获得了最佳的后燃风配风方式。

(4) 在保证锅炉热效率不降低情况下，不投 SNCR 脱硝设备，实现了无氨超低 NO_x 原始排放，充分验证了高温后燃超低氮燃烧技术在 450t/h 循环流化床锅炉上的成功应用。

450t/h 循环流化床锅炉高温后燃超低 NO_x 燃烧技术示范取得圆满成功。

8.3 300MW 循环流化床锅炉高温后燃低 NO_x 燃烧技术

8.3.1 锅炉基本设计条件

300MW 循环流化床锅炉型号为 DG1089/17.4-Ⅱ1 型，其类型为亚临界压力、一次中间再热、自然循环、单炉膛、汽冷式旋风分离器、循环流化燃烧、平衡通风、固态排渣、燃煤、钢架为双排柱钢结构、全悬吊结构的循环流化床锅炉。

1. 锅炉主要参数

锅炉主要参数见表 8.10。

2. 锅炉主要尺寸

锅炉主要尺寸见表 8.11。

表 8.10 300MW 循环流化床锅炉主要参数

锅炉主要参数	单位	BMCR 工况
过热蒸汽流量	t/h	1088
过热蒸汽压力	MPa(g)	17.4
过热蒸汽温度	℃	541
再热蒸汽流量	t/h	891
再热蒸汽进/出口压力	MPa(g)	4.006/3.791
再热蒸汽进/出口温度	℃	336.6/541
给水温度	℃	281.2

表 8.11 300MW 循环流化床锅炉主要尺寸

项目	单位	数据
炉膛宽度	mm	28275
炉膛深度	mm	9831
锅筒中心线标高	mm	56700
尾部竖井前烟道深	mm	4680
尾部竖井后烟道深	mm	4680
水冷壁下集箱标高	mm	4300

8.3.2 锅炉燃料特性

锅炉燃煤主要以 60%左右煤泥与原煤掺混，通过输煤皮带送入煤仓入炉燃烧，燃煤颗粒两极分化较大，特别是 1.5mm 及以下细颗粒占比在 50%以上，煤泥经干燥后与原煤掺混一并送入炉膛。锅炉燃用原煤及煤泥均产自酸刺沟煤矿。表 8.12 为锅炉燃料工业分析和元素分析，表 8.13 为入炉燃料灰成分分析，表 8.14 为燃料灰熔融性分析结果。

表 8.12 燃料工业、元素分析

燃料	工业分析					元素分析				
	M_{ad}/%	A_{ad}/%	V_{ad}/%	FC_{ad}/%	$Q_{ad,net}$/(kJ/kg)	C_{ad}/%	H_{ad}/%	O_{ad}/%	N_{ad}/%	S_{ad}/%
原煤+煤泥	1.87	34.38	25.86	37.89	18560	48.86	3.24	9.94	0.82	0.89

表 8.13 燃料灰成分分析

燃料	灰成分/%									
	SiO_2	Al_2O_3	Fe_2O_3	CaO	MgO	TiO_2	SO_3	P_2O_5	K_2O	Na_2O
原煤+煤泥	48.97	33.43	3.97	6.03	0.29	2.81	2.41	0.90	0.51	0.20

表 8.14 燃料灰熔融性分析结果

燃料	DT/℃	ST/℃
原煤+煤泥	＞1500	＞1500

8.3.3 锅炉总体布置

锅炉主要由一个膜式水冷壁炉膛、三台汽冷式旋风分离器和一个由汽冷包墙包覆的尾部竖井三部分组成。锅炉总图见图 8.41。

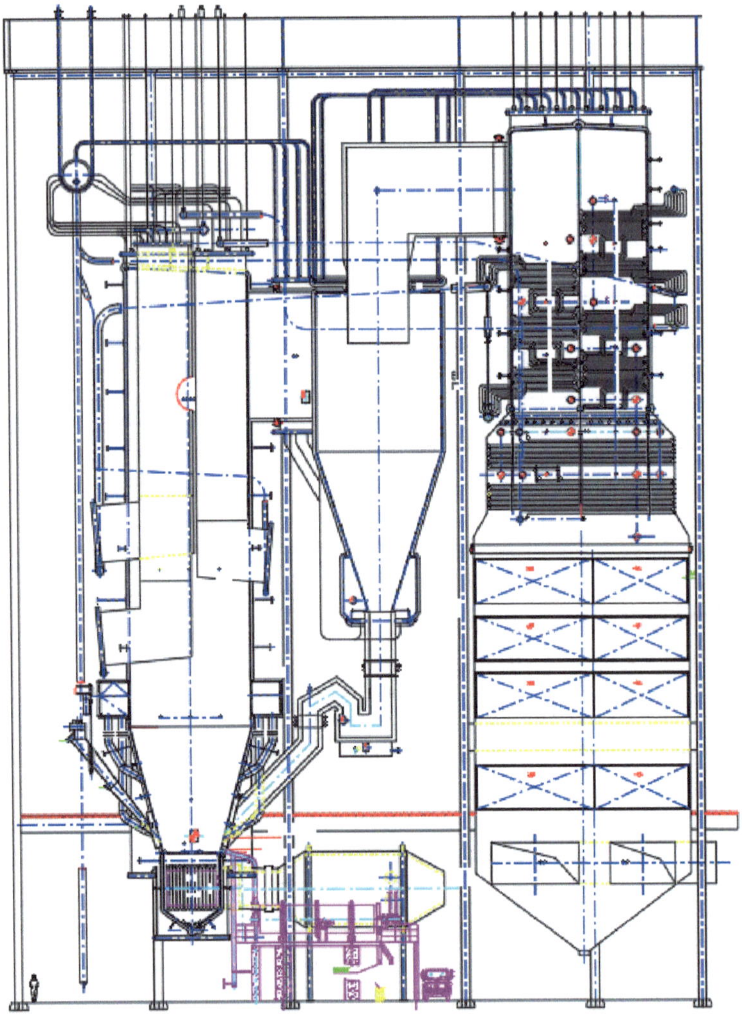

图 8.41 300MW 亚临界循环流化床锅炉总图

炉膛内前墙布置有十二片屏式过热器管屏、六片屏式再热器管屏，后墙布置两片水冷蒸发屏。锅炉共布置有八个给煤口，全部布置于炉前，在前墙水冷壁下部收缩段沿宽度方向均匀布置。炉膛底部是由水冷壁管弯制围成的水冷风室，水冷风室两侧布置有一次热风道，进风型式为从风室两侧进风，空气预热器、一次风和二次风出口均在两侧，一次热风道布置较为简单。炉膛下部左右侧的一次风道内分别布置有两台点火燃烧器。六个排渣口布置在炉膛后水冷壁下部，分别对应六台滚筒式冷渣器。

炉膛与尾部竖井之间，布置有三台汽冷式旋风分离器，其下部各布置一台 J 阀回料器，回料器为一分为二结构；尾部采用双烟道结构，前烟道布置了三组低温再热器，后烟道从上到下依次布置有两组高温过热器、两组低温过热器，向下前后烟道合成一个，在其中布置有两组螺旋鳍片管式省煤器和卧式空气预热器，空气预热器采用光管式，一次风和二次风风道分开布置，沿炉宽方向双进双出。从一次风机出来的空气分成四路送入炉膛：第一路，经一次风空气预热器加热后的热风从两侧墙进入炉膛底部的水冷风室，通过布置在布风板上的风帽使床料流化，并形成向上通过炉膛的气固两相流；第二路，热风经给煤增压风机后，用于炉前气力播煤；经二次风空气预热器加热后的热二次风直接经炉膛下部前后墙的二次风箱分两层送入炉膛。

8.3.4 锅炉脱硝方式

锅炉脱硝方式为炉内低氮燃烧与 SNCR 直喷尿素溶液，NO_x 最终排放浓度在 50～150mg/Nm^3 范围内，满足 2014 年 7 月 1 日起燃煤发电锅炉对于 NO_x 污染物排放限制的要求（低于 200mg/Nm^3），但不能满足《全面实施燃煤电厂超低排放和节能改造工作方案的通知》中在基准含氧量 6%条件下，烟尘、二氧化硫、氮氧化物排放浓度分别不高于 10mg/Nm^3、35mg/Nm^3、50mg/Nm^3 的超低排放标准要求。

8.3.5 锅炉主要运行参数

锅炉燃煤主要以 60%左右煤泥与原煤掺混，通过输煤皮带送入煤仓入炉燃烧，燃煤颗粒两极分化较大，特别是 1.5mm 及以下细颗粒占比在 50%以上。同时配套有管道煤泥给料系统，从锅炉顶部四点接入，当前受煤泥供应及配置原因影响，该系统以间断运行的方式进行膏体状煤泥输送给入锅炉燃烧，膏体煤泥含水率在 35%左右。

锅炉运行中主要以低床压方式运行，床压一般控制在 5～6.5kPa，满负荷工况下炉内密相区单点床温达 995℃左右，平均床温在 950℃左右；烟气含氧量控制在 2%～3.5%。表 8.15 为锅炉主要负荷及运行参数。

表 8.15 锅炉主要负荷及运行参数

负荷/MW	总风量/(km^3/h)	床温/℃	床压/kPa	烟气含氧量/%	上下二次风门开度/%
315	775	958	5	2.4	100/100
165	420	860	6	2.8	20/45

8.3.6 超低 NO_x 排放技术方案

循环流化床锅炉以其特殊的燃烧方式具有 NO_x 排放低的优点，进一步发挥循环流化床燃烧方式的优势，降低循环流化床锅炉 NO_x 的原始排放至 100mg/Nm^3 以下，再结合 SNCR 脱硝技术实现最终 NO_x 的超低排放，是循环流化床锅炉超低 NO_x 排放的重要技术路线。

300MW 循环流化床锅炉超低 NO_x 排放改造技术方案，采用中国科学院工程热物理研究所的专利技术，即循环流化床锅炉炉膛低氧燃烧结合旋风分离器出口后燃的低 NO_x 排放技术方案(图 8.42)。针对 300MW 循环流化床锅炉，将后燃空气从二次风母管引出，通过三根风管从二次风出口母管，分别引到三个旋风分离器出口处。每根母管上安装电动调节风门和空气流量计。旋风分离器出口烟道靠近旋风分离器顶板部位开有喷孔，每根后燃风母管分为支管进入分离器出口烟道中，每个后燃风支管上安装阀门。通过对锅炉的改造可实现循环流化床锅炉超低 NO_x 燃烧，将 NO_x 原始排放浓度降低到 100mg/m^3 以下，结合 SNCR 脱硝可将 NO_x 最终排放降低至 50mg/m^3 以下，满足超低排放环保要求。

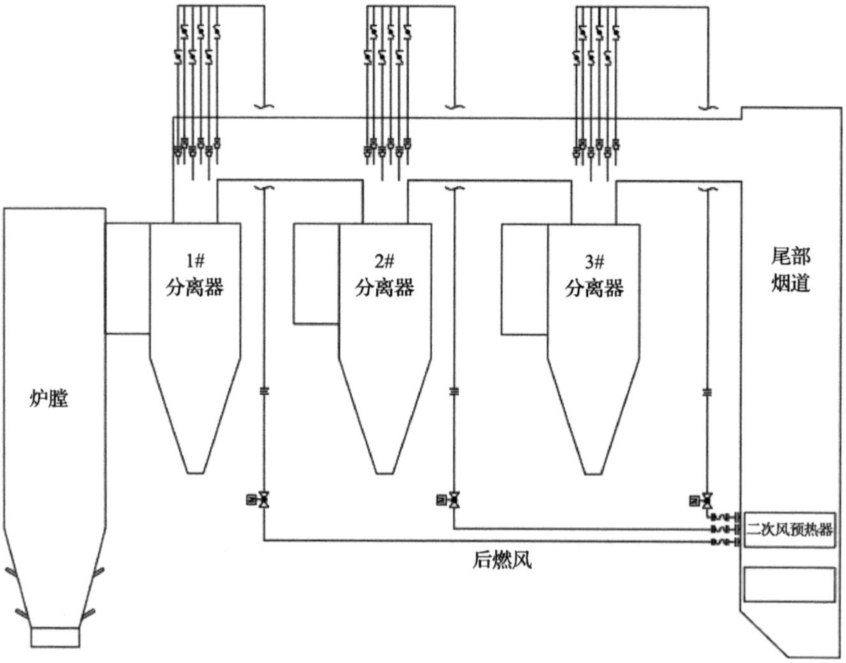

图 8.42　300MW 循环流化床锅炉低氮燃烧改造示意图

循环流化床炉膛低氧燃烧结合旋风分离器出口后燃的技术方案，是一种有效降低循环流化床 NO_x 排放的燃烧方法，适用于煤及其他含氮燃料的燃烧，能够降低烟气中 NO_x 的排放浓度，同时保证循环流化床燃烧装置的燃烧效率。

图 8.43 为后燃风喷口布置示意图，图 8.44 为后燃风喷口布置实物图。针对 300MW 循环流化床锅炉超低 NO_x 排放改造方案中，后燃风喷口的布置方式是基于数值计算的结果优化获得的。通过对不同的喷口布置方式下，后燃风与烟气流动、掺混进行数值模拟，使用皮尔逊积矩相关系数得到烟气流速和氧气浓度之间的吻合度，以此来评判后燃口设置的合理性。经过对数值计算结果的对比，选择优化的后燃风喷口布置方案，采用两层后燃风布置方式。下层后燃风喷口标高 52565mm，共 2 支喷口；上层后燃风喷口标高 54015mm，共 4 支喷口。

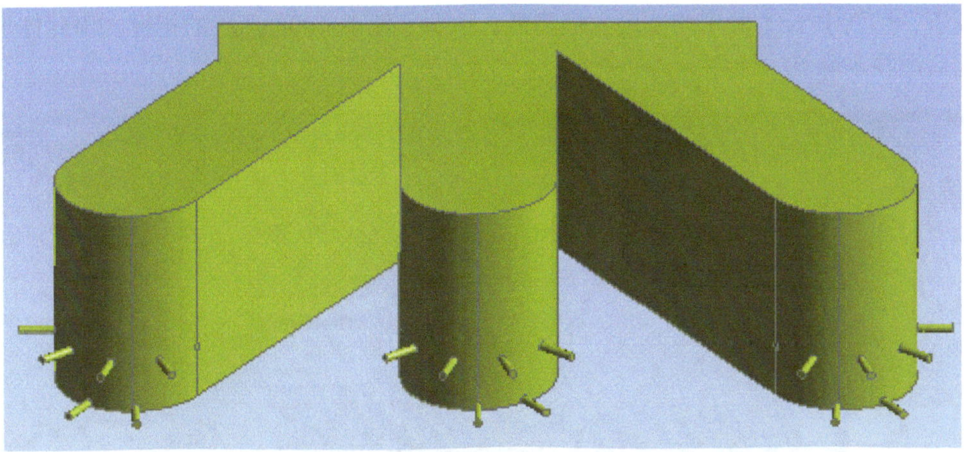

图 8.43 300MW 循环流化床锅炉后燃风喷口布置示意图

图 8.44 300MW 循环流化床锅炉后燃风喷口布置实物图

8.3.7 试验结果及分析

1. 锅炉 100%负荷试验

图 8.45 为锅炉在 100%负荷工况下的运行参数情况，图 8.45(a)为锅炉主控界面，在降低锅炉燃烧过量空气系数时，锅炉可保持长时间稳定燃烧，各辅机运行稳定。图 8.45(b)为锅炉密相区床温的参数，未发现过热器管壁温度出现超温的现象。

表 8.16 为锅炉在 100%负荷下常规燃烧及低氮燃烧工况下的烟气成分测试值，通过降低锅炉炉膛燃烧的过量空气系数，分别在空气预热器两侧实测了烟气的成分(NO_x 浓度按国家标准折算为 O_2=6%(体积分数)，以 NO_2 计)，可见采用炉膛低氮燃烧在锅炉 100%

负荷下，烟气中 NO_x 的平均浓度大幅降低，达到了低于 $100mg/m^3$ 的指标，由此体现了采用后燃技术降氮的优势。

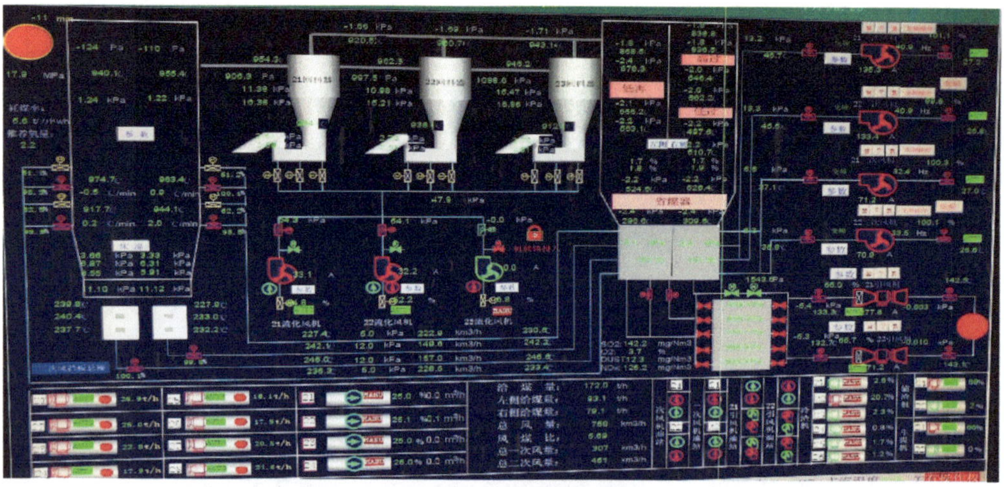

(a) 锅炉主控界面

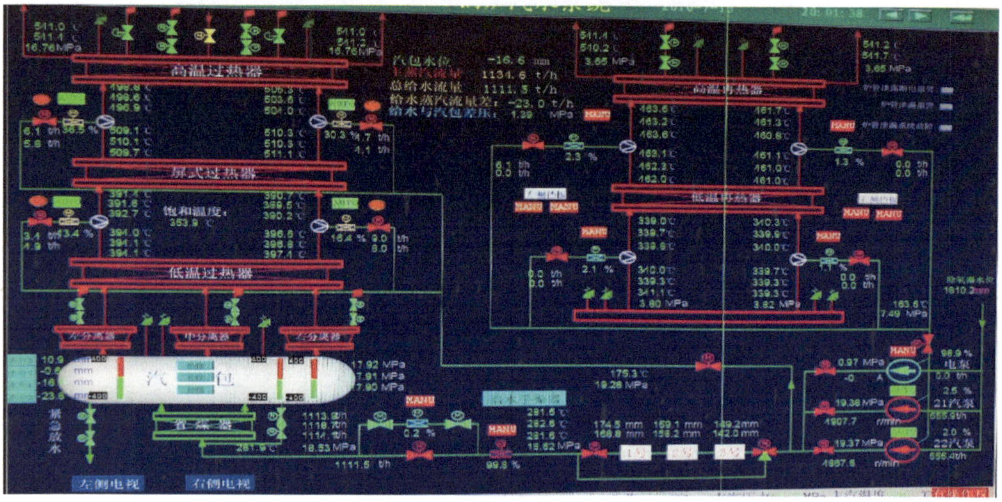

(b) 汽水参数

图 8.45　300MW 循环流化床锅炉 100%负荷工况下的运行参数

表 8.16　300MW 循环流化床锅炉 100%负荷烟气成分

项目	300MW(常规燃烧)		300MW(低氮燃烧)	
	空预器左侧	空预器右侧	空预器左侧	空预器右侧
O_2/%	3.1	3.6	2.1	2.8
CO/(mg/m^3)	90.00	78.75	105	120
NO_x/(mg/m^3)	157	151	47	56

2. 锅炉 70%负荷试验

图 8.46 为锅炉在 70%负荷炉膛低氮燃烧工况下的运行参数情况，图 8.46(a)为锅炉主控界面，在降低锅炉炉内过量空气系数时，锅炉可保持长时间稳定燃烧，各辅机运行稳定。图 8.46(b)为锅炉密相区床温的参数，未发现床温突变的现象，也未发现过热器管壁温度出现超温的现象。

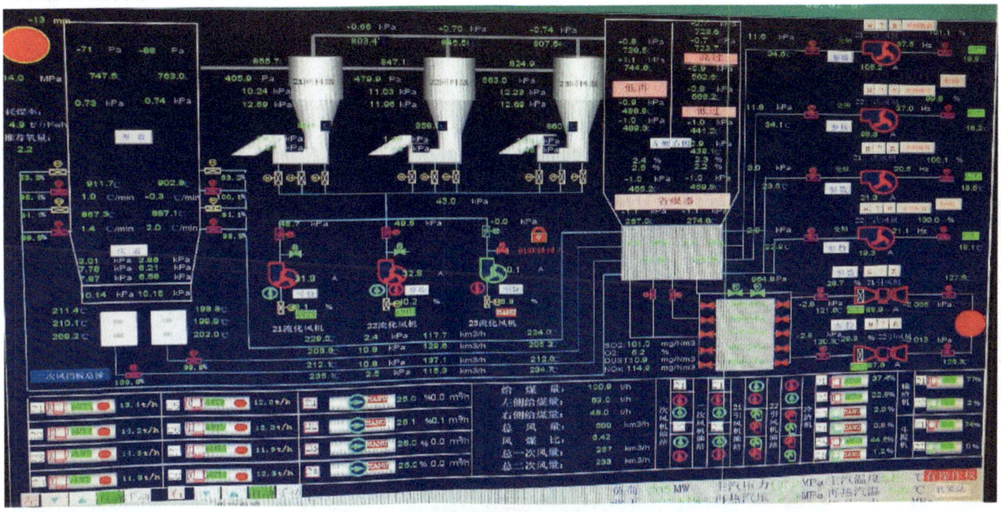

(a) 锅炉主控界面

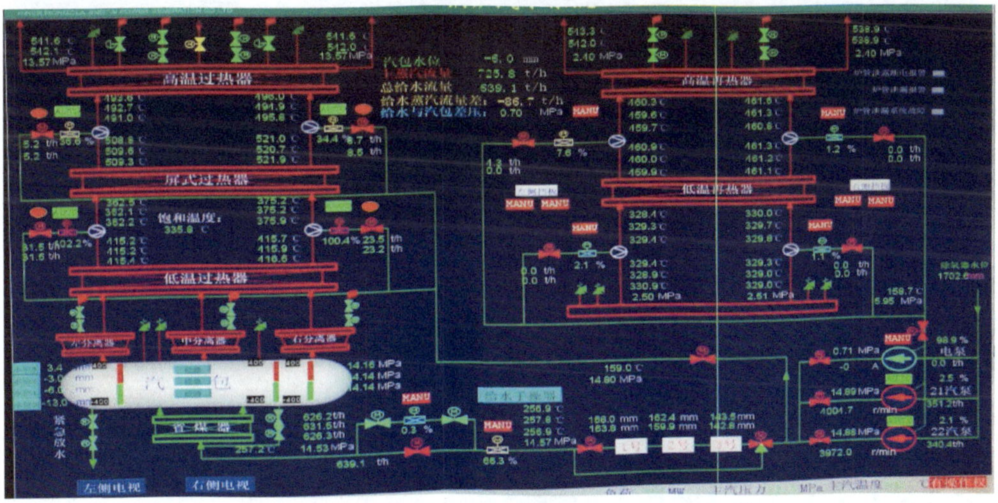

(b) 汽水参数

图 8.46　300MW 循环流化床锅炉 70%负荷炉膛低氧燃烧工况下的运行参数

表 8.17 为锅炉在 70%负荷下常规燃烧及低氮燃烧工况下的烟气成分测试值，通过降低锅炉炉内过量空气系数与分离器出口的高温后燃技术，分别在空气预热器两侧实测了烟气的成分，烟气中 NO_x 的平均浓度大幅降低。

表 8.17　空气预热锅炉 70%负荷烟气成分

项目	210MW(常规燃烧)		210MW(低氮燃烧)	
	空气预热器左侧	空气预热器右侧	空气预热器左侧	空气预热器右侧
O_2/%	3.4	3.9	1.9	1.8
CO/(mg/m³)	55.00	58.75	93.75	18.50
NO_x/(mg/m³)	120	123	64	48

3. 锅炉 55%负荷试验

图 8.47 为锅炉在 55%负荷炉膛低氮燃烧工况下的运行参数情况。图 8.47(a)为锅炉主控的界面，在降低锅炉炉内过量空气系数时，锅炉可保持稳定燃烧，各辅机运行稳

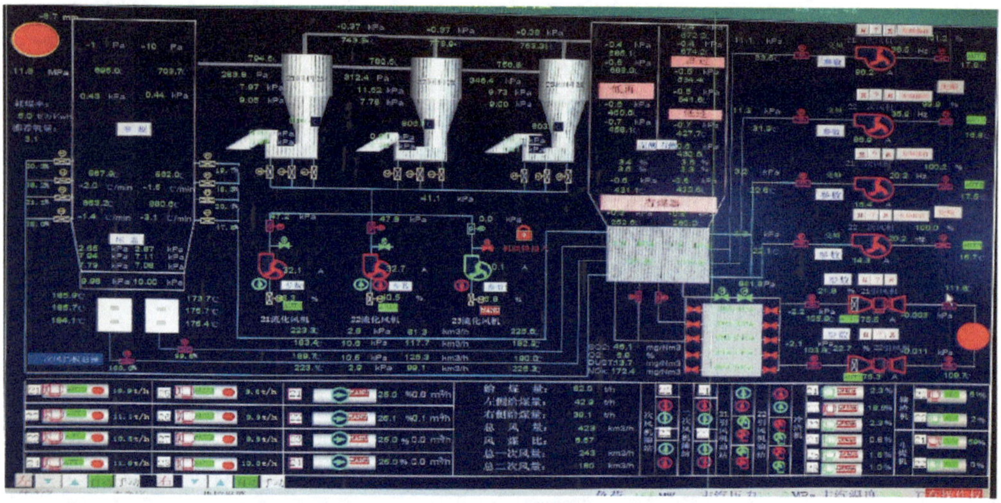

(a) 锅炉主控界面

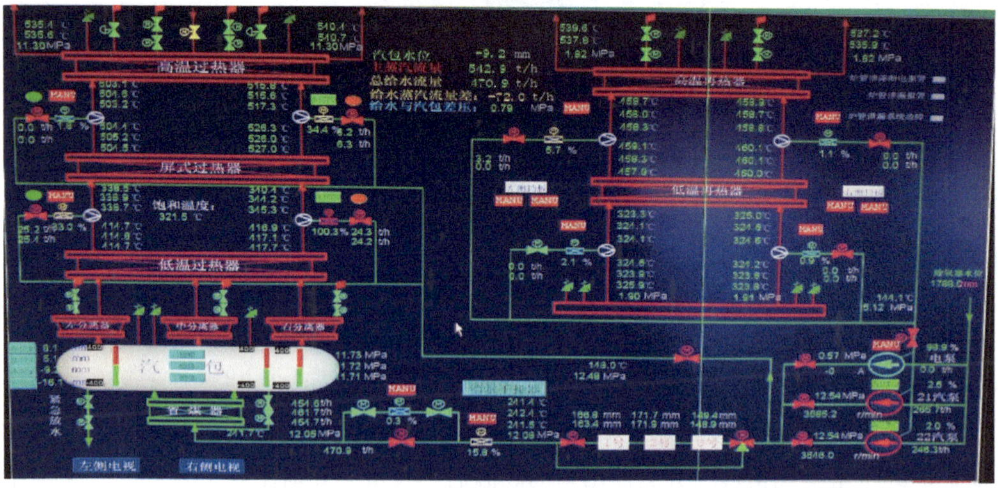

(b) 汽水参数

图 8.47　300MW 循环流化床锅炉 55%负荷炉膛低氧燃烧工况下的运行参数

定。图 8.47(b)为锅炉汽水参数。可以看出，采用高温后燃低氮燃烧后汽水参数正常，未发现过热器管壁温度出现超温的现象。

表 8.18 为锅炉在 55%负荷下常规燃烧及低氮燃烧工况下的烟气成分测试值，通过高温后燃技术，烟气中 NO_x 的平均排放浓度呈大幅下降趋势。

表 8.18 空气预热锅炉 55%负荷烟气成分

项目	165MW(常规燃烧)		165MW(低氮燃烧)	
	空气预热器左侧	空气预热器右侧	空气预热器左侧	空气预热器右侧
O_2/%	3.9	4.5	3.3	4.1
CO/(mg/m^3)	87.50	86.25	93.75	100.00
NO_x/(mg/m^3)	109	112	53	46

4. 飞灰碳含量分析

现场试验过程中对固体样品进行了取样，包含了燃料、飞灰和底渣样品。所有的样品均进行了两个平行样品的分析。表 8.14 为入炉燃料的工业分析，表 8.19 中显示了锅炉两种不同煤泥掺混比例入炉燃料的工业分析结果。

表 8.19 300MW 循环流化床锅炉入炉燃料工业分析

序号	样品名称	工业分析/%			
		M_{ad}	A_{ad}	V_{ad}	FC_{ad}
1	A 炉煤 1(掺 60%煤泥)	6.54	32.73	26.43	34.29
2	A 炉煤 2(掺 60%煤泥)	6.45	32.51	26.29	34.75
3	A 炉煤 1(掺 30%煤泥)	9.22	28.13	26.03	36.62
4	A 炉煤 2(掺 30%煤泥)	9.27	28.21	25.78	36.74

表 8.20 为锅炉飞灰和底渣的碳含量分析结果，其中包含 1#锅炉的飞灰样品，2#锅炉试验过程中的飞灰和底渣样品分析结果。不同负荷下，飞灰碳含量为 1.30%～3.66%，底渣碳含量在 0.61%左右，可见锅炉在高温后燃工况下保证了高效燃烧。

表 8.20 300MW 循环流化床锅炉飞灰和底渣碳含量分析

序号	样品名称	样品类别	飞灰碳含量/%
1	B 炉(300MW)	飞灰 1	1.40
2	B 炉(300MW)	飞灰 2	1.30
3	A 炉(200MW)	飞灰 1	2.51
4	A 炉(200MW)	飞灰 2	2.63
5	A 炉(300MW)	飞灰 1	2.53
6	A 炉(300MW)	飞灰 2	2.37

续表

序号	样品名称	样品类别	飞灰碳含量/%
7	A 炉（165MW）	飞灰 1	3.60
8	A 炉（165MW）	飞灰 2	3.66
9	A 炉（165MW）	底渣 1	0.61
10	A 炉（165MW）	底渣 2	0.62

8.3.8 小结

通过在 300MW 循环流化床锅炉上开展高温后燃低氮燃烧现场试验，完成了两种不同煤泥掺混燃料的炉膛低氮燃烧试验，获得了 100%、70%和 55%三个负荷下锅炉的运行、燃烧及排放特性数据。锅炉现场试验主要结论如下。

(1) 在 100%、70%和 55%三个试验负荷下，采用高温后燃低氮燃烧技术，锅炉均能保持稳定运行，对机组负荷，汽水参数无明显影响。

(2) 在 100%、70%和 55%三个试验负荷下，采用高温后燃低氮燃烧技术，均能降低 NO_x 原始排放浓度至 70mg/m^3 以下。

(3) 循环流化床高温后燃在大幅降低炉内 NO_x 原始排放浓度的同时，通过分离器出口后燃，可有效降低飞灰中的碳含量，保证了锅炉的燃烧效率。

300MW 循环流化床锅炉高温后燃超低 NO_x 燃烧技术示范取得圆满成功。

8.4 本章小结

高温后燃超低 NO_x 燃烧技术通过高温后燃机理小试、中试验证及数值模拟优化研究，获得了高温后燃超低 NO_x 燃烧技术方案，并完成了 75t/h 煤泥-160t/h 烟煤-450t/h 烟煤-300MW 烟煤与煤泥循环流化床锅炉技术应用示范，在不投运 SNCR 脱硝设备的条件下，均实现了 NO_x 原始排放浓度小于 50mg/m^3，达到了超低排放的要求。得到的主要结论如下。

(1) 75t/h 循环流化床锅炉在燃用全煤泥的情况下实现长期安全稳定运行，炉膛温度呈现两端高、中间低的分布特性，增加二次风比例能够降低炉膛差压，进而影响主蒸汽参数，增加二次风比例会使炉膛出口飞灰的颗粒增大，碳含量增加。

(2) 后燃风是调整主蒸汽参数的有效手段之一，随着后燃风比例的增加，炉内燃烧份额降低，有更多的燃烧份额自炉膛内转移至旋风分离器后，使主蒸汽温度有所升高。

(3) 在高温后燃技术中，旋风分离器发挥了重要的降氮作用，在旋风分离器内发生的剧烈气固掺混有利于 CO 和焦炭颗粒参与 NO_x 的还原反应，进而降低 NO_x 排放浓度。

(4) 在总过量空气系数保持 1.20 不变的情况下，通过高温后燃技术可将煤泥 NO_x 排放浓度降低至 42.6mg/m^3，达到 NO_x 超低排放标准。

(5) 在采用高温后燃技术和半干法脱硫配合的技术路线时，煤泥循环流化床燃烧过程中的 NO_x 和 SO_2 排放均能达到超低排放标准。同时，锅炉的燃烧效率可以达到 98.28%，真正意义上实现了煤泥的高效热处理和低成本大气污染物超低排放的协同控制。

(6) 对于 160t/h 循环流化床锅炉 NO_x 原始排放，在 50%～100%负荷下，通过高温后燃技术，NO_x 原始排放浓度为 34.6～44.1mg/m^3，NO_x 原始排放浓度降低 81.5%～88.3%。

(7) 对于 160t/h 循环流化床锅炉热效率，在 50%～100%负荷下，改造前锅炉热效率为 90.10%～91.32%，改造后锅炉热效率为 91.31%～91.79%，与改造前锅炉热效率基本相当。

(8) 450t/h 高温高压高温后燃循环流化床锅炉实现长周期稳定运行，各项性能指标与排放指标优良。

(9) 450t/h 循环流化床锅炉通过高温后燃技术，实现了 NO_x 原始排放浓度为 34.3～47.5mg/m^3，达到超低排放标准，相对现有常规燃烧技术，NO_x 原始排放浓度降低 75%以上。

(10) 450t/h 循环流化床锅炉通过四种不同的后燃风配风方式试验，获得了最佳的后燃风配风方式。

(11) 300MW 亚临界循环流化床锅炉在 100%、70%和 55%三个试验负荷下，采用高温后燃低氮燃烧技术，锅炉均能保持稳定运行，对机组负荷、汽水参数无明显影响。

(12) 300MW 亚临界循环流化床锅炉在 100%、70%和 55%三个试验负荷下，采用高温后燃低氮燃烧技术，均能降低 NO_x 原始排放浓度至 70mg/m^3 以下。

(13) 在保证锅炉热效率不降低的情况下，不投 SNCR 脱硝设备，实现了无氨超低 NO_x 原始排放，充分验证了高温后燃超低氮燃烧技术在 75t/h-160t/h-450t/h-300MW 等级循环流化床锅炉上的成功应用。

参考文献

[1] 中国自然资源部. 中国矿产资源报告[J]. 国土资源情报, 2021, (11): 2.

[2] 中国国家统计局. 2020 中国统计年鉴[J]. 统计理论与实践, 2021, (1): 2.

[3] 宋国君, 赵英煛, 耿建斌, 等. 中美燃煤火电厂空气污染物排放标准比较研究[J]. 中国环境管理, 2017, 9(1): 21-28.

[4] 王建国, 赵晓红. 低阶煤清洁高效梯级利用关键技术与示范[J]. 中国科学院院刊, 2012, 27(3): 382-388.

[5] 巩志强. 低阶煤热解半焦的燃烧特性和 NO_x 排放特性试验研究[D]. 北京: 中国科学院研究生院(工程热物理研究所), 2016.

[6] 孙献斌, 黄中. 大型循环流化床锅炉技术与工程应用[M]. 2 版. 北京: 中国电力出版社, 2013.

[7] 岑可法. 循环流化床锅炉理论设计与运行[M]. 北京: 中国电力出版社, 1998.

[8] 中华人民共和国国家质量监督检验检疫总局, 中国国家标准化管理委员会. 火电厂大气污染物排放标准: GB 13223—2011[S]. 北京: 中国环境科学出版社, 2012.

[9] Zhou T, Gong Z Q, Lu Q G, et al. Experimental study on enhanced control of NO_x emission from circulating fluidized bed combustion[J]. Energy & Fuels, 2015, 29(6): 3634-3639.

[10] Zhou Q, Zhang Y F, Zhang J Y, et al. Evolution behaviors of nitrogen functionalities during fast CO_2-rich pyrolysis of coal[J]. Fuel, 2018, 229: 135-143.

[11] Miller J A, Bowman C T. Mechanism and modeling of nitrogen chemistry in combustion[J]. Progress in Energy & Combustion Science, 1989, 15(4): 287-338.

[12] Bowman C T. Control of combustion-generated nitrogen oxide emissions: Technology driven by regulation[J]. Symposium (International) on Combustion, 1992, 24(1): 859-878.

[13] Fenimore C P. Formation of nitric oxide in premixed hydrocarbon flames[J]. Symposium (International) on Combustion, 1971, 13(1): 373-380.

[14] 吴碧君. 燃烧过程中氮氧化物的生成机理[J]. 电力环境保护, 2003, (4): 9-12.

[15] 钟北京, 傅维标. 燃烧过程中快速型氧化氮形成机理及其影响因素[J]. 燃烧科学与技术, 1997, (4): 388-393.

[16] Glarborg P, Jensen A D, Johnsson J E. Fuel nitrogen conversion in solid fuel fired systems[J]. Progress in Energy and Combustion Science, 2003, 29(2): 89-113.

[17] 杨少波. 高碱煤/气化飞灰燃烧过程中碱金属的迁移转化与 NO_x 排放特性[D]. 北京: 中国科学院大学(中国科学院工程热物理研究所), 2019.

[18] Friebel J, Köpsel R F W. The fate of nitrogen during pyrolysis of German low rank coals—A parameter study[J]. Fuel, 1999, 78(8): 923-932.

[19] Jones J M, Patterson P M, Pourkashanian M, et al. Modelling NO_x formation in coal particle combustion at high temperature: An investigation of the devolatilisation kinetic factors[J]. Fuel, 1999, 78(10): 1171-1179.

[20] Kambare S, Takarada T, Nakagawa N, et al. Coal composition effects on NO_x formation during initial stage of pulverized coal combustion[J]. Kagaku Kogaku Ronbunshu, 1993, 19(3): 496-504.

[21] 王春波, 乔木森, 邵欢. 高温低氧气氛煤粉燃烧 NO 排放实验研究[J]. 热力发电, 2015, 44(5): 64-70, 75.

[22] 任鹏, 范卫东, 李宇, 等. 温度对燃煤挥发分和焦炭 NO 生成及相互关系的影响研究[J]. 锅炉技术, 2013, 44(2): 74-80.

[23] Hayhurst A N, Lawrence A D. The amounts of NO_x and N_2O formed in a fluidized bed combustor during the burning of coal volatiles and also of char[J]. Combustion and Flame, 1996, 105(3): 341-357.

[24] 刘忠, 阎维平, 高正阳, 等. 煤种对超细煤粉再燃还原 NO 效率的影响[J]. 中国电机工程学报, 2004, 24(12): 273-276.

[25] 赵宗彬, 管仁贵, 李保庆. CO 和 O_2 气氛下煤中矿物质对 NO-半焦还原反应的影响[J]. 燃料化学学报, 2001, 29(3): 232-237.

[26] 赵宗彬, 李保庆. 煤中矿物质对 NO-半焦还原反应的影响[J]. 燃料化学学报, 2001, (2): 129-134.

[27] 赵宗彬, 李文, 李保庆. 氧气对半焦还原 NO 反应的作用机理研究[J]. 中国矿业大学学报, 2001, 30(5): 484-487, 491.
[28] 赵宗彬, 李文, 李保庆. 半焦制备条件对其还原 NO 反应性的影响[J]. 煤炭学报, 2002, (2): 179-183.
[29] 赵宗彬, 李文, 李保庆. 矿物质对煤焦燃烧过程中 NO 释放规律的影响[J]. 化工学报, 2003, (1): 100-106.
[30] 徐杰, 马利锦, 孙锐, 等. 煤焦 N 向 NO 转化规律的试验研究[J]. 中国电机工程学报, 2014, 34(23): 3907-3914.
[31] 方晓晴, 范垂钢, 都林, 等. 煤焦直接还原脱除烟道气氮氧化物[J]. 化工学报, 2014, 65(6): 2249-2255.
[32] Solomon P R, Colket M B. Evolution of fuel nitrogen in coal devolatilization[J]. Fuel, 1978, 57(12): 749-755.
[33] Tan L L, Li C Z. Formation of NO_x and SO_x precursors during the pyrolysis of coal and biomass. Part I. Effects of reactor configuration on the determined yields of HCN and NH_3 during pyrolysis[J]. Fuel, 2000, 79(15): 1883-1889.
[34] Tan L L, Li C Z. Formation of NO_x and SO_x precursors during the pyrolysis of coal and biomass. Part Ⅱ. Effects of experimental conditions on the yields of NO_x and SO_x precursors from the pyrolysis of a Victorian brown coal[J]. Fuel, 2000, 79(15): 1891-1897.
[35] Li C Z, Tan L L. Formation of NO_x and SO_x precursors during the pyrolysis of coal and biomass. Part Ⅲ. Further discussion on the formation of HCN and NH_3 during pyrolysis[J]. Fuel, 2000, 79(15): 1899-1906.
[36] Kurose R, Ikeda M, Makino H, et al. Pulverized coal combustion characteristics of high-fuel-ratio coals[J]. Fuel, 2004, 83(13): 1777-1785.
[37] 张建民, 李春梅. 我国煤泥综合利用现状、问题及建议[J]. 中国能源, 2010, 32(10): 38-40.
[38] 周焕熊. 煤泥及其利用初探[J]. 洁净煤技术, 2000, (3): 31-33, 50.
[39] 李宁, 雷宏彬, 田忠文, 等. 煤泥资源化利用关键技术研究分析[J]. 煤炭工程, 2011, (12): 100-101, 105.
[40] Ponzio A, Senthoorselvan S, Yang W H, et al. Ignition of single coal particles in high-temperature oxidizers with various oxygen concentrations[J]. Fuel, 2008, 87(6): 974-987.
[41] Wang H, Liu S L, Wang X Y, et al. Ignition and combustion behaviors of coal slime in air[J]. Energy & Fuels, 2017, 31(10): 11439-11447.
[42] Zhou K, Lin Q Z, Hu H W, et al. Ignition and combustion behaviors of single coal slime particles in CO_2/O_2 atmosphere[J]. Combustion and Flame, 2018, 194: 250-263.
[43] Zhou K, Lin Q Z, Hu H W, et al. The ignition characteristics and combustion processes of the single coal slime particle under different hot-coflow conditions in N_2/O_2 atmosphere[J]. Energy, 2017, 136: 173-184.
[44] Wang H, Liu S L, Li X T, et al. Morphological and structural evolution of bituminous coal slime particles during the process of combustion[J]. Fuel, 2018, 218: 49-58.
[45] 曹晓哲, 赵卫东, 刘建忠, 等. 煤泥水煤浆燃烧特性的热重研究[J]. 煤炭学报, 2009, 34(10): 1394-1399.
[46] 施勇刚, 马云龙. 国内煤泥燃烧循环流化床锅炉研究现状[J]. 应用能源技术, 2012, (6): 25-29.
[47] 王敦曾. 煤泥燃烧的现状及发展建议[J]. 中国煤炭, 1999, (5): 9-13, 61.
[48] 尹炜迪, 李博, 吴玉新, 等. 循环流化床锅炉煤泥燃烧行为模型[J]. 煤炭学报, 2015, 40(7): 1628-1633.
[49] 邬万竹, 王虎, 顾从阳. 煤泥及矸石等低热值煤循环流化床清洁高效利用关键技术研究[J]. 煤炭工程, 2017, 49(S1): 41-45.
[50] 侯志鹏, 肖凯华, 俞志鹏, 等. 煤泥循环流化床锅炉 NO_x 排放特性研究[J]. 热能动力工程, 2017, 32(11): 68-72, 132.
[51] Wzorek M, Kozioł M, Scierski W. Emission characteristics of granulated fuel produced from sewage sludge and coal slime[J]. Journal of the Air & Waste Management Association (1995), 2010, 60(12): 1487-1493.
[52] 潘生杰, 陈建玉, 范飞, 等. 低阶煤分质利用转化路线的现状分析及展望[J]. 洁净煤技术, 2017, 23(5): 7-12.
[53] 郎群, 王彦军. 探究低阶煤热解半焦规模化利用[J]. 化工管理, 2021, (2): 71-72.
[54] 张飚. 低阶粉煤热解半焦规模化利用技术研究进展[J]. 煤质技术, 2018, (4): 1-5, 9.
[55] 刘晓芳. 低阶煤热解半焦的反应性能研究[D]. 湘潭: 湖南科技大学, 2016.
[56] 马淞江, 刘晓芳, 戴谨泽, 等. 温和热解条件下内蒙褐煤热解半焦的燃烧性能[J]. 煤炭学报, 2015, 40(5): 1153-1159.
[57] 何威, 何榕, 王晓亮. 孔隙分形结构对煤焦燃烧特性影响的数值研究[J]. 中国电机工程学报, 2011, (20): 40-45.
[58] 孙锐, 张鑫, Kelebopile L, 等. 燃烧中气化半焦孔隙结构特性变化实验研究[J]. 中国电机工程学报, 2012, 32(11): 35-40,

142.
[59] 韩向新, 姜秀民, 崔志刚, 等. 油页岩半焦燃烧特性的研究[J]. 中国电机工程学报, 2005, (15): 106-110.
[60] 王擎, 吴吓华, 孙佰仲, 等. 桦甸油页岩半焦燃烧反应动力学研究[J]. 中国电机工程学报, 2006, (7): 29-34.
[61] 余斌. 循环流化床半焦燃烧特性研究[D]. 杭州: 浙江大学, 2010.
[62] 张旻晓. 气化半焦在流化床实验台上燃烧特性研究[D]. 哈尔滨: 哈尔滨工业大学, 2011.
[63] 杨冬, 徐鸿, 路春美, 等. 不同煤种在热解过程中氮的释放特性试验[J]. 煤炭学报, 2007, 32(1): 77-80.
[64] 王蓉, 斯东波, 池作和, 等. 煤热解过程中氮分配规律的试验研究[J]. 热力发电, 2005, 34(11): 47-48, 53.
[65] 闫晓, 车得福, 徐通模. 煤热解过程中焦炭氮变化规律的试验研究[J]. 西安交通大学学报, 2004, 38(9): 980-984.
[66] Jensen A, Johnsson J E, Andries J, et al. Formation and reduction of NO_x in pressurized fluidized bed combustion of coal[J]. Fuel, 1995, 74(11): 1555-1569.
[67] Hou J L, Ma Y, Li S Y, et al. Transformation of sulfur and nitrogen during Shenmu coal pyrolysis[J]. Fuel, 2018, 231: 134-144.
[68] Thomas K M. The release of nitrogen oxides during char combustion[J]. Fuel, 1997, 76(6): 457-473.
[69] 赵蕾, 龚志军, 黄森, 等. 低阶煤热解产物半焦释放 NO_x 和 HCN 的实验研究[J]. 环境工程, 2017, 35(3): 92-96.
[70] 赵蕾, 龚志军, 武文斐. 固定床内半焦燃烧释放 HCN 和 NO_x 的规律[J]. 钢铁研究学报, 2017, 29(5): 352-356.
[71] 龚志军, 杨彪, 李保卫, 等. 半焦等温燃烧过程的 NO 生成特性[J]. 钢铁研究学报, 2016, 28(12): 5-8.
[72] 李慧, 杨石, 周建明. 半焦空气分级燃烧 NO_x 排放试验研究[J]. 洁净煤技术, 2020, 26(2): 109-114.
[73] Gong Z Q, Liu Z C, Zhou T, et al. Combustion and NO emission of Shenmu char in a 2MW circulating fluidized bed[J]. Energy & Fuels, 2015, 29(2): 1219-1226.
[74] 新井纪男. 燃烧生成物的发生与抑制技术[M]. 赵黛青, 赵哲石, 王昶, 等译. 北京: 科学出版社, 2001.
[75] 毛健雄, 毛健全, 赵树民. 煤的清洁燃烧[M]. 北京: 科学出版社, 1998.
[76] 吴艳艳. 循环流化床锅炉 SNCR 脱硝的数值模拟与试验研究[D]. 杭州: 中国计量学院, 2014.
[77] Tayyeb Javed M, Irfan N, Gibbs B M. Control of combustion-generated nitrogen oxides by selective non-catalytic reduction[J]. Journal of Environmental Management, 2007, 83(3): 251-289.
[78] 侯祥松. 循环流化床锅炉 NO 和 N_2O 脱除的实验研究[D]. 北京: 清华大学, 2007.
[79] Kang Z Z, Yuan Q X, Zhao L Z, et al. Study of the performance, simplification and characteristics of SNCR de-NO_x in large-scale cyclone separator[J]. Applied Thermal Engineering, 2017, 123: 635-645.
[80] Liu H Z, You C F, Wang H M. Experimental and density functional theory studies on the zeolite-based Fe-Ni-W trimetallic catalyst for high-temperature NO_x selective catalytic reduction: Identification of active sites suppressing ammonia over-oxidation[J]. ACS Catalysis, 2021, 11(3): 1189-1201.
[81] Liu H Z, Zhang Y, Wang H M, et al. Performance of Fe-Ni-W exchanged zeolite for NO_x reduction with NH_3 in a lab-scale circulating fluidized bed[J]. Fuel, 2022, 307: 121807.
[82] Yan J, Lu X F, Zhang C F, et al. An experimental study on the characteristics of NO_x distributions at the SNCR inlets of a large-scale CFB boiler[J]. Energies, 2021, 14(5): 1267.
[83] Bai J Y, Zhu Z J, Wang Q, et al. Realization of BP neural network modeling based on NO_x of CFB boiler in DCS[C]//2nd International Conference on Energy Engineering and Environmental Protection (EEEP), Sanya, 2017.
[84] de Diego L F, Londono C A, Wang X S, et al. Influence of operating parameters on NO_x and N_2O axial profiles in a circulating fluidized bed combustor[J]. Fuel, 1996, 75(8): 971-978.
[85] Tourunen A, Saastamoinen J, Nevalainen H. Experimental trends of NO in circulating fluidized bed combustion[J]. Fuel, 2009, 88(7): 1333-1341.
[86] 吴剑恒, 何宏舟, 俞金树. 二次风对 CFB 锅炉 NO_x 排放的影响[J]. 电力学报, 2014, 29(6): 542-547, 553.
[87] 许超. 基于 CPFD 方法的 140t/h 循环流化床锅炉低氮燃烧研究[D]. 武汉: 华中科技大学, 2019.
[88] 彭丹, 王贲, 李威, 等. 基于空气分级的循环流化床锅炉低氮燃烧模拟[J]. 锅炉技术, 2020, 51(5): 30-36.
[89] 史丹君, 张建. 循环流化床锅炉低氮燃烧的 CPFD 数值模拟[J]. 锅炉技术, 2020, 51(1): 30-36.
[90] Saastamoinen H, Leino T. Fuel staging and air staging to reduce nitrogen emission in the CFB combustion of bark and coal[J].

Energy & Fuelsl, 2019, 33(6): 5732-5739.

[91] Lyngfelt A, Leckner B. SO_2 capture and N_2O reduction in a circulating fluidized-bed boiler: Influence of temperature and air staging[J]. Fuel, 1993, 72(11): 1553-1561.

[92] Yang J C, Sun R, Sun S Z, et al. Experimental study on NO_x reduction from staging combustion of high volatile pulverized coals. Part 1. Air staging[J]. Fuel Processing Technology, 2014, 126: 266-275.

[93] Wang P Q, Wang C A, Yuan M B, et al. Experimental evaluation on co-combustion characteristics of semi-coke and coal under enhanced high-temperature and strong-reducing atmosphere[J]. Applied Energy, 2020, 260: 114203.

[94] Wang Y Q, Zhou Y G, Bai N M, et al. Experimental investigation of the characteristics of NO_x emissions with multiple deep air-staged combustion of lean coal[J]. Fuel, 2020, 280: 118416.

[95] Wang Y Q, Zhou Y G. Effect of the coal blending ratio on NO_x formation under multiple deep air-staged combustion[J]. Energy & Fuels, 2020, 34(1): 853-862.

[96] Tan P, Tian D F, Fang Q Y, et al. Effects of burner tilt angle on the combustion and NO_x emission characteristics of a 700MWe deep-air-staged tangentially pulverized-coal-fired boiler[J]. Fuel, 2017, 196(15): 314-324.

[97] 王俊. 无烟煤粉循环流化床预热燃烧和 NO_x 生成试验研究[D]. 北京: 中国科学院研究生院(工程热物理研究所), 2011.

[98] 欧阳子区. 无烟煤粉预热及其燃烧和污染物生成特性实验研究[D]. 北京: 中国科学院研究生院(工程热物理研究所), 2014.

[99] Yao Y, Zhu J G, Lu Q G, et al. Experimental study on preheated combustion of pulverized semi-coke[J]. Journal of Thermal Science, 2015, 24(4): 370-377.

[100] Yao Y, Zhu J G, Lu Q G. Experimental study on nitrogen transformation in combustion of pulverized semi-coke preheated in a circulating fluidized bed[J]. Energy & Fuels, 2015, 29(6): 3985-3991.

[101] 郭佳明. 烟气再循环和 SNCR 联用降低流化床 NO_x 排放研究[D]. 杭州: 中国计量大学, 2018.

[102] 陈建军, 周俊虎, 朱占恒, 等. 130t/h 循环流化床锅炉低氮燃烧改造及调整试验[J]. 热力发电, 2017, 46(2): 81-87, 93.

[103] 张思海, 张双铭, 张俊杰, 等. 330MW 亚临界 CFB 锅炉烟气再循环深度调峰运行性能研究[J]. 洁净煤技术, 2021, (1): 291-298.

[104] 折建刚, 谢国威, 邬万竹. 烟气再循环对循环流化床锅炉燃烧影响的对比研究[J]. 能源科技, 2021, (5): 84-89.

[105] Yan J, Zheng X, Lu X F, et al. Enhanced combustion behavior and NO_x reduction performance in a CFB combustor by combining flue gas recirculation with air-staging: Effect of injection position[J]. Journal of the Energy Institute, 2021, 96: 294-309.

[106] Cai R X, Zhang H, Zhang M, et al. Development and application of the design principle of fluidization state specification in CFB coal combustion[J]. Fuel Processing Technology, 2018, 174: 41-52.

[107] 柯希玮, 蔡润夏, 杨海瑞, 等. 循环流化床燃烧的 NO_x 生成与超低排放[J]. 中国电机工程学报, 2018, 38(2): 390-396, 669.

[108] Ke X W, Engblom M, Yang H R, et al. Prediction and minimization of NO_x emission in a circulating fluidized bed combustor: A comprehensive mathematical model for CFB combustion[J]. Fuel, 2022, 309: 122133.

[109] 方庆艳. 低挥发份煤及其混煤燃烧数值模拟与试验研究[D]. 武汉: 华中科技大学, 2007.

[110] 翁安心, 周昊, 张力, 等. 不同煤种混煤燃烧时 NO_x 生成和燃尽特性的试验[J]. 热能动力工程, 2004, (3): 242-245.

[111] 方立军, 高正阳, 阎维平, 等. 无烟煤与贫煤混煤燃烧和 NO_x 排放特性的实验研究[J]. 热能动力工程, 2002, 17(6): 595-598, 653.

[112] 冯兆兴, 安连锁, 李永华, 等. 煤粉燃烧污染物排放特性的试验研究[J]. 动力工程, 2007, 27(3): 427-431.

[113] 刘晓蕊, 龚志松, 解桂林, 等. 煤和石油焦混烧过程 NO 生成规律实验[J]. 热力发电, 2018, 47(6): 23-28.

[114] Zhang S R, Jiang X G, Lv G J, et al. SO_2, NO_x, HF, HCl and PCDD/Fs emissions during Co-combustion of bituminous coal and pickling sludge in a drop tube furnace[J]. Fuel, 2016, 186: 91-99.

[115] Rokni E, Ren X H, Panahi A, et al. Emissions of SO_2, NO_x, CO_2, and HCl from Co-firing of coals with raw and torrefied biomass fuels[J]. Fuel, 2018, 211: 363-374.

[116] Yang Y, Wang Q H, Lu X F, et al. Combustion behaviors and pollutant emission characteristics of low calorific oil shale and its semi-coke in a lab-scale fluidized bed combustor[J]. Applied Energy, 2018, 211: 631-638.

[117] Chen J H, Lu X F. Progress of petroleum coke combusting in circulating fluidized bed boilers—A review and future perspectives[J]. Resources, Conservation and Recycling, 2007, 49 (3) : 203-216.

[118] Dong H, Jiang X G, Lv G J, et al. Co-combustion of tannery sludge in a bench-scale fluidized-bed combustor: gaseous emissions and Cr distribution and speciation[J]. Energy & Fuels, 2017, 31 (10) : 11069-11077.

[119] Xie J, Zhong W Q, Shao Y J, et al. Simulation of combustion of municipal solid waste and coal in an industrial-scale circulating fluidized bed boiler[J]. Energy & Fuels, 2017, 31 (12) : 14248-14261.

[120] Zhang Z L, Zeng Q D. Numerical simulation and experimental analysis on nitrogen and sulfur oxides emissions during the co-combustion of Longyan anthracite and sawmill sludge[J]. Fuel, 2019, 254: 115611.

[121] Gungor A. Prediction of SO_2 and NO_x emissions for low-grade Turkish lignites in CFB combustors[J]. Chemical Engineering Journal, 2009, 146 (3) : 388-400.

[122] Liu H, Gibbs B M. The influence of calcined limestone on NO_x and N_2O emissions from char combustion in fluidized bed combustors[J]. Fuel, 2001, 80 (9) : 1211-1215.

[123] Tarelho L A C, Mates M A A, Pereira F J M A. Influence of limestone addition on the behaviour of NO and N_2O during fluidised bed coal combustion[J]. Fuel, 2006, 85 (7-8) : 967-977.

[124] Gong Z Q, Zhou T, Lu Q G, et al. Combustion and NO_x emission characteristics of Shenmu char in a circulating fluidized bed with post-combustion[J]. Energy & Fuels, 2016, 30 (1) : 31-38.

[125] Zhou T, Lu Q G, Cao Y, et al. Study on the combustion and NO_x emission characteristics of low rank coal in a circulating fluidized bed with post-combustion[J]. The Canadian Journal of Chemical Engineering, 2017, 95 (12) : 2333-2340.

[126] 曹勇. 循环流化床锅炉低排放的试验研究[D]. 北京：中国科学院大学(中国科学院工程热物理研究所), 2017.

[127] 曹勇, 周托, 那永洁. 循环流化床锅炉炉膛低氧燃烧加尾部补燃降低 NO_x 排放的试验研究[J]. 锅炉技术, 2019, 50(2): 35-42.

[128] 武广龙. 循环流化床锅炉后补燃风掺混特性研究[D]. 北京：中国科学院大学(中国科学院工程热物理研究所), 2018.

[129] 武广龙, 周托, 那永洁, 等. 循环流化床锅炉后补燃风掺混的试验与数值模拟[J]. 中国粉体技术, 2018, 24 (3) : 43-51.

[130] 李晓亚. 循环流化床炉内还原性气氛对固硫特性的影响研究[D]. 北京：中国科学院大学(中国科学院工程热物理研究所), 2019.

[131] 李晓亚, 周托, 那永洁, 等. CaS 氧化和 CaS 与 $CaSO_4$ 固固反应机理[J]. 中国粉体技术, 2019, 25 (2) : 18-24.

[132] 赵亮. 石墨热分解 $CaSO_4$ 反应机理研究[J]. 洁净煤技术, 2020, 26 (6) : 168-174.

[133] 赵亮. 循环流化床炉内稀相区氮氧化物转化机理研究[D]. 北京：中国科学院大学(中国科学院工程热物理研究所), 2020.

[134] 肖远, 宋国良, 杨少波, 等. 后燃风投入位置及温度对高碱煤/半焦燃烧 NO_x 排放的影响[C]//中国工程热物理学会·燃烧学学术年会, 天津, 2019.

[135] Xiao Y, Song G L, Yang Z, et al. Application of post-combustion ultra-low NO_x emissions technology on coal slime solid waste circulating fluidized bed boilers[J]. Waste Management, 2022, 137: 72-80.

[136] Song G L, Xiao Y, Yang Z, et al. Experiment study on the high-temperature thermal treatment and ultra-low NO_x control of solid waste coal slime in circulating fluidized bed[J]. Journal of Thermal Science, 2022, 31 (6) : 2244-2251.

[137] Xiao Y, Song G L, Yang X T, et al. Influence of stoichiometry air ratio on char characteristics and nitrogen conversion in circulating fluidized bed with post-combustion[J]. Fuel, 2021, 298: 120842.

[138] Song G L, Xiao Y, Yang Z, et al. Operating characteristics and ultra-low NO_x emission of 75t/h coal slime circulating fluidized bed boiler with post-combustion technology[J]. Fuel, 2021, 292: 120276.

[139] Song G L, Xiao Y, Yang Z, et al. A comparative experimental study on characteristics of ultra-low NO_x emission and fly ash between Fugu bituminous and its semi-coke with post-combustion[J]. Fuel Processing Technology, 2021, 211: 106618.

[140] Xiao Y, Song G L, Song W J, et al. Experimental research on the conversion of fuel nitrogen in the postcombustion chamber

of the circulating fluidized bed[J]. Energy & Fuels, 2021, 35(3): 2416-2424.

[141] Song G L, Yang X T, Yang Z, et al. Experimental study on ultra-low initial NO_x emission characteristics of Shenmu coal and char in a high temperature CFB with post-combustion[J]. Journal of the Energy Institute, 2021, 94: 310-318.

[142] Ji Z C, Song G L, Yang Z, et al. Effect of post-combustion air distribution on NO_x original emission and combustion characteristics of 75 t/h coal slime circulating fluidized bed boiler[J]. Journal of the Energy Institute, 2021, 99: 154-160.

[143] Xiao Y, Song G L, Yang S B, et al. Experimental study on the influence of excess air ratio in the furnace of CFB with post-combustion on NO_x emission[C]//13th International Conference on Fluidized Bed Technology, Vancouver, 2021.

[144] Xiao Y, Song G L, Song W J, et al. Influence of feeding position and post-combustion air arrangement on NO_x emission from circulating fluidized bed combustion with post-combustion[J]. Fuel, 2020, 269: 117394.

[145] Xiao Y, Song G L, Lyu Q G. Experimental study on the effect of pyrolysis temperature on the NO emission and conversion during combustion[J]. Journal of Thermal Analysis and Calorimetry, 2021, 146(3): 1245-1253.

[146] Wang C, Song G L, Yang Z, et al. Influence of limestone addition on the combustion and emission characteristics of coal slime in the 75t/h CFB boiler with post-combustion chamber[J]. Journal of Thermal Science, 2023, 32(5): 1849-1857.

[147] 李东雄, 韩豪杰, 王菁, 等. 循环流化床锅炉数值模拟研究进展[J]. 煤炭转化, 2021, 44(3): 83-95.

[148] 张瑞卿, 杨海瑞, 吕俊复. 应用于循环流化床锅炉气固流动和燃烧的 CPFD 数值模拟[J]. 中国电机工程学报, 2013, 33(23): 75-83, 6

[149] Wang W, Lu B N, Zhang N, et al. A review of multiscale CFD for gas-solid CFB modeling[J]. International Journal of Multiphase Flow, 2010, 36(2): 109-118.

[150] Sundaresan S. Reflections on mathematical models and simulation of gas-particle flows[J]. Reacting Atmosphere, 2011. DOI:10.1007/978-3-319-16459-5.

[151] Ariyaratne W K H, Manjula E V P J, Ratnayake C, et al. CFD approaches for modeling gas-solids multiphase flows—A review[C]//9th EUROSIM & the 57th SIMS Conference, Oulu, 2016.

[152] Wang J W. Continuum theory for dense gas-solid flow: A state-of-the-art review[J]. Chemical Engineering Science, 2020, 215: 115428.

[153] Lan X Y, Xu C M, Wang G, et al. CFD modeling of gas-solid flow and cracking reaction in two-stage riser FCC reactors[J]. Chemical Engineering Science, 2009, 64(17): 3847-3858.

[154] Hartge E-U, Ratschow L, Wischnewski R, et al. CFD-simulation of a circulating fluidized bed riser[J]. Particuology, 2009, 7(4): 283-296.

[155] Nazif H R, Basirat Tabrizi H. Development of boundary transfer method in simulation of gas-solid turbulent flow of a riser[J]. Applied Mathematical Modelling, 2013, 37(4): 2445-2459.

[156] Liu Y, Zhou L X, Xu C X. Large-eddy simulation of swirling gas-particle flows using a USM two-phase SGS stress model[J]. Powder Technology, 2010, 198(2): 183-188.

[157] Dritselis C D, Vlachos N S. Large eddy simulation of gas-particle turbulent channel flow with momentum exchange between the phases[J]. International Journal of Multiphase Flow, 2011, 37(7): 706-721.

[158] Passalacqua A, Marmo L. A critical comparison of frictional stress models applied to the simulation of bubbling fluidized beds[J]. Chemical Engineering Science, 2009, 64(12): 2795-2806.

[159] Dehghan M, Basirat Tabrizi H. On near-wall behavior of particles in a dilute turbulent gas-solid flow using kinetic theory of granular flows[J]. Powder Technology, 2012, 224: 273-280.

[160] 王建军, 李东芳, 姬广勤, 等. 循环流化床锅炉炉膛内气固两相流的数值模拟[J]. 锅炉技术, 2010, 41(3): 21-26.

[161] Enwald H, Peirano E, Almstedt A E. Eulerian two-phase flow theory applied to fluidization[J]. International Journal of Multiphase Flow, 1996, 22: 21-66.

[162] Loha C, Chattopadhyay H, Chatterjee P K. Assessment of drag models in simulating bubbling fluidized bed hydrodynamics[J]. Chemical Engineering Science, 2012, 75: 400-407.

[163] Crowe C T. The state-of-the-art in the numerical models for dispersed phase flows[C]//Proceedings of the International

Conference on Multiphase Flows, Tsukuba, 1991.
[164] Madhava S, William R, O'Brien T J. MFIX Documentation: Volume 1, Theory Guide[M]. Springfield: National Technical Information Service, 1993.
[165] Gidaspow D. Multiphase Flow and Fluidization: Continuum and Kinetic Theory Descriptions[M]. Boston: Academic Press, 1994.
[166] Snider D M. Three fundamental granular flow experiments and CPFD predictions[J]. Powder Technology, 2007, 176(1): 36-46.
[167] Sams D A, Talverdian T, Shadman F. Kinetics of catalyst loss during potassium-catalysed CO_2 gasification of carbon[J]. Fuel, 1985, 64(9): 1208-1214.
[168] Upadhyay M, Park H C, Hwang J G, et al. Computational particle-fluid dynamics simulation of gas-solid flow in a circulating fluidized bed with air or O_2/CO_2 as fluidizing gas[J]. Powder Technology, 2017, 318: 350-362.
[169] Andrews M J, O'Rourke P J. The multiphase particle-in-cell (MP-PIC) method for dense particulate flows[J]. International Journal of Multiphase Flow, 1996, 22(2): 379-402.
[170] Lu H F, Guo X L, Zhao W, et al. Experimental and CPFD numerical study on hopper discharge[J]. Industrial & Engineering Chemistry Research, 2014, 53(30): 12160-12169.
[171] Cundall P A, Strack O D L. A discrete numerical model for granular assemblies[J]. Géotechnique, 1979, 29(1): 47-65.
[172] 王敏, 吴迎亚, 石孝刚, 等. 气固循环流化床全回路数值模拟研究进展[J]. 化工进展, 2019, 38(1): 111-121.
[173] Wang Q G, Yang H R, Wang P N, et al. Application of CPFD method in the simulation of a circulating fluidized bed with a loop seal, part I—Determination of modeling parameters[J]. Powder Technology, 2014, 253: 814-821.
[174] Luo K, Wu F, Yang S L, et al. High-fidelity simulation of the 3-D full-loop gas-solid flow characteristics in the circulating fluidized bed[J]. Chemical Engineering Science, 2015, 123: 22-38.
[175] Wang S, Luo K, Hu C S, et al. Effect of superficial gas velocity on solid behaviors in a full-loop CFB[J]. Powder Technology, 2018, 333: 91-105.
[176] Wang S, Luo K, Hu C S, et al. CFD-DEM study of the effect of cyclone arrangements on the gas-solid flow dynamics in the full-loop circulating fluidized bed[J]. Chemical Engineering Science, 2017, 172: 199-215.
[177] 杨照, 刘雪敏, 张肖阳, 等. 循环流化床锅炉炉膛流动特性数值模拟进展[J]. 煤炭学报, 2021, 46(10): 3365-3376.
[178] Wen C Y, Yu Y H. Mechanics of fluidization[J]. Chemical Engineering Progress Symposium Series, 1966,62(62): 100-111.
[179] Rong L W, Dong K J, Yu A B. Lattice-Boltzmann simulation of fluid flow through packed beds of uniform spheres: Effect of porosity[J]. Chemical Engineering Science, 2013, 99: 44-58.
[180] Tang Y L, Peters E A J F, Kuipers J A M. Direct numerical simulations of dynamic gas-solid suspensions[J]. AIChE Journal, 2016, 62(6): 1958-1969.
[181] Nikolopoulos A, Nikolopoulos N, Charitos A, et al. High-resolution 3-D full-loop simulation of a CFB carbonator cold model[J]. Chemical Engineering Science, 2013, 90: 137-150.
[182] Wang J W, Ge W, Li J H. Eulerian simulation of heterogeneous gas-solid flows in CFB risers: EMMS-based sub-grid scale model with a revised cluster description[J]. Chemical Engineering Science, 2008, 63(6): 1553-1571
[183] Tu Q, Wang H. CPFD study of a full-loop three-dimensional pilot-scale circulating fluidized bed based on EMMS drag model[J]. Powder Technology, 2018, 323: 534-547.
[184] Zhu X L, Dong P F, Tu Q Y, et al. Investigation of gas-solids flow characteristics in a pressurised circulating fluidised bed by experiment and simulation[J]. Powder Technology, 2020, 366: 420-433.
[185] Qiu G Z, Ye J M, Wang H G. Investigation of gas-solids flow characteristics in a circulating fluidized bed with annular combustion chamber by pressure measurements and CPFD simulation[J]. Chemical Engineering Science, 2015, 134: 433-447.
[186] McKeen T, Pugsley T. Simulation and experimental validation of a freely bubbling bed of FCC catalyst[J]. Powder Technology, 2003, 129(1-3): 139-152.
[187] Ye M, Wang J, van der Hoef M A, et al. Two-fluid modeling of Geldart A particles in gas-fluidized beds[J]. Particuology, 2008,

6: 540-548.

[188] Zou L M, Guo Y C, Chan C K. Cluster-based drag coefficient model for simulating gas-solid flow in a fast-fluidized bed[J]. Chemical Engineering Science, 2008, 63: 1052-1061.

[189] Syamlal M, O'Brien T J. Simulation of granular layer inversion in liquid fluidized beds[J]. International Journal of Multiphase Flow, 1988, 14(4): 473-481.

[190] Beetstra R, van der Hoef M A, Kuipers J A M. A lattice-Boltzmann simulation study of the drag coefficient of clusters of spheres[J]. Computers & Fluids, 2006, 35: 966-970.

[191] Igci Y, Sundaresan S. Verification of filtered two-fluid models for gas-particle flows in risers[J]. AIChE Journal, 2011, 57(10): 2691-2707.

[192] Wang W, Li J. Simulation of gas-solid two-phase flow by a multi-scale CFD approach—of the EMMS model to the sub-grid level[J]. Chemical Engineering Science, 2007, 62(1): 208-231.

[193] Li J H, Kwauk M. Exploring complex systems in chemical engineering—The multi-scale methodology[J]. Chemical Engineering Science, 2003, 58(3-6): 521-535.

[194] Lu B N, Wang W, Li J H. Eulerian simulation of gas-solid flows with particles of Geldart groups A, B and D using EMMS-based meso-scale model[J]. Chemical Engineering Science, 2011, 66(20): 4624-4635.

[195] Li J H, Kwauk M. Particle-Fluid Two-Phase Flow: The Energy-Minimization Multi-Scale Method[M]. Beijing: Metallurgical Industry Press, 1994.

[196] Luo H, Lu B N, Zhang J Y, et al. A grid-independent EMMS/bubbling drag model for bubbling and turbulent fluidization[J]. Chemical Engineering Journal, 2017, 326: 47-57.

[197] Zou Z, Liu W M, Yan D, et al. CFD simulations of tapered bubbling/turbulent fluidized beds with/without gas distributor based on the structure-based drag model[J]. Chemical Engineering Science, 2019, 202: 157-168.

[198] 佟颖, Nouman A, 鲁波娜, 等. 基于 EMMS 介尺度模型的双分散鼓泡流化床的模拟[J]. 化工学报, 2019, 5: 1682-1692.

[199] Li J H, Huang W L, Chen J H, et al. Mesoscience based on the EMMS principle of compromise in competition[J]. Chemical Engineering Journal, 2018, 333: 327-335.

[200] 陈恺成, 田于杰, 李飞, 等. 基于 EMMS 的循环流化床流域研究[J]. 化工学报, 2020, 71(7): 3018-3030, 3394.

[201] Zhang N, Lu B N, Wang W, et al. Virtual experimentation through 3D full-loop simulation of a circulating fluidized bed[J]. Particuology, 2008, 6(6): 529-539.

[202] Zhang N, Lu B N, Wang W, et al. 3D CFD simulation of hydrodynamics of a 150MW_e circulating fluidized bed boiler[J]. Chemical Engineering Journal, 2010, 162(2): 821-828.

[203] Liu X H, Hu S W, Jiang Y F, et al. Extension and application of energy-minimization multi-scale(EMMS) theory for full-loop hydrodynamic modeling of complex gas-solid reactors[J]. Chemical Engineering Journal, 2015, 278: 492-503.

[204] Li T W, Dietiker J F, Shadle L. Comparison of full-loop and riser-only simulations for a pilot-scale circulating fluidized bed riser[J]. Chemical Engineering Science, 2014, 120: 10-21.

[205] Berrouk A S. Turbulence modulation of dense two-phase flows: Comment on "modelling of dense gas-particle flow in a circulating fluidized bed by Distinct Cluster Method(DCM)"[J]. Powder Technology, 2010, 201(1): 104-105.

[206] Crowe C T, Schwarzkopf J D, Sommerfeld M, et al. Multiphase Flows with Droplets and Particles[M]. 2nd ed. Boca Raton: CRC Press, 2011.

[207] Mehrabadi M, Tenneti S, Garg R, et al. Pseudo-turbulent gas-phase velocity fluctuations in homogeneous gas-solid flow: Fixed particle assemblies and freely evolving suspensions[J]. Journal of Fluid Mechanics, 2015, 770: 210-246.

[208] Capecelatro J, Desjardins O, Fox R O. Strongly coupled fluid-particle flows in vertical channels. I. Reynolds-averaged two-phase turbulence statistics[J]. Physics of Fluids, 2016, 28(3): 033306.

[209] Rauchenzauner S, Schneiderbauer S. A dynamic anisotropic spatially-averaged two-fluid model for moderately dense gas-particle flows[J]. International Journal of Multiphase Flow, 2020, 126: 103237.

[210] Li J S, Zhu L T, Yan W C, et al. Coarse-grid simulations of full-loop gas-solid flows using a hybrid drag model: Investigations

on turbulence models[J]. Powder Technology, 2021, 379: 108-126.

[211] 王海刚, 刘石. 不同湍流模型在旋风分离器三维数值模拟中的应用和比较[J]. 热能动力工程, 2003, 18(4): 337-342,430.

[212] 夹良军. 300MW CFB 锅炉炉膛密相区流化均匀性及磨损研究[D]. 上海: 上海交通大学, 2011.

[213] 王海刚. 旋风分离器中气-固两相流数值计算与实验研究[D]. 北京: 中国科学院研究生院(工程热物理研究所), 2003.

[214] 范建勇. 准东煤结渣特性及其配煤灰熔融性试验研究[D]. 杭州: 浙江大学, 2014.

[215] 谭波, 王传志, 刘忠攀, 等. 顶部给料全煤泥循环流化床燃烧与 SO_2 排放不稳定性研究[J]. 热力发电, 2020, 49(5): 117-124.

[216] 中华人民共和国国家质量监督检验检疫总局, 中国国家标准化管理委员会. 工业锅炉热工性能试验规程: GB/T 10180—2017[S]. 北京: 中国标准出版社, 2017.